石油和化工行业"十四五"规划教材

荣获中国石油和化学工业优秀教材奖

工业发酵分析

Analysis of Industrial Fermentation

第三版

吴国峰　李国全　马永强 / 主编

化学工业出版社

·北京·

内容简介

本书讲述了工业发酵分析中常用的色谱和光谱技术的原理、样品前处理技术、仪器使用注意事项和日常的维护保养等仪器使用关键内容，介绍了发酵工业常用原料如玉米、秸秆、糖蜜、水、酶制剂、淀粉糖浆等，以及发酵产品如燃料酒精、食用酒精、白酒、啤酒、有机酸、抗生素、维生素、氨基酸、调味品、发酵乳等中一些主要指标的分析方法，其中以最新的权威的仲裁方法为主，也有便于实际生产中实时监测的快捷方法。

本书可作为工业分析、生物工程、食品工程等专业的课程教材，也可供相关生产、科研和教育人员使用。

图书在版编目（CIP）数据

工业发酵分析/吴国峰，李国全，马永强主编 . —
3 版 . —北京：化学工业出版社，2024.7
石油和化工行业"十四五"规划教材
ISBN 978-7-122-45472-0

Ⅰ.①工… Ⅱ.①吴…②李…③马… Ⅲ.①工业发
酵-分析-教材 Ⅳ.①TQ920.6

中国国家版本馆 CIP 数据核字（2024）第 080536 号

责任编辑：赵玉清 文字编辑：李姿娇
责任校对：宋 玮 装帧设计：刘丽华

出版发行：化学工业出版社
　　　　　（北京市东城区青年湖南街 13 号　邮政编码 100011）
印　　装：大厂聚鑫印刷有限责任公司
787mm×1092mm　1/16　印张 21½　字数 529 千字
2024 年 7 月北京第 3 版第 1 次印刷

购书咨询：010-64518888　　售后服务：010-64518899
网　　址：http://www.cip.com.cn
凡购买本书，如有缺损质量问题，本社销售中心负责调换。

定　　价：49.00 元　　　　　　　版权所有　违者必究

前言

《工业发酵分析》教材自 2006 年出版以来，被越来越多的学校在教学和科研中使用参考。尤其是 2015 年再版时，增加了一些国外工业发酵产品的质量标准和检测方法，深得广大师生和分析人员的推崇。最近几年，针对有机酸（柠檬酸、乳酸）、发酵乳、发酵调味品（酱油、味精）、食用酒精、燃料酒精、白酒、啤酒、维生素 C、抗生素（青霉素类）等产品，国家相继颁布了新的标准和新版药典，加之生产工艺设备的不断改进，对产品的中间过程和成品质量把控的要求也在提高。为满足教学科研使用，拓宽学生视野，培养其创新意识，有必要对本书的内容进行再次修订。

本次修订过程中，我们本着一贯遵循的内容新、资料全、完整性好的原则，将书中所涉及的国内工业发酵产品的标准和药典更改至最新，国外的标准及药典也是目前能查到的最新版本，并且补充了《美国食品化学法典》（FCC）、《日本食品添加物公定书》（JSFA）、联合国粮农组织和世界卫生组织下的食品添加剂联合专家委员会（JECFA）制定的有关质量要求和标准检测方法。与此同时，对上一版中某些中外工业发酵产品的质量标准进行了梳理，调整了编写思路。如作为药物用产品，将《中国药典》与《美国药典》、《欧洲药典》、《日本药典》等加以比较；作为食品添加剂的产品，则将国标与FCC、JSFA 和 JECFA 进行了比较。这样既增强了中外标准的可比性，也使条理更加清晰，不同国家的质量规定和检测方法的异同一目了然。

本次修订中，我们还有机融入党的二十大精神，比如柠檬酸、乳酸、维生素 C、味精等产品的出口贸易量持续走高，起源于我国的维生素 C "二步发酵法"等，旨在强调无论何时，自主创新才是提高竞争力的根本，发展始终是硬道理。

参加本次修订的除李国全、马永强外，黑龙江省林业科学研究院的张妍妍承担了第40～42 章的修订工作，吴国峰负责全书的修订定稿。柳逸然、乌云其木格提供了有机酸等的国外标准和有关仪器的一些资料，化学工业出版社为本书的再次修订做了大量认真细致的工作，一如既往地给予了许多帮助，在此一并表示衷心的感谢！

本次修订历时两年多，虽逐一查核，但仍恐有疏漏之处，恳请读者及同行批评指正！

编者

于黑龙江大学

2024 年 3 月

第一版前言

工业发酵分析是生物工程、生物制药、食品科学与工程等专业的学生在完成物理学、无机化学、有机化学、分析化学和生物化学、微生物学课程后学习的早期专业课程。

工业发酵生产的产品主要有燃料酒精、食用酒精、谷氨酸钠、柠檬酸、抗生素、维生素 C、蒸馏酒、酿造酒、活性干酵母、酶制剂和发酵调味品等。在大规模的工业化生产中，对原料、发酵过程和成品进行分析检测已成为保证产品质量最为重要的关键环节，而且工业发酵分析已从传统的原料、中间产品和成品分析发展到对生产过程的全程监控分析，这对促进生产工艺进步和实现自控生产的意义是极大的。

近 20 多年，我国在生物工程技术产业上出现了世界上规模最大的谷氨酸钠（味精）产业、柠檬酸产业和亚洲最大、位居世界第二位的酒精产业。抗生素类产业已成为世界主体，较大数量出口国外。2002 年开始我国的啤酒产量跃居世界第一位，现代大型淀粉糖产业、活性干酵母产业相继诞生。这种生物工程技术产业的快速发展和工艺技术的进步，使得工业化发酵产品呈现出多样化，与此同时用于控制生产原料、工艺、半成品和成品的分析检测对象也日渐增多。我们深知，生产设备、生产工艺及分析检测手段是制约、促进和发展发酵工业的主要因素。随着生产设备的更新、生产规模的扩大、生产工艺的不断进步以及分析仪器的推陈出新，检测方法也在不断地发生变化，尤其是伴随着生产设备和工艺水平的提高，与之相应的检测指标要求也越来越高。

工业发酵分析是在学生掌握一定的基础理论知识后培养其独立分析问题、解决问题的能力，使其深入了解并掌握现代研究的手段与方法，从而进一步对发酵设备、工艺、检测能有所创新的基础。未来社会对大学生的要求应该是不但具有发现问题的能力，更要有解决问题的能力，工业发酵分析恰恰体现出二者的有机结合。

基于此，我们组织黑龙江大学、齐齐哈尔大学、哈尔滨商业大学和东北农业大学 4 所院校的相关教师根据长期以来的教学经验并参考国内外资料编写了这本《工业发酵分析》。在这本书中将原工业发酵分析方法与大部分仪器分析内容——气相色谱、高效液相色谱、原子吸收分光光度法、氨基酸自动分析仪、气相色谱-质谱联用仪和荧光分光光度法归并在一起，突出各部分的内在联系，使内容更好地整合，节省学时，比较适合现代教学改革的要求。这是本书有别于其他工业发酵分析图书之处，也是对邓楠同志 2006 年提出的教材改革意见的体现，因为中国教材正面临着与世界接轨。

本书参编人员除从事工业发酵分析教学和实验的相关教师外，还有专门从事该专业研究的研究所专业人员；同时还得到了发酵酒精企业和制药企业从事生产和分析的工程技术人员的大力支持。

本书编写人员有吴国峰（第 1 章、第 2 章、第 13 章～第 19 章、第 21 章、第 30 章、第 34 章、第 35 章）、李国全（第 4 章、第 20 章、第 29 章、第 36 章、附录一）、马永强（第 8 章～第 10 章、第 26 章、第 28 章、第 38 章）、康德福（第 3 章、第 40 章、第 41 章）、曾伟民（第 5 章～第 7 章、第 22 章～第 25 章、第 32 章、第 33 章、第 42 章）、江成英（第 37 章）、慕兴华（第 11 章、第 12 章、第 39 章、附录二）、邵淑丽（第 27 章、第 31 章）。吴国峰和贾树彪负责全书内容的策划、组稿；李盛贤审阅各章初稿，为保证本书的质量起了一定的作用；吴国峰完成全书的整体编排、文字定稿及书稿校阅；贾树彪对全书进行了审定。

本书编写得到各协作单位的积极配合，化学工业出版社对本书的出版给予支持并提出宝贵的修改意见和建议；黑龙江大学生命科学学院院长平文祥教授、副院长李海英教授，齐齐哈尔大学生命科学与工程学院副院长邵淑丽教授，哈尔滨商业大学食品科学与工程学院院长石彦国教授，东北农业大学工程学院院长李文哲教授给予了大力支持；雷虹、张军、聂纤、付世江、丁明文、靳玉双、姜开荣、张妍妍、谢晓丹等同志为本书的编写提供了很多帮助，在此一并表示诚挚的谢意。

本书编写中虽经多次修改，但由于编者水平有限，还会存在不足和错误，恳请读者批评指正。

编者

于黑龙江大学

2006 年 5 月

第二版前言

　　《工业发酵分析》自2006年出版以来，被多所高校选为教材，还有一些生产企业将其作为重要的参考书。此书在多年的使用过程中也收到同行的建议。本次再版对编者进行了调整，对内容进行了修订和大幅度的更新，以及适度的增删。从结构上看，前面34章主要针对工业发酵所用原料（玉米、秸秆、糖蜜、水、酶制剂、淀粉糖浆等）和发酵产品（燃料酒精、食用酒精、白酒、啤酒、有机酸、抗生素、维生素、氨基酸、调味品、发酵乳等）中的一些主要指标进行分析，介绍的方法以权威的仲裁方法为主，也有便于实际生产实时监测的快捷方法；后面几章为仪器分析方面的内容，侧重工业发酵分析上常用的色谱和光谱技术的原理、样品前处理、仪器使用注意事项和日常的维护保养等仪器使用者非常关心的问题。

　　本书编写过程中，在融入作者多年科研及教学中总结出来的经验和技巧的同时也注意为学生留出思考空间，这一点在每一章的讨论中均有体现。再有对检测指标与原料的关系、与发酵工艺和产品质量的关系等均有透彻的阐述，让学生清楚这个指标对于产品的质量意味着什么，生产上如何控制它以及如何辩证地解析检测的结果，从而知道怎样根据结果反过来指导生产工艺；书中还介绍了对一些检测指标，美国、英国、日本等国所采用的分析方法及相关产品的质量要求。因此，学生在学习本书时，不仅可以学到工业发酵分析的理论，还可以运用其解决一些实际问题，了解国内外技术发展并掌握重要的实用技能，相信这是许多学生需要的。本书补充了大量的参考文献。如果仅仅作为一本教材，这可能并不必要，但是，对于想要深入了解某一章节或者进一步理解某些问题的读者而言，这无疑是一个好的途径。因此，本书还适用于对于分析领域有经验的工程技术人员或研究者。

　　本书由吴国峰、李国全、马永强担任主编，黑龙江省粮油卫生检验监测站的张金龙承担第27章、第31章、第40章、第41章的修订工作，曾伟民在第一版基础上增加了第37章的修订任务，康宏负责修订第38章、第39章和附录二的内容。

　　《工业发酵分析》（第二版）被列为黑龙江大学"十二五"规划教材，是学校立项资助出版项目。在编写过程中得到了生命科学学院领导的积极支持和贾树彪、李盛贤、孟利老师的鼎力相助，以及旺信诚、张秀艳提供的第一手数据资料，化学工业出版社一如既往地给予支持和修改建议，在此一并表示由衷的感谢。

　　本书再版虽花费不少时间和精力，但是还会有不足之处，欢迎读者批评指正。

编者

于黑龙江大学

2014年4月

目录

1　水分的测定 / 1

1.1　谷物原料中水分的测定 ················ 1
1.2　啤酒花中水分的测定 ·············· 3
1.3　奶酪中水分的测定 ············· 4
1.4　燃料用无水乙醇中微量水分的测定 ······ 5

2　糖类的测定 / 9

2.1　淀粉质原料中粗淀粉的测定 ········· 9
2.2　糖化醪中还原糖、总糖的测定 ········ 13
2.3　发酵成熟醪中残还原糖、残总糖的
　　　测定 ··············· 15

3　发酵原料中粗蛋白质的测定 / 18

3.1　AOAC 凯氏定氮标准方法 ············ 18
3.2　半自动凯氏定氮测定法 ··········· 25
3.3　全手动凯氏定氮测定法 ··········· 27

4　脂肪的测定 / 29

4.1　玉米胚中脂肪的测定 ··········· 29
4.2　发酵乳中脂肪的测定 ·········· 32

5　玉米秸秆中粗纤维素的测定 / 35

5.1　原理 ················· 35
5.2　仪器和试剂 ············· 35
5.3　测定方法 ············· 36
5.4　计算 ··············· 37
5.5　讨论 ··············· 37

6　糖蜜中灰分的测定 / 39

6.1　原理 ················ 39
6.2　仪器和试剂 ·············· 40
6.3　测定方法 ·············· 40
6.4　计算 ················ 40
6.5　讨论 ················ 41

7　酿造用水硬度的测定 / 43

7.1　原理 ················ 44
7.2　仪器和试剂 ·············· 44
7.3　测定方法 ·············· 45
7.4　计算 ················ 46
7.5　讨论 ················ 46

8　耐高温 α-淀粉酶酶活力的测定 / 48

8.1　原理 ················ 48
8.2　仪器和试剂 ·············· 48
8.3　测定方法 ·············· 49
8.4　计算 ················ 49
8.5　讨论 ················ 50

9　糖化酶活力的测定 / 52

9.1　原理 ················ 52
9.2　仪器和试剂 ·············· 53
9.3　测定方法 ·············· 54
9.4　计算 ················ 54
9.5　讨论 ················ 55

10 蛋白酶活力的测定 / 57

10.1 原理 …………………………… 57

10.2 仪器和试剂 ……………………… 57

10.3 测定方法 ………………………… 58

10.4 计算 ……………………………… 59

10.5 讨论 ……………………………… 60

11 糖蜜糖度的测定（糖锤度计法）/ 62

11.1 原理 …………………………… 62

11.2 仪器 …………………………… 62

11.3 测定方法 ………………………… 63

11.4 计算 ……………………………… 63

11.5 讨论 ……………………………… 63

12 淀粉糖浆 DE 值的测定 / 64

12.1 原理 …………………………… 64

12.2 仪器和试剂 ……………………… 65

12.3 测定方法 ………………………… 65

12.4 计算 ……………………………… 65

12.5 讨论 ……………………………… 65

13 酒母醪的质量分析控制 / 68

13.1 糖度和外观耗糖率的测定 ………… 68

13.2 酒母醪酸度的测定 ……………… 69

13.3 残还原糖的测定 ………………… 70

13.4 酒精浓度的测定 ………………… 70

14 乙醇浓度（酒精度）的测定 / 71

14.1 原理 …………………………… 71

14.2 仪器和试剂 ……………………… 71

14.3 测定方法 ………………………… 72

14.4 计算 ……………………………… 73

14.5 讨论 ……………………………… 73

15 成品酒精中高级醇的测定 / 76

15.1 原理 …………………………… 76

15.2 仪器和试剂 ……………………… 77

15.3 操作条件 ………………………… 77

15.4 测定方法 ………………………… 77

15.5 计算 ……………………………… 78

15.6 讨论 ……………………………… 78

16 酒精硫酸试验色度的测定 / 80

16.1 原理 …………………………… 80

16.2 仪器和试剂 ……………………… 80

16.3 测定方法 ………………………… 81

16.4 讨论 ……………………………… 82

17 酒精氧化时间的测定 / 83

17.1 原理 …………………………… 83

17.2 仪器和试剂 ……………………… 83

17.3 测定方法 ………………………… 85

17.4 讨论 ……………………………… 86

18 蒸馏酒中总酯的测定 / 87

18.1 原理 …………………………… 87

18.2 仪器和试剂 ……………………… 88

18.3 测定方法 ………………………… 89

18.4 计算 ……………………………… 89

18.5 讨论 ……………………………… 89

19 蒸馏酒中总醛的测定 / 92

19.1 化学分析法 ……………………… 92

19.2 气相色谱法 ……………………… 94

20 蒸馏酒中铅的测定 / 95

20.1 石墨炉原子吸收光谱法 ………… 95

20.2 双硫腙比色法 …………………… 97

21 白酒中糖精钠的测定 / 100

21.1 原理 ·························· 101
21.2 仪器和试剂 ·················· 101
21.3 测定方法 ···················· 101
21.4 计算 ························ 102
21.5 讨论 ························ 102

22 啤酒原麦汁浓度的测定 / 104

22.1 原理 ························ 104
22.2 仪器和试剂 ·················· 105
22.3 测定方法 ···················· 105
22.4 计算 ························ 106
22.5 讨论 ························ 106

23 啤酒中双乙酰的测定 / 108

23.1 原理 ························ 108
23.2 仪器和试剂 ·················· 109
23.3 测定方法 ···················· 109
23.4 计算 ························ 109
23.5 讨论 ························ 110

24 啤酒中甲醛残留量的测定 / 111

24.1 原理 ························ 111
24.2 仪器和试剂 ·················· 111
24.3 测定方法 ···················· 113
24.4 计算 ························ 113
24.5 讨论 ························ 114

25 柠檬酸含量的测定 / 115

25.1 成品柠檬酸含量的测定 ········ 116
25.2 发酵醪液中柠檬酸含量的测定 ······ 120

26 乳酸含量的测定 / 122

26.1 L-乳酸占总乳酸含量的测定 ········ 122
26.2 乳酸含量（纯度）的测定 ············ 124

27 维生素 C 含量的测定 / 128

27.1 高效液相色谱法测定多种维生素的含量 ························ 129
27.2 碘量法测定维生素 C 的含量 ········ 131
27.3 2,6-二氯靛酚滴定法测定维生素 C 的含量 ························ 133

28 抗生素效价的测定 / 136

28.1 微生物检定法测定青霉素的效价 ··· 136
28.2 高效液相色谱法测定青霉素 G 钠的含量 ························ 139

29 青霉素发酵液中苯乙酸残留量的测定 / 142

29.1 原理 ························ 142
29.2 仪器和试剂 ·················· 142
29.3 色谱条件 ···················· 143
29.4 测定 ························ 143
29.5 计算 ························ 143
29.6 讨论 ························ 143

30 酱油中氨基酸态氮的测定 / 145

30.1 原理 ························ 145
30.2 仪器和试剂 ·················· 145
30.3 测定方法 ···················· 146
30.4 计算 ························ 146
30.5 讨论 ························ 146

31 味精成品纯度的测定 / 149

31.1 旋光法 ······················ 149
31.2 高氯酸非水溶液滴定法 ·········· 152

32 发酵乳中山梨酸、苯甲酸的 测定 / 156

32.1 原理 …………………… 156

32.2 仪器和试剂 …………… 157

32.3 测定方法 ……………… 157

32.4 计算 …………………… 158

32.5 讨论 …………………… 158

33 酸牛乳中三聚氰胺的检测 / 159

33.1 高效液相色谱法 ………… 159

33.2 液相色谱-质谱/质谱法 （LC-MS/MS） ……………… 162

34 乳酸酸菜的质量检测 / 165

34.1 乳酸酸菜中亚硝酸盐含量的测定 … 165

34.2 乳酸酸菜中 L-乳酸含量的测定 …… 169

34.3 乳酸酸菜中挥发酸的测定 ………… 171

35 气相色谱法 / 173

35.1 气相色谱的基本理论 …………… 173

35.2 气相色谱仪 ………………… 181

35.3 气相色谱的应用 …………… 192

36 气相色谱-质谱联用仪 / 201

36.1 GC-MS 联用仪的定义及分类 ……… 201

36.2 GC-MS 联用仪的结构及其工作 原理 ……………………… 201

36.3 GC-MS 联用仪对 GC 和 MS 的 要求 ……………………… 206

36.4 GC-MS 法的优点 …………… 207

36.5 GC-MS 联用仪的操作要点 ………… 207

36.6 GC-MS 联用仪的应用 ………… 208

37 高效液相色谱法 / 209

37.1 高效液相色谱的基本理论 ………… 211

37.2 高效液相色谱仪的主要结构与 性能 ……………………… 213

37.3 高效液相色谱的固定相 ………… 224

37.4 高效液相色谱的流动相 ………… 226

37.5 高效液相色谱分离方法及色谱柱的 选择 ……………………… 231

37.6 HPLC 分析常见故障及其排除 …… 231

37.7 高效液相色谱在发酵工业中的 应用 ……………………… 232

38 氨基酸自动分析仪 / 235

38.1 基本原理 ……………… 236

38.2 氨基酸分析仪的结构性能 ………… 242

38.3 试样前处理 …………… 246

38.4 Hitachi L-8800 型全自动氨基酸 分析仪操作程序 ………… 248

38.5 氨基酸分析仪使用注意事项 ……… 250

38.6 用 Hitachi L-8800 型全自动氨基酸 分析仪测定啤酒中的游离氨基酸 … 252

38.7 反相分配色谱氨基酸分析仪 ……… 254

39 荧光分光光度分析 / 256

39.1 分子荧光概述 ………… 256

39.2 荧光分光光度计的结构及各部件 功能 ……………………… 257

39.3 荧光分光光度计的使用 ………… 259

39.4 荧光分光光度分析的影响因素 …… 262

39.5 注意事项 ……………… 263

40 原子吸收分光光度法 / 264

40.1 原子吸收分光光度计的基本结构 … 266

40.2 原子吸收分光光度计的工作原理 … 275

40.3 原子吸收分析的实验技术 ………… 276

40.4 原子吸收分析中的干扰效应及抑制 方法 ……………………… 280

40.5 原子吸收的定量分析方法 ············ 284
40.6 原子吸收分光光度计使用注意
　　　事项 ·················· 286
40.7 国内外原子吸收分光光度计发展
　　　简介 ·················· 289

41 样品的采集与处理 / 291

41.1 样品的代表性 ·············· 291
41.2 样品处理的原则及方法 ········· 292

42 实验数据处理与分析结果的可靠性评价 / 296

42.1 分析结果的可靠性评价 ········· 296
42.2 实验数据处理 ·············· 299
42.3 有限量实验数据的统计检验 ······ 302
42.4 相关与回归 ··············· 306

附录 / 309

附表 1 费林试剂糖量表（廉-爱农法）······ 309
附表 2 吸光度与测试 α-淀粉酶浓度对照
　　　表（摘自 GB 1886.174—2016）······ 309
附表 3 糖锤度测定与温度校正值 ········· 312
附表 4 酒精计示值换算成 20℃时的乙醇浓
　　　度（酒精度，体积分数）········· 314
附表 5 20℃时酒精水溶液的相对密度与酒精
　　　浓度（乙醇含量）对照表 ········· 314
附表 6 相对密度和可溶性浸出物对
　　　照表 ·················· 317
附表 7 压力单位换算表 ··············· 320

工业发酵分析中关键词中英文对照 / 321

参考文献 / 329

1

水分的测定

水分测定在工业发酵中是一个极为重要的分析项目。原料中的水分对原料的品质与保存影响甚大。水分过高，原料贮藏时容易发霉变质，使其利用率下降。对于发酵产品，如味精、活性干酵母、奶酪等，水分是其重要的质量指标之一。

1.1 谷物原料中水分的测定

工业发酵用谷物原料主要有玉米、小麦、大米、大麦、高粱和豆粕等，其水分测定采用常压干燥法。

1.1.1 原理

发酵原料（或食品）中的水分是指在常压下、100～105℃加热后，或在减压条件下、55～70℃加热后所失去的物质的质量。但实际上在上述温度下所失去的是水和挥发性物质的总量，而不完全是水。同时应指出，在该条件下除去样品中的结合水是困难的。因此对水分更精确的描述，宜用水分活度值，即一定温度下试样所含水分的水蒸气压与同一温度下纯水蒸气压之比。

1.1.2 仪器

电热恒温鼓风干燥箱；电子天平（0.1mg）；干燥器；称量瓶（扁形）。

1.1.3 测定方法

将试样粉碎后，过 40 目筛。

取洁净的扁形称量瓶，置于 (100±5)℃电热恒温鼓风干燥箱中，瓶盖斜支于瓶边，干燥 2h，盖好取出，立即放入干燥器内冷却 30min，称重。再放入 (100±5)℃干燥箱中干燥 1h，取出，放入干燥器内冷却 30min 后称重。重复干燥至恒重（前后两次质量差不超过 0.5mg）。

准确称取 2～5g 样品（称准至 0.1mg）于上述已恒重的称量瓶中（样品厚度不宜超过 5mm），置于 (100±5)℃干燥箱中，瓶盖斜支于瓶边，干燥 3h，盖好取出，立即放入干燥器内冷却 30min 后称重。再放入 (100±5)℃干燥箱中干燥 2h，取出后立即置于干燥器内冷却 30min，称重。重复干燥至恒重。

1.1.4 计算

$$x = \frac{m_1 - m_2}{m_1 - m_0} \times 100\% \tag{1-1}$$

式中　x——样品中水分的质量分数，%；

　　　m_0——称量瓶的质量，g；

　　　m_1——称量瓶和干燥前样品的质量，g；

　　　m_2——称量瓶和干燥后样品的质量，g。

1.1.5 讨论

(1) 该法操作简单，结果准确，但比较费时，且不适合胶体、高脂肪、高糖样品及含有较多的高温易氧化、易挥发物质的样品。

(2) 该法测得的水分实际上是试样中的游离水分，且还应包括微量的芳香油、醇、有机酸等挥发性物质。从微生物活动与水分活度的关系来看，各类微生物生长都需要一定的水分活度。一般来说，大多数细菌生长所需的水分活度值为 0.94～0.99，大多数霉菌为 0.80～0.94，大多数耐盐菌为 0.75，耐干燥霉菌和耐高渗透压酵母菌为 0.60～0.65。而当水分活度值低于 0.60 时，绝大多数微生物无法生长。

(3) 该法在操作时，须戴干净的白细线手套接触称量瓶，否则手上的汗渍、油渍等将导致称量瓶难以恒重。

(4) 当原料中的水分大于 16% 时，在原料粉碎过程中水分会有较大损失，因此需在低温下（约 60℃）预先将水分干燥至 12%～14%，此时测得的水分称为前水分。然后将原料粉碎，准确测定其水分，此时测得的水分称为后水分。原料总水分为：

$$总水分 = [1-(1-后水分) \times (1-前水分)] \times 100\%$$

(5) 发酵工业生产中常用的活性干酵母含水量为 5%～8%，属含水分较低的产品，其水分测定采用该方法时需要注意样品开封后应及时测定，以免吸湿；干燥温度不宜高于 103℃；初次干燥时间以 5h 为宜。

(6) 该法最低检出量为 0.002g；取样量为 2g 时，方法检出限为 0.10g/100g，方法相对误差≤5%。

1.2 啤酒花中水分的测定

啤酒花中含有易挥发的芳香油，如用常压干燥法测定水分，不可避免地将这部分挥发性物质连同水分失去，造成分析上的误差。此外，啤酒花中的 α-酸等在干燥过程中，会部分发生氧化等化学反应，这也是造成误差的因素之一。所以，测定啤酒花中的水分宜采用减压（真空）干燥法。

1.2.1 原理

在减压条件下，水的沸点降低，可用比较低的温度进行干燥以排除水分，样品质量减少的量即为样品中的水分含量。该法适用于在 100℃ 以上加热容易变质及含有不易除去结合水的样品，测定结果比较接近样品所含的真实水分。

1.2.2 仪器

真空干燥箱；电子天平（0.1mg）；干燥器；称量瓶。

1.2.3 测定方法

啤酒花经粉碎过 40 目筛后，准确称取该啤酒花试样 3～5g（称准至 0.1mg），置入已干燥恒重的称量瓶中，放入真空干燥箱内。启动真空泵，抽出干燥箱内空气至所需压力（一般为 40～53kPa），同时打开电源，加热至所需温度（55±5）℃，关闭真空泵的开关，停止抽真空，使干燥箱内保持该温度及压力 3h。打开真空泵开关，使空气经干燥装置缓缓通入干燥箱内，待干燥箱内恢复常压后再打开箱门。取出称量瓶，立即放入干燥器中冷却 30min，然后称重。再于相同条件下干燥 2h，同上操作，直至恒重。

1.2.4 计算

同 1.1.4 节。

1.2.5 讨论

（1）该法适用于胶状样品、高温易分解的样品及含水分较多的样品，如淀粉制品、豆制品、味精、玉米糖浆等。由于采用较低的蒸发温度，可防止含脂肪高的样品中的脂肪在高温下氧化，防止含糖高的样品在高温下脱水炭化，也可防止含高温易分解成分的样品在高温下分解。

（2）该法一般选择压力为 40～53kPa，温度为 50～60℃，但实际应用时可根据样品性质及干燥箱耐压能力的不同而调整压力和温度。如美国分析化学家协会（Association of Official Analytical Chemists，AOAC）的方法中，咖啡选择 3.3kPa 和 98～100℃，奶粉选择 13.3kPa 和 100℃，干果选择 13.3kPa 和 70℃，坚果和坚果制品选择 13.3kPa 和 95～100℃，糖及蜂蜜选择 6.7kPa 和 60℃，等等。

1.3 奶酪中水分的测定

奶酪含水量较高，又易发生油脂氧化，宜用蒸馏法测定水分。即采用水和与其不相溶的有机溶剂组成的二元或三元共沸体系进行蒸馏，其沸点低于体系中各组分的沸点，从而保持样品中易挥发、易氧化成分不受损失。

1.3.1 原理

在水分测定蒸馏器中加入比水轻且与水互不相溶的有机溶剂和样品，加热时使水分与有机溶剂共同蒸出，水冷凝回流落入接收管的下部，有机溶剂浮在水面。当流入接收管的有机溶剂液面高于接收管的支管时，有机溶剂就流回至烧瓶中。待水分体积不再增加，读取其体积即得到样品的水分含量。

常用的有机溶剂有甲苯（沸点 110.6℃，相对密度 0.8669）、二甲苯（邻二甲苯沸点 144℃，相对密度 0.897；间二甲苯沸点 139.3℃，相对密度 0.867；对二甲苯沸点 138.5℃，相对密度 0.861）和正戊醇（沸点 137.8℃，相对密度 0.812～0.819）。

1.3.2 仪器和试剂

（1）仪器 水分测定蒸馏器（如图 1-1 所示）；电子天平（0.1mg）；食品切碎机。
（2）试剂 二甲苯-正戊醇（1+1）：取二甲苯、正戊醇各 100mL，先以水饱和后，分去水层，进行蒸馏，收集馏出液备用。

1.3.3 测定方法

将楔形块状奶酪切成条，用食品切碎机切 3 次；或将楔形奶酪放在食品切碎机中捣碎，也可切成细条再混匀。

准确称取适量样品（含水 2～5mL），放入水分测定蒸馏器的烧瓶中，加 75mL 新蒸馏的二甲苯-正戊醇（1+1），连接水分测定蒸馏器装置。从冷凝管顶端注入二甲苯-正戊醇（1+1），装满水分接收管。加热，缓慢蒸馏（每秒馏出约 2 滴），待大部分水分蒸出后，加快蒸馏速度至 4 滴/s，待水分全部蒸出后，接收管内的水层体积不再增加时，从冷凝管顶端加入二甲苯-正戊醇（1+1）冲洗。如冷凝管壁附有水滴，再蒸馏片刻，直至接收管上部及冷凝管壁无水滴附着为止。准确读取接收管内水层的体积。

1.3.4 计算

$$x = \frac{V \times 0.9982}{m} \times 100\% \qquad (1-2)$$

式中 x——奶酪样品中水分的质量分数，%；

V——水分测定蒸馏器接收管中水的体积，mL；

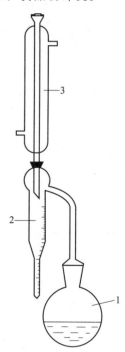

图 1-1 水分测定蒸馏器

1—250mL 蒸馏烧瓶；
2—水分刻度接收管；
3—冷凝管

m——样品的质量，g；

0.9982——20℃时水的密度，g/mL。

1.3.5 讨论

（1）由于一些样品中含有大量的挥发性物质，如醚类、芳香油、挥发酸、氨和 CO_2 等，用干燥法测定误差较大，使用蒸馏法较为准确。

（2）该法与干燥法有较大的差别，干燥法是以干燥后样品减少的质量为依据，而蒸馏法是以蒸馏收集到的样品中的水量为准，避免了挥发性物质减少及脂肪氧化对水分测定的影响。因此蒸馏法适用于含水较多又有较多挥发性成分的发酵食品及香辛料等食品，且是香料唯一公认的水分检验分析方法。

（3）一般加热时要用石棉网；如样品含糖量高，用油浴加热较好。

（4）样品如为粉状或半流体，须先将瓶底铺满干净海沙，再加入样品及共沸溶剂。

（5）所用共沸溶剂必须无水，可取甲苯或二甲苯，先以水饱和后，分去水层，进行蒸馏，收集馏出液备用；也可将甲苯或二甲苯经过氯化钙或无水硫酸钠干燥，过滤蒸馏，弃去最初馏出液，收集澄清透明溶液得无水甲苯或二甲苯。

（6）所用仪器必须刷洗干净，否则接收管和冷凝管壁将附着水珠。

（7）加热温度不宜太高，温度太高使冷凝管上端的水蒸气难以全部回收；蒸馏时间因样品而异，一般需 2~3h。

（8）有机溶剂用后，可用蒸馏法回收，以备再用。

（9）水与甲苯形成的共沸物，84.1℃沸腾；水与二甲苯形成的共沸物，92℃沸腾；水与苯形成的共沸物，69.4℃沸腾。

（10）对不同的样品，可以选择不同的蒸馏共沸溶剂。甲苯多用于测定大多数香辛料；正己烷用于测定含糖高的香辛料；对于高温易分解的样品，则用苯作共沸溶剂。

1.4 燃料用无水乙醇中微量水分的测定

燃料用无水乙醇中含水不超过 0.8%（体积分数）为合格，所以燃料用无水乙醇的含水量宜采用适于微量水分测定的卡尔·费休（Karl Fischer，KF）法来测定。

1.4.1 原理

利用无吡啶卡尔·费休试剂（以下简称 KF 试剂）标定已知含量的水，求得 1mL KF 试剂相当于水的质量（mg，水当量）。再用无吡啶 KF 试剂滴定试样，根据消耗 KF 试剂的体积，即可计算出试样中的水分含量。选用自动卡尔·费休滴定仪，以电极之间电压的突然减小（或电流的突然增大）确定终点。基本原理如下：

$$ROH+SO_2+RN \longrightarrow (RNH) \cdot SO_3R$$
$$(RNH) \cdot SO_3R+2RN+I_2+H_2O \longrightarrow 2(RNH)I+(RNH) \cdot SO_4R$$
即 $$H_2O+I_2+SO_2+3RN+ROH \longrightarrow 2(RNH)I+(RNH) \cdot SO_4R$$

式中，RN 为有机碱，通常是多种有机碱的混合物；ROH 常指甲醇。

1.4.2 仪器和试剂

（1）仪器 全自动卡尔·费休滴定仪（图 1-2）；电子天平（0.1mg）；微量注射器（25μL、50μL）；注射器（2mL、5mL、25mL、50mL）。

（2）试剂

① 卡尔·费休试剂 每毫升试剂相当于 3～5mg 水（须用稳定性好、可靠的成品）。

② 无水甲醇 水分含量小于 0.05%（质量分数）。如含量高于此值，可向 500mL 甲醇瓶中加入 5A 分子筛 50g，盖紧瓶塞，放置过夜，然后取上层清液使用。

③ 水标准溶液 采用原子吸收光谱用水或者液相色谱分析用水，也可用普通蒸馏水经石英亚沸蒸馏器再次蒸馏的重蒸水或三次蒸馏水。

④ 水-甲醇标准溶液（1mL 溶液含 10mg 水） 准确吸取 1.00mL 水标准溶液于预先充分干燥、盛有约 50mL 无水甲醇的 100mL 容量瓶中，用无水甲醇定容，混匀备用。

图 1-2 全自动卡尔·费休滴定仪

1.4.3 测定方法

（1）微量水分测定仪的工作原理 测定样品中微量水分或测定深色样品时常用"永停法"来确定终点。其原理是浸入溶液中的电极同加 10～25mV 电压，当溶液中全部为碘化合物而无游离碘时，电极间极化，无电流通过；当溶液中有游离碘时，体系呈去极化，溶液导电，有电流通过，微安表指针偏转至一定刻度并保持不变，即为终点。上海化工研究院研制的 KF-1 型微量水分测定仪具有"永停法"装置。梅特勒托利多（METTLER TOLEDO）生产的微量水分测定仪也采用该原理。

（2）标定 KF 试剂 按质量法称取水标准溶液或按体积法吸取水-甲醇标准溶液进行标定。

① 按质量法称取水标准溶液 用微量注射器吸取约 20μL 水标准溶液，用滤纸揩去针头外部附着的微量水滴，将注射器放入与仪器配套的电子天平中称量，然后迅速打开进样口的塞子，将其注入滴定瓶中（注意：最后一滴水应吸回针管中，不要残留在针头外），将微量注射器重新放回电子天平中称量，用减量法算得实际加入水标准溶液的质量（精确至0.1mg），输入到仪器中，设定和启动用水标准溶液标定时的参数和程序进行自动滴定直至终点。KF 试剂的消耗量及水当量结果自动显示或打印出来。

② 按体积法吸取水-甲醇标准溶液 准确吸取 2.00mL 水-甲醇标准溶液，迅速打开进样口的塞子，将其注入滴定瓶中，设定和启动用水-甲醇标准溶液进行标定时的参数和程序进行自动滴定直至终点。KF 试剂的消耗量及水当量结果自动显示或打印出来。

（3）测定

① 试剂空白试验 吸取 25～50mL 无水甲醇加入到无水洁净的滴定瓶中，按照滴定仪操作说明书进行滴定，直至滴定终点。此为试剂空白试验。

② 试样测定　准确吸取 5.00mL 燃料用无水乙醇试样，同标定时一样，将试样注入无水洁净的滴定瓶中，按仪器操作说明书要求，启动样品测定程序，用 KF 试剂滴定直至终点。消耗 KF 试剂的体积和试样的含水量（质量分数，%）自动显示并打印出来。

1.4.4　计算

（1）KF 试剂的水当量（T）

$$T = \frac{m_1}{V_1} \quad \text{或} \quad T = \frac{cV_2}{V_1} \tag{1-3}$$

式中　T——KF 试剂的水当量，mg H_2O/mL；

m_1——注入滴定瓶中水的质量，mg；

V_1——标定时消耗 KF 试剂的体积，mL；

c——每毫升水-甲醇标准溶液中所含水的质量，mg/mL；

V_2——注入滴定瓶中水-甲醇标准溶液的体积，mL。

（2）试样中的水分

以质量分数（%）表示时：

$$x = \frac{(V_3 - V_0)T \times 10^{-3}}{V\rho} \times 100\% = \frac{(V_3 - V_0)T \times 10^{-3}}{m} \times 100\% \tag{1-4}$$

式中　V_3——滴定试样时消耗 KF 试剂的体积，mL；

V_0——滴定试剂空白时消耗 KF 试剂的体积，mL；

T——KF 试剂的水当量，mg H_2O/mL；

V——取样量，mL；

ρ——试样的密度，g/cm^3；

m——试样的质量，g。

换算成体积分数（%）时，可按下式计算：

$$y = \frac{x\rho}{\rho_1} \tag{1-5}$$

式中　ρ——20℃时试样的密度，g/cm^3；

ρ_1——20℃时水的密度，g/cm^3。

取两次重复测定结果的算术平均值作为试样中水分的含量（体积分数），精确至 0.01%。

1.4.5　讨论

（1）卡尔·费休法是化工产品水分测定的主要方法之一，常被作为水分特别是痕量水分的标准测定方法。采用全自动卡尔·费休滴定仪和商品试剂，可以迅速而准确地测定水分。

（2）卡尔·费休法属于非水滴定法，所用容器均需按程序严格净化、干燥。

（3）该法参考《变性燃料乙醇》（GB 18350—2013）。

（4）该法重现性要求：在同一实验室，同一分析者使用同一台仪器分析同一样品，重复测定所得结果之差不应超过 0.008%（体积分数）。

（5）卡尔·费休试剂需每日标定。

（6）测定时取样量可根据样品中水分含量的高低进行增减。一般水分含量（质量分数）

在 0.2% 左右时，可取样 5.00mL；水分含量（质量分数）在 0.5% 左右时，可取样 2.00mL。

（7）试验表明，卡尔·费休法测定样品中的水分等于烘箱干燥法测定的水分加上干燥法烘过的样品经卡尔·费休法测定的残留水分，说明卡尔·费休法测定水分也能将样品中的结合水测定出来，反映样品中的实际水分含量。所以，测定样品中的水分活度值也可按照此方法的原理进行。

2

糖类的测定

糖类是微生物发酵所需要的主要碳源，工业发酵中的糖类主要有淀粉、糊精、双糖、单糖等。

糖类的测定在工业发酵中具有特别重要的意义。原料中的淀粉含量是原料的重要质量指标；发酵过程中可以根据糖量的变化，判断发酵是否正常；发酵生产（如谷氨酸等的生产）中，也需测定发酵醪中的残糖含量以确定发酵终止时间。此外，淀粉酶、糖化酶的活力测定实际上也是通过测定糖量进行计算的。

2.1 淀粉质原料中粗淀粉的测定

测定淀粉质原料（如玉米、小麦、大麦、马铃薯、甘薯、木薯等）中淀粉含量的目的是掌握购进原料的质量（可利用性），进而估计原料的成品产率，如玉米的酒精产率等。

测定原料中淀粉含量的方法较多，但均需将淀粉水解成单糖，通过测定单糖含量计算原料中淀粉的含量。

淀粉是多糖类物质，可逐步水解为短链淀粉、糊精、麦芽糖、葡萄糖。工业上将淀粉水解成糖常用的方法曾有三种：酸解法、酸酶法和双酶法。其中，双酶法制糖因具有葡萄糖值（DE值）高的优势，在发酵企业中已取代酸解法和酸酶法而成为常规工艺。根据淀粉糖生产企业资料，不同的糖化工艺所得糖化液（醪）的DE值不同——酸解法91%，酸酶法95%，双酶法98%。可以看出，双酶法葡萄糖值最高，糖液杂质（灰分、羟甲基糠醛、色素等）最少，糖的精制较容易。

依据上述资料分析，并通过实验室比对实验已认定，淀粉质原料中淀粉含量的测定，其淀粉水解以双酶法为宜，因该法可提高淀粉含量测定的准确度。但廉-爱农（Lane-Eynon）法仍是测定糖类最经典的传统方法，现在也是国内发酵企业的通用方法。

2.1.1 廉-爱农法测糖原理

葡萄糖（或其他还原糖）能还原铜盐类（以酒石酸钾钠铜为最显著）为氧化亚铜（Cu_2O），呈砖红色沉淀。主要反应如下。

（1）淀粉经水解生成葡萄糖，葡萄糖中的醛基易被氧化。

$$(C_6H_{10}O_5)_n + nH_2O \xrightarrow{\text{酶或酸}} nC_6H_{12}O_6$$
淀粉　　　　　　　　　　　葡萄糖

$$\underset{\text{葡萄糖}}{\begin{matrix} CHO \\ | \\ (CHOH)_4 \\ | \\ CH_2OH \end{matrix}} \xrightarrow{[O]} \underset{\text{葡萄糖酸}}{\begin{matrix} COOH \\ | \\ (CHOH)_4 \\ | \\ CH_2OH \end{matrix}} \xrightarrow{[O]} \underset{\text{葡萄糖二酸}}{\begin{matrix} COOH \\ | \\ (CHOH)_4 \\ | \\ COOH \end{matrix}} + H_2O$$

（2）对于果糖，其氧化比例和葡萄糖的氧化比例大致相同，在稀碱溶液中，果糖可发生酮式-烯醇式互变，羰基不断转变成醛基，并与氧化剂发生反应，生成甲醛和三羟基戊二酸，反应式如下。

$$\underset{\text{果糖}}{\begin{matrix} CH_2OH \\ | \\ C=O \\ | \\ (CHOH)_3 \\ | \\ CH_2OH \end{matrix}} \xrightarrow{[O]} \underset{\text{阿拉伯糖酸}}{\begin{matrix} COOH \\ | \\ (CHOH)_3 \\ | \\ CH_2OH \end{matrix}} \xrightarrow{[O]} \underset{\text{三羟基戊二酸}}{\begin{matrix} COOH \\ | \\ (CHOH)_3 \\ | \\ COOH \end{matrix}} + \underset{\text{甲醛}}{\begin{matrix} H \\ | \\ H-C=O \end{matrix}}$$

随着氧化剂氧化能力的增强，上述氧化反应还可继续进行，结果是碳链断裂（最后生成CO_2）。

（3）费林（Fehling）试剂是一种氧化剂，由甲液和乙液组成，甲液为$CuSO_4$溶液，乙液为NaOH和酒石酸钾钠（$NaKC_4H_4O_6$）溶液，平时甲液、乙液分别贮存，使用时等体积混合。混合后，$CuSO_4$和NaOH反应，生成蓝色的$Cu(OH)_2$沉淀。

$$CuSO_4 + 2NaOH \longrightarrow Cu(OH)_2\downarrow + Na_2SO_4$$

生成的$Cu(OH)_2$沉淀与酒石酸钾钠反应，生成天蓝色的酒石酸钾钠铜配合物，使$Cu(OH)_2$溶解。

$$\underset{\text{酒石酸钾钠}}{\begin{matrix} COONa \\ | \\ CHOH \\ | \\ CHOH \\ | \\ COOK \end{matrix}} + Cu(OH)_2 \longrightarrow \underset{\text{酒石酸钾钠铜}}{\begin{matrix} COONa \\ | \\ CHO \\ | \\ CHO \\ | \\ COOK \end{matrix}}\!\!\Big\rangle Cu + 2H_2O$$

该配合物与还原性物质共热时，二价铜被还原成一价的Cu_2O。Cu_2O沉淀不溶于碱性的费林试剂，它在刚开始沉淀时，沉淀物常因微粒太小而呈黄色或绿色，颗粒加大则变成砖红色（有某种非糖物质存在时，沉淀仍保持黄色）。

$$2\underset{\text{酒石酸钾钠铜}}{\begin{matrix} COONa \\ | \\ CHO \\ | \\ CHO \\ | \\ COOK \end{matrix}}\!\!\Big\rangle Cu + C_6H_{12}O_6 + 2H_2O \longrightarrow Cu_2O\downarrow + 2\underset{\text{酒石酸钾钠}}{\begin{matrix} COONa \\ | \\ CHOH \\ | \\ CHOH \\ | \\ COOK \end{matrix}} + \underset{\text{葡萄糖酸}}{C_5H_{11}O_5\cdot COOH}$$

反应终点用亚甲基蓝指示剂显示。因亚甲基蓝氧化能力较二价铜弱，故待二价铜全部还原后，过量一滴还原糖立即使亚甲基蓝还原，溶液蓝色消失以示终点。

CHO
(CHOH)$_4$　+
CH$_2$OH

(CH$_3$)$_2$N—〔结构式〕—N$^+$(CH$_3$)$_2$Cl$^-$　+H$_2$O ⟶

COOH
(CHOH)$_4$　+
CH$_2$OH

(CH$_3$)$_2$N—〔结构式〕—N(CH$_3$)$_2$　+ HCl

亚甲基蓝(蓝色)　　　　　　　　　　　　　　　　　　　　　　　(无色)

2.1.2　仪器和试剂

（1）仪器　电子天平（0.1mg）；电热恒温水浴锅；电热恒温干燥箱；调温电热套；回流装置（250mL）。

（2）试剂

① 费林试剂　甲液：称取 69.3g 硫酸铜（CuSO$_4$·5H$_2$O），用水溶解并稀释至 1000mL，如有不溶物，可用滤纸过滤。

乙液：称取 346g 酒石酸钾钠（NaKC$_4$H$_4$O$_6$·4H$_2$O）、100g NaOH，用水溶解后定容至 1000mL。

注：配制该溶液时，先溶解 NaOH，NaOH 遇水大量放热，此时分次加入酒石酸钾钠。

② 20g/L 的 HCl 溶液　量取 4.5mL 浓 HCl，用水定容至 100mL。

③ 20% 的 NaOH 溶液　称取 20g NaOH，用水溶解并稀释至 100mL。

④ 1% 的亚甲基蓝指示剂　称取 1g 亚甲基蓝，加 100mL 水，加热溶解，冷却后贮存于棕色瓶中。

⑤ 0.2% 的标准葡萄糖溶液　准确称取 2.0000g 无水葡萄糖（预先在 100～105℃ 干燥 2h），用水溶解，加 5mL 浓 HCl，用水定容至 1000mL。

2.1.3　测定方法

（1）淀粉试样的水解　准确称取试样 1.5～2g（称准至 0.0001g），置入 250mL 磨口锥形瓶中。加 100mL 20g/L 的 HCl 溶液，轻轻摇动锥形瓶，使试样充分润湿。瓶口安装冷凝器，于沸水浴中回流水解 3h。取出，迅速冷却，立即用 20% 的 NaOH 溶液中和至微酸性或中性（用 pH 试纸试验）。用脱脂棉过滤（或离心），滤液用 500mL 容量瓶接收，用水充分洗涤残渣和脱脂棉，然后用水定容至刻度，摇匀，作为供试水解糖液。

（2）费林试剂的校正　吸取费林试剂甲液、乙液各 5.00mL，置入 250mL 锥形瓶中，摇匀，加 20mL 水，摇匀。从滴定管中加入约 24mL 0.2% 的标准葡萄糖溶液（其预加量应控制在后滴定时消耗 0.2% 的标准葡萄糖溶液在 1mL 以内，如有超过或不足，则应增加或减少最初加入标准葡萄糖溶液的体积，重新滴定），摇匀，于电热套上加热至沸，并保持微沸 2min。加 2 滴 1% 的亚甲基蓝指示剂，继续用 0.2% 的标准葡萄糖溶液滴定至蓝色消失，此滴定操作需在 1min 内完成。记录消耗标准葡萄糖溶液的总体积 V(mL)。

费林试剂校正值的计算如下。

先求得与 10mL 费林试剂相当的葡萄糖质量 F(g)：

$$F = cV \tag{2-1}$$

式中　c——标准葡萄糖溶液的浓度，g/mL；

V——消耗葡萄糖溶液的总体积，mL。

再从附表 1 查得与 V(mL) 相当的葡萄糖质量 F_0(g)，费林试剂校正值 f 为：

$$f = \frac{F}{F_0} = \frac{cV}{F_0} \qquad (2\text{-}2)$$

（3）试样的预测　吸取费林试剂甲液、乙液各 5.00mL，置入 250mL 锥形瓶中，摇匀，加 20mL 水，摇匀，于电热套上加热至沸。加 2 滴 1% 的亚甲基蓝指示剂，用水解糖液滴定至蓝色消失，记录消耗水解糖液的体积 V_1（mL）。

（4）试样的测定　吸取费林试剂甲液、乙液各 5.00mL，置入 250mL 锥形瓶中，摇匀，并在滴定管中预先加入适量（$V_1 - 1$mL）的水解糖液（其量应控制在后滴定时消耗水解糖液在 1mL 以内），加 44mL $- V_1 + 1$mL 水（使之与费林试剂校正时滴定前的溶液体积相同），摇匀，于电热套上加热至沸，并保持微沸 2min。加 2 滴 1% 的亚甲基蓝指示剂，继续用水解糖液滴定至蓝色消失，此滴定操作需在 1min 内完成。记录消耗水解糖液的总体积 V_2（mL）。

2.1.4　计算

从附表 1 查得 10mL 费林试剂消耗的水解糖液体积 V_2（mL）相当于 100mL 水解糖液中所含葡萄糖的质量 G（mg），则 1mL 水解糖液中含葡萄糖的质量为 $G/100$（mg），再乘以费林试剂校正值，即为 1mL 水解糖液中实际含葡萄糖的质量（mg）。

$$m = \frac{G}{100} \times \frac{1}{1000} \times f \qquad (2\text{-}3)$$

$$x = \frac{G}{100} \times \frac{1}{1000} \times f \times 500 \times \frac{1}{w} \times 0.9 \times 100\% \qquad (2\text{-}4)$$

式中　m——1mL 水解糖液中实际含葡萄糖的质量，g；

$\quad\quad x$——试样中粗淀粉的含量（质量分数），%；

$\quad\quad w$——试样的质量，g；

$\quad\quad$500——试样的稀释体积，mL；

$\quad\quad$0.9——葡萄糖与淀粉的换算系数。

2.1.5　讨论

（1）盐酸水解法适用于谷物、薯类等淀粉质原料。对含单宁较高的植物类原料，如橡子等，应先用乙酸铅除去单宁。因单宁可还原费林试剂，会使结果偏高。对含多聚戊糖、半纤维素较高的壳皮类原料，如麸皮、稻壳、谷糠、高粱等，应使用酶法水解。否则，经酸水解生成的糠醛能还原费林试剂，也会使结果偏高。

（2）费林试剂的校正也可采用碘量法。

（3）费林试剂测糖的实质是二价铜被糖中的醛基还原。该反应在强碱性溶液中、沸腾情况下进行，产物极为复杂，为得到准确结果，必须严格遵循操作规程。

① 费林试剂甲液、乙液平时应分别贮存，用时再混合，否则酒石酸钾钠铜配合物长时间处在碱性条件下会分解。

② 费林试剂吸量要准确，尤其是甲液。因起反应的是二价铜，吸量不准就会造成较大误差。

③ 测定时反应液的酸碱度要一致，即需严格控制反应液的体积。比较费林试剂校

正时预加标准葡萄糖溶液的体积和试样测定时预加水解糖液的体积，相差部分以水调整。

④ 反应时温度需一致，一般采用可调温电热套或 800W 电炉，待温度恒定后再进行滴定，并控制在 2min 内沸腾。否则沸腾时间改变，会使蒸发量有变化，进而引起反应液浓度发生变化，造成误差。

⑤ 滴定速度需一致，一般以 2～3s 一滴的速度进行。滴定速度过快，消耗糖量增加，反之消耗糖量就减少。

⑥ 亚甲基蓝也是一种氧化还原性物质，过早加入与过量加入均会造成滴定误差。

⑦ 滴定必须在沸腾条件下进行，是因为该条件可以加快还原糖与 Cu^{2+} 的反应速率；同时亚甲基蓝变色反应是可逆的，还原型亚甲基蓝遇到空气中的氧时会被氧化为氧化型。此外，反应产物中的 Cu_2O 极不稳定，易被空气氧化而增加耗糖量。故滴定时不能随意摇动锥形瓶，更不能从电热套上取下后再进行滴定。

（4）试样经酸水解后应立即冷却，并用碱中和至中性或微酸性。因在强酸共热条件下葡萄糖会脱水生成糠醛，而在碱性溶液中易发生异构化和分解反应等。调 pH 过程中，20% 的 NaOH 溶液要谨慎加入，pH 至微酸性或中性时溶液应呈淡黄色，如果变为棕色，则是加碱过量。

（5）葡萄糖与淀粉的换算系数为 0.9，来源于：

$$(C_6H_{10}O_5)_n + nH_2O \longrightarrow nC_6H_{12}O_6$$

淀粉中葡萄糖残基的相对分子质量为 162，葡萄糖的相对分子质量为 180，其比值为 $162:180=0.9$。

（6）常见淀粉质原料中淀粉的质量分数为：玉米 60%～65%，高粱 61%～64%，小麦 67% 左右，大米 70% 以上，马铃薯约 25%。

（7）玉米淀粉（corn starch）是玉米的初级产品。目前世界淀粉年产量约为 4600 万吨，其中 81% 是玉米淀粉，其余为木薯淀粉、小麦淀粉、马铃薯淀粉。玉米淀粉能够独占鳌头的原因，不仅是玉米原料丰富、价格便宜，还因为在所有淀粉生产中都产有副产品，而以玉米淀粉的副产品所得的回报最大。100kg 玉米除可制得淀粉约 66kg 外，还可得到副产品玉米蛋白粉 6.3kg（含 60% 蛋白质）、玉米油 2.7kg、纤维饲料 23kg（含 21% 蛋白质）。据统计，100t 玉米入厂可以产出 98t 以上的产品，而玉米蛋白粉和玉米油的售价都高于主产品淀粉的价格。特别是玉米油含较高的亚油酸、亚麻酸及维生素 E，有预防和治疗心血管病的效果。据日本报道，长期食用玉米油可使人体胆固醇浓度降低 16%。因此说玉米浑身都是宝，是名副其实的。由于以淀粉为起始原料的深加工产品附加值高，因此淀粉厂都把淀粉进一步深加工为各种产品，现其产品主要有淀粉糖、变性淀粉、有机化学品三大类。

2.2　糖化醪中还原糖、总糖的测定

2.2.1　原理

同 2.1.1 节，但糖化醪中总糖、还原糖含量很高，需注意稀释。

2.2.2 仪器和试剂

（1）仪器 同 2.1.2 节。

（2）试剂

① 20%（体积分数）的 HCl 溶液 量取 20mL 浓 HCl，缓慢倒入 80mL 水中。

② 其余同 2.1.2 节。

2.2.3 测定方法

（1）还原糖的测定 取 50.0mL 待测试样，用水定容至 250mL 容量瓶中，用脱脂棉过滤至 100mL 容量瓶中，盖紧，待测。

费林试剂的校正同 2.1.3 节中的（2）。

① 还原糖的预测 吸取费林试剂甲液、乙液各 5.00mL 置于 250mL 磨口锥形瓶中，摇匀，加上述滤液 5.00mL，加 20mL 水，摇匀。置于电热套上加热至沸腾，并保持微沸 2min，加 2 滴 1% 的亚甲基蓝指示剂，然后以 2～3s 一滴的速度用 0.2% 的标准葡萄糖溶液滴定至蓝色消失，记录消耗标准葡萄糖溶液的体积 V_1（mL）。

② 还原糖的正式测定 吸取费林试剂甲液、乙液各 5.00mL 置于 250mL 磨口锥形瓶中，摇匀，加待测滤液 5.00mL，加 0.2% 的标准葡萄糖溶液 V_1-1mL，加水 44mL－5mL－V_1＋1mL（使之与 2.1.3 节费林试剂校正时加热前的溶液体积相同），摇匀。置于电热套上加热至沸腾，并保持微沸 2min，加 2 滴 1% 的亚甲基蓝指示剂，然后以 2～3s 一滴的速度滴加 0.2% 的标准葡萄糖溶液滴定至蓝色消失，此滴定操作需在 1min 内完成，其消耗 0.2% 的标准葡萄糖溶液控制在 1mL 以内（如有超过或不足，则应增加或减少最初加入标准葡萄糖溶液的体积，重新滴定），记录消耗标准葡萄糖溶液的总体积 V_2（mL）。测定结果用 100mL 糖化醪中所含以葡萄糖计的还原糖质量（g）表示。

（2）总糖的测定 取 50.0mL 待测试样于 250mL 磨口锥形瓶中，加 30mL 水、20mL 20% 的 HCl 溶液，瓶口安装冷凝器，在沸水浴中回流水解 1h，然后迅速冷却，立即用 20% 的 NaOH 溶液中和至微酸性或中性，用水定容至 250mL，用脱脂棉过滤至 100mL 容量瓶中，盖紧，待测。

试样中总糖的预测、正式测定的步骤及计算与还原糖的相同。

2.2.4 计算

$$x = \frac{(V-V_2)c}{50.0 \times \frac{V_s}{250}} \times 100 \tag{2-5}$$

式中 x——糖化醪试样中还原糖的含量（以葡萄糖计），g/100mL；

     V——校正费林试剂用 0.2% 标准葡萄糖溶液的体积，mL；

     V_2——测定试样消耗 0.2% 标准葡萄糖溶液的体积，mL；

     V_s——测定用滤液的体积，mL；

     c——标准葡萄糖溶液的浓度，0.002g/mL；

   50.0——试样的体积，mL；

250——试样稀释后的体积，mL。

2.2.5 讨论

（1）根据试样的含糖情况，可取 50.0mL 或 100.0mL，定容至 250mL 容量瓶中。

（2）加入滤液的体积可根据含糖量高低酌情增减。

（3）试样在电热套上加热应保证 2min 内沸腾。

（4）糖化醪试样含糖量高，是环境中酵母菌类微生物的"美食"，故采样后应立即测定，并注意密封。

2.3　发酵成熟醪中残还原糖、残总糖的测定

发酵成熟醪中残还原糖的测定，在发酵中具有重要的指导意义。通过还原糖的变化，可以预测发酵是否正常，是否染菌。理论上讲，染菌后还原糖几乎不再降低；而正常发酵时，还原糖小于 1% 即可终止发酵。

2.3.1 原理

同廉-爱农法，但需用浓度较低的费林试剂溶液，使试样与费林试剂反应完全后，用标准葡萄糖溶液滴定剩余的二价铜，将标准葡萄糖溶液的用量与空白试验比较，计算试样中葡萄糖的量。为方便操作，配制试剂时亚甲基蓝指示剂直接加入到费林试剂甲液中，同时在费林试剂乙液中加入少量亚铁氰化钾 $[K_4Fe(CN)_6]$，亚铁氰化钾与反应中生成的砖红色氧化亚铜（Cu_2O）沉淀反应，生成可溶性复盐化合物，不再妨碍终点观察，使滴定终点更为明显。

$$\underset{\text{（砖红色）}}{Cu_2O} + K_4Fe(CN)_6 + H_2O \longrightarrow \underset{\text{（淡黄色）}}{K_2Cu_2Fe(CN)_6} + 2KOH$$

2.3.2 仪器和试剂

（1）仪器　10mL 微量滴定管；其余同 2.1.2 节。

（2）试剂

① 费林试剂　甲液：称取 15.00g $CuSO_4 \cdot 5H_2O$ 及 0.05g 亚甲基蓝，溶解于水，并用水定容至 1000mL，如有不溶物，可用滤纸过滤。

乙液：称取 50g 酒石酸钾钠（$NaKC_4H_4O_6$）、54g 氢氧化钠（$NaOH$）及 4g 亚铁氰化钾（$[K_4Fe(CN)_6] \cdot 3H_2O$），溶于水后用水定容至 1000mL，用烧结玻璃漏斗过滤。

注：配制该溶液时，先溶解 $NaOH$，$NaOH$ 遇水大量放热，此时分次加入酒石酸钾钠，最后加入亚铁氰化钾。

② 0.1% 的标准葡萄糖溶液　准确称取 1.0000g 无水葡萄糖（预先在 $100\sim105℃$ 干燥 2h），用水溶解，加 5mL 浓 HCl，用水定容至 1000mL。

③ 20%（体积分数）的 HCl 溶液　量取 20mL 浓 HCl，缓慢倒入 80mL 水中。

2.3.3 测定方法

（1）费林试剂的校正 吸取费林试剂甲液、乙液各 5.00mL 于 100mL 磨口锥形瓶中，摇匀，用微量滴定管加入 9mL 0.1％的标准葡萄糖溶液（其预加量应控制在后滴定时消耗 0.1％的标准葡萄糖溶液在 1mL 以内，如有超过或不足，则应增加或减少最初加入标准葡萄糖溶液的体积，重新滴定），混匀后置电热套上加热，使之在 2min 内沸腾。保持微沸 2min，然后以每 2～3s 一滴的速度继续滴入 0.1％的标准葡萄糖溶液，直至蓝色、紫红色消失为止，记录消耗 0.1％标准葡萄糖溶液的总体积 V_0（mL）。

（2）残还原糖的测定

① 预测 将试样过滤后，吸取滤液 2.00mL，置于盛有费林试剂甲液、乙液各 5.00mL 的 100mL 磨口锥形瓶中，加 7mL 水，混匀后置电热套上加热，继续同前标定操作，记录滴定消耗 0.1％标准葡萄糖溶液的总体积 V_1（mL）。

② 正式测定 吸取滤液 2.00mL，置于盛有费林试剂甲液、乙液各 5.00mL 的 100mL 磨口锥形瓶中，摇匀，加 V_1-1mL 0.1％的标准葡萄糖溶液，加 7mL$-V_1+1$mL 水，混匀后置电热套上加热，继续同前标定操作。记录消耗 0.1％标准葡萄糖溶液的总体积 V（mL）（后面的滴定中，滴入的糖液应控制在 0.5～1.0mL 以内；如果有超过或不足，则应增加或减少最初加入标准葡萄糖溶液的体积，重新滴定）。

测定结果用 100mL 发酵成熟醪中所含以葡萄糖计的还原糖质量（g）表示。

（3）残总糖的测定 吸取 25.0mL 试样于 250mL 磨口锥形瓶中，加 65mL 水及 10mL 20％的 HCl 溶液。瓶口安装冷凝器，置沸水浴中回流水解 1h。取出冷却，立即用 20％的 NaOH 溶液中和至微酸性或中性，移入 250mL 容量瓶中，用水稀释至刻度，过滤。吸取滤液 2.00mL，置于盛有费林试剂甲液、乙液各 5.00mL 的 100mL 磨口锥形瓶中，以下操作同残还原糖的测定。

测定结果用 100mL 发酵成熟醪中所含以葡萄糖计的还原糖质量（g）表示。

2.3.4 计算

$$x_1 = \frac{(V_0-V)c}{2.00} \times 100 \tag{2-6}$$

式中 x_1——发酵成熟醪试样中残还原糖的含量（以葡萄糖计），g/100mL；

V_0——费林试剂校正中消耗 0.1％标准葡萄糖溶液的体积，mL；

V——试样测定中消耗 0.1％标准葡萄糖溶液的体积，mL；

c——标准葡萄糖溶液的浓度，0.001g/mL；

2.00——试样的用量，mL。

$$x_2 = \frac{(V_0-V)c}{25.0 \times \dfrac{V_s}{250}} \times 100 \tag{2-7}$$

式中 x_2——发酵成熟醪试样中残总糖的含量（以葡萄糖计），g/100mL；

V_0——费林试剂校正中消耗 0.1％标准葡萄糖溶液的体积，mL；

V——试样测定中消耗 0.1％标准葡萄糖溶液的体积，mL；

c——标准葡萄糖溶液的浓度，0.001g/mL；

V_s——测定用试样水解糖液的体积，mL；

25.0——取样量，mL；

250——试样水解糖液的总体积，mL。

3

发酵原料中粗蛋白质的测定

蛋白质是微生物发酵过程中所必需的重要氮源之一。

发酵原料中蛋白质含量的高低对发酵产品的质量影响很大。啤酒生产中要选用蛋白质含量较低的大麦等原料，因啤酒酿造中，若原料（大麦芽）中蛋白质含量过高，会造成啤酒浑浊、高级醇含量偏高；但对酱和酱油等发酵调味品来讲，则需选用蛋白质含量较高的原料；至于活性干酵母，含氮量则是评价其成品质量的一个重要指标，主要是判定活性酵母菌的数量。

凯氏（Kjeldahl）定氮法是目前测定总氮最准确（准确度可达±0.07%）和操作最简单的经典方法，在国内外应用较普遍，多用于酿造工业分析和动植物食品分析。此法由丹麦化学家约翰·凯道尔（Johan Kjeldahl，1849—1900）建立，后经不断完善，长期被作为国内外国家级检测机构法定的标准检测方法。

凯氏定氮法所测得的结果为试样中的总氮，即除蛋白质中的氮外，还包括氨基酸、酰胺、核酸等中的氮，将总氮换算成的蛋白质，称为粗蛋白质。

3.1　AOAC 凯氏定氮标准方法

2001 年，美国分析化学家协会（AOAC）经过验证，最终确定了以模块式加热消化、水蒸气蒸馏、硼酸吸收、盐酸滴定、指示剂指示颜色终点的凯氏定氮方法作为定氮技术参比试验条件，在欧美的 14 个权威实验室开展了凯氏定氮法的升级完善认证试验，形成 AOAC 定氮标准。

福斯（FOSS）的凯氏定氮仪，其技术规范完全符合选定标准，因此成为唯一指定的可选试验仪器。

3.1.1 凯氏定氮法原理

将试样与浓硫酸共热消化，使蛋白质分解生成氨（NH_3），NH_3 与硫酸（H_2SO_4）化合生成硫酸铵 $[(NH_4)_2SO_4]$；然后加碱（$NaOH$）蒸馏使 NH_3 游离；使用硼酸（H_3BO_3）吸收蒸馏出来的 NH_3；然后用 HCl 滴定；用甲基红-溴甲酚绿混合指示剂确定滴定终点。

凯氏定氮法的化学反应机理如下。

（1）浓 H_2SO_4 使试样中的有机物脱水炭化、氧化。

浓 H_2SO_4 在 338℃ 以上分解产生氧气，破坏有机物，生成 CO_2 和 H_2O。

$$2H_2SO_4 \longrightarrow 2SO_2\uparrow + 2H_2O + O_2\uparrow$$
$$C + O_2 \longrightarrow CO_2$$
$$2H_2 + O_2 \longrightarrow 2H_2O$$

$$\text{蛋白质} \xrightarrow{\text{浓}\,H_2SO_4} RCH(NH_2)COOH \xrightarrow{\text{浓}\,H_2SO_4} NH_3\uparrow + CO_2\uparrow + SO_2\uparrow + H_2O\uparrow$$
$$2NH_3 + H_2SO_4(\text{过量}) \longrightarrow (NH_4)_2SO_4$$

在消化过程中，NH_3 和 H_2SO_4 反应生成 $(NH_4)_2SO_4$，留在溶液中，其他的产物 CO_2、SO_2 及 H_2O 都挥发逸出。

（2）$CuSO_4$ 作为催化剂，加快反应速率。

$$2CuSO_4 \longrightarrow Cu_2SO_4 + SO_2\uparrow + 2[O]$$
$$2CuSO_4 + C \longrightarrow Cu_2SO_4 + SO_2\uparrow + CO_2\uparrow$$
$$Cu_2SO_4 + 2H_2SO_4 \longrightarrow 2CuSO_4 + 2H_2O + SO_2\uparrow$$

此反应反复循环地进行，反应中产生的新生态氧使有机物加快降解。

（3）K_2SO_4 使反应液沸点提高，可达 400℃。

$$K_2SO_4 + H_2SO_4 \longrightarrow 2KHSO_4$$
$$2KHSO_4 \longrightarrow K_2SO_4 + SO_3\uparrow + H_2O$$

（4）H_2O_2 可加速有机物分解。

$$H_2O_2 + 2H^+ \longrightarrow 2H_2O \qquad E_0 = 1.77V$$
$$O_2 + 4H^+ \longrightarrow 2H_2O \qquad E_0 = 1.299V$$

H_2O_2 的氧化能力比氧强。

（5）40% 的 $NaOH$ 与消化液中的 $(NH_4)_2SO_4$ 反应生成的 NH_3 通过蒸馏游离出来。

$$(NH_4)_2SO_4 + 2NaOH \longrightarrow Na_2SO_4 + 2H_2O + 2NH_3\uparrow$$

蒸馏出来的氨被 H_3BO_3 吸收：

$$2NH_3 + 4H_3BO_3 \longrightarrow (NH_4)_2B_4O_7 + 5H_2O$$

生成的 $(NH_4)_2B_4O_7$ 用 HCl 滴定：

$$(NH_4)_2B_4O_7 + 2HCl + 5H_2O \longrightarrow 2NH_4Cl + 4H_3BO_3$$

3.1.2 仪器和试剂

（1）仪器　全自动凯氏定氮仪；蛋白质消化炉；电子天平（0.1mg）；磨或粉碎机。

（2）试剂

① 浓 H_2SO_4。

② 催化剂（凯氏消化片，每片含 3.5g K_2SO_4、0.4g $CuSO_4 \cdot 5H_2O$）。

③ 30% 的 H_2O_2 溶液。

④ 40% 的 NaOH 溶液　称取 40g NaOH，用水缓慢溶解并定容至 100mL。

⑤ 0.2% 的甲基红溶液　称取 0.2g 甲基红，溶于 100mL 95% 的乙醇溶液中。

⑥ 0.1% 的溴甲酚绿溶液　称取 0.1g 溴甲酚绿，溶于 100mL 95% 的乙醇溶液中。

⑦ 甲基红-溴甲酚绿混合指示剂　将 1 份 0.2% 的甲基红乙醇溶液与 3 份 0.1% 的溴甲酚绿乙醇溶液临用时混合。

⑧ 1% 的 H_3BO_3 溶液　称取 10g 硼酸，用水溶解并稀释定容至 1000mL。

⑨ $c(HCl) = 0.1mol/L$ 的 HCl 标准滴定溶液　量取 9mL 浓 HCl 于 1000mL 容量瓶中，用水稀释并定容至刻度。

标定：准确称取 0.2g（精确至 0.1mg）在 270～300℃ 干燥至恒重的基准无水碳酸钠，加 50mL 水使之溶解，加 10 滴甲基红-溴甲酚绿混合指示剂，用上述盐酸标准滴定溶液滴定至溶液由绿色转变为紫红色，煮沸 2min，冷却至室温，继续滴定至暗紫色即为终点。同时做试剂空白试验。

计算：

$$c(HCl) = \frac{m}{(V_1 - V_0) \times 0.0530} \tag{3-1}$$

式中　$c(HCl)$——盐酸标准滴定溶液的实际浓度，mol/L；

　　　　m——基准无水碳酸钠的质量，g；

　　　　V_1——滴定消耗盐酸标准滴定溶液的体积，mL；

　　　　V_0——空白试验消耗盐酸标准滴定溶液的体积，mL；

　　0.0530——与 1.00mL 盐酸标准滴定溶液 $[c(HCl) = 1.000mol/L]$ 相当的无水碳酸钠的质量，g。

3.1.3　测定方法

（1）试样的消化　选择适宜的磨或粉碎机把样品粉碎，准确称取 0.5～2g（精确至 0.1mg）均匀试样（含氮 30～40mg），置于 250mL 消化管中，加 2 片凯氏消化片，加 12mL 浓 H_2SO_4，轻轻转动消化管使 H_2SO_4 浸透试样。将消化管放入消化管架中，然后置于消化炉上，随即盖好排废罩，排气管一端连接水龙头。打开水抽气泵或排废装置和消化炉开关。消化至消化液清澈透明呈蓝绿色 30min 后，消化炉停止加热，将消化管架和排废罩移出消化炉冷却至室温。如果消化液色泽极难褪去，待冷却后，沿消化管壁缓慢加入 3～5mL 30% 的 H_2O_2 溶液，继续消化，直至消化液澄清透明呈蓝绿色为止。（用该装置消化温度可达 450℃，一般样品 1h 即可，消化时间在程序中预先设定。）

同时做试剂空白试验。

（2）蒸馏和滴定　取下消化管，置于全自动凯氏定氮仪的蒸馏托架上，稍加旋转，使其密封，关闭安全门。启动自动操作程序，用 80mL 蒸馏水稀释冷却的消化液；向接收瓶内加入 25～30mL 1% 的硼酸接收液；向消化管中加入 50mL 40% 的 NaOH 溶液；开始蒸馏。选用延时或安全模式以避免剧烈反应。蒸馏结束，用 0.1mol/L 的 HCl 标准滴定溶液滴定，仪器自动判断滴定终点。结果显示在屏幕上或被打印出来。

3.1.4 计算

$$x = \frac{(V_1 - V_0)c \times 0.01401}{m} \times 6.25 \times 100\%$$

(3-2)

式中 x——试样中粗蛋白质的含量（质量分数），%；

V_1——样品消耗盐酸标准滴定溶液的体积，mL；

V_0——空白试验消耗盐酸标准滴定溶液的体积，mL；

c——盐酸标准滴定溶液的实际浓度，mol/L；

0.01401——与 1.00mL 盐酸标准滴定溶液 $[c(HCl) = 1.000 mol/L]$ 相当的氮的质量，g；

m——试样的质量，g；

6.25——氮与蛋白质的换算系数。

3.1.5 讨论

(1) 样品均匀度和样品量影响消化效果，最好使用均匀且粒度小于 1mm 的样品。称样量中含氮量在 30～140mg 较为理想，样品称取量可参考表 3-1。

表 3-1 凯氏定氮法取样量参考

蛋白质含量/%	样品量/mg
<5	1000～5000
5～30	500～1500
>30	200～1000

(2) 凯氏定氮法应用中的主要问题是样品的制备，对于固体样品，为得到准确结果，样品磨的选择很重要。表 3-2 对不同磨的工作原理和适用范围作了详细介绍，可为实际操作提供依据。

表 3-2 不同磨的工作原理和适用范围

类别	1090 盘式磨	1093 旋风磨	匀浆磨	Knife-tec 刀式磨
适用范围	干样品，最高 20% 水分或脂肪	干样品，最高 15% 水分或 20% 脂肪	高水分、高脂肪、高纤维素样品	高水分、高脂肪、高纤维素样品
样品种类	种子、豆子、干的粒状食品、肥料、药片	种子、食品、草料、药片、烟草、石灰、煤	草料、干饲料、肉、鱼、蔬菜、精制食品、化学试剂和药品	油料、预制食品、肉制品、水果、蔬菜、饲料
可处理样品的粒径或质量	14mm	10mm，大进样口可达 40mm	0.2～2kg	50～150g
工作原理	两个磨盘（一个转动，一个静止）	电机、筛子	旋转的刀具	旋转的刀片
工作效率或时间	约 3g/s	>4g/s	10～50s	2～10s

续表

类别	1090 盘式磨	1093 旋风磨	匀浆磨	Knife-tec 刀式磨
研磨速度	磨盘转速 3000r/min	电机转速 10000r/min	刀片转速 1500～3000r/min	刀片转速 20000r/min
磨样粒度	较粗	0.5mm 筛子最大粒度 0.45mm；1.0mm 筛子最大粒度 0.75mm	取决于样品	取决于样品
计时	不计时	不计时	计时	计时
安全性	微动开关	微动开关	磁性开关	微动开关
清洁方式	自动	自动	手工	手工

（3）液态样品，须有均质过程。如生鲜牛乳，通常将其在水浴锅中加热至 38℃，使块状脂肪溶解，消化前再冷却到 20℃。

（4）称量的试样尽可能送入消化管底部，若撒落在管口，会因不能参与消化而使测定结果偏低。消化炉温度设置宜逐渐升高至所需温度，尤其是含水分较多的试样，以免炭化时样品在消化管内溅射。

（5）为使试样消化完全，需加入过量的浓 H_2SO_4（对含脂肪较高或碳水化合物多的样品，浓 H_2SO_4 用量应适当增加；为提高沸点，K_2SO_4 加入量也要相应增大。推荐比例：1g 样品，K_2SO_4：浓 H_2SO_4＝7g：12mL）。消化液冷却后如呈固化状态，即为浓 H_2SO_4 加入量不足。若消化后残留的 H_2SO_4 不足 9mL，则 NH_3 的回收率低。若 K_2SO_4 加入量不足，氨化将不完全；但加入量过大，会导致体系温度过高，使生成的铵盐分解，造成氨的损失。

（6）受热后消化液即发生炭化，呈黑色。随着消化的进行，消化液从红褐色、黄绿色、苹果绿、翠绿色变化至蓝绿色，是因为有机物全部被消化完后，不再有硫酸亚铜（褐色）生成，溶液呈清澈的二价铜的蓝绿色。故硫酸铜除起催化作用外，还可指示消化终点的到达，以及作为下一步蒸馏时碱性反应的指示剂。出现蓝绿色后再消化 30min 即可终止。试样不同，试样量不同，消化时间有差异。

（7）过氧化氢是一种催化速度快、使用方便的催化剂，使用时需待消化液完全冷却后加入。

（8）消化结束，由于体系内温度较高，消化管内还在产生 SO_2 等刺激性气体，此时水抽气泵不可关闭，排废罩不可打开，直至完全冷却。否则即使是在通风橱中，仍会有大量气体聚集在室内。

（9）高热的消化管避免接触冷的支撑物表面，否则极易形成星状裂纹，再用于蒸馏时非常易破碎。

（10）不同原料，其蛋白质中氮的含量均有差异，一般按 16％ 计，所以由氮换算成蛋白质时，需乘上系数 6.25（即 100/16）。据测定经验，下述原料的转换系数为：玉米、高粱 6.24；大米 5.95；大麦、小米、燕麦、裸麦 5.83；乳制品 6.38；面粉 5.70；花生 5.46；大豆及其制品 5.71；肉与肉制品 6.25；芝麻、向日葵 5.30；一般食物 6.25。

（11）方法的准确性可用对照试验检查。

① 消化质量的检验　采用消化一个已知含氮量的标准物质的办法，通常选用甘氨酸（NH_2CH_2COOH）或乙酰苯胺（$C_6H_5NHCOCH_3$），含氮量分别为 18.67％ 和 10.37％。称取 0.5g（准确至 0.1mg），在试验测定的同样条件下消化、蒸馏、滴定后回收率误差应在 ±1％ 以内。

② 蒸馏质量的检验　称取 0.15g（准确至 0.1mg）纯度大于 99.5％ 的 $(NH_4)_2SO_4$，置于消化管中，加 75～100mL 水和 50mL 40％ 的 NaOH 溶液进行蒸馏、滴定。同时做试剂

空白试验。

$$回收率 = \frac{实际含氮量}{21.09\%} \times 100\% = \frac{(V_1 - V_0)c \times 0.01401}{m \times 21.09\%} \times 100\% \tag{3-3}$$

式中 V_1——样品消耗 HCl 标准滴定溶液的体积，mL；

　　　V_0——空白消耗 HCl 标准滴定溶液的体积，mL；

　　　c——HCl 标准滴定溶液的浓度，mol/L；

　　　m——称取硫酸铵的质量，g；

21.09%——99.5% 的 $(NH_4)_2SO_4$ 中氮的含量。

（12）新的凯氏定氮法操作要点：使用模块式整体加热方式消化样品，推荐使用带强制排废功能的设备；使用硫酸铜-硫酸钾混合催化剂和浓硫酸消化样品；使用水蒸气蒸馏碱化的消化液，推荐使用 FOSS 的 SAFE 蒸馏功能；使用硼酸（H_3BO_3）吸收蒸馏出来的 NH_3；使用稀的强酸滴定，推荐使用 HCl；使用甲基红-溴甲酚绿混合酸碱指示剂确定滴定终点；除已知确切的样品类型如小麦（5.70）外，所有（粗）蛋白质含量计算都使用 6.25 的转换系数。

（13）福斯特卡托公司（Foss Tecator）2300 自动定氮仪（Kjeltec 2300 Analyzer Unit）的工作原理：图 3-1 为福斯特卡托公司基尔特克 2300 自动定氮仪，其工作原理如下。

打开电源后，仪器自动执行自检程序，如果检测到故障，信息会在屏幕上显示。排除故障后，按回车键确认。分析程序在放入消化管 7 和关闭安全门后启动，接收液通过波纹泵 18 从接收液桶 17 输送至滴定缸 25，同时蒸馏水通过波纹泵 2 从蒸馏水桶 5 输送至消化管 7。如果设定普通分析模式，碱液通过波纹泵 10 从碱液桶 9 输送至消化管 7。一个延时后，蒸气阀 4 打开将蒸气送至消化管，同时冷凝水阀门 29 打开将冷水送至冷凝器 20。蒸馏出的气体通过冷凝器 20 冷凝被送至含有吸收液的滴定缸 25。

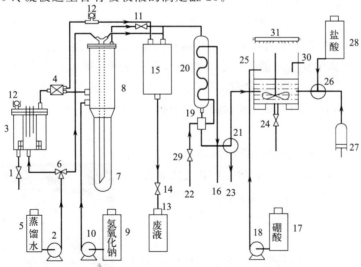

图 3-1　福斯特卡托公司基尔特克 2300 自动定氮仪

1—溢流阀；2,10,18—波纹泵；3—水蒸气发生器；4—蒸气阀；5—蒸馏水桶；6—阀门；
7—消化管；8—蒸馏系统；9—碱液（NaOH）桶；11—截止阀；12—安全阀；13—废液收集
桶；14—管路排放阀；15—膨胀缸；16—冷凝水排放口；17—接收液（H_3BO_3）桶；19—氨
缓冲器；20—冷凝器；21—止逆阀；22—冷却水；23—蒸馏水；24—排污阀；25—滴定缸；
26—滴定剂液位检测器；27—滴定器；28—滴定剂（HCl）桶；29—冷凝水阀门；
30—液位探针；31—光电管

注：如果使用安全（平衡安全蒸馏）专利申请中的模式功能，蒸气阀门与冷凝水阀门同时打开，即蒸气到达消化管的同时冷凝水到达冷凝器。此后碱液与蒸气同时被加入消化管，继续蒸馏直至到达终点，这一功能有助于消化管内固体残渣的溶解，也可减少剩余酸的剧烈反应。

在蒸馏的同时，根据滴定缸内指示剂的颜色，标准滴定溶液通过滴定器 27 从滴定剂桶 28 中输入。当滴定缸的液位上升至液位探针 30 时，微处理器通过光电管 31 控制是否到达终点。如果此时已到终点，蒸馏会继续补偿标准液加入的体积。如果不到终点，蒸馏会继续，直到一个稳定的终点。

注：在蒸馏的模式时间内系统会在预设的时间内结束，而不是程序去检查是否到达终点。

当蒸馏结束后，排污阀 24 打开，滴定缸 25 排污，此时蒸气继续冲洗系统。当滴定缸 25 排净后，蒸气阀 4 关闭，截止阀 11 动作，使消化管内液体排放至膨胀缸 15，管路排放阀 14 打开，废液排放至废液收集桶 13。结果显示在屏幕上，或打印出来。更换消化管，关闭安全门，开始下次分析。

（14）新的凯氏定氮法方法学的优势

① 模块式整体加热方式的优点　加热模块储热，使消化时温度保持稳定，波动小；整体式的加热模块能够使样品消化条件一致化，有利于减少误差；配合 FOSS 的消化技术，可以最大限度地提高消化效率和减少化学试剂消耗；推荐使用强制排废，这样更有利于稳定的消化和安全操作。

② 不同加热方式的比较　普通加热方式消化样品难以控制一致的条件和最大效率的消化；红外辐射方式的工作温度变化大，难以控制实际作用温度，无法进行最大效率的消化，否则可能造成过度作用；微波消化难以满足定氮消化的特点（定氮消化有临界限制温度），微波因采用内部受热聚热方式加热，难以确保高效率而又不超过限制温度。FOSS 的模块式消化方式严格控制条件，可达到最大效率的一致性消化而不会出现过度作用。

③ 硫酸铜-硫酸钾混合催化剂的优点　作用高效而温和，有利于得到更稳定的结果；与硒催化剂具有相同的催化效率且接近于最好的汞催化剂，但更加环保和稳定。

④ 蒸气蒸馏方式的优点　能更稳定高效地蒸出消化液中的氨，大大节省蒸馏时间。

⑤ 用弱酸硼酸吸收、强酸盐酸滴定的优点　硼酸吸收的方式使操作简单化，省去一种标准溶液和一个准确计量的步骤；和强酸吸收后碱定氮的作用一样，但具有绝对的优势。盐酸滴定简单明了，计算简便。

⑥ 甲基红-溴甲酚绿混合酸碱指示剂的优点　能清晰灵敏地反映滴定终点，完全满足凯氏定氮的精度需要。通过仪器监控终点颜色还可以避免人为的误差，达到更高一级的精度；方法简便直观，操作者可以直接判断结果可能的准确性。

（15）有资料介绍，针对凯氏定氮法存在样品前处理烦琐、操作麻烦、分析时间长、试剂对实验室环境有污染等问题，赛默飞世尔（热电）科技公司推出的 Thermo Scientific FLASH 4000 总氮/蛋白质分析仪（俗称杜马斯定氮仪，如图 3-2 所示）。多个权威分析协会如 AOAC、AACC（American Association of Cereal Chemists，美国谷物化学家协会）和 AOCS（American

图 3-2　Thermo Scientific FLASH 4000 总氮/蛋白质分析仪

Oil Chemists' Society，美国石油化学家协会）经过认证，认为可以替代凯氏定氮仪。在国内也已被国标《杜马斯燃烧法测定饲料原料中总氮含量及粗蛋白质的计算》（GB/T 24318—2009）所采纳使用。

3.2 半自动凯氏定氮测定法

3.2.1 原理

基本原理同 3.1.1 节，但采用标准酸（H_2SO_4）接收，过量的酸用标准碱（NaOH）滴定。该法消化和蒸馏为半自动，滴定为手工操作。

3.2.2 仪器和试剂

（1）仪器　蛋白质测定仪（国产）；消化炉；电子天平（0.1mg）；磨或粉碎机。

（2）试剂

① 浓 H_2SO_4。

② K_2SO_4。

③ $CuSO_4 \cdot 5H_2O$。

④ 30% 的 H_2O_2 溶液。

⑤ 30% 的 NaOH 溶液　称取 30g NaOH，用水缓慢溶解并定容至 100mL。

⑥ $c(H_2SO_4) = 0.05mol/L$ 的 H_2SO_4 标准滴定溶液　量取 2.8mL 浓 H_2SO_4 于 1000mL 容量瓶中，用水稀释并定容至刻度。

标定：吸取 20.00mL 硫酸标准滴定溶液，置于 250mL 锥形瓶中，加 2 滴 0.1% 的甲基红指示剂，用已标定过的 0.1mol/L 氢氧化钠标准滴定溶液滴定至黄色。

⑦ 0.1% 的甲基红指示剂　称取 0.1g 甲基红，溶于 100mL 95% 的乙醇溶液中。

⑧ $c(NaOH) = 0.1mol/L$ 的 NaOH 标准滴定溶液　称取 4g NaOH，用水溶解并定容至 1000mL。

标定：准确称取 0.4g 邻苯二甲酸氢钾（$HOOCC_6H_4COOK$，预先于 120℃ 干燥 2h），置于 250mL 锥形瓶中，加 50mL 新煮沸并冷却的蒸馏水，振摇使溶解，加 2 滴 0.5% 的酚酞指示剂，用 0.1mol/L 氢氧化钠标准滴定溶液滴定至微红色，30s 不褪色即为终点。同时做试剂空白试验。

计算：

$$c(NaOH) = \frac{m}{M(V_1 - V_0)} \times 1000 \qquad (3\text{-}4)$$

式中　m——邻苯二甲酸氢钾的质量，g；

　　　V_1——滴定消耗氢氧化钠标准滴定溶液的体积，mL；

　　　V_0——空白试验消耗氢氧化钠标准滴定溶液的体积，mL；

　　　M——邻苯二甲酸氢钾的摩尔质量，204.2g/mol。

⑨ 0.5% 的酚酞指示剂　称取 0.5g 酚酞，溶于 100mL 95% 的乙醇溶液中。

3.2.3 测定方法

（1）试样的消化　选择适宜的磨或粉碎机把样品粉碎，准确称取 0.5～2g（精确至 0.1mg）均匀试样（含氮 30～40mg），置于 250mL 消化管中，加 3g K_2SO_4、1g $CuSO_4 \cdot 5H_2O$、20mL 浓 H_2SO_4，轻轻转动消化管使 H_2SO_4 浸透试样。将消化管放入消化管架中，然后置于消化炉上，依次打开电源开关和水抽气泵。消化至消化液清澈透明呈蓝绿色，再继续消化 30min，冷却。如果消化液色泽极难褪去，待冷却后，沿消化管壁缓慢加入 3～5mL 30％的 H_2O_2 溶液，继续消化，直至消化液澄清透明呈蓝绿色为止。用该装置消化通常需要 2～3h。

同时做试剂空白试验。

（2）蒸馏　取下消化管，冷却后沿管壁缓慢加入 10mL 水，然后将消化管置于蛋白质测定仪蒸馏托架上，稍加旋转，使其密封，关闭安全门。接收端用一 250mL 锥形瓶，预先加入 25.0mL 或 50.0mL 0.05mol/L 的 H_2SO_4 标准滴定溶液，放在接收瓶托架上，使导出管末端伸入接收液内。开启碱液开关，加 30％的 NaOH 溶液至蒸馏液呈黑色为止。开启蒸馏（蒸气）开关，蒸馏至氨气全部逸出（接收液约 150mL）。蒸馏完毕，用少量蒸馏水冲洗导出管末端，取下接收瓶，然后关闭蒸馏（蒸气）开关。

（3）滴定　向接收瓶中加 4 滴 0.1％的甲基红指示剂，用 0.1mol/L 的 NaOH 标准滴定溶液滴定至黄色，即为终点。

3.2.4 计算

$$x_1 = \frac{c(V_0 - V_1) \times 0.01401}{m} \times 6.25 \times 100\% \tag{3-5}$$

式中　x_1——试样中粗蛋白质的含量（质量分数），％；

　　　　c——氢氧化钠标准滴定溶液的实际浓度，mol/L；

　　　　V_0——空白试验滴定过量硫酸标准滴定溶液消耗氢氧化钠标准滴定溶液的体积，mL；

　　　　V_1——测定试样滴定过量硫酸标准滴定溶液消耗氢氧化钠标准滴定溶液的体积，mL；

　　0.01401——与 1.00mL 硫酸标准滴定溶液 $[c(H_2SO_4) = 1.000mol/L]$ 相当的氮的质量，g；

　　　　m——试样的质量，g；

　　　6.25——氮与蛋白质的换算系数。

3.2.5 讨论

（1）用国产的半自动化的消化炉和蛋白质测定仪给本科生上课非常实用，比使用全自动的凯氏定氮仪学生动手机会多，比全手工操作节省学时，符合教学安排。

（2）国产的半自动化的消化炉和蛋白质测定仪可谓物美价廉，每台不到 1 万元，容易满足台套数；进口全自动凯氏定氮仪每台大约 15 万元，适合做演示实验或经常检测大批量样品。

（3）注意蛋白质测定仪的清洁卫生。蒸馏完毕，消化管应慢些取下，尤其到最后切忌蒸气导出管乱甩溅出残液腐蚀仪器或伤及操作人员；用后及时清洗碱泵，否则碱泵易堵塞且被腐蚀。

（4）实验室水压足够时消化可以不在通风橱中进行。

（5）蒸馏结束，须先将导出管移出液面，再关闭蒸馏（蒸气）开关，否则会发生倒吸。

3.3 全手动凯氏定氮测定法

除全自动凯氏定氮仪和半自动凯氏定氮仪外，用玻璃的凯氏定氮装置也可以进行凯氏定氮，测定粗蛋白质，其操作原理与半自动凯氏定氮仪相同，只是消化、蒸馏、滴定均为手工。该法经济，但耗时，简要介绍如下。

3.3.1 原理

同 3.2.1 节。

3.3.2 仪器和试剂

（1）仪器　500mL 凯氏定氮蒸馏装置；电炉或电热套；电子天平（0.1mg）；磨或粉碎机。

（2）试剂　同 3.2.2 节。

3.3.3 测定方法

（1）试样的消化　试样经适宜的磨或粉碎机处理后，准确称取 0.5～2g（精确至 0.1mg），置于 500mL 凯氏定氮烧瓶中，加入 7g K_2SO_4、1g $CuSO_4 \cdot 5H_2O$、25mL 浓 H_2SO_4，轻轻转动使浓 H_2SO_4 浸透试样。瓶口放一只小三角漏斗，用电炉或电加热套在通风橱中加热消化，消化装置见图 3-3。如果消化液色泽较难褪去，待冷却后，沿烧瓶壁缓慢加入 3～5mL 30% 的 H_2O_2 溶液，继续消化，直至消化液澄清透明呈蓝绿色，再消化 30min 为止。

冷却后，缓慢转入 100mL 容量瓶中（瓶内预先加 20mL 水），用水充分洗涤凯氏定氮烧瓶，洗液并入容量瓶中。冷却至室温后，定容至 100mL，摇匀。此过程约需 8h。

同时做试剂空白试验。

（2）蒸馏　从上述 100mL 容量瓶中吸取 50.0mL 消化液于 500mL 凯氏定氮烧瓶中，缓慢加入 100mL 水及几粒沸石（玻璃珠），安装好凯氏定氮蒸馏装置，接收瓶中预先加入 25.0mL 或 50.0mL 0.05mol/L 的 H_2SO_4 标准滴定溶液。从蒸馏装置侧口加入 60mL 30% 的 NaOH 溶液，随后立即塞严侧口塞子。开始蒸馏，蒸出原体积约 2/3 即可（大约 45min）。凯氏定氮蒸馏装置如图 3-4 所示。

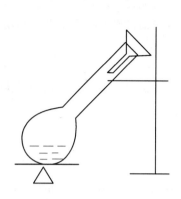

图 3-3 凯氏定氮玻璃消化装置

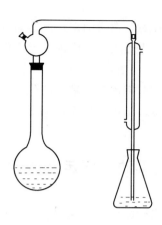

图 3-4 凯氏定氮蒸馏装置

（3）滴定 蒸馏结束后，用洗瓶冲洗冷凝管下端，取下接收瓶。加 4 滴 0.1% 的甲基红指示剂，用 0.1mol/L 的氢氧化钠标准滴定溶液滴定至黄色。

3.3.4 计算

$$x_2 = \frac{c(V_0 - V_1) \times 0.01401}{m \times \frac{50.0}{100}} \times 6.25 \times 100\% \tag{3-6}$$

式中 x_2——试样中粗蛋白质的含量（质量分数），%；

$\quad\quad c$——氢氧化钠标准滴定溶液的实际浓度，mol/L；

$\quad\quad V_0$——空白试验滴定过量硫酸标准滴定溶液消耗氢氧化钠标准滴定溶液的体积，mL；

$\quad\quad V_1$——测定试样滴定过量硫酸标准滴定溶液消耗氢氧化钠标准滴定溶液的体积，mL；

0.01401——与 1.00mL 硫酸标准滴定溶液 $[c(H_2SO_4) = 1.000mol/L]$ 相当的氮的质量，g；

$\quad\quad$ 50.0——蒸馏消化液的体积，mL；

$\quad\quad$ 100——试样经消化后定容的体积，mL；

$\quad\quad m$——试样的质量，g；

$\quad\quad$ 6.25——氮与蛋白质的换算系数。

3.3.5 讨论

（1）该法消化须在通风橱中进行。

（2）直接加热蒸馏，温度升高得较慢，容易发生倒吸。

4

脂肪的测定

由于脂肪在原料或成品中的存在形式及含量不同，测定脂肪的方法也不同。常用测定脂肪的方法有索氏（Soxhlet）抽提法、酸水解法、罗紫-哥特里法（Rose-Gottlieb）、巴布科克（Babcock）法和盖勃（Gerber）法等。其中索氏抽提法是经典方法，至今仍被认为是测定多种脂类含量的权威方法；酸水解法能对包括结合脂类在内的全部脂类进行定量；罗紫-哥特里法主要用于乳及乳制品中脂类的测定；蛋制品中脂肪的测定常用三氯甲烷冷浸法。

4.1 玉米胚中脂肪的测定

脂肪可作为微生物发酵的碳源之一，但在有些发酵生产中，脂肪含量过高往往会影响发酵的正常进行或产生较多副产物。如用玉米发酵生产酒精，当脂肪含量高于 1％时，会使发酵醪液表面被厚厚的油层覆盖，酵母菌新陈代谢产生的二氧化碳排出不畅，造成醪液酸度增高，糖度损失增加，发酵不彻底，同时还影响酒精质量。

玉米含有 3％～7％的脂肪，主要集中在胚芽中。胚芽干物质中 30％～40％是脂肪，这些脂肪属于半干性植物油，约由 72％的不饱和脂肪酸和 28％的饱和脂肪酸组成。在酒精生产时，应先将胚芽除去，这样既能进一步提取玉米油，又可减少酒精发酵过程中的无用功。

4.1.1 原理

脂肪不溶于水，易溶于乙醚、石油醚、氯仿等有机溶剂，故可用有机溶剂将脂肪溶出，再将有机溶剂蒸发除去，剩余的残渣即为脂肪。不过，残渣中除脂肪外，还含有挥发油、树脂、部分有机酸、色素等，故称粗脂肪。

玉米胚中粗脂肪的测定采用索氏抽提法。经干燥后的试样用索氏脂肪抽提器，在一定温度下用有机溶剂提取，所得脂肪的含量即为原料中粗脂肪的含量。

本节分别介绍自动脂肪测定仪和传统的索氏脂肪抽提装置。

4.1.2 仪器和试剂

（1）仪器　自动脂肪测定仪（见图 4-1）；索氏脂肪抽提器（Soxhlet extractor，见图 4-2）；电子天平（0.1mg）；电热恒温水浴锅；电热恒温鼓风干燥箱。

（2）试剂　无水乙醚。

(a) 进口自动脂肪测定仪

(b) 国产自动脂肪测定仪

图 4-1　自动脂肪测定仪

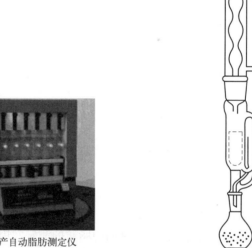

图 4-2　索氏脂肪抽提器

4.1.3 实验方法

（1）自动脂肪测定仪

自动脂肪测定仪主要是将索氏抽提法中的加热回流抽提、淋洗、乙醚溶剂回收过程在一台仪器上全部自动完成，具有回流抽提时间短、处理样品量大、节省溶剂、抽提瓶可反复使用的优势。其工作原理为先将试样浸泡在沸腾的溶剂中使可溶性物质充分溶解，然后试样被自动提升至溶剂液面以上，用从冷凝器中流出来的溶剂充分洗涤。抽提后，随着试样位置的上升冷凝器的阀门会关闭，数分钟后溶剂通过冷凝器进入回收桶中。随着气泵的启动，最后余留下来的残余溶剂被蒸发。具体步骤如下。

①　样品的处理　固体样品一般需粉碎处理，过 40 目筛。半固体和糊状样品可用匀浆或球磨的方法处理，以获得适于分析的样品。多数情况下，简单的研磨和捣杵即可。

②　脂肪的测定　将已恒重的浸提杯（须带干净手套接触）置入支架中。滤纸筒（随机带）安上适配器，用滤纸筒夹将其放入套筒中，一并在天平上去皮重。然后视样品中脂肪含量的不同准确称取样品 2～5g（精确至 0.1mg），用滤纸筒夹取出滤纸筒，将其放入滤纸筒托架中。在样品的上面放一块脱脂棉，将托架插入到浸提装置内。撤下滤纸筒托架，换上浸提杯支架，使滤纸筒刚好"坐入"浸提杯中并与冷凝器吻合。从浸提装置上方加入 80mL 乙

醚提取剂。按设定程序，一般样品浸泡（溶剂沸腾）20min，抽提（淋洗）40min，回收10min。取下浸提杯，冷凝器中的溶剂就会被传输到回收桶内。浸提杯在 100～105℃ 干燥箱中干燥 1h，置于干燥器内冷却 30min 后称重，重复干燥至恒重（前后两次称量差不超过0.5mg）。

（2）索氏脂肪抽提器

索氏脂肪抽提器为脂肪测定的经典仪器，操作费时，不适合快速测定的要求，但在没有自动脂肪测定仪又不急于出结果的情况下仍不失为好方法。

① 样品的制备　依抽提管直径和回流管高度，取 10cm×8cm 的定性滤纸，一端折回2cm，然后将其折叠成圆筒，另一端折入筒内，压紧作为圆筒底面，取少量脱脂棉放入筒底部，使整个滤纸筒高约 4cm。将该滤纸筒准确称重（准确至 0.1mg）。

在滤纸筒内装入 2～5g 干燥后的试样，准确称重（准确至 0.1mg），试样上面放一层脱脂棉。

② 抽提　将装有试样的滤纸筒放入索氏抽提器的抽提管中，安装抽提装置（抽提瓶洗净后需预先用无水乙醚洗涤，干燥至恒重），由冷凝管上端加入抽提瓶 2/3 体积的无水乙醚，在 45℃ 水浴中抽提 4～5h，控制抽提速度为 150 滴/min 或乙醚虹吸 5～8 次/h。

③ 称重　抽提结束后，将抽提瓶中的乙醚蒸发或蒸馏回收，然后在 100～105℃ 干燥箱内干燥 1h，置于干燥器内冷却 30min 后称重，重复干燥至恒重（前后两次称量差不超过 0.5mg）。

4.1.4　计算

$$x = \frac{m_1 - m_0}{m} \times 100\% \qquad (4\text{-}1)$$

式中　x——试样中粗脂肪的含量（质量分数），%；

　　　m——试样的质量，g；

　　　m_0——浸提杯（抽提瓶）的质量，g；

　　　m_1——浸提杯（抽提瓶）与粗脂肪的质量，g。

4.1.5　讨论

（1）乙醚溶解脂肪的能力强，并可饱和 2% 的水分；石油醚溶解脂肪的能力弱些，吸收水分较乙醚少。乙醚易燃，操作过程中禁止明火加热。

（2）试样必须充分磨碎、干燥，颗粒太大或水分高，溶剂不易渗透。用旋风磨磨出很细的样品颗粒可提高浸提效率。

（3）浸提杯或抽提瓶须戴干净的白细线手套接触，切忌直接用手拿取。

（4）乙醚应为无水乙醚，否则可将试样中的糖及无机物抽出，造成误差。

（5）将乙醚用无水 Na_2SO_4 振荡，静置过夜，蒸馏制得无水乙醚。

（6）自动脂肪测定仪由自动抽提装置、自动控制装置和驱动装置构成，其抽提速度较索氏抽提装置提高 5 倍，溶剂回收率高达 60%～70%。

（7）索氏抽提装置的滤纸筒高度不应超过回流管。

（8）用索氏抽提法时，水浴锅中的水应为新鲜的蒸馏水，以免抽提瓶沾上污渍，不易恒重。

（9）检查试样中脂肪是否提取完全，可以将抽提管内的液体滴在滤纸条上，待乙醚挥发后观察滤纸上有无油迹。如无油迹存在，说明提取完全。

4.2　发酵乳中脂肪的测定

乳蛋白和乳脂肪是牛乳的主要营养成分。牛乳中的脂肪以极小脂肪球的形式存在，且呈乳糜化状态，人体摄入后可经胃壁直接吸收（这对婴儿的生长非常有利）。乳脂肪是一种消化率很高的食用脂肪，它可为机体提供能量，保护机体。乳脂肪不仅使牛奶具有特殊的奶香味，而且其中含有的脂肪酸和磷脂等还具有保健作用。牛乳中的脂肪含量为 3％～5％（质量分数），《食品安全国家标准　发酵乳》（GB 19302—2010）中规定发酵乳中脂肪含量≥3.1％。

发酵乳中脂肪的测定宜采用碱性乙醚抽提法，即罗紫-哥特里法。该法是乳品脂肪测定公认的标准方法，适用于可在碱性溶液中溶解或至少能形成均匀混悬胶体的样品，除牛乳、奶油外，也适用于溶解度良好的乳粉（结块的乳粉用该法测定时，其结果往往偏低）。

4.2.1　原理

乙醚不能从发酵乳（包括牛乳或其他液体食品）中直接抽提脂肪，需先用碱处理，使发酵乳中的酪蛋白钙盐成为可溶性的铵盐，并降低其吸附力，然后才能使脂肪球与乙醚混合。在乙醇和石油醚的存在下，使乙醇溶解物留存在溶液内。加入石油醚则可使乙醚不与水混溶，而只抽提出脂肪和类脂化合物，同时，石油醚的存在可使醚层与水层分层更清晰。将醚层分离并除去醚后，即得脂肪。

4.2.2　仪器和试剂

（1）仪器　抽脂瓶（见图 4-3，内径 2.0～2.5cm，容积 100mL）；电热恒温鼓风干燥箱；电热恒温水浴锅；电子天平（0.1mg）。

（2）试剂

① 氨水　$NH_3 \cdot H_2O$ 的质量分数为 25％～28％。

② 乙醇　体积分数在 95％以上。

③ 乙醚　不含过氧化物或抗氧化剂，并需满足试验要求。

④ 石油醚　沸程 30～60℃。

⑤ 混合溶剂　乙醚和石油醚等体积混合，使用前制备。

图 4-3　抽脂瓶

4.2.3　测定方法

（1）准确称取发酵乳试样（充分混匀）10g（精确至 0.1mg）于抽脂瓶中，加入 2.0mL 氨水，充分混合后立即置于（65±5）℃水浴中加热 15～20min（其间不时取出振荡）。取出冷却至室温，静置 30s。加入 10mL 乙醇，充分混合（不宜剧烈振摇，否则易发生乳化现象）。

（2）加入 25mL 乙醚，盖上瓶塞，使抽脂瓶保持水平，在漩涡混合器上按 100 次/min

的频率振荡 1min，也可采用手动振摇方式，但均应注意避免形成持久乳化液。冷却后小心打开抽脂瓶塞子，用少量的混合溶剂冲洗塞子和瓶颈，使冲洗液流入抽脂瓶。

加入 25mL 石油醚，盖上瓶塞，按上述方法轻轻振荡 30s 后将抽脂瓶静置至少 30min，直到上层液澄清，且与水相明显分层。慢慢打开瓶塞，用少量的混合溶剂冲洗塞子和瓶颈内壁，使冲洗液流入抽脂瓶。

将上层液转入已恒重的脂肪收集瓶中，不要倒出水层。用少量混合溶剂冲洗瓶颈外部，冲洗液收集到脂肪收集瓶中。

（3）向抽脂瓶中加入 5mL 乙醇，用乙醇冲洗瓶颈内壁，充分混合（不宜剧烈振摇，否则易发生乳化现象），余下按步骤（2）所述操作，乙醚和石油醚均用 15mL，进行第二次抽提。

重复步骤（3）上述操作，再进行第三次抽提。如果样品中脂肪含量（质量分数）小于 5%，两次抽提即可。

（4）合并所有抽提液，蒸馏回收溶剂或于沸水浴上蒸发除掉溶剂。将脂肪收集瓶于 (102±2)℃ 的干燥箱中加热 1h，取出于干燥器中冷却 30min，称重（精确至 0.1mg）。重复此操作至恒重（前后两次称量差值不超过 0.5mg）。

以 10mL 水代替试样，按相同的方法进行空白试验。

4.2.4　计算

$$x = \frac{(m_1 - m_0) - (m_1^* - m_0^*)}{m} \times 100\% \qquad (4-2)$$

式中　x——发酵乳中脂肪的含量（质量分数），%；

m_1——脂肪收集瓶和抽提物的质量，g；

m_0——脂肪收集瓶的质量，g；

m_1^*——空白试验脂肪收集瓶和抽提物的质量，g；

m_0^*——空白试验脂肪收集瓶的质量，g；

m——试样的质量，g。

4.2.5　讨论

（1）该法参考《食品安全国家标准　婴幼儿食品和乳品中脂肪的测定》(GB 5413.3—2010)，作者有改动。该法适用于巴氏杀菌乳、灭菌乳、生乳、发酵乳、调制乳、乳粉、炼乳、奶油、稀奶油、干酪和婴幼儿配方食品中脂肪的测定。

（2）乳类脂肪虽然也属游离脂肪，但因脂肪球被乳中的酪蛋白钙盐包裹，又处于高度分散的胶体分散系中，故不能直接用乙醚、石油醚提取，需先用氨水处理。

（3）如果两相界面低于小球与瓶身相接处，则沿瓶壁慢慢地加入水，使液面高于小球和瓶身相接处，以便于倾倒。

（4）加氨水后应充分混匀，否则影响乙醚对脂肪的提取。

（5）测定中加入乙醇，主要是用来沉淀蛋白质，防止乳化，同时溶解醇溶性物质，使其留在水中不进入醚层而影响检测结果。

（6）加入石油醚可降低乙醚极性，使乙醚与水不混溶。

（7）使用的乙醚应不含过氧化物，含过氧化物不仅影响准确性，而且在浓缩时，会因过氧化物聚积而引起爆炸。

过氧化物的定性检出及除去方法：具塞量筒先用乙醚洗过，然后加入10mL乙醚，加新配制的0.1g/mL碘化钾（KI）溶液数滴，盖塞振摇1min，两层均不得显黄色。如含过氧化物，则取5份乙醚和1份亚硫酸钠（100g/L），加盐酸酸化，振摇、静置分层；弃去水层，再用水洗至中性，用无水硫酸钠脱水后，再进行恒温（34.5℃）重蒸馏，蒸馏时可在蒸馏瓶中加少许锌箔，防止氧化。蒸馏后的乙醚用无水硫酸钠脱水。在存放乙醚的容器中放入一长条状锌箔，其高度至少是容器的1/2。

（8）《食品安全国家标准 发酵乳》（GB 19302—2010）中理化指标的规定值见表4-1。

表 4-1　GB 19302—2010 中理化指标的规定值

项目		指标		检验方法
		发酵乳	风味发酵乳	
脂肪/%	≥	3.1	2.5	GB 5413.3
非脂乳固体/%	≥	8.1	—	GB 5413.39
蛋白质/%	≥	2.9	2.3	GB 5009.5
酸度/(°T)	≥	70.0		GB 5413.34

注：1. 脂肪项仅适用于全脂产品。

2. 与《酸乳卫生标准》（GB 19302—2003）相比，该标准名称关键词改为"发酵乳"。发酵乳指以生牛（羊）乳或乳粉为原料，经杀菌、发酵后制成的 pH 值降低的产品。酸乳指以生牛（羊）乳或乳粉为原料，经杀菌、接种嗜热链球菌和保加利亚乳杆菌（德氏乳杆菌保加利亚亚种）发酵制成的产品。

3. 风味发酵乳指以80%以上生牛（羊）乳或乳粉为原料，添加其他原料，经杀菌、发酵后 pH 值降低，发酵前或后添加或不添加食品添加剂、营养强化剂、果蔬、谷物等制成的产品。

4. 风味酸乳指以80%以上生牛（羊）乳或乳粉为原料，添加其他原料，经杀菌、接种嗜热链球菌和保加利亚乳杆菌（德氏乳杆菌保加利亚亚种），发酵前或后添加或不添加食品添加剂、营养强化剂、果蔬、谷物等制成的产品。

5. 《食品安全国家标准 发酵乳》（GB 19302—2010）中规定采用 GB 4789.35 方法检验，发酵乳热处理前的乳酸菌数应大于或等于 1×10^6 CFU/（g 或 mL）。

5

玉米秸秆中粗纤维素的测定

纤维素与淀粉一样，也是一种复杂的多糖，其相对分子质量介于 $5.0 \times 10^4 \sim 2.5 \times 10^6$ 之间，大致相当于 $300 \sim 1.5 \times 10^4$ 个葡萄糖残基。纤维素不溶于水，在酸的作用下发生水解，经过一系列中间产物，最后形成葡萄糖：

纤维素→纤维素糊精→纤维二糖→葡萄糖

粗纤维素是纤维素和其他植物质的膜壁等的统称。发酵工业上是将原料中的纤维素水解成可发酵性糖，然后用酵母菌发酵为乙醇或用乳酸菌发酵为乳酸青贮饲料。玉米秸秆中含有丰富的纤维素、蛋白质、维生素、矿物质，柔嫩多汁。制成乳酸青贮饲料后，适口性好，易于咀嚼，是反刍家畜理想的营养饲料。但不同品种的玉米，其秸秆中纤维素含量不同。测定其纤维素含量，可以推断原料的可利用价值。用玉米秸秆生产燃料乙醇，可实现生物燃料的可持续发展。近年来，国内外众多科研机构、生物燃料公司和壳牌、BP 等大型石油公司均将研发重心转移到以纤维素为原料的第二代生物燃料上来，以此来解决以粮食为原料生产燃料乙醇所面临的"与人争粮，与粮争地"的争议和原料供应不稳定等问题。

5.1 原理

在热的稀硫酸作用下，样品中的糖、淀粉、果胶质等物质经水解而除去，然后用热的氢氧化钾或氢氧化钠处理，使蛋白质溶解、脂肪皂化而除去。再用乙醇和乙醚处理以除去单宁、色素及残余的脂肪，所得的残渣即为粗纤维素。如其中含有无机物质，可通过测定灰分扣除。

5.2 仪器和试剂

（1）仪器　电子天平（0.1mg）；纤维素测定仪；粉碎机；分样筛（18 目、40 目）；电热恒温鼓风干燥箱；马弗炉；电热恒温水浴锅；回流装置（500mL）；抽滤装置（500mL）。

（2）试剂

① 12.8g/L 的 H_2SO_4 溶液 量取 7.1mL H_2SO_4，缓慢倒入适量水中，并用水稀释至 1000mL。

② 1.25%（质量分数）的 NaOH 溶液 称取 12.5g NaOH，用水溶解并定容至 1000mL。

③ 乙醚。

④ 95% 的乙醇。

⑤ 正辛醇（消泡剂）。

5.3 测定方法

5.3.1 纤维素仪测定粗纤维素

（1）样品处理

将玉米秸秆分割成小段，在 60～65℃ 干燥箱内干燥 48h，制成风干样品后，粉碎过 18 目筛，备用。

（2）粗纤维素的测定

① 准备 向仪器顶部的酸、碱、蒸馏水烧瓶中分别加入 12.8g/L 的 H_2SO_4 溶液、1.25% 的 NaOH 溶液和蒸馏水各 2500mL，将瓶盖盖好。

准确称取 2～3g 试样（精确至 0.0001g）于已恒重的坩埚内，将坩埚分别置于抽滤座中央的硅橡胶圈上，注意使其与上面的消煮管下套中的硅橡胶圈对齐。压下操纵杆柄，确认上下硅橡胶圈完全对齐时将操纵杆锁紧。

打开进水开关，调节水量适中。此时将控制面板上的预热调压旋钮和消煮调压旋钮逆时针旋到底。打开电源开关，定时设定为 30min。

② 酸消煮 开启酸、碱、蒸馏水预热开关，顺时针调节预热调压旋钮至最大，对应电压应显示 220V。待酸、碱、蒸馏水沸腾后将电压调低，使其保持微沸即可。

打开加酸开关，分别按下 1～6 号加液按钮，向消煮管中加入酸溶液 200mL，再分别加入 2 滴正辛醇，关闭酸预热开关。开启消煮管加热开关，并将消煮调压旋钮旋至最大，待消煮管内酸液沸腾后电压调低以保持微沸。向上打开消煮定时开关，酸微沸 30min 后关掉消煮加热电源，关掉消煮定时开关，逆时针调节消煮调压旋钮至最大。

打开抽滤开关，开启抽滤泵，酸液排净后，关闭抽滤泵和抽滤开关。打开蒸馏水开关，按下 1～6 号加液按钮，向消煮管中加入蒸馏水后抽干，重复 2～3 次，至流出液呈中性，关闭蒸馏水开关。

③ 碱消煮 打开加碱开关，分别向消煮管中加入微沸的碱溶液 200mL 后关闭加碱开关，再分别加入 2 滴正辛醇，余下操作按②进行碱消煮、抽滤及洗涤。

④ 除去可溶性物质 用移液管向消煮管中分别加入 25mL 95% 的乙醇，浸泡片刻后抽干。重复 2～3 次。

⑤ 干燥 将操纵杆手柄用力下压后拉出定位装置，使升降架缓慢上升复位，取出坩埚，待乙醇挥发完放入电热恒温鼓风干燥箱中，在 (130±2)℃ 下干燥 2h 后置于干燥器中冷却

30min，称重。重复上述操作至恒重（前后两次称量差不超过 0.5mg）。

⑥ 灼烧　将坩埚置于（500±25）℃的马弗炉中灼烧 1h，待炉温降至 200℃以下，取出放入干燥器中冷却 30min，称重。重复上述操作至恒重（前后两次称量差不超过 0.5mg）。

5.3.2　化学方法测定粗纤维素

将玉米秸秆分割成小段，在 60～65℃干燥箱内干燥 48h，制成风干样品后，粉碎过 40 目筛，备用。

（1）乙醚处理　准确称取粉碎后试样 5～10g（精确至 0.1mg），置入 500mL 碘量瓶中，加入 200mL 乙醚，盖严，静置 24h，以除去脂肪。用倾泻法除去乙醚层，并用乙醚洗涤残渣，残存的少量乙醚在水浴中蒸发除去（或利用测定粗脂肪后的残渣进行测定）。

（2）加酸处理　用 200mL 煮沸的 12.8g/L H_2SO_4 溶液将其转移至 500mL 磨口锥形瓶中，安上回流装置。在沸水浴中回流 30min，取下锥形瓶，趁热抽滤，用热水洗涤残渣至流出液呈中性。

（3）加碱处理　将残渣用煮沸的 1.25% NaOH 溶液转入 500mL 磨口锥形瓶中，补足 1.25% NaOH 溶液至 200mL，安上回流装置。加热使之微沸，回流 30min，取下锥形瓶，用灼烧至恒重的古氏坩埚抽滤（内铺酸洗石棉），用热水洗涤残渣至滤液呈中性，再用乙醇洗涤 2～3 次，进一步去除色素和水分。

（4）干燥、灼烧　将古氏坩埚连同纤维素，于 100～105℃干燥箱中干燥至恒重，再在 550℃灼烧至恒重（前后两次称量差不超过 0.5mg）。

5.4　计算

$$x=\frac{m_1-m_2}{m}\times\frac{1}{1-w}\times100\%\qquad(5-1)$$

式中　x——试样中粗纤维素（以绝干计）的含量（质量分数），%；

m_1——试样与坩埚干燥至恒重的质量，g；

m_2——试样与坩埚灼烧至恒重（去灰分）的质量，g；

m——试样的质量，g；

w——风干试样中的水分含量（质量分数），%。

5.5　讨论

（1）测定玉米秸秆中的粗纤维素，应先测定其中的水分，因其参与粗纤维素的计算。

（2）用纤维测定仪一次可测定 6 个样品，在仪器上仅需 90min（酸碱处理、抽滤、洗涤）。

（3）由于仪器始终与酸、碱、蒸馏水接触，为安全起见，要求实验室插座有良好的接地。

（4）坩埚位置须放正，且抽滤座中的硅橡胶圈和消煮管下套中的硅橡胶圈一定要对齐，否则漏液。

（5）仪器用完后，应及时用滤纸将抽滤座吸干。

（6）若样品中脂肪的含量超过1%，需进行脱脂，或用测完脂肪后的样品。

（7）坩埚用前需刷洗干净，用铁丝蘸 $FeCl_3$ 溶液编号，在105℃干燥至恒重；操作过程中，须戴干净的白细线手套接触，否则很难恒重。

（8）抽滤时如发现坩埚堵塞，可关闭抽滤泵，开启反冲泵用气流反冲，直至出现气泡后关闭反冲泵，打开抽滤泵继续抽滤。

（9）坩埚在马弗炉中灼烧完毕，待炉温降到200℃以下，将坩埚移入干燥器内，冷至室温，称重，否则坩埚可能会因炉内外温差过大而易炸裂。

（10）马弗炉第一次使用或长期停用后再次使用时，必须进行烘炉干燥：20～200℃打开炉门烘4h，200～600℃关门烘4h；使用时，炉温不得超过额定温度，最好在低于最高温度50℃以下工作，以免烧毁电热元件；禁止用液体及易溶解的金属样品。

（11）图5-1、图5-2分别为国产粗纤维素测定仪和意大利VELP公司纤维素测定仪（FIWE6）。FIWE6的优势在于：从最初称量到最后烘干，样品无需转移，可有效降低实验误差；采用气泵反吹技术，可避免样品粘连并使之与反应液充分接触，加速实验进程；所有浸提过程可通过自动旋转阀操作；可选配件COEX冷浸提装置适用于脂肪含量大于1%的样品前处理，能快速去除样品中的脂肪，去脂后样品无需转移可直接在FIWE6主机上进行纤维素测定操作。

（12）玉米秸秆在我国一是作燃料，用于烧材及取暖能源；二是作饲料，用于喂牲畜；三是作肥料，用于秸秆还田，培肥地力。美国玉米秸秆主要是还田，以改善土壤理化性状，提高资源利用效率。伊利诺依州和依阿华州部分地块采用植株上部2/3机械打捆作饲料，下部1/3还田。在美国，生物柴油利用仍处于研发和技术储备阶段，如依阿华州立大学实验农场的秸秆转化生物柴油实验室由JohnDeer和Pioneer等公司资助，已经取得了阶段性成果。

图 5-1 上海纤检仪器有限公司
SQL-6粗纤维素测定仪

图 5-2 意大利 VELP 公司
纤维素测定仪（FIWE6）

6

糖蜜中灰分的测定

糖蜜（molasses）是甘蔗或甜菜制糖后的副产物，又称废糖蜜。糖蜜含还原糖比较高，进一步结晶糖又很困难，但用来发酵生产酒精、味精、柠檬酸等却是很好的原料。灰分是指有机物质中经完全燃烧后所残留的无机物质，其中含有微生物发酵过程中所需要的某些微量无机盐等。

因制糖工艺不同，糖蜜的灰分含量相差很大：甘蔗糖蜜（cane molasses）灰分 9.60%～11.06%（质量分数），甜菜糖蜜（beet molasses）灰分 7.33%～10.0%（质量分数）。但糖蜜中灰分过高可影响某些微生物发酵产品的积累，所以灰分测定是原料检测中的一个重要项目。

6.1 原理

废糖蜜在灼烧时，糖类和其他有机物先变成碳，然后氧化生成 CO_2 而被除去。同时，生成的 CO_2 可与样品中的多种阳离子（主要是 K^+、Na^+、Ca^{2+}、Mg^{2+} 等）反应，生成相应的碳酸盐；含磷和硫的有机化合物则在灼烧过程中变为磷酸盐和硫酸盐。因灰分的主要成分为碳酸盐，故将样品直接灼烧所得的残留物质称为碳酸灰，这种方法称为直接灰化法。

在直接灰化法中，应先将样品在较低温度下灼烧至完全炭化，然后移入马弗炉。若开始温度过高，样品将因燃烧剧烈而造成喷溅损失，或由于部分聚集的有机物未能立即全部灰化，而使含硫和磷的化合物在高温下被碳还原成游离态元素挥发而损失。灼烧时温度一般不宜超过 600℃，若灼烧温度过高，可使灰分熔融，凝聚为固形物而将未灰化的碳粒覆盖，使其不能完全烧尽。另外，熔融的碱金属碳酸盐腐蚀坩埚，若变成氧化物则质量减轻。合适的灰化温度应在保证灰化彻底的前提下，尽可能减少无机成分的挥发损失和缩短灰化时间。

另一种灰化方法是灼烧前先加入浓 H_2SO_4 以除去有机物，然后再高温灼烧，这种方法操作相对简单，残留的灰分为硫酸盐，称为硫酸灰，其灰分质量较碳酸灰高。

因此表示灰分测定结果时，应注明"碳酸灰"或"硫酸灰"。

6.2 仪器和试剂

（1）仪器 马弗炉（3000～4000W）；电子天平（0.1mg）；电热恒温水浴锅；电热套或电热板。

（2）试剂

① 纯橄榄油（消泡剂）。

② 20%的（NH_4）$_2$$CO_3$溶液 称取 20g（$NH_4$）$_2$$CO_3$溶于 100mL 水中。

③ 浓 H_2SO_4。

④ HNO_3（1+1）溶液 量取 50mL 浓硝酸（HNO_3），与 50mL 水相混合。

6.3 测定方法

（1）碳酸灰法（直接灰化法） 准确称取 4～5g 试样（称准至 0.1mg），置入瓷坩埚中（瓷坩埚应先于 600℃下灼烧至恒重），加几滴纯橄榄油以抑制其过快挥发并减轻冒泡膨胀现象，在（调温）电炉、电热板或电热套上加热至样品完全炭化。将坩埚移入马弗炉，在 500～600℃下灼烧至全部变成白灰（有时略带淡红色）。取出冷却，加入少许 20%的（NH_4）$_2$$CO_3$溶液，在水浴上蒸发至干，再放入马弗炉，在上述温度下灼烧 10～15min，待炉温降至 200℃以下，立即盖好取出，放入干燥器中冷却至室温，称重。再灼烧，直至恒重（前后相差不超过 0.5mg）。

（2）硫酸灰法 准确称取 4～5g 试样（称准至 0.1mg），置入已恒重的瓷坩埚中，加入 2～3mL 浓 H_2SO_4，用铂（Pt）丝（或镍铬丝）搅拌均匀，铂丝上黏附的样品可用小条无灰滤纸擦净，并将此滤纸放入坩埚内与样品一同处理。开始时缓慢加热，防止样品溢出，至样品全部炭化及部分灰化后移入马弗炉，在 600℃下灼烧至灰白色。取出冷却，加数滴 HNO_3（1+1）溶液，继续灼烧 15min，烧好的灰分应呈灰白色或淡红色，待炉温降至 200℃以下，立即盖好取出，放入干燥器中冷却至室温后称重。再灼烧，直至恒重（前后相差不超过 0.5mg）。

6.4 计算

$$x_1 = \frac{m_1 - m_0}{m_3 - m_0} \times 100\% \tag{6-1}$$

$$x_2 = \frac{m_2 - m_0}{m_3 - m_0} \times 100\% \tag{6-2}$$

式中 x_1——试样中碳酸灰灰分的含量（质量分数），%；

x_2——试样中硫酸灰灰分的含量（质量分数），%；

m_1——碳酸灰法灰化坩埚和灰分的质量，g；

m_2——硫酸灰法灰化坩埚和灰分的质量，g；

m_3——坩埚和试样的质量，g；

m_0——坩埚的质量，g。

6.5 讨论

（1）若需将硫酸灰灰分的含量换算为碳酸灰灰分的含量，可将实验数据乘以 0.9，即碳酸灰灰分的含量＝0.9×硫酸灰灰分的含量。

（2）坩埚使用时应保持其成套性，可用铁丝蘸 $FeCl_3$ 溶液进行编号，高温灼烧时字迹不会脱落、模糊；用过的坩埚初步清洗后，用盐酸浸泡 10～20min，再用水冲洗，容易洁净。

（3）切忌直接用手接触坩埚，戴洁净的细纱手套较好；所用坩埚钳应洁净。

（4）恒重过程中，马弗炉温度前后应一致，否则不易恒重。

（5）坩埚要选用化学瓷器材质的，容量有 15mL、25mL、30mL、45mL、50mL 等不同规格，化学瓷器比玻璃更耐高温（可达 1000℃），机械强度大，比日用瓷器更耐腐蚀、耐骤热骤冷的剧烈温度变化。

（6）对某些发酵原料、发酵中间产品、发酵成品及食品，一项有效的控制指标是总灰分。如生产淀粉糖浆、果胶、明胶之类的胶质制品时，总灰分就是这些制品的胶冻性能的标志。资料表明，不同食品有不同的灰分范围，如乳粉为 5%～5.7%，鲜猪肉为 0.5%～1.2%，蛋白类约为 0.6%，蜂蜜约为 0.8%，鲜鱼肉为 0.8%～1.9%。灰分有水溶性灰分与水不溶性灰分、酸溶性灰分与酸不溶性灰分之分。水溶性灰分大部分为 K、Na、Mg、Ca 等的氧化物及可溶性盐类；水不溶性灰分除泥沙外，还有 Fe、Al 等金属的氧化物和碱土金属的碱式磷酸盐。酸不溶性灰分大部分为污染掺入的泥沙，包括原来存在于食品组织中的 SiO_2。

（7）总灰分的测定　先将用 HCl（1＋1）溶液烧煮过的坩埚洗净，置于马弗炉中升温至 550℃左右，保持 30min，待炉温降至 200℃ 以下，取出，移入干燥器中冷却，称重。再灼烧，直至恒重。

在坩埚内准确称取样品 2～5g（精确至 0.1mg；如含水量高，可多取样品并置于水浴上蒸发）。用电热套或电热板将样品炭化至无烟，再移入 550～600℃ 的马弗炉中灰化至灰烬呈白色为止。如灰化不完全，可取出冷却后，加入数滴 HNO_3（1＋1）或 H_2O_2 等强氧化剂，蒸干后再移入马弗炉中灰化至白色。如果样品中含糖量较高，样品灰化时易疏松膨胀溢出坩埚，可预先加数滴纯橄榄油后再灰化。待炉温降到 200℃ 以下，将坩埚移入干燥器内，冷却至室温，称重。再灼烧，直至恒重（前后相差不超过 0.5mg）。

计算：

$$x = \frac{m_1 - m_0}{m_2 - m_0} \times 100\% \tag{6-3}$$

式中　x——试样中的总灰分（质量分数），%；

m_1——坩埚和灰分的质量，g；

m_2——坩埚和试样的质量，g；

m_0——坩埚的质量，g。

（8）测出总灰分后，可进一步测定水溶性灰分与水不溶性灰分。向上述总灰分中加水 25mL，加热至近沸，用无灰滤纸过滤，并用热水洗涤坩埚、残渣和滤纸，至滤液总量约 60mL。将滤纸和残渣置于原坩埚中，再进行灰化、冷却、称重，如前操作，即可得水不溶性灰分。

按下式计算水不溶性灰分和水溶性灰分的含量：

$$x_3 = \frac{m_3}{m} \times 100\% \qquad (6\text{-}4)$$

$$x_4 = x - x_3 \qquad (6\text{-}5)$$

式中　x_3——试样中水不溶性灰分的含量（质量分数），%；

　　　x_4——试样中水溶性灰分的含量（质量分数），%；

　　　m_3——水不溶性灰分的质量，g；

　　　m——试样的质量，g。

按此方法还可测出酸溶性灰分与酸不溶性灰分，只是用 0.1mol/L 的 HCl 溶液代替水。按下式计算酸不溶性灰分和酸溶性灰分的含量：

$$x_5 = \frac{m_5}{m} \times 100\% \qquad (6\text{-}6)$$

$$x_6 = x - x_5 \qquad (6\text{-}7)$$

式中　x_5——试样中酸不溶性灰分的含量（质量分数），%；

　　　x_6——试样中酸溶性灰分的含量（质量分数），%；

　　　m_5——酸不溶性灰分的质量，g；

　　　m——试样的质量，g。

（9）从糖膏中分离出来的最终作为酒精、酵母、味精等产品生产原料的甘蔗糖蜜和甜菜糖蜜，须符合中华人民共和国轻工行业标准《甘蔗糖蜜》（QB/T 2684—2005）和《甜菜糖蜜》（QB/T 5005—2016）中的规定，具体质量指标见表 6-1。

表 6-1　QB/T 2684—2005 和 QB/T 5005—2016 中的质量指标

项目	QB/T 2684—2005	QB/T 5005—2016
总糖分（蔗糖分＋还原糖分）/(g/100g)	≥48.0	≥45.0
纯度（总糖分/折射锤度）/(g/100g)	≥60.0	≥56
酸度	≤15	—
总灰分（硫酸灰）/(g/100g)	≤12.0	≤12.0
铜（以 Cu 计）/(mg/kg)	≤10.0	≤10.0
铅（以 Pb 计）/(mg/kg)	—	≤1.0
总砷（以 As 计）/(mg/kg)	—	≤0.5
菌落总数/(CFU/g)	≤5.0×10^5	—

注：QB/T 2684—2005 和 QB/T 5005—2016 中，感官要求均为色泽深棕、呈黏稠状液体、无异味。

（10）我国是仅次于巴西和印度的第三大甘蔗种植国，我国甘蔗的主产区是广西。广西是全国最重要的产糖基地，全国有 60% 的白糖产自这里，广西每年产 300 万吨的标准糖蜜。甘蔗糖蜜中含还原糖 15%～20%、蔗糖 30%～40%、硫酸灰分 10%～15%。

7

酿造用水硬度的测定

　　水的硬度主要由水中的钙盐、镁盐等引起，故硬度一般指水中的钙离子、镁离子等阳离子的浓度。水的硬度高就是指水中的钙离子、镁离子浓度高。

　　按钙、镁成盐形式的不同，水的硬度分为碳酸盐硬度（又称暂时硬度）和非碳酸盐硬度（又称永久硬度）。碳酸盐硬度和非碳酸盐硬度，经长期烧煮后，都能形成锅垢，这样既浪费燃料，又易阻塞水管，严重时还会引起锅炉爆炸。同时，硬水不宜作为酿造用水。

　　大型发酵企业用水量大，对水的质量要求高。如酒精生产的许多工序中，湿法粉碎工艺浸泡玉米用水、干法粉碎玉米拌料用水、酵母菌扩培用水等，直接参与发酵过程；此外，换热器降温用水，成品、半成品冷却用水，粉浆罐、液化罐、糖化罐、发酵罐、蒸馏系统、DDGS 生产系统、玉米油生产系统等冲洗用水，统称为工艺用水，其质量均需达到饮用水标准。表 7-1 是德国某公司酿造酒精用水质量指标参考。

表 7-1　德国某公司酿造酒精用水质量指标参考

指　　标	工艺水	冷凝水	指　　标	工艺水	冷凝水
温度/℃	≤20	≤25	$\rho(Cl^-)/(mg/L)$	50	25
总硬度/°d	≤4	≤10[①]	$\rho(Fe)/(mg/L)$	0.1	0.05
pH	7~8	—	压力/MPa	>0.3	>0.3
$\rho(NO_2^-)/(mg/L)$	0.2	—	悬浮物	无	无

　　① 碳酸盐硬度≤5°d。

　　水的硬度一般用 1°d＝10mg CaO/L 或 7.19mg MgO/L 表示，即 1L 水中含 10mg CaO 或 7.19mg MgO 为 1°d（德国标准）。依此标准可将原水按硬度分为如下几类（见表 7-2）。

表 7-2　水的硬度分类

硬度值	水质类别	碱性离子浓度[①]	硬度值	水质类别	碱性离子浓度[①]
0~4.0	较软水	0~1.44	12.1~18.0	较硬水	4.33~6.48
4.1~8.0	软水	1.45~2.88	18.1~30.0	硬水	6.49~10.80
8.1~12.0	中硬水	2.89~4.32	≥30.1	极硬水	>10.81

① 碱性离子浓度单位为 $mmol/(L\ H_2O)$，$1°d=0.179mmol/(L\ H_2O)$。

硬水处理方法有离子交换树脂法和电渗析法。如用钠型阳离子交换树脂除去 Ca^{2+}、Mg^{2+}，其制备原理如下：

$$2RSO_3Na+Ca^{2+}\longrightarrow(RSO_3)_2Ca+2Na^+$$

$$2RSO_3Na+Mg^{2+}\longrightarrow(RSO_3)_2Mg+2Na^+$$

钠型阳离子交换树脂，可用 $10\%\sim15\%$ 的 NaCl（工业级）再生，反复使用。锅炉用水曾用磺化煤［用浓 H_2SO_4 处理粉碎的褐煤粉（或烟煤）］处理，一般软化能力为 $700t/m^3$。

7.1　原理

EDTA（乙二胺四乙酸）的二钠盐可与水中的钙离子、镁离子生成可溶性无色配合物，指示剂铬黑 T 也能与钙离子、镁离子配位，生成酒红色配合物。但 EDTA 与钙离子、镁离子的配合物更稳定。当在水样中加入蓝色的铬黑 T 后，生成铬黑 T 钙、铬黑 T 镁配合物，而使溶液呈酒红色。再用 EDTA 滴定时，由于 EDTA 与钙离子、镁离子的配位能力强于铬黑 T，故能将铬黑 T 钙、铬黑 T 镁配合物中的钙离子、镁离子夺出来进行配位，生成无色的 EDTA 钙、EDTA 镁配合物，致使铬黑 T 游离出来，溶液从酒红色突变为蓝色，即为滴定终点。

铬黑T(蓝色)　　　　铬黑T-Ca配合物(酒红色)

EDTA　　　　EDTA-Ca配合物

7.2　仪器和试剂

（1）仪器　电子天平（0.1mg）；马弗炉。

（2）试剂

① $c(\text{EDTA-Na}_2)=0.01\text{mol/L}$ 的乙二胺四乙酸二钠（$C_{10}H_{14}N_2O_8Na_2 \cdot 2H_2O$）标准滴定溶液　称取 4g $C_{10}H_{14}N_2O_8Na_2 \cdot 2H_2O$，用水加热溶解，冷却后用水定容至 1000mL。

a. 标定　准确称取 0.03g 于（800 ± 50）℃的马弗炉中灼烧至恒重的工作基准试剂 ZnO，用少量水湿润，加 2mL 200g/L 的 HCl 溶液溶解，加 100mL 水，用 100g/L 的氨水溶液调节溶液 pH 至 7～8，加 10.00mL pH＝10 的氨-氯化铵缓冲溶液，加 5 滴 10g/L 的铬黑 T 指示剂，用配制好的乙二胺四乙酸二钠标准滴定溶液滴定至溶液由紫色变为纯蓝色。同时做试剂空白试验。

b. 计算

$$c(\text{EDTA-Na}_2)=\frac{m}{(V_1-V_0)\times 0.08138} \qquad (7\text{-}1)$$

式中　$c(\text{EDTA-Na}_2)$——EDTA-Na$_2$ 标准滴定溶液的实际浓度，mol/L；

$\qquad V_1$——滴定消耗 EDTA-Na$_2$ 标准滴定溶液的体积，mL；

$\qquad V_0$——空白试验消耗 EDTA-Na$_2$ 标准滴定溶液的体积，mL；

$\qquad m$——ZnO 的质量，g；

$\qquad 0.08138$——与 1.00mL EDTA-Na$_2$ 标准滴定溶液 [$c(C_{10}H_{14}N_2O_8Na_2 \cdot 2H_2O)=1.000\text{mol/L}$] 相当的 ZnO 的质量，g。

② 200g/L 的 HCl 溶液　量取 46mL 浓盐酸，倒入已盛有水的 100mL 容量瓶中，并用水定容。

③ 100g/L 的 $NH_3 \cdot H_2O$ 溶液　量取 40mL $NH_3 \cdot H_2O$，加水稀释至 100mL。

④ pH＝10 的 $NH_4OH\text{-}NH_4Cl$ 缓冲溶液　称取 5.4g NH_4Cl，溶于水中，加 35mL 浓 $NH_3 \cdot H_2O$，用水稀释定容至 100mL。

⑤ 10g/L 的铬黑 T 指示剂　称取 1g 铬黑 T 和 1g 盐酸羟胺，溶于 100mL 无水乙醇中。

⑥ 16.25g/L 的 Na_2S 溶液　称取 5.0g $Na_2S \cdot 9H_2O$ 或 3.7g $Na_2S \cdot 5H_2O$ 溶于 100mL 水中，用于掩蔽少量 Cu^{2+}。

⑦ 三乙醇胺溶液（1＋2）　将 1 份三乙醇胺与 2 份水混合均匀，用于掩蔽少量 Fe^{3+}、Al^{3+} 和 Mn^{2+}。

⑧ 10g/L 的盐酸羟胺溶液　称取 1g 盐酸羟胺（$NH_2OH \cdot HCl$），溶于 100mL 水中，用于掩蔽微量 Mn^{2+}。

7.3　测定方法

（1）总硬度的测定　移取 50.0mL 水样，置于 250mL 锥形瓶中，加 5.00mL pH＝10 的 $NH_4OH\text{-}NH_4Cl$ 缓冲溶液和 5 滴 10g/L 的铬黑 T 指示剂，用 $c(\text{EDTA-Na}_2)=0.01\text{mol/L}$ 的乙二胺四乙酸二钠标准滴定溶液滴定至蓝色。

（2）永久硬度的测定　移取 50.0mL 水样，置于 250mL 锥形瓶中，煮沸 10min，用滤纸过滤，滤液用 250mL 锥形瓶接收，用水充分洗涤滤纸，使滤液接近 50mL，加 5.00mL pH＝10 的 $NH_4OH\text{-}NH_4Cl$ 缓冲溶液和 5 滴 10g/L 的铬黑 T 指示剂，用 $c(\text{EDTA-Na}_2)=0.01\text{mol/L}$ 的乙二胺四乙酸二钠标准滴定溶液滴定至蓝色。

7.4 计算

$$总硬度(°d) = cV_1 \times 56.08 \times \frac{1}{50.0} \times \frac{1}{10} \times 1000 \qquad (7-2)$$

$$永久硬度(°d) = cV_2 \times 56.08 \times \frac{1}{50.0} \times \frac{1}{10} \times 1000 \qquad (7-3)$$

$$暂时硬度(°d) = 总硬度 - 永久硬度 \qquad (7-4)$$

式中 c——EDTA-Na_2 标准滴定溶液的实际浓度，mol/L；

　　V_1——总硬度测定时消耗 EDTA-Na_2 标准滴定溶液的体积，mL；

　　V_2——永久硬度测定时消耗 EDTA-Na_2 标准滴定溶液的体积，mL；

　56.08——与 1.00mL 乙二胺四乙酸二钠标准滴定溶液 $[c(\text{EDTA-}Na_2) = 1.000\text{mol/L}]$
　　　　　相当的氧化钙的质量，mg；

　　50.0——水样的体积，mL；

　　　10——CaO 的质量与硬度单位之间的换算系数；

　1000——换算系数。

7.5 讨论

(1) 铬黑 T 指示剂易被空气氧化而失效，故配制时加入还原剂（如盐酸羟胺）可延长使用期限。若采用固体指示剂，则可长期保存。固体指示剂的配制方法：称取 0.5g 铬黑 T，加 100g NaCl，研磨均匀，置于干燥洁净的试剂瓶中，密封保存，用时加 1 小匙（但每次加入量应保持一致，有利于判断颜色）。

(2) EDTA 是乙二胺四乙酸的缩写，由于 EDTA 在水中的溶解度小，实际分析中常用其二钠盐，简记为 $Na_2H_2Y \cdot 2H_2O$，习惯上也称作 EDTA。

(3) 滴定时如果终点颜色观察不明显，排除指示剂变质因素，应考虑水中有干扰离子。这时如果水样硬度较高，可加水稀释降低干扰物质的浓度到允许浓度，再进行滴定；也可加入适宜的掩蔽剂，重新滴定。

① 少量 Fe^{3+}、Al^{3+} 和 Mn^{2+} 等的干扰，可加 1～3mL 三乙醇胺溶液掩蔽。

② 微量 Cu^{2+} 存在时，使铬黑 T 指示剂终点颜色观察不清楚，应在水中先加 0.5～4.5mL Na_2S 溶液，使之生成 CuS 沉淀而掩蔽。

③ Mn^{2+} 在水中浓度高于 1mg/L 时，在碱性溶液中易被氧化为 Mn(Ⅵ)，使指示剂变成灰白色或浑浊的玫瑰色。这时可在水样中加 0.5～2.5mL 10g/L 的盐酸羟胺溶液，将 Mn(Ⅵ) 还原为无色的 Mn^{2+}，以消除干扰。

(4) 配位滴定反应进行较慢，滴定速度不宜太快，临近终点时，更应缓慢滴定并充分摇匀。滴定反应在 30～40℃进行较好，如室温太低，可将溶液稍微加热。

(5) 利用电导率仪测定水的电导率，也可以了解水的硬度情况。水的电导率越低，即水的导电能力越弱，表示水中阴离子和阳离子数目越少，水的纯度就越高。表 7-3 列出了不同水的电导率。

表 7-3　不同水的电导率 (25℃)

水的类型	电导率/(S/cm)	水的类型	电导率/(S/cm)
自来水	5.3×10^{-4}	电渗析水	1.0×10^{-5}
一次蒸馏水(玻璃)	2.9×10^{-6}	复床离子交换水	4.0×10^{-6}
三次蒸馏水(石英)	6.7×10^{-7}	混床离子交换水	8.0×10^{-8}

　　(6) 我国《生活饮用水卫生标准》(GB 5749—2022) 中的一般化学指标规定，总硬度 (以 $CaCO_3$ 计) 应小于 450mg/L。事实上，无论是大型啤酒生产企业，还是大型酒精生产企业，其酿造用水的总硬度均远远低于饮用水标准的规定值。

8

耐高温α-淀粉酶酶活力的测定

目前在酒精和淀粉糖生产中应用的耐高温 α-淀粉酶，主要来自精选的地衣芽孢杆菌经发酵、分离、提取的具有较高耐热性能和酶活力的 α-淀粉酶。耐高温 α-淀粉酶和液化喷射器的出现，使淀粉转化成葡萄糖的技术发生了革命性的进步，所以掌握耐高温 α-淀粉酶的酶活力的测定方法对于学生理解酶反应对温度的要求和体会酶制剂对淀粉的作用能力是很直观的。

8.1 原理

α-淀粉酶能将淀粉分子链中的 α-1,4 葡萄糖苷键随机切断成长短不一的短链糊精、少量麦芽糖和葡萄糖，使淀粉对碘呈蓝紫色的特异性反应逐渐消失，而呈碘液本身的棕红色。其颜色消失的速度与酶活力有关，在标准条件下通过测定反应后的吸光度计算其酶活力。

酶活力单位的定义：在 70℃、pH＝6.0 的条件下，1min 液化 1mg 可溶性淀粉成为糊精等所需要的酶量，即为 1 个酶活力单位。液体剂型用 U/mL 表示，固体剂型用 U/g 表示。

8.2 仪器和试剂

（1）仪器　紫外可见分光光度计；超级恒温水浴（精度±0.1℃）；电子天平（0.1mg）；电子秒表；磁力搅拌器；酸度计；移液器；大试管（φ25mm×200mm）。

（2）试剂

① 碘液贮备液　称取 22.0g 碘化钾（KI）溶于约 300mL 水中，加入 11.0g 碘（I₂），在搅拌下使其溶解，然后移入 500mL 容量瓶中，用水定容，贮于棕色瓶中备用。此溶液每月配制一次。

② 碘液使用液　称取 20.0g KI 溶于约 300mL 水中，移入 500mL 容量瓶中，准确加入 2.00mL 碘液贮备液，用水定容，贮于棕色瓶中备用。此溶液每天配制一次。

③ 20g/L 的可溶性淀粉溶液　称取 2.000g 可溶性淀粉（以绝干计）于 250mL 烧杯中，用少量水调成糊状，在搅拌下加入约 80mL 沸水，继续加热煮沸至完全透明（约 20min），冷却后用水定容至 100mL。此溶液须当天配制，存放冰箱备用。

④ pH＝6.0 的磷酸缓冲溶液　称取 45.23g 磷酸氢二钠（$Na_2HPO_4 \cdot 12H_2O$）、8.07g 柠檬酸（$C_6H_8O_7 \cdot H_2O$），用水溶解并定容至 1000mL。配好后用酸度计校正其 pH 至 6.0。

⑤ $c(HCl)＝0.1mol/L$ 的盐酸溶液　量取 9mL 浓 HCl，用水稀释定容至 1000mL。

8.3　测定方法

（1）待测酶液的制备

① 液体剂型耐高温 α-淀粉酶　根据待测酶液标注的酶活力，取适量液体酶样，用 pH＝6.0 的磷酸缓冲溶液将其稀释定容至相应的容量瓶中，使酶活力在 60～65U/mL 范围内，便于准确测定。

② 固体剂型耐高温 α-淀粉酶　称取适量待测酶（精确至 0.1mg），用 pH＝6.0 的磷酸缓冲溶液溶解，全部溶解后移入相应的容量瓶中，用 pH＝6.0 的磷酸缓冲溶液定容至刻度（使酶活力在 60～65U/mL 范围内），摇匀。用 3000r/min 离心机离心 10min，上清液供测定用。

（2）试样的测定

① 吸取 20.00mL 20g/L 的可溶性淀粉溶液于大试管中，加入 5.00mL pH＝6.0 的磷酸缓冲溶液，摇匀后在 70℃恒温水浴中预热平衡 8min。

② 加入待测酶液 1.00mL，立即摇匀同时用秒表计时，准确反应 5min。

③ 立即用移液器（或干燥吸量管）吸取反应液 ② 1.00mL 至预先盛有 0.50mL 0.1mol/L 的 HCl 溶液和 5.00mL 碘液使用液的 10mL 具塞比色管中，摇匀。

④ 以 0.50mL 0.1mol/L 的 HCl 溶液、5.00mL 碘液使用液和 1.00mL pH＝6.0 的磷酸缓冲溶液的混合液作空白，于 660nm 波长下，用 10mm 比色皿迅速测定③的吸光度（A）。根据吸光度查附表 2，得测试酶液的浓度（c）。

8.4　计算

$$x = 16.67cn \tag{8-1}$$

式中　x——样品的酶活力，U/mL 或 U/g；

$\quad\quad c$——测试酶液的浓度，U/mL 或 U/g；

$\quad\quad n$——样品的稀释倍数；

16.67——根据酶活力定义计算的换算常数。

所得结果表示至整数。结果的允许差，平行试验相对误差不得超过 5%。

8.5　讨论

（1）该法参考《α-淀粉酶制剂》（GB/T 24401—2009），《食品安全国家标准　食品添加剂　食品工业用酶制剂》（GB 1886.174—2016）中关于α-淀粉酶制剂的部分与之相同。

（2）换算常数 16.67 来源于轻工行业标准《工业用 α-淀粉酶制剂》（QB/T 1805.1—1993）对 α-淀粉酶酶活力单位的定义：1h 液化 1g 可溶性淀粉所需酶的量，为 1 个酶活力单位，样品的酶活力（U/mL 或 U/g）等于 cn。

（3）大型酒精和淀粉糖生产企业实际使用的耐高温 α-淀粉酶均为液体剂型，并标注酶活力（U/mL）。

（4）耐高温 α-淀粉酶液体剂型为黄褐色至深褐色液体，无异味，允许有少量的凝聚物；固体剂型为白色至黄褐色粉末，易溶于水，无异味，无霉变、潮解、结块现象。

（5）20g/L 可溶性淀粉溶液的配制包含了淀粉糊化过程。目前淀粉主要来自玉米，玉米淀粉是小颗粒淀粉（5～25μm），其糊化初始温度为 62℃，终结温度为 72℃。淀粉浆在加热过程中，温度升至 75～85℃，淀粉浆黏度急剧上升，淀粉颗粒体积可膨胀至原体积的 50～100 倍，进一步升高温度，黏度开始迅速降低，使淀粉浆透明。在配制 20g/L 的可溶性淀粉溶液时一定要注意温度不能低于 62℃，也不能高于 100℃。超过 100℃，淀粉开始出现液化，将使酶活力的测定结果偏低。

（6）淀粉是以颗粒状态存在的，且具有一定的结晶结构，糊化后，淀粉酶容易直接对其发生作用。有资料表明，α-淀粉酶直接水解淀粉颗粒与 α-淀粉酶水解已完成糊化的淀粉浆液的速度比为 1∶20000。液化喷射器的作用不仅是瞬时提高了淀粉浆温度，还有机械切割淀粉链成短链的作用，与 α-淀粉酶共同作用相得益彰。

（7）定量测定酶活力实验所用的可溶性淀粉要纯净，含水量非常低，并标注酶制剂专用可溶性淀粉。推荐使用湖州展望药业有限公司生产的酶制剂专用可溶性淀粉。其他可溶性淀粉主要是纯净度、水分等不合格，对测定结果影响非常大。

（8）在淀粉浆浓度较高的淀粉糖生产中，耐高温 α-淀粉酶可耐温 96℃，但在水或低浓度淀粉浆中耐高温 α-淀粉酶的耐高温能力则有所下降。其机理有待进一步研究。

（9）pH＝6.0 的磷酸缓冲溶液是保障淀粉酶酶活力保持较高的测定条件。

（10）《食品安全国家标准　食品添加剂　食品工业用酶制剂》（GB 1886.174—2016）中规定了 α-淀粉酶（包括中温 α-淀粉酶制剂和耐高温 α-淀粉酶制剂）、葡糖淀粉酶（也称淀粉葡糖苷酶或糖化酶）、蛋白酶、果胶酶、α-乙酰乳酸脱羧酶、转葡糖苷酶和普鲁兰酶等酶活力的测定方法。

《α-淀粉酶制剂》（GB/T 24401—2009）和 GB 1886.174—2016 中耐高温 α-淀粉酶的主要指标分别见表 8-1 和表 8-2。

表 8-1　GB/T 24401—2009 中耐高温 α-淀粉酶制剂的主要指标

项目	液体剂型		固体剂型	
	A 类	B 类	A 类	B 类
酶活力/(U/mL 或 U/g)　≥	20000	20000	20000	20000

续表

项目		液体剂型		固体剂型	
		A 类	B 类	A 类	B 类
pH(25℃)		5.8～6.8	5.8～6.8	—	—
容重/(g/mL)		1.10～1.25	1.10～1.25	—	—
干燥失重/%	≤	—	—	8.0	8.0
耐热性存活率/%	≥	90	90	90	90

注：B类产品不得用于食品工业和饲料工业（蒸馏酒除外）。

表 8-2　GB 1886.174—2016 中耐高温 α-淀粉酶制剂的主要指标

项目	指标	项目	指标
酶活力(U/g 或 U/mL)	标示值的 85%～115%	大肠埃希氏菌/(CFU/g 或 CFU/mL)	＜10
菌落总数/(CFU/g 或 CFU/mL)	≤5×10⁴	大肠埃希氏菌/(MPN/g 或 MPN/mL)	≤3.0
大肠菌群/(CFU/g 或 CFU/mL)	≤30	铅/(mg/kg)	≤5.0
沙门氏菌(25g 或 25mL 样)	不得检出	总砷/(mg/kg)	≤3.0

（11）计算耐高温 α-淀粉酶的酶活力时需查附表 2［吸光度与测试 α-淀粉酶浓度对照表（GB 1886.174—2016）］。该表沿用《工业酶制剂通用试验方法》（QB/T 1803—1993）中附录 A 的数据，表中吸光度值 0.279～0.282 与吸光度值 0.283～0.286 所对应的 α-淀粉酶浓度基本相同，按表中数据规律推测不太可能，但不确定实验数据确实如此还是引用有误。目前可查的相关文献中都存在这个问题。

9

糖化酶活力的测定

糖化酶，又称葡萄糖淀粉酶（glucoamylase，EC.3.2.1.3），是一种酸性糖苷水解酶，属外切酶类。它可催化淀粉水解，能从淀粉分子非还原性末端水解 α-1,4 葡萄糖苷键产生葡萄糖，也能缓慢水解 α-1,6 葡萄糖苷键，转化为葡萄糖。

糖化酶用于以葡萄糖作发酵培养基的有机酸、抗生素、氨基酸、维生素等发酵产品的生产中，还大量用于生产各种规格的葡萄糖。即凡是以淀粉为原料又需糖化的生产过程，均可使用糖化酶以提高淀粉糖化收率。

糖化酶的酶活力单位：1mL 液体酶（或 1g 固体酶粉）在 40℃、pH＝4.6 的条件下，1h 水解可溶性淀粉每产生 1mg 葡萄糖，即为 1 个酶活力单位。液体剂型用 U/mL 表示，固体剂型用 U/g 表示。

9.1 原理

葡萄糖分子中含有的醛基，在碱性条件下（NaOH）可被过量的 I_2 氧化成羧基，生成的次碘酸钠在碱性溶液中歧化为碘酸钠和碘化钠，经酸化后析出 I_2，再用硫代硫酸钠（$Na_2S_2O_3$）标准溶液滴定，由此计算酶活力。反应式为：

$$I_2 + 2NaOH \longrightarrow NaIO + NaI + H_2O$$
$$CH_2OH(CHOH)_4CHO + NaIO \longrightarrow CH_2OH(CHOH)_4COOH + NaI$$
$$3NaIO \longrightarrow NaIO_3 + 2NaI$$
$$NaIO_3 + 5NaI + 3H_2SO_4 \longrightarrow 3I_2 + 3Na_2SO_4 + 3H_2O$$
$$I_2 + 2Na_2S_2O_3 \longrightarrow Na_2S_4O_6 + 2NaI$$

9.2 仪器和试剂

（1）仪器　电子天平（0.1mg）；电热恒温水浴锅（±0.1℃）；酸度计；磁力搅拌器；电热鼓风干燥箱；移液器；电子秒表；50mL 具塞比色管。

（2）试剂

① pH＝4.6 的乙酸-乙酸钠（CH_3COOH-CH_3COONa）缓冲溶液　称取 6.7g $CH_3COONa \cdot 3H_2O$ 溶于水中，加 2.6mL 冰醋酸（CH_3COOH），用水定容至 1000mL，配好后用酸度计校正其 pH 至 4.6。

② $c\left(\frac{1}{2}H_2SO_4\right)=4mol/L$ 的 H_2SO_4 溶液　量取浓硫酸（相对密度为 1.84）11.2mL，缓缓注入 80mL 水中，冷却后定容至 100mL。

③ $c(Na_2S_2O_3)=0.05mol/L$ 的硫代硫酸钠标准滴定溶液　称取 13g $Na_2S_2O_3 \cdot 5H_2O$ 和 0.1g 碳酸钠（Na_2CO_3），溶于刚煮沸并冷却后的蒸馏水中，再用该水定容至 1000mL，贮于棕色瓶中密闭保存，放置 2 周后过滤标定使用。

a. 标定　称取 0.09g（准确至 0.0002g）于 120℃ 干燥至恒重的基准 $K_2Cr_2O_7$ 试剂，置于 500mL 碘量瓶中，用 25mL 新煮沸并冷却的水溶解，加 1g KI 及 20mL $c\left(\frac{1}{2}H_2SO_4\right)=4mol/L$ 的 H_2SO_4 溶液，待 KI 溶解后，于暗处放置 10min。加 150mL 水，用配好的 $Na_2S_3O_3$ 标准滴定溶液滴定到浅黄绿色时，加 2mL 1% 的淀粉指示剂，继续滴定到溶液由蓝色变为亮绿色即为终点。同时做试剂空白试验。

b. 计算

$$c(Na_2S_2O_3)=\frac{m}{(V_1-V_0)\times 0.04903} \tag{9-1}$$

式中　$c(Na_2S_2O_3)$——硫代硫酸钠标准滴定溶液的实际浓度，mol/L；

$\qquad m$——基准 $K_2Cr_2O_7$ 的质量，g；

$\qquad V_1$——滴定消耗硫代硫酸钠标准滴定溶液的体积，mL；

$\qquad V_0$——空白试验消耗硫代硫酸钠标准滴定溶液的体积，mL；

$\quad$ 0.04903——与 1.00mL 硫代硫酸钠标准滴定溶液 $[c(Na_2S_2O_3)=1.000mol/L]$ 相当的重铬酸钾的质量，g。

④ $c\left(\frac{1}{2}I_2\right)=0.1mol/L$ 的碘标准溶液　称取 36g KI 溶于 50mL 水中，在不断搅拌下加入 13g 碘（I_2），完全溶解后用水稀释定容至 1000mL，贮于棕色瓶，密闭、避光保存。

a. 标定　吸取 10.00mL 待标定的 I_2 标准溶液于 500mL 碘量瓶中，加 150mL 水，用已标定过的 $c(Na_2S_2O_3)=0.05mol/L$ 的 $Na_2S_2O_3$ 标准滴定溶液滴定至淡黄色时，加 2～3 滴 1% 的淀粉指示剂，继续滴定至蓝色消失即为终点。

b. 计算

$$c\left(\frac{1}{2}I_2\right)=\frac{cV}{10.00} \tag{9-2}$$

式中　$c\left(\frac{1}{2}I_2\right)$——碘标准溶液的实际浓度，mol/L；

c——$Na_2S_2O_3$ 标准滴定溶液的实际浓度，mol/L；

V——消耗 $Na_2S_2O_3$ 标准滴定溶液的体积，mL；

10.00——吸取碘标准溶液的体积，mL。

⑤ $c(NaOH)=0.1mol/L$ 的 NaOH 溶液　称取 4g NaOH，用水溶解并定容至 1000mL。

⑥ 200g/L 的 NaOH 溶液　称取 20g NaOH，用水溶解并定容至 100mL。

⑦ $c\left(\frac{1}{2}H_2SO_4\right)=2mol/L$ 的 H_2SO_4 溶液　量取 5.6mL 浓硫酸（相对密度为 1.84），缓缓注入 80mL 水中，冷却后定容至 100mL。

⑧ 1% 的淀粉指示剂　称取 1.0g 可溶性淀粉于 100mL 烧杯中，用少量水调成糊状，倒入 70mL 沸水，继续煮沸 2min，冷却后用水定容至 100mL。临用前现配。

⑨ 20g/L 的可溶性淀粉溶液　参见 8.2 节。

9.3　测定方法

（1）待测酶液的制备

① 液体剂型糖化酶　用移液器精确吸取适量酶样于相应的容量瓶中，用 pH＝4.6 的 CH_3COOH-CH_3COONa 缓冲溶液稀释定容至刻度后充分摇匀，待测。

② 固体剂型糖化酶　准确称取适量酶样于 100mL 烧杯中，用 pH＝4.6 的 CH_3COOH-CH_3COONa 缓冲溶液溶解。用玻璃棒搅拌，溶解后全部转移至相应的容量瓶中，用缓冲液定容至刻度，充分混匀。用 3000r/min 离心机离心 10min，上清液供测定用。

注：制备待测酶液时，样液浓度应控制在滴定空白和滴定样品消耗的 0.05mol/L 硫代硫酸钠标准滴定溶液体积的差值为 4.5～5.5mL，酶活力为 120～150U/mL。

（2）酶活力的测定　向两支 50mL 具塞比色管中分别加入 20g/L 的可溶性淀粉溶液 25.0mL 及 pH＝4.6 的 CH_3COOH-CH_3COONa 缓冲溶液 5.00mL，摇匀后于 40℃ 恒温水浴中预热 5～10min。向 2 号管（样品）加入待测酶液 2.00mL，立即摇匀同时开始计时，在此温度下准确反应 30min，立即向两管各加 200g/L 的 NaOH 溶液 0.20mL，摇匀，同时将两管取出并迅速冷却，向 1 号管（空白）补加待测酶液 2.00mL。

吸取上述反应液与空白液各 5.00mL，分别置于 250mL 碘量瓶中，准确加入 $c\left(\frac{1}{2}I_2\right)=0.1mol/L$ 的碘标准溶液 10.00mL，再加 0.1mol/L 的 NaOH 溶液 15.00mL，摇匀，密塞，于暗处反应 15min。取出，加 $c\left(\frac{1}{2}H_2SO_4\right)=2mol/L$ 的 H_2SO_4 溶液 2.0mL，立即用 $c(Na_2S_2O_3)=0.05mol/L$ 的 $Na_2S_2O_3$ 标准滴定溶液滴定，直至刚好无色即为终点。

9.4　计算

$$x=(V_0-V)c\times90.05\times\frac{32.2}{5}\times\frac{1}{2}\times n\times2$$

$$=579.9\times(V_0-V)cn \tag{9-3}$$

式中　x——糖化酶的酶活力，U/mL 或 U/g；

　　　V_0——空白消耗 $Na_2S_2O_3$ 标准滴定溶液的体积，mL；

　　　V——试样消耗 $Na_2S_2O_3$ 标准滴定溶液的体积，mL；

　　　c——$Na_2S_2O_3$ 标准滴定溶液的实际浓度，mol/L；

　90.05——与 1.00mL $Na_2S_2O_3$ 标准滴定溶液 $[c(Na_2S_2O_3)=1.000\text{mol/L}]$ 相当的葡萄糖的质量，mg；

　32.2——反应液的总体积，mL；

　　　5——吸取反应液的体积，mL；

　$\dfrac{1}{2}$——折算成 1.00mL 酶液；

　　　n——样品稀释倍数；

　　　2——反应 30min，换算成 1h 的酶活力系数。

9.5　讨论

（1）该法参考《食品安全国家标准　食品添加剂　食品工业用酶制剂》（GB 1886.174—2016），适用于经过鉴定的黑曲霉（A. niger）及其变异菌株深层培养，提纯精制的专供食品加工使用的糖化酶制剂。

（2）GB 1886.174—2016 取代《食品添加剂　糖化酶制剂》（GB 8276—2006），其主要指标同表 8-1。

（3）在大型酒精生产企业和淀粉糖生产企业，实际应用的糖化酶制剂均为液体剂型。液体酶生产中因加工工艺环节少，价格相对低，酶活力相对高，是大型生产企业的首选。

（4）在淀粉糖实际生产中，淀粉先经耐高温 α-淀粉酶和液化喷射器共同作用完成液化，将长链淀粉随机切割成短链，再由糖化酶从短链淀粉分子非还原性末端降解 α-1,4 糖苷键，生成游离葡萄糖。糖化酶也能缓慢水解 α-1,6 葡萄糖苷键，转化为葡萄糖。但糖化酶活力测定时，只能用糖化酶直接从淀粉的非还原性末端分解 α-1,4 糖苷键，故测得的糖化酶活力可能要比实际生产中用的活力低一些。

（5）液体剂型的糖化酶为棕色至褐色液体，无异味，允许有少量凝聚物；固体剂型的则呈浅灰色、浅黄色粉状或颗粒，无结块、无异味，易溶于水，溶解时允许有少量沉淀物。

（6）结晶的 $Na_2S_2O_3 \cdot 5H_2O$ 一般均含有少量杂质（S、Na_2SO_3、Na_2SO_4），同时还容易风化和潮解，需用间接法配制。$Na_2S_2O_3$ 容易受空气中的 O_2、溶解在水中的 CO_2、微生物和光照等作用而分解，但在碱性介质中较稳定。所以配制溶液时，为了减少溶解在水中的 O_2、CO_2 并杀灭水中的微生物，使用新煮沸并冷却的蒸馏水配制，并加入少量 Na_2CO_3（浓度约为 0.02%），以维持溶液的微碱性，防止 $Na_2S_2O_3$ 分解且抑制微生物生长。日光能促使 $Na_2S_2O_3$ 溶液分解，故 $Na_2S_2O_3$ 溶液贮于棕色瓶，并放置于暗处。长期保存的溶液，应每隔一段时间重新标定。如发现溶液变浑浊（表示有固体析出）时，就应过滤后标定，或重新配制。保存得好，可每两个月标定一次。

（7）采用间接碘量法，淀粉指示剂须在临近终点时加入，因为当溶液中有大量碘存在时，碘被淀粉表面牢固吸附，不易与 $Na_2S_2O_3$ 立即作用，致使终点"迟钝"。

（8）标定 $Na_2S_2O_3$ 溶液，常选用强氧化剂如 KIO_3、$KBrO_3$ 或 $K_2Cr_2O_7$ 等作基准物，这些物质均能与 KI 反应析出定量的 I_2。以碘酸钾为例，反应式为：

$$IO_3^- + 5I^- + 6H^+ \longrightarrow 3I_2 + 3H_2O$$

$$I_2 + 2S_2O_3^{2-} \longrightarrow S_4O_6^{2-} + 2I^-$$

称取 3.5670g 预先在 100～105℃ 干燥 2h 的 KIO_3，加水溶解并定容至 1000mL，即为 $c\left(\dfrac{1}{6}KIO_3\right) = 0.1000mol/L$ 的 KIO_3 溶液。从中吸取 10.00mL 置于 150mL 锥形瓶中，加 0.5g KI，溶解后加 $c\left(\dfrac{1}{2}H_2SO_4\right) = 2mol/L$ 的 H_2SO_4 溶液 2.0mL，用待标定的 $Na_2S_2O_3$ 溶液滴定，滴至淡黄色时，加 2～3 滴 0.5% 的淀粉指示剂，继续滴定至蓝色消失即为终点。

$$c(Na_2S_2O_3) = \frac{c\left(\dfrac{1}{6}KIO_3\right) \cdot V_1}{V_2} \tag{9-4}$$

式中　$c(Na_2S_2O_3)$——$Na_2S_2O_3$ 标准滴定溶液的实际浓度，mol/L；

　　　$c\left(\dfrac{1}{6}KIO_3\right)$——$KIO_3$ 溶液的浓度，0.1000mol/L；

　　　V_1——吸取 KIO_3 溶液的体积，mL；

　　　V_2——消耗 $Na_2S_2O_3$ 标准滴定溶液的体积，mL。

（9）$K_2Cr_2O_7$ 标定 $Na_2S_2O_3$ 溶液，反应式为：

$$Cr_2O_7^{2-} + 6I^- + 14H^+ \longrightarrow 2Cr^{3+} + 3I_2 + 7H_2O$$

$$I_2 + 2S_2O_3^{2-} \longrightarrow S_4O_6^{2-} + 2I^-$$

10

蛋白酶活力的测定

蛋白酶是水解蛋白质肽链酶类的总称。这种酶在适宜的温度和 pH 条件下，能切断蛋白质分子内部的肽键，催化蛋白质降解为小分子的多肽和氨基酸。蛋白酶制剂广泛应用于发酵食品、皮革脱毛和软化、丝绸脱胶以及医药生产中。

蛋白酶按其作用的最适 pH 分为碱性蛋白酶、中性蛋白酶和酸性蛋白酶，其中酸性蛋白酶属于内肽酶。酸性蛋白酶应用于发酵酒精生产中，可将蛋白质水解得较为彻底，增加醪液中 α-氨基氮的含量，为酵母细胞的生长、繁殖提供丰富的氮源，增加主发酵期酵母菌的浓度，提高发酵速率，从而缩短发酵周期，提高发酵设备的生产能力；同时可使发酵成熟醪的黏度明显降低，有利于浓醪发酵和发酵罐清洗以及酒精蒸馏。

蛋白酶的酶活力单位：1mL 液体酶或 1g 固体酶粉，在一定温度和 pH 条件下，1min 水解酪蛋白每产生 1μg 酪氨酸，定义为 1 个蛋白酶的酶活力单位。液体剂型用 U/mL 表示，固体剂型用 U/g 表示。

按照《蛋白酶制剂》（GB/T 23527—2009），上述三类蛋白酶活力测定的方法基本相同。现以中性蛋白酶的活力测定为例，介绍其具体测定方法。

10.1 原理

在一定温度和 pH 条件下，蛋白酶水解酪蛋白，其水解产物酪氨酸在碱性条件下可将福林（Folin）试剂还原，生成钼蓝和钨蓝。该复合物在 680nm 处有最大吸收，其吸光度值与酪氨酸浓度呈线性关系，根据线性回归方程和蛋白酶活力的定义计算蛋白酶活力。

10.2 仪器和试剂

（1）仪器　电子天平（0.1mg）；紫外可见分光光度计；电热恒温水浴锅（控温精度

$\pm 0.2℃$）；酸度计；1000mL 回流装置；10mL 具塞比色管。

（2）试剂

① Folin 试剂　称取 50.0g 钨酸钠（$Na_2WO_4 \cdot 2H_2O$）、12.5g 钼酸钠（$Na_2MoO_4 \cdot 2H_2O$），置于 1000mL 磨口锥形瓶中，加 350mL 水、25mL 85％的 H_3PO_4、50mL 浓 HCl，安上冷凝器，在微沸条件下回流 10h。取下冷凝器，在通风橱中向磨口锥形瓶加 25g Li_2SO_4、25mL 水，混匀，加入数滴溴水，再微沸 15min，以驱除多余的溴（冷却后若溶液仍有绿色，需再加几滴溴水，再煮沸除去过量的溴）。冷却后用水定容至 500mL，混匀，过滤。制得的试剂应呈金黄色，置于棕色瓶中保存。

② Folin 试剂使用液　将 1 份 Folin 试剂与 2 份水混合，摇匀。

③ 42.4g/L 的 Na_2CO_3 溶液　称取 42.4g 无水 Na_2CO_3，用水溶解后定容至 1000mL。

④ $c(CCl_3COOH)=0.4mol/L$ 的三氯乙酸（TCA）溶液　称取 65.4g CCl_3COOH，用水溶解后定容至 1000mL。

⑤ pH=7.5 的磷酸缓冲溶液（用于中性蛋白酶制剂）　分别称取 0.5g $NaH_2PO_4 \cdot 2H_2O$ 和 6.02g $Na_2HPO_4 \cdot 12H_2O$，用水溶解并定容至 1000mL。

⑥ pH=3.0 的乳酸缓冲溶液（用于酸性蛋白酶制剂）　分别称取 4.71g 乳酸（80％～90％）和 0.89g 乳酸钠（70％），加 900mL 水，全部溶解后用乳酸或乳酸钠调节 pH 至 3.00 ± 0.05 后定容至 1000mL。

⑦ pH=10.5 的硼酸钠缓冲溶液（用于碱性蛋白酶制剂）　称取 9.54g 硼酸钠和 1.60g 氢氧化钠，加 900mL 水，全部溶解后用 1mol/L 的 HCl 溶液或 0.5mol/L 的 NaOH 溶液调节 pH 至 10.50± 0.05 后定容至 1000mL。

⑧ 0.5mol/L 的 NaOH 溶液　称取 2g NaOH，溶于 100mL 水中。

⑨ 10.0g/L 的酪蛋白溶液　准确称取酪蛋白标准品［中国药品生物制品检定所（NICPBP）药品标准物质］1.000g（精确至 0.0001g），置于 250mL 烧杯中，用少量 0.5mol/L 的 NaOH 溶液润湿，加 80mL pH=7.5 的磷酸缓冲溶液，在沸水浴中加热煮沸 30min，其间不时搅拌至酪蛋白全部溶解，冷至室温后转移至 100mL 容量瓶中，用 pH=7.5 的磷酸缓冲溶液稀释定容至刻度，于冰箱保存备用，有效期 3d，使用前重新确认调整 pH。

注：定容前用酸度计校正其 pH 至 7.5。

⑩ $100\mu g/mL$ 的 L-酪氨酸标准贮备液　精确称取在 105℃ 干燥至恒重的 L-酪氨酸 0.1000g（精确至 0.1mg），用 60mL 1mol/L 的 HCl 溶液溶解并定容至 100mL，此为 1mg/mL 的酪氨酸溶液。吸取此液 10.00mL，用 0.1mol/L 的 HCl 溶液稀释定容至 100mL，得到 $100\mu g/mL$ 的酪氨酸标准贮备液。

⑪ $c(HCl)=1mol/L$ 的 HCl 溶液　吸取 9mL 浓 HCl，用水稀释至 100mL。

⑫ $c(HCl)=0.1mol/L$ 的 HCl 溶液　吸取 0.9mL 浓 HCl，用水稀释至 100mL。

10.3　测定方法

（1）标准曲线的绘制　取 6 支 10mL 具塞比色管，分别加入 0、1.00mL、2.00mL、3.00mL、4.00mL、5.00mL 的 $100\mu g/mL$ 的酪氨酸标准贮备液，依次加水定容至 10mL，即为 0、$10\mu g/mL$、$20\mu g/mL$、$30\mu g/mL$、$40\mu g/mL$、$50\mu g/mL$ 的酪氨酸系列标准溶液。

吸取 L-酪氨酸系列标准溶液各 1.00mL 分别置于 10mL 具塞比色管中，然后依次加入 5.00mL 42.4g/L 的 Na_2CO_3 溶液、1.00mL Folin 试剂使用液。摇匀，置于 40℃ 水浴中显色 20min 后取出，在 680nm 处以 1 号管为空白，用 10mm 比色皿测定吸光度。以吸光度值和酪氨酸浓度绘制标准曲线。

（2）待测酶液的制备　称取酶样 1~2g（精确至 0.0001g），用 pH＝7.5 的磷酸缓冲溶液溶解并稀释定容至相应的容量瓶中，使酶活力在 10~15U/mL 之间。

（3）样品的测定　先将 10.0g/L 的酪蛋白溶液在 40℃ 水浴中预热 5min，取 3 支 10mL 具塞比色管，编号 1、2、3，每管加 1.00mL 待测酶液，置于 40℃ 水浴中预热 2min，再各加入 1.00mL 10.0g/L 的酪蛋白溶液，准确计时，保温 10min，立即各加入 2.00mL 0.4mol/L 的 CCl_3COOH 溶液，充分混匀使蛋白酶终止反应。取出静置 10min，使残余蛋白质沉淀后，用慢速定性滤纸过滤。然后另取 3 支 10mL 具塞比色管，编号 1′、2′、3′，每管加对应的滤液 1.00mL、42.4g/L 的 Na_2CO_3 溶液 5.00mL、Folin 试剂使用液 1.00mL，摇匀，于 40℃ 水浴中保温显色 20min 后，以空白调零，在 680nm 处测定吸光度。

（4）空白制备　取 1 支 10mL 具塞比色管，编号 A，加 1.00mL 待测酶液，置于 40℃ 水浴中预热 2min，加入 2.00mL 0.4mol/L 的 CCl_3COOH 溶液，在 40℃ 水浴中保温 10min，使酶失活；再加 1.00mL 10.0g/L 的酪蛋白溶液，充分混匀。取出静置 10min 后用慢速定性滤纸过滤。以下操作与样品的测定相同。

为清楚起见，操作过程列表如下。

第一步

操作步骤	样品管			操作步骤	空白管
	1	2	3		A
加酶液	1.00mL			加酶液	1.00mL
预热	40℃ 水浴中 2min			预热	40℃ 水浴中 2min
加 40℃ 水浴中预热 5min 的 10.0g/L 酪蛋白溶液	1.00mL			加 0.4mol/L CCl_3COOH 溶液	2.00mL
计时保温	10min			计时保温	10min
加 0.4mol/L 的 CCl_3COOH 溶液	2.00mL			加 40℃ 水浴中预热 5min 的 10.0g/L 酪蛋白溶液	1.00mL
取出静置	10min			取出静置	10min

第二步

操作步骤	样 品 管			空白管
	1′	2′	3′	A′
加对应的滤液	1.00mL			1.00mL
加 42.4g/L 的 Na_2CO_3 溶液	5.00mL			5.00mL
加 Folin 试剂使用液	1.00mL			1.00mL
40℃ 保温显色	20min			20min
吸光度值	A_1	A_2	A_3	
平均吸光度值	$\overline{A}$			

10.4　计算

$$x = \frac{cV \times 4n}{m} \times \frac{1}{10} \tag{10-1}$$

式中　x——样品的酶活力，U/mL 或 U/g；

　　　c——由标准曲线得出的样液中酪氨酸的浓度，μg/mL；

　　　V——样品定容的体积，mL；

　　　4——4mL 反应液中取出 1mL 测定；

　　　n——待测酶样的稀释倍数；

　　　m——样品的质量，g；

　　　$\dfrac{1}{10}$——反应时间 10min，转化为按 1min 计。

所得结果保留至整数位。

10.5　讨论

（1）该法参考《蛋白酶制剂》（GB/T 23527—2009），《食品安全国家标准　食品添加剂　食品工业用酶制剂》（GB 1886.174—2016）中关于蛋白酶活力的测定部分与之相同。

（2）《蛋白酶制剂》（GB/T 23527—2009）适用于以淀粉质（或糖质）为原料，经微生物发酵、提纯制得的蛋白酶制剂。该标准规定的理化指标见表 10-1。国内常用蛋白酶制剂的类别、代号及生产菌株见表 10-2。

表 10-1　GB/T 23527—2009 中蛋白酶制剂的理化指标

项　　目	固体剂型	液体剂型
酶活力/（U/mL 或 U/g）	≥50000	≥50000
干燥失重[①]/%	≤8.0	—
细度（0.4mm 标准筛通过率）/%	≥80	—

① 不适用于颗粒产品。

注：1. 液体剂型蛋白酶制剂为浅黄色至棕褐色液体，无异味，有特殊发酵气味，允许有少量凝聚物。

　　2. 固体剂型蛋白酶制剂为白色至黄褐色粉末或颗粒，无结块、潮解现象；无异味，有特殊发酵气味。

表 10-2　国内常用蛋白酶制剂的类别、代号及生产菌株

类　别	代　号	生　产　菌　株
酸性蛋白酶	537	宇佐美曲霉（*Aspergillus usamii*，No. 537）
	3350	黑曲霉（*Aspergillus niger*，No. 3350）
中性蛋白酶	1.398	枯草芽孢杆菌（*Bacillus subtilis*，No. 1.398）
	3942	栖土曲霉（*Aspergillus terricola*，No. 3942）
	166	放线菌（*Actinomycetes*，No. 166）
碱性蛋白酶	2709	地衣芽孢杆菌（*Bacillus licheniformis*，No. 2709）
	CW301	地衣芽孢杆菌（*Bacillus licheniformis*，No. CW301）
	209	短小芽孢杆菌（*Bacillus pumilus*，No. 209）
	SMJ	嗜碱短小芽孢杆菌（*Alkalophilic bacillus pumilus*，No. SMJ）
	CW302	枯草芽孢杆菌（*Bacillus subtilis*，No. CW302）

（3）该法仅用于测定代号 3942 的中性蛋白酶 [代号 1.398、166 的中性蛋白酶制剂除显色温度为（30.0±0.2）℃外，其他均与代号 3942 的中性蛋白酶相同]，若要测定酸性蛋白酶

或碱性蛋白酶的活力，配制酪蛋白溶液和制备待测酶样时需换成相应的 pH 缓冲溶液。

（4）10g/L 的酪蛋白溶液配成酸性溶液时，需先加数滴浓乳酸，将其润湿以加速溶解。

（5）三氯乙酸（CCl_3COOH）溶液为蛋白质沉淀剂。

（6）酪蛋白溶液与酪氨酸溶液均极易被空气中的杂菌感染，繁殖细菌，引起变质，应严格控菌操作。酪蛋白与酪氨酸溶液配制后应及时使用。

11

糖蜜糖度的测定（糖锤度计法）

糖蜜是甘蔗或甜菜糖厂的一种副产品，又称废糖蜜，俗称橘水。糖蜜含糖量较高，因其本身就含有相当数量的可发酵性糖，所以是大规模生产多种发酵产品（酒精、味精、柠檬酸、赖氨酸和酵母等）的良好原料。甘蔗糖蜜含蔗糖 30%～35%（质量分数）、转化糖 15%～20%（质量分数）；甜菜糖蜜含蔗糖 48%～62%（质量分数），转化糖低于 1%（质量分数）。对糖蜜或以糖蜜为原料的发酵醪中糖度的测定，使用糖锤度计非常简便易行。

糖锤度计又称勃力克斯比重计（Brixscale，Bx），其刻度表示 20℃时纯蔗糖溶液的质量分数。常见的糖锤度计有三种量程（质量分数）：0～30%、30%～60%、60%～90%。

11.1 原理

由于糖蜜不是纯蔗糖溶液，其溶质中有蔗糖、葡萄糖和果糖等，这些混合溶质对溶液密度的影响与纯蔗糖溶液是不一致的。测量时从糖锤度计上读出溶液中溶质（固形物）质量分数的示值，再根据测定时溶液的温度经附表 3 修正，所得数值可以称为用糖锤度计测定的固形物含量。实际上，糖蜜水溶液中的水分被完全蒸干所得的固形物才是实际固形物。溶液中的非蔗糖成分越多，糖锤度计测定的固形物与实际固形物的数值差别越大；只有对纯蔗糖溶液，糖锤度计的测定值与实际固形物含量才无差别。

11.2 仪器

糖锤度计；磁力搅拌器；低速离心机（大容量离心管）；托盘天平；水银温度计（0～50℃，刻度精度 0.1℃）；广口量筒（250mL）。

11.3　测定方法

由于糖蜜黏度大，为减小测定误差，需用温水将待测试样进行稀释。根据试样浓度和黏度大小，测定时可将试样进行 3～5 倍稀释（一般稀释至 15Bx）。

（1）试样处理　将待测糖蜜贮罐中的糖蜜搅拌均匀，称取 100.0g 糖蜜，置于 1000mL 烧杯中，加 400mL 水，在磁力搅拌器上搅拌均匀，即为 5 倍稀释液。如实验室条件允许，可将稀释液用大离心管（100mL）在低速离心机（2500r/min）上离心 10min，这样测定数值可以更准确些。

（2）测定　将离心所得上清液倒入洁净、干燥的广口量筒中（直径至少比糖锤度计大 2～3cm），加至 3/4 体积样品后静置 15min。待样品内空气逸出后，慢慢插入已擦干的糖锤度计，糖锤度计在量筒内停留 2～3min，读数，同时用温度计测定样品溶液的温度。

11.4　计算

如果试样稀释液温度达不到 20℃，应根据实际测定的温度用附表 3 进行校正：测定时温度低于 20℃，测定值减去表中数值；温度高于 20℃，测定值加上表中数值。再将校正糖锤度值乘以稀释倍数即为糖蜜的糖度。

例如，量筒中糖锤度计刻度示值 12.0，稀释液温度 21℃，查附表 3，校正值为 0.06，则

$$校正锤度值＝12.0＋0.06＝12.06$$

即　　　　　　糖蜜样品近似的糖度＝5×12.06％＝60.30％

注：测定过程中尽可能使试样稀释液温度达到或接近 20℃，这样测定的数值更准确些。

11.5　讨论

（1）糖蜜稀释液用离心机进行离心，其目的就是更好地去除固形物以减少干扰。因为在转速低于 20000r/min 时离心，不仅不会对糖液的浓度造成影响，而且能够最大限度地减少干扰。

（2）如果待测样品是糖蜜发酵液，则可直接取样离心后按上述方法进行测定。

（3）糖锤度计还有一种巴林（Balling）比重计，其刻度表示 15.5℃时纯蔗糖溶液的质量分数。常见的巴林比重计的量程为 0～24％。

（4）从附表 3 中可以看出，如果测定温度在 20℃，则糖锤度测定值的校正值为 0，即不需要进行校正。

（5）巴西是世界第一大甘蔗种植国，其以甘蔗为原料生产乙醇的成本仅为 0.19 美元/升（美国 0.33 美元/升，欧盟 0.55 美元/升）。巴西不仅是乙醇的生产大国，也是以乙醇燃料替代石油最成功的国家之一，现为世界上唯一不供应纯汽油的国家。

12

淀粉糖浆 DE 值的测定

淀粉糖浆是淀粉不完全水解的产品，为无色、透明、黏稠的液体，具有贮存性质稳定、无结晶析出的特点。淀粉糖浆的糖分组成主要是葡萄糖、低聚糖、糊精等，糖分组成比例因水解程度和采用糖化工艺的不同而不同，所形成的产品种类多样，且具有不同的物理和化学性质，进而满足不同的生产需求。

在工业生产上，利用糖化酶从外向里逐步水解淀粉分子链的特性，通过调整糖化酶用量和糖化反应时间来控制糖化进度，并由此生产出各种不同用途、不同 DE 值（dextrose equivalent）的淀粉糖浆。通常，将 DE 值在 25%～36%（质量分数）的淀粉糖浆称为低转化淀粉糖浆，将 DE 值在 38%～48%（质量分数）的称为中转化淀粉糖浆，将 DE 值在 60%～70%（质量分数）的称为高转化淀粉糖浆，DE 值更高的可生产结晶葡萄糖或全糖粉。

我国工业生产淀粉糖浆以中转化淀粉糖浆的产量为最大，其次为麦芽糖浆或饴糖浆；果葡糖浆虽有生产，但产量很低。目前淀粉糖浆主要用于饮料生产、啤酒生产、糖果生产和焙烤工业。

12.1 原理

淀粉液化完成后应及时经换热器降温，然后用泵输送至糖化罐进行糖化。糖化时根据产品特性选用合适的酶制剂，例如：产品为葡萄糖，应选用糖化酶；产品为麦芽糖，应选用 β-淀粉酶或真菌淀粉酶。

糖化酶是一类外切酶，它能从淀粉分子的非还原性末端水解 α-1,4 葡萄糖苷键产生葡萄糖，也能缓慢水解 α-1,6 葡萄糖苷键转化成葡萄糖。所以，液化液（醪）经糖化酶作用后，原来的糊精、低聚糖就逐渐转变成葡萄糖。工业上常用 DE 值，即溶液的葡萄糖值来表示溶液中淀粉的水解程度。DE 值的含义是以葡萄糖计的还原糖含量占糖液中干物质的百分比。

12.2　仪器和试剂

（1）仪器　阿贝（Abbe）折射仪；电子天平（0.1mg）；电热套（或电炉）。
（2）试剂
① 费林试剂　见 2.1.2 节。
② 0.2% 的标准葡萄糖溶液　见 2.1.2 节。
③ 1% 的亚甲基蓝指示剂　见 2.1.2 节。

12.3　测定方法

还原糖的测定常用廉-爱农（Lane-Eynon）法（见 2.1.1 节）或碘量法；干物质的测定用阿贝折射仪。

2WA-J 折射仪的操作方法为：按说明书要求校正后，将被测液体（透明、半透明均可）用洁净干燥的滴管滴在折射棱镜表面，并将进光棱镜盖上，用手轮缩紧（液层需均匀、充满视场、无气泡）。打开遮光板，合上反射镜，调节目镜使十字线清晰，此时旋转手轮，使分界线位于十字线中心，再适当旋转聚光镜，此时目镜视场中显示的上方示值即为被测液体干物质的百分数。

12.4　计算

具体计算溶液的 DE 值时，要考虑到还原糖含量与干物质含量的计量单位不统一。还原糖含量是指 100mL 溶液中所含还原糖的质量（g），阿贝折射仪测出的干物质浓度是指 100g 溶液中所含干物质的质量（g）。所以，实际计算溶液 DE 值的公式为：

$$DE\ 值=\frac{还原糖含量(g/100mL)}{干物质含量(g/100g)\times 溶液相对密度(g/mL)}\times 100\%\qquad(12\text{-}1)$$

12.5　讨论

（1）味精、酒精、柠檬酸等生产中，原料中的淀粉先水解成葡萄糖，然后进行发酵。因此，糖化越彻底，糖液 DE 值越高，淀粉对糖的转化率就越高，产物浓度也就高，粮耗就少。糖化液 DE 值的高低，除上述可由工艺条件控制之外，客观上还受采用何种液化、糖化工艺的影响。如用酸法工艺，糖化液 DE 值最高仅 91% 左右，很难再提高；用酶法工艺，特别是采用耐高温 α-淀粉酶液化工艺，糖化液 DE 值可达 96% 以上，最高可达 98%。

（2）DX 值概念。DX 值是指葡萄糖含量占糖液中干物质的百分比。通常，糖液中的 DX

值总是稍低于 DE 值，这是因为在糖液的还原糖中除了占较大比例的葡萄糖之外，还有一些非葡萄糖的低聚糖存在，如麦芽二糖、麦芽三糖等。这种差异随着糖化程度的提高而逐渐缩小，在糖化液 DE 值达到一定值，例如 95％以上时，DX 值与 DE 值之间的差异仅为 1％～2％。必须指出的是，受酶反应本身的制约，这种差异无法全部消除。此外，在实际生产中，至今大多数工厂还没有将 DX 值真正作为一项工艺指标来衡量糖化效果。

（3）加酶量与糖化时间密切相关。糖化液在 DE 值即葡萄糖值相同的情况下，加酶量越大，糖化时间越短，它们之间呈负相关（见表 12-1）。

表 12-1　加酶量与糖化时间的关系

糖化酶加入量/[U/(g 原料)]	48	36	24	20	16	10
糖化时间/h	100	120	150	200	250	300

表 12-1 仅仅反映了糖化酶加入量与糖化时间之间的大致关系，而在实际生产中，由于各企业具体糖化条件不同，如原料、糖化工艺、糖化设备、液化液质量不同等，都会使糖化酶加入量和糖化时间与表 12-1 不尽一致。糖化酶加入量还与工艺规定所需要的糖化液最终 DE 值的高低有直接关系，一般情况下，糖化液最终 DE 值要求越低，糖化酶加入量越少，但同样也受糖化时间的制约。

（4）淀粉在糖化过程中，随着糖化时间的延长，糖化液 DE 值不断升高。特别是在糖化最初的 10～15h 内，这种变化十分迅速，糖化液 DE 值可升至 80％以上。随后，糖化液 DE 值上升趋势平缓。到糖化后期，这种趋势就相互接近了（见图 12-1）。生产实际也表明，通过增加糖化酶用量以提高糖化液 DE 值的办法并不总是成功的。有时，糖化酶用量过多，往往在生产上造成不利。

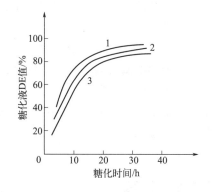

图 12-1　糖化过程中糖化液 DE 值的变化
1—加酶量 250U/(g 原料)；2—加酶量 200U/(g 原料)；3—加酶量 150U/(g 原料)

（5）淀粉糖浆 DE 值和淀粉糖浆的糖锤度值不是同一概念。糖锤度值高，表示淀粉糖浆中的干物质含量高；DE 值高，是指淀粉转变成糖的转化率高。淀粉糖浆中的干物质含量用阿贝折射仪或糖锤度计测定比较快捷。

（6）由于折射率不受溶液表面张力、黏度等的影响，故折射法测糖锤度较密度法更为准确。

（7）阿贝折射仪每次操作结束后，折射棱镜的抛光面及标准试样的抛光面，需用无水乙醇-乙醚（1+1）混合液和脱脂棉轻轻擦净，以免残留样品，影响成像的清晰度和测量精度。阿贝折射仪不适用于强酸、强碱或腐蚀性样品的测定。

（8）《淀粉糖质量要求　第 2 部分：葡萄糖浆（粉）》(GB/T 20882.2—2021) 中定义葡萄糖浆是以淀粉或淀粉质为原料，经全酶法、酸法、酸酶法水解、精制而得到的含有葡萄糖的混合糖浆。其理化要求见表 12-2。该标准将葡萄糖浆按 DE 值分为低 DE 值葡萄糖浆、中 DE 值葡萄糖浆和高 DE 值葡萄糖浆。

表 12-2　不同 DE 值的葡萄糖浆的理化指标

项目	低 DE 值	中 DE 值	高 DE 值
DE 值(以干基计)/%	20~41	41~60	>60
干物质(固形物)含量/%	≥50	≥50	≥50
pH	4.0~6.0	4.0~6.0	4.0~6.0
透光率/%	≥95	≥98	≥98
硫酸灰分(质量分数)/%	≤0.3	≤0.3	≤0.3

13

酒母醪的质量分析控制

在酒精发酵工艺中，酵母菌经扩大培养后送入发酵罐进行发酵。完成扩大培养的酵母菌培养液，在酒精行业中称为酵母（酒母）成熟醪。酒母醪是酒精发酵的菌种，酒母成熟醪的质量决定发酵罐中发酵是否可以高质量地进行。如何培养出高质量的酒母成熟醪以满足发酵用菌种的需要，是保证正常发酵和提高淀粉酒精产率的关键。因此，分析和控制酒母醪的质量，对指导生产具有十分重要的意义。

分析酒母成熟醪的主要指标有酵母菌数（应达到 $0.8 \times 10^9 \sim 1.2 \times 10^9 /mL$）、杂菌数、酒精浓度、酸度、糖度和耗糖率以及残还原糖。

酒母醪的试样应在酒母罐中采集。采样前，用 75％酒精或 0.25％新洁尔灭（为季铵盐的表面活性剂，可用来消毒手臂和不能遇热的器具，市售商品为 5％的溶液，使用时稀释至 0.25％）将取样阀或取样勺、取样杯仔细擦净或浸洗，然后开动搅拌器将醪液搅拌均匀，用酒母醪将取样勺、取样杯洗涤一次再取样。如通过取样阀取样，则应先弃去其中积存的醪液后采样。用取样杯接取试样约 200mL。

采集的酒母醪试样必须立即分析，否则会因酵母菌继续繁殖、代谢而失去采样时所代表的酒母醪状况。试样分析前，用无菌离心管在 8000r/min 离心机上离心 10min，取上清液测定。

13.1　糖度和外观耗糖率的测定

酵母菌在迅速增殖过程中糖的消耗速度是比较快的，比较接菌前后糖化醪的糖度变化即为耗糖率。

13.1.1　原理

外观糖度的高低是酒母醪成熟的主要依据，当由勃力克斯糖度计测得的外观糖度计算的

耗糖率达到 $45\%\sim50\%$ 时，表示酒母醪已成熟可用。

13.1.2 仪器

糖锤度计（勃力克斯糖度计）；量筒（100mL）；温度计 $[(100.0\pm0.2)℃]$。

13.1.3 测定方法

（1）酒母醪糖度的测定　取酒母醪离心上清液于 100mL 量筒中，用勃力克斯糖度计测定糖度。同时测量上清液温度，查附表 3 校正为 20℃时的糖度。

（2）同时测定酒母糖化醪接种前的糖度和成熟酒母醪的糖度。

13.1.4 计算

（1）酒母醪糖度

$$糖度＝稀释倍数×校正锤度值$$

（2）外观耗糖率

$$外观耗糖率＝\frac{S_1-S_2}{S_1}×100\% \tag{13-1}$$

式中　S_1——接种前酒母糖化醪的糖度，°Bx；

S_2——成熟酒母醪的糖度，°Bx。

13.2　酒母醪酸度的测定

酵母菌在增殖过程中产生一定的有机酸，检测酸度更重要的目的是了解杂菌污染的程度。产酸杂菌污染严重，酸度增大。

13.2.1 原理

酒母醪所含酸为有机弱酸，可用酚酞作指示剂，以 NaOH 标准滴定溶液滴定。分析结果以 10mL 试样中含有有机酸的物质的量（mmol）表示。

13.2.2 试剂

① $c(NaOH)＝0.1mol/L$ 的 NaOH 标准滴定溶液　配制及标定见 3.2.2 节中的⑧。

② 1%的酚酞指示剂　称取 1.0g 酚酞，溶于 100mL 95%的乙醇溶液中。

13.2.3 测定方法

准确吸取 $1\sim2mL$ 试样上清液，置于盛有 50mL 蒸馏水（新煮沸并冷却）的 250mL 锥形瓶中，加 2 滴 1%的酚酞指示剂，用 $c(NaOH)＝0.1mol/L$ 的 NaOH 标准溶液滴定至溶液呈微粉色，30s 不褪色即为终点。

13.2.4 计算

$$x = \frac{cV}{V_s} \times 10 \tag{13-2}$$

式中　x——试样的酸度，mmol/10mL；

　　　V——消耗 NaOH 标准滴定溶液的体积，mL；

　　　c——NaOH 标准滴定溶液的实际浓度，mol/L；

　　V_s——取样量，mL。

13.3　残还原糖的测定

酒母醪成熟时，其残还原糖一般约为 4%，具体测定参照 2.3 节。

13.4　酒精浓度的测定

在酵母扩大培养过程中增殖正常的酵母菌会产生一定数量的酒精，酒精浓度的具体测定参见 14.3 节。

14

乙醇浓度（酒精度）的测定

乙醇浓度（酒精度）通常是指在 20℃ 时，乙醇水溶液中所含乙醇的体积与在同温度下该溶液总体积的百分比，以"%"（体积分数）表示。乙醇浓度是酒精、蒸馏酒、啤酒、葡萄酒以及酒母醪等的主要质量指标。

14.1 原理

乙醇浓度的测定，可根据乙醇浓度与密度呈一定反比关系，利用酒精计进行测定；也可用蒸馏法除去不挥发物，用密度瓶测定馏出液的密度，由馏出液的密度查密度-酒精浓度对照表求得酒精含量（质量分数或体积分数）。

14.2 仪器和试剂

(1) 仪器 电子天平（0.1mg）；低温循环水浴（温控精度±0.01℃）；电热套；蒸馏装置（500mL）；精密酒精计［分度值为 0.1%（体积分数）］；水银温度计（分度值为 0.1℃）；25mL 附温密度瓶（见图 14-1）；电吹风机；干燥器。

(2) 试剂

① 铬酸洗液 称取 25g $K_2Cr_2O_7$，溶于 50mL 水中，缓慢加入 450mL 浓 H_2SO_4。

② 乙醇。

③ 乙醚。

④ 15℃ 无二氧化碳蒸馏水。

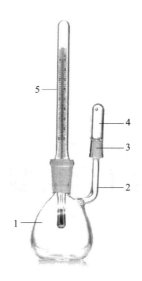

图 14-1 25mL 密度瓶

1—密度瓶主体；2—侧管；3—侧孔；4—侧孔罩；5—温度计

14.3 测定方法

乙醇浓度的测定方法主要有酒精计直接测定法和蒸馏-密度法。

14.3.1 酒精计直接测定法

将试样注入洁净、干燥的 100mL 量筒中，在室温下静置 5～10min，放入洁净、擦干的酒精计，同时插入温度计，平衡 5min。水平观测酒精计，读取酒精计与液体弯月面相切处的刻度示值，并记录温度。根据测得的酒精计示值和温度，查附表 4 校正成 20℃时的乙醇浓度（酒精度）。所得结果精确至一位小数。

该法的允许误差：平行试验测定值之差不超过 0.1%（体积分数）。

14.3.2 蒸馏-密度法 (适用于含不挥发物的酒类)

（1）以体积分数（20℃）表示的酒精浓度的测定方法　取一清洁的 100mL 容量瓶，用被测试样荡洗 2～3 次。将容量瓶置于 20℃水浴中平衡 20～30min，加 20℃试样至刻度。将试样移入 500mL 蒸馏烧瓶中，用 50mL 蒸馏水（若测蒸馏酒，则加 25mL）分 3 次冲洗容量瓶，洗液一并移入蒸馏烧瓶。开始蒸馏，用装试样的原容量瓶作接收器。为防止酒精挥发，冷凝水出口温度不超过 20℃，如在室温较高时蒸馏，应将容量瓶置于冰水浴中，并使接液管出口伸入容量瓶的球部。

当馏出液体积达 96～98mL 时停止蒸馏。用少许水洗涤接液管下端，洗液并入容量瓶，盖好瓶塞，摇匀。将其置于 20℃水浴中 30min，用洗瓶加同温度的蒸馏水至刻度，再次摇匀。用密度瓶测定馏出液 20℃时的密度。由附表 5 查得试样以体积分数表示的 20℃时的乙醇（酒精）浓度。

当对分析结果仅要求达到一位小数的准确度时，可将馏出液用酒精计直接测定，以体积分数表示酒精浓度。

（2）以质量分数表示的酒精浓度的测定方法 称取 100.0g 试样于 500mL 蒸馏烧瓶中，加 50mL 蒸馏水，安上冷凝管，进行蒸馏。馏出液用一已称重的 100mL 容量瓶（称准至 0.01g）接收，瓶内预先加入 5mL 蒸馏水，并将接液管出口插入水中。当馏出液达 96mL 左右时停止蒸馏，用少许水洗涤接液管下端，洗液并入容量瓶。用洗瓶加蒸馏水至 100.0g，摇匀。用密度瓶测定馏出液 20℃ 时的密度。由附表 5 查得试样以质量分数表示的乙醇（酒精）浓度。

用密度瓶测定馏出液 20℃ 时的密度的方法如下。

① 密度瓶的标定 将密度瓶（包括温度计、侧孔罩）用铬酸洗液浸泡，然后用自来水、蒸馏水、乙醇依次洗涤，最后用乙醚洗涤数次或用吹风机吹干。待完全干燥后，置于干燥器中 20min，在电子天平上称重（准确至 0.1mg）。再置于干燥器中 20min，再称重，应达到恒重（前后质量差不大于 0.0002g），否则需要重新洗涤、干燥。

用新鲜煮沸并冷却至约 15℃ 的蒸馏水注满密度瓶，轻拍密度瓶使空气泡排出，插好温度计（密度瓶口和温度计下端均为磨口）。将密度瓶置于（20.0±0.1）℃ 的低温循环水浴中，当密度瓶内部的温度达 20.0℃ 并保持 30min 不变后，取出。立即用滤纸条擦去侧管溢出的水，盖上侧孔罩。然后再置于室温的水浴中 10min，使其温度达到室温，取出。立即用滤纸擦干外壁，尤其是瓶口处，在电子天平上称重（准确至 0.1mg）。此质量减去空瓶重即为 20℃ 时水的质量。

标定操作应经常重复，对于一直使用的密度瓶，至少每星期标定一次。

② 试样的测定 取冷却至约 15℃ 的试样，荡洗清洁干燥并已标定的密度瓶 2～3 次，然后注满密度瓶。以下操作与标定相同。测得 20℃ 时试样的质量。

14.4　计算

$$d_{20}^{20} = \frac{m_2 - m_0}{m_1 - m_0} \qquad (14\text{-}1)$$

式中　m_0——密度瓶的质量，g；

m_1——密度瓶和水的质量，g；

m_2——密度瓶和试样的质量，g。

14.5　讨论

（1）该法源于《食品安全国家标准　酒中乙醇浓度的测定》（GB 5009.225—2016），作者根据实践有改动。

（2）密度瓶必须按步骤清洗干净，戴干净的白细线手套或用滤纸直接接触密度瓶，否则很难恒重。

（3）密度瓶主体、温度计、侧孔罩上面均标有相同的编号，注意保持其成套性，不可混用。因不同套之间磨口部分密封不一定好，也不易恒重。

（4）密度瓶所带温度计，最高示值40℃，干燥时不能置于40℃以上环境中烘烤。

（5）制备15℃无二氧化碳蒸馏水，可用250mL碘量瓶盛装蒸馏水加热煮沸15min，盖盖后取下，自然冷却，然后置于冰箱中。

（6）试样测定前的温度必须低于20℃，否则在20℃水浴中恒温时会因液体体积收缩而带来误差。

（7）密度瓶称量前，必须使其达到室温。否则，当室温高于20℃时，称量过程中会由于水汽在瓶外壁冷凝而使质量偏高。

（8）当室温远高于20℃时，密度瓶升至室温，液体会因体积膨胀而溢出到侧孔罩中，但因是磨口装置，不会流到外面损失进而影响测定。

（9）用低温循环水浴很好控制20℃恒温。如室温较高又没有此设备时，可用普通电热恒温水浴锅代替，用矿泉水瓶装水冷冻成冰后放到水浴锅中调节温度。

（10）铬酸洗液可重复使用，颜色变绿时即为失效。

（11）在酒精生产中，乙醇浓度和其他杂质含量直接相关。乙醇浓度高，其他杂质相对少；反之亦然。乙醇浓度低杂质含量高，主要是中沸点杂质混入酒精中的机会有可能增加，如94%~95%乙醇中丙醇、异丁酸酯和异戊酸酯的含量为96.26%乙醇中相应含量的20~50倍。日本学者小西敬报道：用真空蒸馏法制取高纯度酒精时发现真空塔的乙醇浓度和氧化性呈正相关，乙醇浓度高，氧化性好，反之则氧化性下降，它要求乙醇浓度不得低于97%。

（12）酒精分为发酵酒精和合成酒精，本书所述主要指发酵酒精。发酵酒精从用途上讲，分为食用酒精（edible alcohol）、燃料酒精（变性燃料乙醇）、医用酒精和工业酒精。不同用途的酒精规定的乙醇浓度等理化指标不同，表14-1列出了其中三种用途酒精的理化指标。

表14-1　三种用途酒精理化指标的比较

项目	食用酒精 （GB 31640—2016）	燃料酒精 （GB 18350—2013）	工业酒精（GB/T 394.1—2008）			
			优级	一级	二级	粗酒精
乙醇浓度（体积分数）/%	≥95.0	≥92.1	≥96.0	≥95.5	≥95.0	≥95.0
醛（以乙醛计）/(mg/L)	≤30	—	≤5	≤30		
甲醇/(mg/L)	≤150	≤0.5%	≤800	≤1200	≤2000	≤8000
氰化物[①]（以 HCN 计）/(mg/L)	≤5	—				
铅（以 Pb 计）/(mg/kg)	<1.0	—				
水分（体积分数）/%	—	≤0.8				
酸（以乙酸计）/(mg/L)	≤10	≤56	≤10	≤20	≤20	
pHe[②]	—	6.5~9.0				
无机氯（以 Cl⁻ 计）/(mg/L)	—	≤8				
硫/(mg/kg)	—	≤30				
铜/(mg/L)	—	≤0.08				
酯（以乙酸乙酯计）/(mg/L)	≤18	—	≤30	≤40		

项目	食用酒精 （GB 31640—2016）	燃料酒精 （GB 18350—2013）	工业酒精（GB/T 394.1—2008）			
			优级	一级	二级	粗酒精
正丙醇	≤15	—	—	—	—	—
异丁醇＋异戊醇	≤2	—	≤10	≤80	≤400	—
高锰酸钾氧化时间/min	≥30	—	≥30	≥15	≥5	—
不挥发物/（mg/L）	≤15	—	≤20	≤25	≤25	—
硫酸试验色度/号	≤10	—	≤10	≤80	—	—

①针对以木薯为原料的产品。②pHe 为变性燃料乙醇中酸强度的度量，也用酸度计测定，但醇溶液的 pHe 不能同水溶液的 pH 直接相比，且测定过程中电极活化方法和频次不同。

注：1.《食品安全国家标准　食用酒精》（GB 31640—2016）取代了《食用酒精》（GB 10343—2008）中的部分指标，体现在表 14-1 中的前五项；后面沿用 GB 10343—2008 中项目的指标列出的是优级酒精的数据。比较两个标准可以看出，GB 31640—2016 不作特级、优级、普通级区分，指标的理化要求也只是 GB 10343—2008 中的普通级食用酒精的要求。

2. 关于医用酒精，只查到《醇类消毒剂卫生要求》国家标准（GB/T 26373—2020）。其中，有效成分是乙醇的，含量不低于 60%（体积分数）；有效成分是异（正）丙醇的，含量不低于 60%（体积分数）；有效成分是复合醇的，总含量不低于 60%（体积分数）。与 75% 的酒精为医用酒精的认知常识不同。

3.《工业酒精》（GB/T 394.1—2008）替代《工业酒精》（GB/T 394.1—1994），GB/T 394.1—1994 的适用范围是以谷物、薯类、糖蜜为原料，经发酵、蒸馏而制成的含水工业酒精，故 GB/T 394.1—2008 仍为发酵工业酒精的现行有效标准。《工业用乙醇》（GB/T 6820—2016）替代《工业合成乙醇》（GB/T 6820—1992），应是合成乙醇的最新标准。

15

成品酒精中高级醇的测定

《酒精通用分析方法》(GB/T 394.2—2008) 规定用气相色谱法测定酒精中的甲醇和高级醇类，使用氢火焰离子化检测器，PEG20M（聚乙二醇）毛细管色谱柱，以正丁醇为内标定量。实际测定中，在该条件下也可以对酒精中的醛、酯进行定性定量。

酒精中的高级醇类主要指正丙醇、异丁醇、异戊醇，因此可利用氢火焰离子化检测器对有机化合物检出灵敏度高（可达 10^{-11} g）、响应快、定量线性范围宽，同时水在该检测器中又没有信号的特点，选择气相色谱法氢火焰离子化检测器进行检测。但也不是酒精中的所有组分都能给出相应的信号，所以选用内标法对所需测定的组分进行定量。

鉴于目前生产优质酒精的能力不断提高，其杂质含量亦越来越微，所以要求使用 PEG20M 毛细管色谱柱。一方面，由于聚乙二醇 PEG20M 属于强极性固定液，根据相似相溶规则，恰好适宜分离醇类等极性物质；另一方面，毛细管柱的柱效要高于填充柱几个数量级。此外，在高纯度酒精质量分析上选用 PEG20M 的改性柱 FFAP 柱效果更佳，这说明在测试手段上同样需要不断进步。

15.1 原理

气相色谱法是以气体作为流动相（载气），当待测酒精样品被送入进样器后，由载气携带进入毛细管柱，因为样品中的不同组分在色谱柱中的流动相与固定相之间吸附（或分配）系数有差异，在载气的不断冲洗下，样品中的各组分在两相间作反复多次分配，使其在柱中得到分离。然后由接在色谱柱后的检测器根据组分的物理化学特性，将其按顺序检测出来，再转变成电信号，经放大，在数据处理系统（色谱工作站）上可得到带有一组色谱峰的色谱图。利用图中各组分的保留值与相应的标准品对照进行定性，利用各组分的峰高或峰面积进行定量分析。可见，气相色谱能够实现分离的内因是由于固定相与被分离的各组分发生的吸附（或分配）作用的差别，其宏观机理表现为吸附（或分配）系数的差异，其微观机理就是分子间相互作用力（取向力、诱导力、氢键）的不同。外因是流动相的连续流动。由于流动相的流动，被分离的组分与固定相发生反复多次的吸附（或溶解）、解吸（或挥发）过程，这样就使那些在同一固定相上吸附（或分配）系数只有微小差别的组分，在固定相上的移动速度也会产生明显的差别，从而达到各个组分的完全分离。

15.2 仪器和试剂

（1）仪器　气相色谱仪（氢火焰离子化检测器）；毛细管色谱柱（PEG20M，ϕ0.25mm×30m）；1μL进样器。

（2）试剂

① 1g/L的正丙醇标样溶液　称取色谱纯正丙醇1g（称准至0.0001g），用基准乙醇定容至1000mL。

② 1g/L的正丁醇内标溶液　称取色谱纯正丁醇1g（称准至0.0001g），用基准乙醇定容至1000mL。

③ 1g/L的异丁醇标样溶液　称取色谱纯异丁醇1g（称准至0.0001g），用基准乙醇定容至1000mL。

④ 1g/L的异戊醇标样溶液　称取色谱纯异戊醇1g（称准至0.0001g），用基准乙醇定容至1000mL。

⑤ 基准乙醇　无甲醇、无杂醇油（高级醇）的乙醇。

15.3 操作条件

进样器温度：200℃；检测器温度：200℃；程序升温：70℃保持3min，然后以5℃/min的速率升至100℃，保持8min。

载气流速（高纯氮）：0.5～1.0mL/min；分流比：（20：1）～（100：1）；尾吹气：约30mL/min。

氢气流速：30mL/min；空气流速：300mL/min。燃气与助燃气流速或视仪器而定。

进样量：1.00μL。

上述操作条件随仪器而异，可通过试验选择最佳操作条件，以内标峰与试样中其他组分峰完全分离开为准。

15.4 测定方法

（1）进混合标样，求出校正因子　吸取标样溶液各0.20mL于10mL容量瓶中，再准确加入1g/L的正丁醇内标溶液0.20mL，用基准乙醇定容至刻线，混匀后进样1.00μL。出峰顺序依次为乙醇、正丙醇、异丁醇、正丁醇（内标）、异戊醇。由数据处理系统按内标法给出各组分的校正因子。

（2）试样的测定　吸取少量酒精试样于 10mL 容量瓶中，准确加入 1g/L 的正丁醇内标溶液 0.20mL，再加酒精试样至刻度，混匀后进样 1.00μL。根据组分峰与内标峰的保留时间定性，根据峰面积定量。

15.5　计算

数据处理系统会按设定的内标法处理数据，根据下式直接给出试样中各组分的浓度（含量），试样中的高级醇含量以异丁醇和异戊醇之和表示。

$$f_i = \frac{A_s}{A_i} \times \frac{d_i}{d_s} \tag{15-1}$$

$$x_i = f_i \times \frac{A_i'}{A_s'} \times 0.020 \times 1000 \tag{15-2}$$

式中　f_i——组分的相对校正因子；

A_s——混合标样中内标的峰面积；

A_i——混合标样中组分的峰面积；

d_i——混合标样中组分的相对密度；

d_s——混合标样中内标的相对密度；

x_i——试样中组分的含量，mg/L；

A_i'——试样中组分的峰面积；

A_s'——试样中内标的峰面积；

0.020——试样中内标的浓度，g/L；

1000——换算系数。

所得结果表示至整数（允许误差：各组分两次测定结果之差，若含量≥10mg/L，不得超过平均值的 10%；若 5mg/L＜含量＜10mg/L，不得超过平均值的 20%；若含量≤5mg/L，不得超过平均值的 50%）。

15.6　讨论

（1）该法源于《酒精通用分析方法》（GB/T 394.2—2008），作者根据实践有改动。

（2）高级醇也称杂醇油。杂醇油是酒精中富集性、分离性相似的一组杂质，其中的高级醇类有 10 种以上。日本三得利公司的酒精标准中已不设杂醇油这一组杂质指标，而用具体指标正丙醇、异戊醇和异丁醇等取代。

（3）本章所讲的成品酒精主要针对食用酒精而言。所谓食用酒精，是指以谷物、薯类、糖蜜或其他可食用农作物为主要原料，经预处理后发酵、蒸馏精制而成的供食品工业使用的含水酒精。食用酒精主要用于白酒的勾兑。

（4）《食品安全国家标准　食用酒精》（GB 31640—2016）部分替代了《食用酒精》（GB 10343—2008）中的理化指标，且其规定值仅为 GB 10343—2008 中的普通级。具体见表15-1。

表 15-1 GB 31640—2016 部分替代 GB 10343—2008 中的理化指标

项目	GB 31640—2016	GB 10343—2008		
		特级	优级	普通级
乙醇(体积分数)/%	≥95.0	≥96.0	≥95.5	≥95.0
色度/号		≤10	≤10	≤10
硫酸试验色度/号		≤10	≤10	≤60
氧化时间/min		≥40	≥30	≥20
甲醇/(mg/L)	≤150	≤2	≤50	≤150
醛(以 CH_3CHO 计)/(mg/L)	≤30	≤1	≤2	≤30
正丙醇/(mg/L)		≤2	≤15	≤100
异戊醇＋异丁醇/(mg/L)		≤1	≤2	≤30
酸(以 CH_3COOH 计)/(mg/L)	≤7	≤10	≤20
酯(以 $CH_3COOC_2H_5$ 计)/(mg/L)		≤10	≤18	≤25
不挥发物/(mg/L)		≤10	≤15	≤25
重金属(以 Pb 计)/(mg/L)	<1.0	≤1	≤1	≤1
氰化物(以 HCN 计)[①]/(mg/L)	≤5	≤5	≤5	≤5

① 适用于以木薯为原料的产品。

16

酒精硫酸试验色度的测定

在《食用酒精》（GB 10343—2008）中，用色度、乙醇浓度、硫酸试验色度、氧化时间、甲醇、正丙醇、酸、酯等指标含量将酒精分为特级、优级和普通级，其中硫酸试验色度是判定酒精试样含杂质程度的一个重要指标。根据是浓硫酸和乙醇混合时因温度不同可能生成硫酸乙酯、硫酸二乙酯、乙醚和乙烯，这些产物都是无色的，但当存在某些杂质时，就会使反应液的颜色变深，杂质越多，颜色越深。据报道，乙醛、糠醛、异丁醇和异戊醇等杂质对硫酸试验反应的灵敏度分别为 0.001%、0.0001%、0.075% 和 0.005%。所以，凡是和硫酸反应后产生呈色物的杂质均属本项目的控制范围，即硫酸试验色度是反映酒精综合质量水平的灵敏、简便的检测项目之一，也是各国酒精标准采用率很高的检测项目。

据专家经验，蒸馏操作不当，醪塔塔顶酒精蒸气中的雾沫夹带增加，精馏塔内积存的不挥发有机杂质过多，也会影响硫酸试验色度，此时将精馏塔下部积存的有机杂质彻底清除，再重新开机，会收到非常好的效果。

16.1 原理

浓硫酸为强氧化剂，具有极强的吸水性、氧化性，与分子结构稳定性较差的有机化合物混合，在加热情况下，会使其氧化、分解、炭化、缩合，产生颜色。与铂-钴色标溶液比较，确定试样硫酸试验的色度，判定是否合格。

16.2 仪器和试剂

（1）仪器　电热恒温水浴锅；70mL 平底烧瓶［硬质玻璃制，空瓶质量为（20±2）g，球壁厚度要均匀，如图 16-1 所示］；25mL 具塞比色管（其玻璃颜色和刻线高度应相同）。

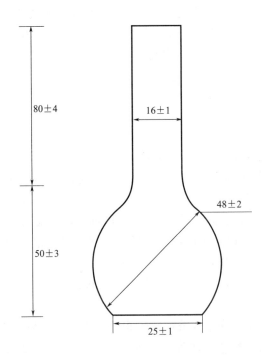

图 16-1　70mL 平底烧瓶
（单位：mm）

（2）试剂

① 浓硫酸（优级纯）。

② 浓盐酸。

③ 500 黑曾铂-钴色标溶液贮备液　准确称取 1.0000g $CoCl_2 \cdot 6H_2O$、1.2455g K_2PtCl_6 （氯铂酸钾），加入 100mL 浓 HCl 和适量水溶解，用水稀释至 1000mL，摇匀。

④ 铂-钴色标溶液使用液　根据 $V = 100n/500$（n 为拟配制铂-钴色标溶液的号数；V 为配制 100mL n 号低浓度铂-钴色标溶液所需 500 黑曾铂-钴色标溶液贮备液的体积，mL），配制 10 号、20 号、30 号、40 号、50 号、60 号、70 号、80 号、90 号、100 号色标系列溶液。铂-钴色标溶液使用液有效期一个月。

注：500 黑曾铂-钴色标溶液的检查，用 1cm 比色皿，以水作参比进行分光光度测定，如溶液的吸光度在表 16-1 范围内，即得 500 号色标溶液。该溶液用棕色瓶贮存于冰箱中，有效期可达 1 年（超过有效期，溶液的吸光度仍在表 16-1 范围内，可继续使用）。

表 16-1　500 号色标溶液在不同波长下的吸光度

波长/nm	吸光度	波长/nm	吸光度
430	0.110～0.120	480	0.105～0.120
455	0.130～0.145	510	0.055～0.065

16.3　测定方法

准确吸取 10.00mL 酒精试样于 70mL 平底烧瓶中，在不断摇动下，用吸量管快速加入

10.00mL 浓 H_2SO_4（15s 内完成），充分混匀，立即将烧瓶置于沸水浴中加热并计时，准确煮沸 5min。取出后自然冷却，移入 25mL 具塞比色管，与同体积铂-钴色标系列溶液进行目视比色（允许误差：两次测定值之差不得超过 10%）。

16.4 讨论

（1）该法源自《酒精通用分析方法》(GB/T 394.2—2008)，作者有改动。

（2）1 黑曾单位（号）是指每升含有 2mg $CoCl_2 \cdot 6H_2O$ 和 1mg 铂［以氯铂酸（H_2PtCl_6）计］的铂-钴溶液的色度。

（3）配制 500 黑曾铂-钴色标溶液贮备液时，试剂称取量要精确，尤其是氯铂酸钾。

（4）用 500 黑曾铂-钴色标溶液贮备液稀释成不同号数的铂-钴色标溶液使用液时，应选择合适量程的吸量管，规范操作，避免引起误差。

（5）配好的系列铂-钴色标溶液使用液放在冰箱低温（5～8℃）保存，使用时要自然放置到室温。

（6）目视比色时，所用系列色标溶液的体积应与试样反应后的体积相同。

（7）配制 100 号以上的系列色标溶液，所用 500 黑曾铂-钴色标溶液贮备液的配制方法与前不同：准确称取 0.300g $CoCl_2 \cdot 6H_2O$ 和 1.500g K_2PtCl_6，加入 100mL 浓 HCl 和适量水溶解，再用水稀释至 1000mL，摇匀。然后仍按 16.2 节④中的公式 $V = 100n/500$ 配制。

（8）《食用酒精》(GB 10343—2008) 中规定特级酒精和优级酒精的硫酸试验色度≤10 号，普通级酒精的硫酸试验色度≤60 号。

（9）《酒精通用分析方法》(GB/T 394.2—2008) 中规定用气相色谱法测定酒精中甲醇和高级醇的含量，但硫酸试验色度还用目视比色法，这是有欠科学的。

（10）经波长扫描确定铂-钴色标溶液的最大吸收波长，在该波长下铂-钴系列色标溶液 10～60 号的色度与吸光度如呈线性关系，加之精密度、重现性、回收率和稳定性试验基础上可建立分光光度法，以更准确地测定酒精试样的硫酸试验色度结果。

17

酒精氧化时间的测定

不饱和有机物对酒精的感官质量有负面影响，而酒精的氧化时间常与其感官评分呈正相关。因此，酒精氧化时间的测定在食用酒精质量检测中占有很重要的地位。《食用酒精》（GB 10343—2008）中规定特级酒精氧化时间≥40min，优级酒精氧化时间≥30min，普通级酒精氧化时间≥20min。

17.1 原理

高锰酸钾作为强氧化剂，在一定条件下可与酒精试样中的还原性物质反应，致使溶液中的 $KMnO_4$ 颜色消退。在酒精试样中加入一定浓度和体积的 $KMnO_4$ 标准溶液，在 (15.0 ± 0.1)℃下反应，然后与标准比较，当试样颜色达到色标颜色时为其终点，该时间即为氧化时间。氧化时间的长短，可衡量酒精中含还原性物质的多少。

$KMnO_4$ 在高温下可将乙醇氧化成乙醛，但在 $15 \sim 20$℃条件下 $KMnO_4$ 与乙醇的反应极其缓慢，使得 $KMnO_4$ 特有的紫色可维持相当长的时间不褪。但酒精中还原性强的杂质可与 $KMnO_4$ 迅速反应，使 $KMnO_4$ 快速褪色，酒精中强还原性杂质含量越高，则褪色越快。因此，凡是在试验条件下能被 $KMnO_4$ 较快氧化的杂质都会影响测定结果。那么，酒精的氧化时间试验的检测对象究竟是什么呢？因醛的还原性比乙醇强，而乙醛又是酒精中的主要醛，故曾经有很多人认为酒精氧化时间试验主要是检测乙醛的。现已证明，乙醛和杂醇油对氧化时间的影响都不大，还证明氧化时间试验的主要检测对象是不饱和有机物丙烯醛、巴豆醛、糠醛、丙烯醇及亚硫酸化合物等。

17.2 仪器和试剂

（1）仪器　低温循环水浴 $[(15.0 \pm 0.1)$℃$]$；电热恒温鼓风干燥箱；电子天平（0.1mg）；秒

表（s）；50mL 具塞比色管一套（其玻璃颜色和刻线高度应相同）；G_4 砂芯漏斗（垂熔漏斗）；移液器。

（2）试剂

① H_2SO_4 溶液（8＋92）　量取 92mL 水，缓慢加入 8mL 浓硫酸，自然冷却后混匀待用。

② $c\left(\dfrac{1}{5}KMnO_4\right)=0.1mol/L$ 的 $KMnO_4$ 标准溶液　称取约 3.3g $KMnO_4$，加 1050mL 水，煮沸 15min，加塞静置 2d 以上，用垂熔漏斗过滤，置于棕色瓶中密封保存。

a. 标定　称取 0.25g（准确至 0.0001g）于 110℃ 干燥至恒重的工作基准试剂草酸钠，溶于 100mL H_2SO_4 溶液（8＋92）中，用配制好的高锰酸钾标准溶液滴定，近终点时加热至约 65℃，继续滴定至溶液呈粉红色，并保持 30s 不褪色（注意：滴定终了时溶液温度应不低于 55℃）。同时做空白试验。

b. 计算

$$c\left(\frac{1}{5}KMnO_4\right)=\frac{m}{(V_1-V_0)\times 0.0670} \tag{17-1}$$

式中　$c\left(\dfrac{1}{5}KMnO_4\right)$——$KMnO_4$ 标准滴定溶液的实际浓度，mol/L；

$\qquad$ m——基准试剂草酸钠的质量，g；

$\qquad$ V_1——滴定消耗 $KMnO_4$ 标准滴定溶液的体积，mL；

$\qquad$ V_0——空白试验消耗 $KMnO_4$ 标准滴定溶液的体积，mL；

$\qquad$ 0.0670——与 1.00mL $KMnO_4$ 标准滴定溶液 $\left[c\left(\dfrac{1}{5}KMnO_4\right)=1.000mol/L\right]$ 相当的草酸钠的质量，g。

③ $c\left(\dfrac{1}{5}KMnO_4\right)=0.005mol/L$ 的 $KMnO_4$ 标准使用溶液　将 0.1mol/L 的 $KMnO_4$ 标准溶液准确稀释 20 倍（此溶液须现用现配）。

④ HCl 溶液（1＋40）　取 10mL 浓 HCl 慢慢倒入 400mL 水中，混合均匀。

⑤ $c\left(\dfrac{1}{2}H_2SO_4\right)=4mol/L$ 的 H_2SO_4 溶液　参见 9.2 节中的②。

⑥ $c(Na_2S_2O_3)=0.1mol/L$ 的硫代硫酸钠标准滴定溶液　称取 26g $Na_2S_2O_3\cdot 5H_2O$ 和 0.2g 无水 Na_2CO_3，溶于新煮沸并冷却的蒸馏水中，并用该水定容至 1000mL，贮于棕色瓶中密闭保存，放置 2 周后过滤标定使用。

a. 标定　称取 0.18g（准确至 0.0001g）于 120℃ 干燥至恒重的基准 $K_2Cr_2O_7$，置于 500mL 碘量瓶中，用 25mL 新煮沸并冷却的水溶解，加 2g KI，轻轻摇动使之溶解。再加 20mL $c\left(\dfrac{1}{2}H_2SO_4\right)=4mol/L$ 的 H_2SO_4 溶液，待 KI 溶解后，于暗处放置 10min。加 150mL 水，用配好的 $Na_2S_2O_3$ 溶液滴定到浅黄绿色时，加 2mL 1％ 的淀粉指示剂，继续滴定到溶液由蓝色变为亮绿色时为终点。同时做试剂空白试验。

b. 计算

$$c(Na_2S_2O_3)=\frac{m}{(V_1-V_0)\times 0.04903} \tag{17-2}$$

式中　$c(Na_2S_2O_3)$——硫代硫酸钠标准滴定溶液的实际浓度，mol/L；

        m——基准 $K_2Cr_2O_7$ 的质量，g；

        V_1——滴定消耗硫代硫酸钠标准滴定溶液的体积，mL；

        V_0——空白试验消耗硫代硫酸钠标准滴定溶液的体积，mL；

  0.04903——与 1.00mL 硫代硫酸钠标准滴定溶液 $[c(Na_2S_2O_3)=1.000\text{mol/L}]$ 相当的重铬酸钾的质量，g。

⑦ 1%的淀粉指示剂　参见 9.2 节中的⑧。

⑧ 三氯化铁-氯化钴（$FeCl_3$-$CoCl_2$）色标溶液的制备

a. $c(FeCl_3)=0.0450\text{g/mL}$ 的 $FeCl_3$ 标准溶液　称取 4.7g $FeCl_3$，用 HCl 溶液（1+40）溶解并定容至 100mL。用 G_4 砂芯漏斗过滤，滤液贮于棕色瓶，置冰箱中备用。

标定：吸取 $FeCl_3$ 滤液 10.00mL 于 250mL 碘量瓶中，加 50mL 水、3mL 浓 HCl 及 3g KI，摇匀，置于暗处 30min，然后加水 50mL，用 $c(Na_2S_2O_3)=0.1\text{mol/L}$ 的 $Na_2S_2O_3$ 标准滴定溶液滴定。近终点时，加 1mL 1%的淀粉指示剂，继续滴定到蓝色刚好消失为终点。同时做试剂空白试验。

计算：

$$x=\frac{c(V-V_0)\times 0.1622}{10.00} \tag{17-3}$$

式中　x——$FeCl_3$ 溶液中 $FeCl_3$ 的质量浓度，g/mL；

       V——试样消耗 $Na_2S_2O_3$ 标准滴定溶液的体积，mL；

       V_0——空白试验消耗 $Na_2S_2O_3$ 标准滴定溶液的体积，mL；

       c——$Na_2S_2O_3$ 标准滴定溶液的浓度，mol/L；

  0.1622——与 1.00mL $Na_2S_2O_3$ 标准滴定溶液 $[c(Na_2S_2O_3)=1.000\text{mol/L}]$ 相当的 $FeCl_3$ 的质量，g；

  10.00——取样量，mL。

用 HCl 溶液（1+40）调整至每毫升溶液中含 $FeCl_3$ 0.0450g。

b. $c(CoCl_2)=0.0500\text{g/mL}$ 的 $CoCl_2$ 标准溶液　称取 $CoCl_2 \cdot 6H_2O$ 9.2g（精确至 0.0002g），用 HCl 溶液（1+40）溶解并定容至 100mL。

c. 色标的配制　吸取 0.0450g/mL 的 $FeCl_3$ 标准溶液 0.50mL 及 0.0500g/mL 的 $CoCl_2$ 溶液 1.60mL 于 50mL 比色管中，用 HCl 溶液（1+40）稀释至刻度。

17.3　测定方法

取 2 支 50mL 具塞比色管，分别加入色标溶液和试样各 50.0mL，置于（15.0±0.1）℃低温循环水浴中平衡 10min，然后向试样管中准确加入 $c\left(\dfrac{1}{5}KMnO_4\right)=0.005\text{mol/L}$ 的 $KMnO_4$ 标准使用溶液 1.00mL，立即加塞旋紧、摇匀并计时，再快速置于（15.0±0.1）℃低温循环水浴中，与色标比较，直至试样颜色与色标一致，即为终点，记录时间（min）（允许误差：两次测定值之差，若氧化时间≥30min，不得超过 1.5min；若 10min≤氧化时间＜30min，不得超过 1.0min；若氧化时间＜10min，不得超过 0.5min）。

17.4 讨论

（1）该法参考《酒精通用分析方法》（GB/T 394.2—2008），作者有改动。

（2）如没有低温循环水浴，用普通水浴通过向其中加冰的办法也很容易控制温度在 $(15.0\pm0.1)℃$。

（3）砂芯漏斗的砂芯滤板是由烧结玻璃料制成的，可以过滤酸液和用酸类处理，也叫耐酸漏斗、玻璃垂熔漏斗。根据其孔径大小，分成 $G_1\sim G_6$ 六种规格，G_4 是孔径为 $3\sim4\mu m$ 的滤板代号，用于滤除细沉淀或极细沉淀物。

（4）随着酒精生产工艺的不断进步，其质量也大幅度提高，故酒精氧化时间试验的检测方法也需做出相应的改进，如探讨用分光光度法测定酒精的氧化时间。

（5）合成酒精虽然不能作为食用酒精，但其纯度很高，优质的成品合成酒精 $KMnO_4$ 氧化时间长达 $60min$，总杂质不超过 $30mg/L$。比较而言，发酵酒精的杂质清除还是较为困难的，发酵生产的最优质的中性酒精（国外术语，等同于我国的优质食用酒精）氧化时间为 $40min$。

（6）草酸钠与高锰酸钾的反应为：

$$2KMnO_4+5Na_2C_2O_4+8H_2SO_4\longrightarrow K_2SO_4+2MnSO_4+5Na_2SO_4+10CO_2\uparrow+8H_2O$$

（7）用硫代硫酸钠标定三氯化铁的原理为：

$$2FeCl_3+2KI\longrightarrow 2FeCl_2+2KCl+I_2$$
$$2Na_2S_2O_3+I_2\longrightarrow Na_2S_4O_6+2NaI$$

18

蒸馏酒中总酯的测定

蒸馏酒（distilled liquors）是指用谷物、水果和甘蔗等原料，经酵母菌发酵后蒸馏得到的馏出液，再经陈储并调制成含乙醇浓度大于 20%（体积分数）的酒精性饮料。世界上有六大蒸馏酒，分别为法国的白兰地（brandy）、英国的威士忌（whisky）、俄罗斯的伏特加（vodka）、荷兰的金酒（gin）、牙买加的朗姆酒（rum）、中国的白酒（Chinese baijiu）。

蒸馏酒中的香气在很大程度上与酯类的组成及含量有关。世界蒸馏酒中除俄罗斯优质伏特加酒不含酯类外，其他各国生产的蒸馏酒中均不同程度地含有酯类，中国传统名优白酒中的酯类含量尤多，且成分非常复杂。中国白酒中的酯类主要有乙酸乙酯、己酸乙酯、乳酸乙酯、丁酸乙酯等。用化学方法测得的为总酯，常以乙酸乙酯计算。用气相色谱法可分门别类地直接测定每种酯的具体含量。

18.1 原理

蒸馏酒中总酯的测定是先用碱（NaOH）中和蒸馏酒中的游离酸，再加入一定量的碱（NaOH）加热回流使酯皂化，过量的碱（NaOH）用酸（H_2SO_4）进行返滴定，然后计算出酯的含量。其反应式为：

$$RCOOH + NaOH \longrightarrow RCOONa + H_2O$$

$$R-\overset{\overset{\displaystyle O}{\|}}{C}-OR + NaOH \longrightarrow R-\overset{\overset{\displaystyle O}{\|}}{C}-ONa + ROH$$

$$2NaOH + H_2SO_4 \longrightarrow Na_2SO_4 + 2H_2O$$

18.2 仪器和试剂

（1）仪器 电子天平（0.1mg）；电热恒温水浴锅；全玻璃回流装置（500mL，球形冷凝管长度不短于 45cm）。

（2）试剂

① $c(NaOH)=0.1mol/L$ 的 NaOH 标准滴定溶液 称取 4g NaOH，用水溶解并稀释至 1000mL。

a. 标定 准确称取 0.75g（称准至 0.0001g）邻苯二甲酸氢钾（预先于 120℃ 干燥 2h），置入 250mL 锥形瓶中，加 50mL 新煮沸并冷却的蒸馏水使其溶解，加 2 滴 0.5% 的酚酞指示剂，用待标定的 NaOH 标准滴定溶液滴定至微粉色，30s 不褪色即为终点。同时做试剂空白试验。

b. 计算

$$c(NaOH)=\frac{m}{(V_1-V_0)\times 0.2042} \qquad (18-1)$$

式中 m——邻苯二甲酸氢钾的质量，g；

$\quad V_1$——滴定消耗 NaOH 标准滴定溶液的体积，mL；

$\quad V_0$——空白试验消耗 NaOH 标准滴定溶液的体积，mL；

0.2042——与 1.00mL NaOH 标准滴定溶液 $[c(NaOH)=1.000mol/L]$ 相当的邻苯二甲酸氢钾的质量，g。

② $c\left(\frac{1}{2}H_2SO_4\right)=0.1mol/L$ 的 H_2SO_4 标准滴定溶液 量取 2.8mL 浓 H_2SO_4，用水稀释至 1000mL。

a. 标定 称取 0.2g（称准至 0.0001g）于 270~300℃ 高温炉中灼烧至恒重的工作基准试剂无水碳酸钠，溶于 50mL 水中，加 10 滴溴甲酚绿-甲基红指示剂，用配制好的硫酸标准滴定溶液滴定至溶液由绿色变为暗红色，煮沸 2min，冷却后继续滴定至溶液再呈暗红色。同时做空白试验。

b. 计算

$$c\left(\frac{1}{2}H_2SO_4\right)=\frac{m}{(V_1-V_0)\times 0.05299} \qquad (18-2)$$

式中 m——无水碳酸钠的质量，g；

$\quad V_1$——滴定消耗硫酸标准滴定溶液的体积，mL；

$\quad V_0$——空白试验消耗硫酸标准滴定溶液的体积，mL；

0.05299——与 1.00mL H_2SO_4 标准滴定溶液 $\left[c\left(\frac{1}{2}H_2SO_4\right)=1.000mol/L\right]$ 相当的无水碳酸钠的质量，g。

③ 溴甲酚绿-甲基红指示剂 1 份 0.2% 的甲基红乙醇溶液与 3 份 0.1% 的溴甲酚绿乙醇溶液临用时混合。

注：0.2% 的甲基红乙醇溶液与 0.1% 的溴甲酚绿乙醇溶液均用 95% 的乙醇配制。

④ 0.5％的酚酞指示剂　称取 0.5g 酚酞，溶于 100mL 95％的乙醇中。

⑤ $c(NaOH) = 3.5mol/L$ 的 NaOH 溶液　称取 14g NaOH，用水溶解并稀释至 100mL。

⑥ 40％（体积分数）的乙醇无酯溶液　量取 600mL 95％的乙醇于 1000mL 磨口锥形瓶中，加 5mL 3.5mol/L 的 NaOH 溶液，在沸水浴中回流皂化 1h，移入蒸馏装置中重蒸，将蒸馏后的乙醇配制成 40％（体积分数）的乙醇溶液。

18.3　测定方法

吸取酒样 50.0mL 置于 500mL 磨口锥形瓶中，加入 2 滴 0.5％的酚酞指示剂，用 $c(NaOH) = 0.1mol/L$ 的 NaOH 标准滴定溶液滴定至微粉色（切忌过量），记录消耗 NaOH 标准滴定溶液的体积（可用于总酸含量的计算）。再准确加入 $c(NaOH) = 0.1mol/L$ 的 NaOH 标准滴定溶液 25.00mL，摇匀，置于沸水浴中回流 30min（冷却水温度低于 15℃），取下后冷却至室温，用 $c\left(\frac{1}{2}H_2SO_4\right) = 0.1mol/L$ 的 H_2SO_4 标准滴定溶液进行返滴定，使粉红色刚好完全消失为终点，记录消耗 $c\left(\frac{1}{2}H_2SO_4\right) = 0.1mol/L$ 的 H_2SO_4 标准滴定溶液的体积（V_1）。

同时吸取 40％（体积分数）的乙醇无酯溶液 50.0mL，按上述方法做空白试验，记录消耗 $c\left(\frac{1}{2}H_2SO_4\right) = 0.1mol/L$ 的 H_2SO_4 标准滴定溶液的体积（V_0）。

18.4　计算

$$x = \frac{c(V_0 - V_1)}{50.0} \times 88 \tag{18-3}$$

式中　x——试样中总酯的含量（以乙酸乙酯计），g/L；

c——H_2SO_4 标准滴定溶液的实际浓度，mol/L；

V_1——返滴定时试样消耗 H_2SO_4 标准滴定溶液的体积，mL；

V_0——返滴定时空白试验消耗 H_2SO_4 标准滴定溶液的体积，mL；

88——乙酸乙酯的摩尔质量，g/mol；

50.0——取样体积，mL。

结果保留两位小数，允许误差为在重复条件下独立测定的两次结果的绝对差值，不得超过平均值的 2％。

18.5　讨论

(1) 该法源于《白酒分析方法》（GB/T 10345—2022），作者有改动。

（2）皂化时加入 NaOH 标准滴定溶液的量，视白酒中总酯的含量而定，如总酯含量高，可加入 50.00mL。皂化条件的改变影响总酯测定结果，通常皂化过程如采用静置过夜，则其结果比采用沸水浴回流 30min 偏低。

（3）NaOH 与邻苯二甲酸氢钾的反应方程式为：

（4）该测定方法系《白酒分析方法》（GB/T 10345—2022）规定的实验方法，是检测白酒中总酯的经典化学方法，适用于各种香型白酒中总酯的测定。其中的总酸可由皂化前滴定消耗的 NaOH 标准滴定溶液的体积加以计算：

$$x = \frac{cV}{50.0} \times 60 \tag{18-4}$$

式中　x——试样中总酸的含量（以乙酸计），g/L；

　　　c——NaOH 标准滴定溶液的实际浓度，mol/L；

　　　V——中和游离酸时试样消耗 NaOH 标准滴定溶液的体积，mL；

　　　60——乙酸的摩尔质量，g/mol；

　　50.0——取样体积，mL。

（5）如果单纯测定蒸馏酒中的总酸含量，《食品安全国家标准　食品中总酸的测定》（GB 12456—2021）已取代《白酒分析方法》（GB/T 10345—2007），但二者没有大的差别，只是建议总酸含量不高时可用 0.05mol/L 的 NaOH 标准滴定溶液滴定。《白酒分析方法》（GB/T 10345—2022）中删除了总酸的检测方法。

（6）长期饮用总酯含量过高的蒸馏酒，对饮用者的身体健康可能会造成影响，这又增加了测定蒸馏酒总酯的意义，故应较严格地控制蒸馏酒中总酯的含量。

（7）中国白酒根据酒中酯类等物质含量的不同，分为多种香型，其中市场上最常见的主要有浓香型、清香型、米香型、酱香型、浓酱兼香型五大香型。各香型白酒质量遵循《白酒质量要求》（GB/T 10781）系列标准，该要求拟依次分为浓香型白酒、清香型白酒、米香型白酒、酱香型白酒、豉香型白酒、凤香型白酒、特香型白酒、浓酱兼香型白酒、芝麻香型白酒、老白干香型白酒和馥郁香型白酒 11 部分，现已发布 1、2、8、9、11 部分，表 18-1 中的米香型白酒和酱香型白酒分别为其中的第 3、第 4 部分，仍执行《米香型白酒》（GB/T 10781.3—2006）、《酱香型白酒》（GB/T 26760—2011）标准。每种香型白酒的标准大多规定了"优级"和"一级"的理化指标，表 18-1 所列即为各香型白酒中"优级"的理化指标。

表 18-1　国家标准中规定的各香型白酒的理化指标对比

项目	浓香型白酒（GB/T 10781.1—2021）	清香型白酒（GB/T 10781.2—2022）	米香型白酒（GB/T 10781.3—2006）	酱香型白酒（GB/T 26760—2011）	浓酱兼香型白酒（GB/T 10781.8—2021）
酒精度（体积分数）/%	40[①]～68	21.0～69.0	41～68	45～58	25.0～68.0
总酸（以乙酸计）/（g/L）	≥0.40	≥0.40	≥0.30	≥1.40	≥0.60
总酯（以乙酸乙酯计）/（g/L）	≥2.00	≥0.80	≥0.80	≥2.20	≥1.60
乙酸乙酯/（g/L）	—	≥0.40			
己酸乙酯/（g/L）	≥1.20	—		≤0.30	0.60～2.00

续表

项目	浓香型白酒 (GB/T 10781.1—2021)	清香型白酒 (GB/T 10781.2—2022)	米香型白酒 (GB/T 10781.3—2006)	酱香型白酒 (GB/T 26760—2011)	浓酱兼香型白酒 (GB/T 10781.8—2021)
酸酯总量[②]/(mmol/L)	≥35.0	—	—	—	≥35.0
己酸+己酸乙酯/(g/L)	≥1.50	—	—	—	≥1.20
总酸+乙酸乙酯+乳酸乙酯/(g/L)	—	≥0.60	—	—	—
乳酸乙酯/(g/L)	—	—	≥0.50	—	—
β-苯乙醇/(mg/L)	—	—	≥30	—	—

①不包括 40。②单位体积白酒中总酸和总酯的含量。

注：1. 浓香型白酒，是以粮谷为原料，采用浓香大曲为糖化发酵剂，经窖泥固态发酵、固态蒸馏、陈酿、勾调而成的，不直接或间接添加食用酒精及非自身发酵产生的呈色、呈香、呈味物质的白酒。

2. 清香型白酒，是以粮谷为原料，采用大曲、小曲、麸曲及酒母等为糖化发酵剂，经缸、池等容器固态发酵、固态蒸馏、陈酿、勾调而成的，不直接或间接添加食用酒精及非自身发酵产生的呈色、呈香、呈味物质的白酒。

3. 米香型白酒，是以大米为原料，经传统半固态法发酵、蒸馏、陈酿、勾兑而成的，未添加食用酒精及非白酒发酵产生的呈香、呈味物质，具有以乳酸乙酯、β-苯乙醇为主体复合香的白酒。

4. 酱香型白酒，是以高粱、小麦、水等为原料，经传统固态法发酵、蒸馏、贮存、勾兑而成的，未添加食用酒精及非白酒发酵产生的呈香、呈味、呈色物质，具有酱香风格的白酒。

5. 浓酱兼香型白酒，是以粮谷为原料，采用一种或多种曲为糖化发酵剂，经固态发酵（或分型固态发酵）、固态蒸馏、陈酿、勾调而成的，不直接或间接添加食用酒精及非自身发酵产生的呈色、呈香、呈味物质，具有浓香兼酱香风格的白酒。

19

蒸馏酒中总醛的测定

中国传统白酒的醛类含量普遍高于国外蒸馏酒，这是不理想的。因为醛类对人体毒性较大，虽然微量醛类的存在被认为是酒体的香味之一，但从科学和健康的角度讲，应严格控制白酒中醛类的含量，并向纯净白酒方向发展。

甲醛、乙醛、丙醛、丁醛、糠醛被认为是发酵过程中醇的氧化产物。也有资料表明，酒中醛类的含量与酿酒工艺有关。醛在蒸馏酒蒸馏初始的酒头中含量较高，这是因为甲醛、乙醛、丙醛、丁醛的沸点均较乙醇低。所以民间酿酒师傅称"二锅头，好喝不上头"，其道理是二锅头酒在蒸馏过程中将蒸馏初始的酒头和蒸馏快结束时的酒尾均已去除，使酒中杂质大幅度降低。

19.1 化学分析法

19.1.1 原理

白酒中醛类的醛基与亚硫酸氢钠（$NaHSO_3$）可发生加成反应，反应中剩余的 $NaHSO_3$ 可用 I_2 氧化。再加入过的 $NaHCO_3$，使加成物分解，醛和 $NaHSO_3$ 重新游离出来，用碘标准滴定溶液滴定释放出来的 $NaHSO_3$，根据反应的计量关系即可算得醛类的含量。反应如下：

$$R-\overset{\overset{\displaystyle O}{\|}}{C}-H + NaHSO_3 \longrightarrow R-\overset{\overset{\displaystyle OH}{|}}{\underset{\underset{\displaystyle H}{|}}{C}}-SO_3Na$$

$$NaHSO_3 + I_2 + H_2O \longrightarrow NaHSO_4 + 2HI$$

$$R-\overset{\overset{\displaystyle OH}{|}}{\underset{\underset{\displaystyle H}{|}}{C}}-SO_3Na + 2NaHCO_3 \longrightarrow R-\overset{\overset{\displaystyle O}{\|}}{C}-H + NaHSO_3 + Na_2CO_3 + CO_2\uparrow + H_2O$$

19.1.2 试剂

① $c(HCl)=0.1mol/L$ 的 HCl 溶液　量取 9mL 浓 HCl 于 1000mL 容量瓶中，用水稀释并定容至刻度。

② 12g/L 的 $NaHSO_3$ 溶液　称取 12g $NaHSO_3$，用水溶解并定容至 1000mL（该试剂不稳定，须现用现配）。

③ $c(NaHCO_3)=1mol/L$ 的 $NaHCO_3$ 溶液　称取 8.4g $NaHCO_3$，用水溶解并定容至 100mL。

④ $c\left(\frac{1}{2}I_2\right)=0.1mol/L$ 的 I_2 标准溶液　称取 36g KI 溶于 100mL 水中，在不断搅拌下加入 13g 碘（I_2），完全溶解后用水稀释并定容至 1000mL，贮于棕色瓶，密闭、避光保存。

⑤ $c\left(\frac{1}{2}I_2\right)=0.01mol/L$ 的 I_2 标准滴定溶液　使用时将 0.1mol/L 的 I_2 标准溶液准确稀释 10 倍。

⑥ 1% 的淀粉指示剂　称取 1.0g 可溶性淀粉，用少量水调匀，加入 80mL 沸水中，继续煮沸至透明，冷却后定容至 100mL。

19.1.3 测定方法

吸取待测酒样 15.00mL，置于 500mL 碘量瓶中，加 15mL 水、15.00mL 12g/L 的 $NaHSO_3$ 溶液、7mL 0.1mol/L 的 HCl 溶液，摇匀，于暗处放置 1h。用 50mL 水冲洗瓶塞，用 $c\left(\frac{1}{2}I_2\right)=0.1mol/L$ 的碘标准溶液滴定，接近终点时，加 0.50mL 1% 的淀粉指示剂，改用 $c\left(\frac{1}{2}I_2\right)=0.01mol/L$ 的碘标准滴定溶液滴定至淡蓝紫色（不需记数）。加 20.00mL 1mol/L 的 $NaHCO_3$ 溶液，振摇 0.5min（呈无色），用 $c\left(\frac{1}{2}I_2\right)=0.01mol/L$ 的碘标准滴定溶液滴定至蓝紫色即为终点。同时做试剂空白试验。

19.1.4 计算

$$x=\frac{c(V-V_0)\times0.02203}{15.00}\times10^6 \tag{19-1}$$

式中　x——试样中总醛的含量（以乙醛计），mg/L；

$\quad c$——碘标准滴定溶液的实际浓度，mol/L；

$\quad V$——试样测定时消耗碘标准滴定溶液的体积，mL；

$\quad V_0$——空白试验时消耗碘标准滴定溶液的体积，mL；

0.02203——与 1.00mL 碘标准滴定溶液 $\left[c\left(\frac{1}{2}I_2\right)=1.000mol/L\right]$ 相当的乙醛的质量，g；

15.00——取样体积，mL。

19.1.5 讨论

(1) 该法参考《食品安全国家标准 食用酒精》(GB 31640—2016)。

(2) $NaHSO_3$ 极不稳定,用后需密封防潮。

(3) 近年来用气相色谱法测定蒸馏酒、酒精中的高级醇(杂醇油)、酯等的含量虽已基本普及并成为国家规定的仲裁方法,但其中总醛的测定采用的还是化学方法。

19.2 气相色谱法

19.2.1 原理

见第 15 章"成品酒精中高级醇的测定"。

19.2.2 仪器和试剂

(1) 仪器 气相色谱仪(带 FID 检测器);大口径毛细管色谱柱(兰州化物所白酒分析专用柱,0.53mm×30m,PEG20M);微量注射器(1μL)。

(2) 试剂

① 混合标样 购自国家食品质量监督检验中心。

② 2%(体积分数)的内标溶液 在 100mL 容量瓶中加入约 80mL 60%(体积分数)的乙醇(色谱纯),然后准确加入 2.00mL 乙酸正丁酯(色谱纯),混匀,再用 60%(体积分数)的乙醇(色谱纯)定容至 100mL,备用。

19.2.3 操作条件

进样器温度:200℃;检测器温度:200℃;载气流速:0.5～1.0mL/min;进样量:0.20μL;设定程序升温:柱温在 65℃ 保持 3min,然后以 5℃/min 的速率升至 100℃,并在 100℃ 保持 5min;分流比:按仪器最佳工作条件选择。

19.2.4 测定方法

吸取混合标样少量于 10mL 容量瓶中,加入 0.20mL 内标溶液,摇匀,用混合标样定容至 10mL。用微量注射器吸取 0.20μL 直接注入气相色谱仪。求出校正因子。

吸取试样少量于 10mL 容量瓶中,加入 0.20mL 内标溶液,摇匀,用试样定容至 10mL。用微量注射器吸取 0.20μL 直接注入气相色谱仪。数据处理系统按内标法进行定量,并打印结果。

19.2.5 讨论

(1) 该法可测出蒸馏酒中乙醛、甲醇、正丙醇、乙酸乙酯、仲丁醇、异丁醇、乙缩醛、正丁醇、异戊醇、丁酸乙酯、乳酸乙酯、己酸乙酯的含量。

(2) 用气相色谱法分析蒸馏酒,如样品有颜色或者浑浊,应进行前处理后再上机,否则色谱柱很快被污染。

20

蒸馏酒中铅的测定

铅是一种可在生物体内蓄积的有害元素。蒸馏酒中铅的来源主要是贮存容器中铅的溶出，其含量一般应控制在 1mg/L 以下。《发酵酒及其配制酒卫生标准的分析方法》（GB/T 5009.49—2008）规定发酵酒中铅的测定按照《食品安全国家标准　食品中铅的测定》（GB 5009.12）操作。现行标准 GB 5009.12—2017 中共有 4 种方法，分别为石墨炉原子吸收光谱法、电感耦合等离子体质谱法、火焰原子吸收光谱法、双硫腙比色法。

20.1　石墨炉原子吸收光谱法

20.1.1　原理

试样消解处理后，经石墨炉原子化，在 283.3nm 处测定吸光度。在一定浓度范围内铅的吸光度值与铅含量成正比，与标准系列比较定量。

20.1.2　仪器和试剂

（1）仪器　原子吸收光谱仪（带石墨炉原子化器及铅空心阴极灯）；电子天平（0.1mg）；马弗炉；可调式电热板；一次性针式滤器（0.22μm）。

（2）试剂

① 硝酸　优级纯。

② 高氯酸　优级纯。

③ 硝酸铅　纯度大于 99.99%。

④ 硝酸溶液（5+95）　吸取 50mL 硝酸慢慢倒入 950mL 水中，混匀。

⑤ 硝酸溶液（1+9）　吸取 50mL 硝酸加入 450mL 水中，混匀。

⑥ 磷酸二氢铵-硝酸钯溶液　称取 0.02g 硝酸钯，用硝酸溶液（1+9）溶解后加 2g 磷

酸二氢铵，搅拌溶解，用硝酸溶液（5+95）定容至100mL。

⑦ 1.0mg/mL的铅标准贮备液　准确称取1.5985g（精确至0.0001g）硝酸铅，用少量硝酸溶液（1+9）溶解，移入1000mL容量瓶，加水稀释至刻度，混匀备用。

⑧ 1μg/mL的铅标准使用液　精确吸取1.0mg/mL的铅标准贮备液，用硝酸溶液（5+95）逐级稀释至1μg/mL。该溶液现用现配。

20.1.3　实验方法

（1）试样预处理（湿法消化）　吸取试样5.00～10.00mL于150mL锥形瓶中，于电热板上加热蒸发，蒸至近干，冷却后加10mL硝酸和1mL高氯酸，在电热板上消化。若消化液变棕黑色，冷却后再加硝酸，直至产生白色烟雾，消化液呈无色透明或略带黄色，冷却后用水转移至10～25mL容量瓶中，定容至刻度，摇匀，用0.22μm一次性针式滤器过滤备用。同时做试剂空白试验。

（2）仪器参考工作条件　波长283.3nm；狭缝宽度0.5nm；灯电流8～12mA；120℃干燥40～50s；750℃灰化，持续20～30s；2300℃原子化，持续4～5s；经氘灯或塞曼效应进行背景校正。

上述操作条件或视仪器性能和试样性质而定。

（3）测定

① 标准曲线的绘制　分别吸取1μg/mL的铅标准使用液0、0.50mL、1.00mL、2.00mL、3.00mL、4.00mL于100mL容量瓶中，用硝酸溶液（5+95）稀释至刻度，混匀。配制成0、5ng/mL、10ng/mL、20ng/mL、30ng/mL、40ng/mL的标准系列溶液。依次将10μL铅标准系列溶液和5μL磷酸二氢铵-硝酸钯溶液同时注入石墨炉，原子化后测其吸光度，以浓度为横坐标，吸光度值为纵坐标，制作标准曲线。

② 试样的测定　将10μL样液和5μL磷酸二氢铵-硝酸钯溶液同时注入石墨炉，原子化后测其吸光度，根据标准曲线求得样液中铅的含量。空白液同法操作。

20.1.4　计算

$$x = \frac{(c-c_0)V_1 \times 1000}{V_0 \times 1000 \times 1000} \tag{20-1}$$

式中　x——试样中铅的含量，mg/L；

c——测定样液中铅的含量，ng/mL；

c_0——空白液中铅的含量，ng/mL；

V_1——试样消化液的定容体积，mL；

V_0——试样的体积，mL。

结果以重复性条件下获得的两次独立测定结果的算术平均值表示，保留两位有效数字。在重复性条件下获得的两次独立测定结果的绝对差值不得超过算术平均值的20%。

20.1.5　讨论

（1）该法参照《食品安全国家标准　食品中铅的测定》（GB 5009.12—2017），作者有改动。

（2）该法中试剂配制用水均为纯水。

（3）对有干扰试样，需加入适量的基体改进剂磷酸二氢铵-硝酸钯溶液（一般为 $5\mu L$ 或与试样同量）消除干扰。绘制铅标准曲线时也要加入与试样测定时等量的基体改进剂磷酸二氢铵-硝酸钯溶液。

20.2 双硫腙比色法

20.2.1 原理

试样经消化后，在 pH 8.5～9.0 时，铅离子与双硫腙生成红色配合物而溶于三氯甲烷。加入柠檬酸铵、氰化钾和盐酸羟胺等，避免铁、铜、锌等离子干扰。于波长 510nm 处测定吸光度，与标准系列比较定量。

20.2.2 仪器和试剂

（1）仪器　紫外可见分光光度计；电子天平（0.1mg）；电热板。

（2）试剂

① 硝酸　优级纯。

② 高氯酸　优级纯。

③ 硝酸铅　纯度大于 99.99%。

④ 氨水　优级纯。

⑤ 盐酸　优级纯。

⑥ 乙醇　优级纯。

⑦ 硝酸溶液（5+95）　同 20.1.2 节中的④。

⑧ 硝酸溶液（1+9）　同 20.1.2 节中的⑤。

⑨ 氨水溶液（1+1）　量取 100mL 氨水，加入 100mL 水，混匀。

⑩ 盐酸溶液（1+1）　量取 100mL 盐酸，加入 100mL 水，混匀。

⑪ 1g/L 的酚红指示液　称取 0.1g 酚红，用乙醇少量多次地溶解后定容至 100mL 容量瓶中，混匀。

⑫ 0.5g/L 的双硫腙-三氯甲烷溶液　称取 0.5g 双硫腙，用三氯甲烷溶解并定容至 1000mL，混匀，冰箱冷藏保存。

必要时用下述方法纯化：称取 0.5g 研细的双硫腙，溶于 50mL 三氯甲烷中，如不全部溶解，可用滤纸过滤于 250mL 分液漏斗中，用氨水溶液（1+99）提取 3 次，每次 100mL，将提取液用脱脂棉过滤至 500mL 分液漏斗中，用盐酸溶液（1+1）调至酸性，将沉淀出的双硫腙用三氯甲烷提取 2～3 次，每次 20mL，合并三氯甲烷层，用等量水洗涤两次，弃去洗涤液，在 50℃水浴中蒸去三氯甲烷。精制的双硫腙置于硫酸干燥器中，备用。或将沉淀出的双硫腙分次用 200mL、200mL、100mL 三氯甲烷提取，合并三氯甲烷层即为双硫腙-三氯甲烷溶液。

⑬ 双硫腙使用液　吸取 0.5g/L 的双硫腙-三氯甲烷溶液 1.00mL，加三氯甲烷至

10mL，混匀。用10mm比色皿，以三氯甲烷调零，于波长510nm处测其吸光度，根据 $V=[10\times(2-\lg70)]/A$ 算出配制100mL双硫腙使用液（70%透光率）所需0.5g/L双硫腙-三氯甲烷溶液的体积（V）。量取计算所得体积的双硫腙-三氯甲烷溶液，用三氯甲烷稀释至100mL。

⑭ 200g/L的盐酸羟胺溶液　称取20g盐酸羟胺，加水溶解至50mL，加2滴1g/L的酚红指示液，用氨水溶液（1+1）调pH至8.5～9.0（由黄变红后再多加2滴），用0.5g/L的双硫腙-三氯甲烷溶液提取至三氯甲烷层绿色不变为止。再用三氯甲烷洗2次，弃去三氯甲烷层，水层加盐酸溶液（1+1）调至呈酸性，加水至100mL，混匀。

⑮ 200g/L的柠檬酸铵溶液　称取50g柠檬酸铵，溶于100mL水中，加2滴1g/L的酚红指示液，加氨水溶液（1+1）调pH至8.5～9.0，用0.5g/L的双硫腙-三氯甲烷溶液提取数次，每次10～20mL，至三氯甲烷层绿色不变为止，弃去三氯甲烷层，再用三氯甲烷洗2次，每次5mL，弃去三氯甲烷层，加水稀释至250mL，混匀。

⑯ 100g/L的氰化钾溶液　称取10g氰化钾，用水溶解后稀释至100mL，混匀。

⑰ 1.0mg/mL的铅标准贮备液　同20.1.2节中的⑦。

⑱ 10.0mg/L的铅标准使用液　准确吸取1.0mg/mL的铅标准贮备液1.00mL于100mL容量瓶中，加硝酸溶液（5+95）至刻度，混匀。

20.2.3　实验方法

（1）试样预处理（湿法消化）　同20.1.3节中的（1）。

（2）标准曲线的绘制　吸取0、0.10mL、0.20mL、0.30mL、0.40mL、0.50mL铅标准使用液，分别置于125mL分液漏斗中，依次加硝酸溶液（5+95）至20mL，加200g/L的柠檬酸铵溶液2mL、200g/L的盐酸羟胺溶液1mL和2滴1g/L的酚红指示液，用氨水溶液（1+1）调至红色。加100g/L的氰化钾溶液2mL，混匀。加5mL双硫腙使用液，剧烈振摇1min，静置分层后，三氯甲烷层经脱脂棉过滤，滤液用10mm比色皿在510nm处测吸光度，以三氯甲烷调零。以铅的浓度为横坐标，吸光度值为纵坐标，制作标准曲线。

（3）试样的测定　分别取试样溶液和空白溶液适量，按与标准曲线绘制相同的操作，测得吸光度值，然后与标准系列比较定量。

20.2.4　计算

$$x=\frac{(c_1-c_0)V_1}{V}\tag{20-2}$$

式中　x——试样中铅的含量，mg/L；

　　　c_1——测定样液中铅的浓度，μg/mL；

　　　c_0——空白溶液中铅的浓度，μg/mL；

　　　V_1——试样消化液定容的体积，mL；

　　　V——试样的体积，mL。

精密度要求在重复性条件下获得的两次独立测定结果的绝对差值不得超过算术平均值的10%。

20.2.5 讨论

(1) 该法参照《食品安全国家标准 食品中铅的测定》（GB 5009.12—2017），作者有改动。

(2) 该法中试剂配制用水均为纯水。

(3) 该法是适用于实验室没有原子吸收分光光度计等大型仪器而需检测铅含量的单位，但氰化钾剧毒，属于管制试剂，使用、存放过程中均需格外注意安全。

21

白酒中糖精钠的测定

　　糖精钠是带有 2 个结晶水的糖精的钠盐，学名邻苯甲酰磺酰亚胺钠。糖精钠是最早使用的食品添加剂（高倍甜味剂），其甜度为蔗糖的 300～500 倍，十万分之一的糖精钠水溶液即有甜味感。在我国白酒产品中，根据《食品安全国家标准　食品添加剂使用标准》（GB 2760—2024，该标准 2025 年 2 月 8 日正式实施），只有配制酒才允许使用糖精钠，且最大添加量（以糖精计）为 0.15g/kg。三氯蔗糖在溶解性、风味、物理性质及安全性上均表现出明显的优势，是既可用于配制酒（最大添加量 0.25g/kg），又可用于发酵酒（最大添加量 0.65g/kg）的甜味剂。但实际生产中仍有部分企业为增强或改善白酒的口感，追求经济利益，违规使用糖精钠。表 21-1 为国际规定的主要高倍甜味剂品种在发酵酒和配制酒中的最大使用量和 ADI 值（一日容许摄取量）。

表 21-1　国际规定的主要高倍甜味剂品种在发酵酒和配制酒中的最大使用量和 ADI 值

甜味剂产品	学名	甜度	最大使用量/(g/kg)	ADI 值/[mg/(kg·bw)]
糖精钠	邻苯甲酰磺酰亚胺钠	300～500	0.15[①]	5
甜蜜素	环己基氨基磺酸钠	40～50	0.65[②]	11
安赛蜜（A-K 糖）	乙酰磺胺酸钾	200	0.3[②]	15
三氯蔗糖（蔗糖素）	三氯半乳蔗糖	600	0.65[③]/0.25[①]	15
甜味素（阿斯巴甜）[④]	天门冬酰苯丙氨酸甲酯	200		40
阿力甜	天门冬酰丙氨酰胺	2000～2500	0.1[②]	0～1
索马甜		3000～4000	0.025[②]	NS
甜菊糖（甜菊苷）		250～300	0.2[②]	—
甘草甜味素		150～300	按生产需要	—

　　①配制酒中限量；②饮料类中限量；③发酵酒中限量；④《食品安全国家标准　食品添加剂使用标准》（GB 2760—2024）规定，甜味素不在酒类使用范围。

《食品安全国家标准　食品中苯甲酸、山梨酸和糖精钠的测定》（GB 5009.28—2016）

中指定糖精钠的测定采用高效液相色谱法。

21.1 原理

试样经加热除去二氧化碳和乙醇后，调 pH 至近中性，过滤后进高效液相色谱仪，经反相色谱分离、紫外检测器检测，根据保留时间定性，根据峰面积以外标法定量。

21.2 仪器和试剂

（1）仪器 高效液相色谱仪（配紫外检测器）；电热恒温水浴锅；电子天平（0.1mg）；超声波发生器；水相微孔滤膜（0.22μm）。

（2）试剂

① 甲醇 色谱纯（经 0.22μm 滤膜过滤后用）。

② 乙酸铵 色谱纯。

③ 氨水 优级纯。

④ 糖精钠（$C_6H_4CONNaSO_2$） 纯度≥99%。

⑤ 20mmol/L 的乙酸铵溶液 称取 1.54g 乙酸铵，用水溶解并定容至 1000mL，经 0.22μm 水相微孔滤膜过滤后备用。

⑥ 甲酸-乙酸铵溶液（2mmol/L 甲酸＋20mmol/L 乙酸铵） 称取 1.54g 乙酸铵，加入适量水溶解，再加入 75.2μL 甲酸，用水定容至 1000mL，经 0.22μm 水相微孔滤膜过滤后备用。

⑦ 1.0mg/mL 的糖精钠标准贮备液 准确称取 0.1000g（精至 0.1mg）在 120℃ 干燥 4h 后的糖精钠（$C_6H_4CONNaSO_2 \cdot 2H_2O$），加水溶解并定容至 100mL，于 4℃ 贮存。

⑧ 200mg/L 的糖精钠标准使用液 吸取糖精钠标准贮备液 10.00mL 于 50mL 容量瓶中，用水稀释至刻度。

⑨ 氨水溶液（1＋1） 氨水与水等体积混合，混匀。

21.3 测定方法

（1）试样处理 吸取 10.00mL 白酒试样于 100mL 烧杯中，在 80℃ 水浴中加热除去乙醇后用氨水溶液（1＋1）调 pH 至近中性，加水转移并定容至 25mL 或 50mL 容量瓶中，经 0.22μm 水相滤膜过滤后待测。

（2）测定参考条件 色谱柱：YWG-C$_{18}$ 柱，ϕ4.6mm×250mm，粒径 5μm，或等效色谱柱；流动相：甲醇＋20mmol/L 的乙酸铵溶液（5＋95）；流速：1mL/min；紫外检测器波长：230nm；进样量：10μL。

注：当存在干扰峰或需要辅助定性时，可以采用加入甲酸的流动相来测定，如甲醇＋甲酸-乙酸铵溶液（8＋92）。

（3）测定

① 糖精钠标准曲线的绘制　分别吸取糖精钠标准使用液 0、0.05mL、0.25mL、0.50mL、1.00mL、2.50mL、5.00mL、10.00mL 于 10mL 容量瓶中，用水定容至刻线，配制成 0、1.00mg/L、5.00mg/L、10.0mg/L、20.0mg/L、50.0mg/L、100mg/L、200mg/L 的标准系列溶液。依次将 10μL 标准系列溶液分别注入高效液相色谱仪中，测定相应的峰面积，以标准系列溶液的浓度为横坐标，以峰面积为纵坐标，绘制标准曲线。

② 试样的测定　取待测样 10.0μL 注入高效液相色谱仪，依据标准溶液的峰保留时间定性，依据待测样的峰面积计算样液中糖精钠的含量。糖精钠标准溶液的液相色谱见图 21-1。

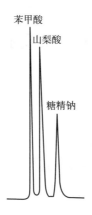

图 21-1　糖精钠、山梨酸、苯甲酸的液相色谱

21.4 计算

$$x = \frac{AV_1}{V \times 1000} \tag{21-1}$$

式中　x——试样中糖精钠的含量，g/L；

　　　A——测定样液中糖精钠的浓度，mg/L；

　　　V_1——试样定容的体积，mL；

　　　V——试样的体积，mL；

　　1000——换算系数。

计算结果保留三位有效数字。

21.5 讨论

（1）该法参考《食品安全国家标准　食品中苯甲酸、山梨酸和糖精钠的测定》（GB 5009.28—2016），作者有改动。

（2）试样除乙醇，可根据样品酒精浓度计算应剩余的体积来确定加热终止时间。

（3）配制酒是以发酵酒、蒸馏酒或者食用酒精为酒基，加入可食用的花、果、动植物或中草药，或以食品添加剂为呈色、呈香及呈味物质，采用浸泡、煮沸、复蒸等工艺加工而成的改变了原酒基风格的酒。

（4）发酵酒是以粮谷、水果、乳类等为主要原料，经发酵或部分发酵酿制而成的饮料酒。

（5）《食品安全国家标准　食品添加剂标准》（GB 2760—2024）中规定山梨酸和苯甲酸可作为食品添加剂用于配制酒中，在检测糖精钠的条件下也可同时检测出山梨酸和苯甲酸，如图 21-1 所示。

（6）日本是食品添加剂工业最发达的国家之一。在日本的食品添加剂市场中，甜味剂所占份额最大，达 77％，其中阿斯巴甜和甜菊抽提物（甜味菊）量为最大。日本各大饮料公司（三得利、麒麟、朝日啤酒等）在其饮料产品中普遍使用甜味菊和阿斯巴甜，淘汰了食后有苦味残留感的糖精钠。

22

啤酒原麦汁浓度的测定

啤酒是一种以麦芽和水为主要原料，添加啤酒花（包括酒花制品），经糖化、酵母菌发酵酿制而成的一种低酒精浓度、含有二氧化碳和多种营养成分的饮料酒，有"液体面包"的美称。啤酒遍及世界各国（除了伊斯兰国家由于宗教原因不饮酒外），是最大的世界性饮料酒。啤酒原麦汁浓度用来计量发酵前可发酵糖分的含量，其浓度越高，营养价值越高；同时泡沫细腻持久，酒体醇厚柔和，保质期长。因此，原麦汁浓度是鉴定啤酒质量的一个硬性参考指标。

22.1 原理

原麦汁是指经糖化加酒花后加热灭菌尚未进行发酵的麦芽汁，也称定型麦汁，其浓度是判定麦汁糖化效果的主要指标。麦汁中可溶性浸出物的主要成分是可发酵糖和糊精、α-氨基氮、多肽氮以及蛋白氮等，可发酵糖中麦芽糖占 $40\%\sim50\%$，其余是少量葡萄糖、果糖和蔗糖。

啤酒原麦汁浓度的测定，如用化学方法分别定量测定其麦芽糖、葡萄糖、果糖、蔗糖含量，费时费事，准确度也不理想。所以在实际生产中，经常是通过测定啤酒的酒精浓度和啤酒的实际浓度，然后根据巴林（Balling）公式计算。因为用蒸馏法获得啤酒中的酒精容易，用密度瓶法测定其酒精浓度准确。

用反推的方法测定原麦汁浓度设计巧妙、准确，近百年来一直是啤酒企业麦汁分析的经典方法。

巴林对啤酒的原麦汁浓度与酒精浓度和实际浓度之间的关系做了很多研究。研究确认，原麦汁中的糖分在发酵较完全的情况下，大部分生成 CH_3CH_2OH 和 CO_2，很少一部分被酵母菌自身增长和代谢所利用，具体关系如下：

$$\text{麦汁浸出物糖分} \xrightarrow{\text{发酵}} \underset{1.0000\text{g}}{CH_3CH_2OH} + \underset{0.9565\text{g}}{CO_2} + \underset{0.1100\text{g}}{\text{酵母菌利用}}$$
$$\underset{2.0665\text{g}}{}$$

根据上式分析，若测得啤酒的酒精浓度为 A（质量分数），实际浓度（未发酵的浸出物）为 n（质量分数），则生成 100g 啤酒的原麦汁在发酵前含有可溶性浸出物应为（$A \times 2.0665 + n$）g；但生成 Ag 酒精，从原麦汁中同时还要消耗（$A \times 1.0665$）g 浸出物中的糖以供生成 CO_2 和酵母菌利用。因此生成 100g 啤酒，需要原麦汁质量为（$100 + A \times 1.0665$）g。

原麦汁浓度 P 的计算公式（Balling 公式）为：

$$P = \frac{A \times 2.0665 + n}{100 + A \times 1.0665} \times 100\% \tag{22-1}$$

22.2　仪器和试剂

（1）仪器　电子天平（0.1mg）；电热套（500mL）；凯氏定氮蒸馏装置（500mL）；低温循环水浴（控温精度±0.01℃）；电吹风机（40W）；25mL 密度瓶（带温度计）。

（2）试剂

① 铬酸洗液　称取 25g $K_2Cr_2O_7$，溶于 50mL 水中，缓慢加入浓硫酸 450mL。

② 乙醇。

③ 乙醚。

④ 15℃无二氧化碳蒸馏水。

22.3　测定方法

（1）啤酒酒精浓度的测定　由于啤酒中所含酒精浓度较低，直接用酒精密度计测定误差太大，需用密度瓶法测定。为使酒精与其他可溶性成分如糊精、氨基酸等分开，测定时需预先蒸馏。

将恒温至 15～20℃的啤酒样品约 300mL 倒入 1000mL 锥形瓶中，加橡皮塞，在该温度下轻轻摇动，开塞放气，盖塞。反复操作，直至无气体逸出为止。此为除去二氧化碳的供试样品。

① 啤酒中酒精的蒸馏　用 250mL 烧杯在天平上称取供试啤酒样品 100.0g，倒入 500mL 凯氏烧瓶中（已知质量），用 50mL 水分次冲洗烧杯，洗液并入凯氏烧瓶中。向凯氏烧瓶中加几粒玻璃珠，安装凯氏定氮蒸馏装置，冷凝管下端用一已知质量的 100mL 容量瓶接收馏出液（室温高于 20℃时，为防止酒精挥发，容量瓶应置于冰水浴中）。开始蒸馏时电热套功率调低些，沸腾后逐渐升高功率，待馏出液近 100mL 时停止蒸馏，取下容量瓶（恢复至室温），向容量瓶中加水至 100.0g，摇匀，置冰箱中冷藏备用。

注：蒸馏过程中，冷凝管出口水温不得超过 20℃；保存蒸馏后的残液，供测啤酒实际浓度用。

② 酒精浓度的测定　取冷却至约 15℃的啤酒馏出液试样，冲洗清洁干燥并已标

定的密度瓶 2～3 次。然后用试样将密度瓶注满，以下参照 14.3.2 节中的（2）操作，测得 20℃时啤酒馏出液试样的密度。查附表 5 得啤酒的酒精浓度，以质量分数（%）表示。

（2）啤酒实际浓度的测定　将测定酒精浓度时蒸馏剩下的残液冷却后加水至 100.0g，充分混匀，用密度瓶测定相对密度。由附表 6 查得试样以 100g 成品啤酒蒸馏后含有可溶性浸出物的质量（g）表示的实际浓度（质量分数）。

22.4　计算

（1）啤酒酒精浓度的计算　见 14.4 节。
（2）原麦汁浓度的计算　将啤酒酒精浓度和啤酒实际浓度的测定数据代入式（22-1）即可。

22.5　讨论

（1）啤酒中含有一部分酒精，酒精较水轻，故用密度瓶法测定浓度时，测得的浓度稍低于实际浓度，习惯上称为外观浓度。将酒精分和二氧化碳除去后测得的浓度称为实际浓度。麦汁经发酵，浸出物逐渐减少，减少的百分数称为发酵度。

$$外观发酵度＝\frac{原麦汁浓度－外观浓度}{原麦汁浓度}×100\% \tag{22-2}$$

$$实际发酵度＝\frac{原麦汁浓度－实际浓度}{原麦汁浓度}×100\% \tag{22-3}$$

（2）物质的密度是指在某一温度下，一定体积物质的质量与同体积某一温度下水的质量比，通常用 $d_{t_1}^{t_2}$ 表示，其中 t_1 表示水的温度，t_2 表示物质的温度。密度又分为真密度和视密度，物质在 t℃时的质量与同体积 4℃时水的质量比为真密度，用 d_4^t 表示；物质的质量与同体积同温度水的质量比称为视密度，以 d_t^t 表示，如 d_{20}^{20} 即表示物质 20℃时的视密度。由于水在 4℃时密度最大，故视密度总是大于真密度，其间关系为 $d_4^t＝rd_t^t$（系数 $0 < r < 1$）。精密测量时，需在测定密度的同时测量温度，将测得的密度数值进行温度校正。为操作简便并减小误差，均测定物质 20℃时的视密度。

（3）测定密度的仪器有密度计、密度瓶、密度天平等，其中密度瓶测得的结果准确，但费时；密度计简易迅速，但测定结果准确度差。

（4）测定中的注意事项参见 14.5 节。

（5）实际生产中，定型麦汁浓度因原料、辅料和酿造啤酒类型的不同而有差异。表 22-1 为国家标准《啤酒》（GB 4927—2008）中理化指标规定值简表，作者有改动。

表 22-1　GB 4927—2008 中理化指标规定值简表

项　目		优级	一级
酒精浓度(体积分数)/%	≥14.1°P	≥5.2	
	12.1～14.0°P	≥4.5	
	11.1～12.0°P	≥4.1	
	10.1～11.0°P	≥3.7	
	8.1～10.0°P	≥3.3	
	≤8.0°P	≥2.5	
原麦汁浓度/°P	≥10°P	允许偏差：−0.3	
	<10°P	允许偏差：−0.2	
总酸(体积分数)/%	≥14.1°P	≤3.0	
	10.1～14.0°P	≤2.6	
	≤10.0°P	≤2.2	
二氧化碳[①](质量分数)/%		0.35～0.65	
双乙酰/(mg/L)		≤0.10	≤0.15
蔗糖转化酶活性[②]		呈阳性	

① 桶装（鲜、生、熟）啤酒中二氧化碳的质量分数不得小于 0.25%；② 蔗糖转化酶活性只针对"生啤酒"和"鲜啤酒"。

注：1.《啤酒》（GB 4927—2008）中根据色度不同，将啤酒分为淡色啤酒（2～14EBC）、浓色啤酒（15～40EBC）、黑色啤酒（≥41EBC）和特种啤酒。

2. 本表为淡色啤酒（light beer）标准，不适用于低醇啤酒和无醇啤酒；对于浓色啤酒（dark beer）、黑色啤酒（black beer），总酸不得大于 4.0%（体积分数），且无双乙酰项目，其余指标同淡色啤酒标准。

3. 特种啤酒（special beer）是指由于原辅材料和工艺的改变，使之具有特殊风格的啤酒。

4. 啤酒酒精浓度，以体积分数表示，其测定方法可参见 14.3.2 节中的（1）操作。

（6）目前使用高效液相色谱（示差折光检测器）可对单糖、二糖、多糖进行定性定量测定。

（7）安东帕（奥地利）啤酒分析仪 Anton Paar Alcolyzer Beer ME（见图 22-1）通过测定啤酒试样密度、声速、温度，得到控制啤酒质量的物理参数——酒精浓度（质量分数）、原麦汁浓度（%）、实际浓度（质量分数）、外观浓度（质量分数）、外观发酵度（%）等。该仪器操作快速简便，无需样品前处理；开机之前约需 60min 预热，样品测定约需 4min；适用于无醇啤酒、啤酒的混合物、发酵液、成品啤酒以及果味酒等；完全不同品种的啤酒饮料也可依次测定。目前大型啤酒企业使用该仪器较多。

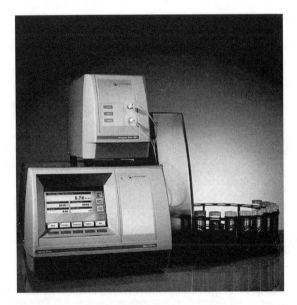

图 22-1　安东帕啤酒分析仪 Anton Paar Alcolyzer Beer ME

23

啤酒中双乙酰的测定

啤酒中的双乙酰和 2,3-戊二酮是啤酒酿造过程中酵母代谢形成的，属于啤酒发酵的副产物。由于双乙酰和 2,3-戊二酮都含有邻位双羰基，所以统称为联二酮。两者同属羰基化合物，化学性质相似，对啤酒的影响也相似，即赋予啤酒不成熟、不协调的口味和气味。但 2,3-戊二酮在啤酒中的含量比双乙酰低得多，仅为 0.01～0.08mg/L（其口味阈值约为 0.9mg/L）。因此，2,3-戊二酮对啤酒风味影响不大，起主要作用的仍是双乙酰。双乙酰的含量是衡量啤酒成熟程度的重要指标之一。《啤酒》（GB 4927—2008）规定优级啤酒中双乙酰的含量低于 0.10mg/L，一级啤酒中双乙酰的含量低于 0.15mg/L。

双乙酰的测定方法通常有气相色谱法、极谱法和比色法。下面介绍的邻苯二胺比色法［参见《啤酒分析方法》（GB/T 4928—2008）］，其原理是凡遇联二酮类都能发生显色反应，所以，其结果是双乙酰连同 2,3-戊二酮一并被测定。气相色谱法可将双乙酰与 2,3-戊二酮分离，单独测出双乙酰的含量，较比色法准确，但需顶空进样装置和电子捕获检测器。

23.1 原理

啤酒经水蒸气蒸馏，其中的联二酮类馏分与邻苯二胺反应生成 2,3-二烷基喹喔啉，可用下式表示：

$$\begin{array}{c} R-C=O \\ R-C=O \end{array} + \begin{array}{c} H_2N \\ H_2N \end{array} \longrightarrow \begin{array}{c} R-C=N \\ R-C=N \end{array} + 2H_2O$$

2,3-二烷基喹喔啉的盐酸盐在 335nm 波长处有最大吸收，其吸光度与联二酮的浓度成正比，根据测得的吸光度可换算出以双乙酰计的联二酮含量。

23.2 仪器和试剂

（1）仪器 电子天平（0.1mg）；紫外可见分光光度计；半微量凯氏定氮蒸馏装置（100mL）。

（2）试剂

① 消泡剂 有机硅消泡剂或甘油聚醚。

② 4mol/L 的 HCl 溶液 量取 34mL 浓 HCl，用水稀释定容至 100mL。

③ 1%的邻苯二胺溶液 准确称取 0.100g 邻苯二胺，用 4mol/L 的 HCl 溶液溶解并定容至 10mL，贮存于棕色瓶中，避光放置（宜当日配制）。

23.3 测定方法

（1）蒸馏 蒸馏装置见图 23-1。于 25mL 具塞比色管内加约 2.5mL 水，置于冷凝管下端，并使冷凝管下端浸入水中。先在 100mL 量筒中加 1～2 滴消泡剂，然后倒入预先冷至 5℃的未除气的啤酒样品 100.0mL，迅速将其转移到已预先加热的蒸馏器中，用少量水冲洗量筒及加样口，盖严并作水封。加热蒸馏至馏出液近 25mL（需在 3min 内完成）。取下比色管，以水定容至 25mL，混匀。

（2）显色 分别吸取 10.00mL 馏出液，置入 25mL 干燥的具塞比色管中，向 1 号管加入 0.50mL 1%的邻苯二胺溶液，2 号管不加（作空白）。充分摇匀，放置暗处反应 20～30min。向 1 号管加入 2.00mL 4mol/L 的 HCl 溶液，2 号管加 2.50mL 4mol/L 的 HCl 溶液，摇匀。

（3）比色 于 335nm 波长下，用 20mm 或 10mm 的石英比色皿，以空白作参比，用紫外可见分光光度计测定吸光度。比色操作需在 20min 内完成。

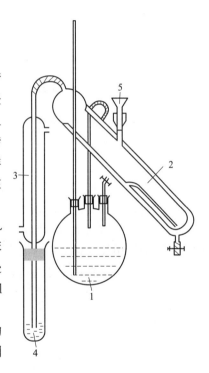

图 23-1 半微量凯氏定氮水蒸气蒸馏装置
1—水蒸气发生器；2—夹套蒸馏器；
3—冷凝器；4—接收管；5—磨口加料漏斗

23.4 计算

$$x = A_{335} \times 1.2 \tag{23-1}$$

式中 x——试样中联二酮的含量（以双乙酰计），mg/L；

A_{335}——试样的吸光度；

1.2——用 20mm 比色皿测定时，吸光度与双乙酰含量的换算系数。

注：当用 10mm 比色皿测定时，吸光度与双乙酰含量的换算系数为 2.4。

所得结果表示至两位小数。在重复条件下两次独立测得的结果的绝对差值不得超过其算术平均值的 10%。

23.5 讨论

（1）该法源于《啤酒分析方法》（GB/T 4928—2008），作者有改动。

（2）双乙酰在啤酒酵母中产生和还原的机理如图 23-2 所示。

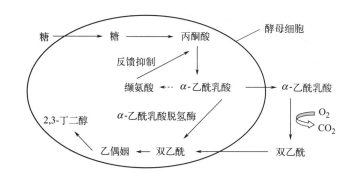

图 23-2 双乙酰在啤酒酵母中产生和还原的机理示意图

（3）如配制的邻苯二胺溶液呈红色，应更换邻苯二胺试剂。

（4）蒸馏时加入试样要迅速，勿使成分损失，而且要尽快蒸出，最好在 3min 内完成。蒸馏时间延长，结果会偏高，主要与样品中存在联二酮类前驱物质有关。如蒸馏器体积小，或消泡剂效果差，可将 100mL 试样分两次蒸馏（接收在同一支比色管内，但会带来误差）。调节蒸气量，控制蒸馏强度，勿使泡沫过高而被蒸气带出。

（5）试样蒸馏结束后，加入稀碱液煮沸（或蒸馏），以除去附着在容器壁上的残渣，再用热水冲洗至中性（以 pH 试纸检验）。

（6）显色反应宜在暗处进行，如在光亮处会导致结果偏高。

24

啤酒中甲醛残留量的测定

啤酒酿造过程中，在糖化用水中添加相当于麦芽用量（100～200）×10⁻⁶ 的甲醛，可降低麦汁中花色苷的含量，这是有的啤酒企业曾使用过的提高啤酒非生物稳定性的措施之一。据专家介绍，啤酒中的甲醛主要来源于两个方面：一是啤酒在发酵过程中会产生甲醛，二是在啤酒生产过程中为了加速絮状物的沉淀，使用甲醛作为食品加工助剂，使啤酒加快澄清。

啤酒中甲醛残留量的测定是近年来确定的啤酒质量检测的一个极为重要的指标。《食品安全国家标准　发酵酒及其配制酒》（GB 2758—2012）理化指标中要求啤酒中甲醛含量不得大于 2mg/L 。《发酵酒及其配制酒卫生标准的分析方法》（GB/T 5009.49—2008）中规定用乙酰丙酮法测定啤酒中甲醛的含量。

24.1 原理

甲醛在过量乙酸铵存在下，与乙酰丙酮和氨生成黄色的 2,6-二甲基-3,5-二乙酰基-1,4-二氢吡啶化合物。该化合物在 415nm 处有最大吸收，在一定范围内，其吸光度值与甲醛含量呈线性关系，与标准系列比较定量。

24.2 仪器和试剂

（1）仪器　紫外可见分光光度计；水蒸气蒸馏装置（500mL）；电子天平（0.1mg）；电

热恒温鼓风干燥箱；电热套（500mL）。

（2）试剂

① 2g/L 的乙酰丙酮溶液　称取 0.4g 新蒸馏的乙酰丙酮和 25g 乙酸铵溶于水中，加入 3mL 乙酸，定容至 200mL 备用（用时现配）。

② 甲醛（36%～38%）。

③ $c(Na_2S_2O_3)=0.1mol/L$ 的硫代硫酸钠标准滴定溶液　见 17.2 节中的⑥。

④ $c\left(\dfrac{1}{2}I_2\right)=0.1mol/L$ 的碘标准溶液　见 9.2 节中的④。

⑤ 0.5% 的淀粉指示剂　称取 0.5g 可溶性淀粉，加 5mL 水，搅拌成糊状后缓慢倒入 100mL 沸水中，边加边搅拌，煮沸 2min，冷却后用水定容至 100mL。该指示剂应现用现配。

⑥ $c\left(\dfrac{1}{2}H_2SO_4\right)=1mol/L$ 的 H_2SO_4 溶液　取 30mL 硫酸，缓慢倒入适量水中，冷却至室温后，用水稀释成 1000mL。

⑦ 1mol/L 的 NaOH 溶液　称取 40g 氢氧化钠，溶于适量的无二氧化碳的水中，冷却后用新煮沸并冷却的蒸馏水稀释至 1000mL。

⑧ 200g/L 的 H_3PO_4 溶液　吸取 14mL 85% 的磷酸，加水稀释至 100mL，摇匀。

⑨ 10g/L 的甲醛（HCHO）标准贮备液　吸取甲醛（36%～38%）7.00mL，加入 0.5mL $c\left(\dfrac{1}{2}H_2SO_4\right)=1mol/L$ 的 H_2SO_4 溶液，用水稀释至 250mL。

⑩ 1g/L 的甲醛（HCHO）标准溶液　吸取 10g/L 的甲醛标准贮备液 10.0mL 于 100mL 容量瓶中，加水稀释定容。

a. 标定　吸取 10.00mL 甲醛标准溶液于 250mL 碘量瓶中，加 90mL 水、20mL $c\left(\dfrac{1}{2}I_2\right)=0.1mol/L$ 的碘标准溶液和 15mL 1mol/L 的 NaOH 溶液，塞紧摇匀，放置 15min。加入 20mL $c\left(\dfrac{1}{2}H_2SO_4\right)=1mol/L$ 的 H_2SO_4 溶液酸化，用 0.1mol/L 的 $Na_2S_2O_3$ 标准滴定溶液滴定到淡黄色，加 1.00mL 0.5% 的淀粉指示剂，继续滴至蓝色消失为终点。同时做试剂空白试验。

b. 计算

$$x=\frac{c(V_0-V_1)\times 15.02}{10.00} \tag{24-1}$$

式中　x——甲醛标准溶液的浓度，g/L；

V_0——空白试验消耗 $Na_2S_2O_3$ 标准滴定溶液的体积，mL；

V_1——甲醛消耗 $Na_2S_2O_3$ 标准滴定溶液的体积，mL；

c——$Na_2S_2O_3$ 标准滴定溶液的实际浓度，mol/L；

15.02——与 1.00mL 硫代硫酸钠标准滴定溶液 $[c(Na_2S_2O_3)=1.000mol/L]$ 相当的甲醛的质量，mg。

⑪ 1mg/L 的甲醛标准使用液　用上述已标定过的甲醛标准溶液稀释制备。此溶液应现用现配。

24.3 测定方法

（1）试样的处理　将啤酒反复倾倒除去泡沫后，准确吸取 25.0mL 移入 500mL 蒸馏器中，加 20mL 200g/L 的 H_3PO_4 溶液，加几粒沸石，连接水蒸气蒸馏装置，用 100mL 容量瓶（置于冰浴中）接收。加热蒸馏，收集馏出液近 100.0mL，取下，恢复至室温，加水稀释至刻度。蒸馏装置见图 24-1。

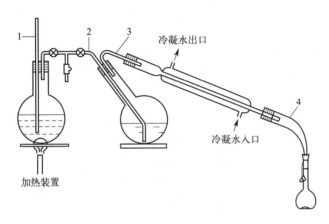

图 24-1 水蒸气蒸馏装置
1—安全管；2—水蒸气导入管；3—馏出液导出管；4—接液管

（2）标准曲线的绘制　分别吸取 1mg/L 的甲醛标准使用液 0、0.50mL、1.00mL、2.00mL、3.00mL、4.00mL、8.00mL 于 25mL 具塞比色管中，加水至 10.00mL。然后各加入 2.00mL 2g/L 的乙酰丙酮溶液，摇匀后在沸水浴中加热 10min，取出冷却，在 415nm 处测定吸光度，并绘制标准曲线。

（3）样品的测定　同时移取 10.00mL 样品馏出液于 25mL 具塞比色管中，加入 2.00mL 2g/L 的乙酰丙酮溶液，以下操作同标准曲线的绘制。根据标准曲线计算试样中甲醛的含量。

24.4 计算

$$x = \frac{m}{10.00 \times \dfrac{25.0}{100}} \tag{24-2}$$

式中　x——试样中甲醛的含量，mg/L；

　　　m——根据线性回归方程计算出的甲醛的质量，μg；

　　10.00——测定样液的体积，mL；

　　　100——馏出液定容的体积，mL；

　　25.0——啤酒样品的体积，mL。

24.5 讨论

（1）该法源于《发酵酒及其配制酒卫生标准的分析方法》（GB/T 5009.49—2008），作者有改动。

（2）制备试样时，用调压电热套加热快速安全。蒸馏开始时电热套功率应调低些，以防突然暴沸。

（3）用 $Na_2S_2O_3$ 溶液标定甲醛标准溶液时，加入淀粉指示剂前的浅黄色判断要准确，否则将带来很大的误差。

（4）商品甲醛溶液的浓度为 $36\% \sim 38\%$（质量分数），密度为 $1.081 \sim 1.085 g/cm^3$。

（5）甲醛标定的原理为：在碱性介质（NaOH）下，碘发生歧化反应，歧化为次碘酸钠和碘化钠，次碘酸钠氧化甲醛，使甲醛变为甲酸，过量的次碘酸钠在碱性溶液中歧化为碘酸钠和碘化钠，溶液经酸化后又析出 I_2，以淀粉为指示剂，用硫代硫酸钠标准溶液滴定。根据总碘量和硫代硫酸钠的用量，可获知甲醛的量。其反应如下：

$$I_2 + 2OH^- \longrightarrow IO^- + I^- + H_2O$$
$$HCHO + IO^- + OH^- \longrightarrow HCOO^- + I^- + H_2O$$
$$3IO^- \longrightarrow IO_3^- + 2I^-$$
$$IO_3^- + 5I^- + 6H^+ \longrightarrow 3I_2 + 3H_2O$$
$$2S_2O_3^{2-} + I_2 \longrightarrow S_4O_6^{2-} + 2I^-$$

（6）《食品安全国家标准 发酵酒及其配制酒》（GB 2758—2012）中主要的理化指标和微生物指标见表 24-1。

表 24-1 GB 2758—2012 中主要理化指标和微生物指标

项 目	指 标
甲醛[①]/(mg/L)	≤2.0
沙门氏菌	0[②]
金黄色葡萄球菌	0[②]

① 针对啤酒而言。② 要求同一批次产品取 5 份样品，每份样品 25mL，结果应无检出。

（7）GB 2758—2012 定义的发酵酒，是指以粮谷、水果、乳类等为主要原料，经发酵或部分发酵酿制而成的饮料酒。发酵酒的配制酒是指以发酵酒为酒基，加入可食用的辅料或食品添加剂，进行调配、混合或加工制成的，已改变了其原酒基风格的饮料酒。

25

柠檬酸含量的测定

柠檬酸（citric acid，$C_6H_8O_7$，学名 3-羟基-3-羧基戊二酸），又名枸橼酸，是生物体主要代谢产物之一。柠檬酸具有令人愉快的酸味，人体吸收适量柠檬酸时对健康无害，国际上对日常的柠檬酸摄入量还没有制定最大限量，世界卫生组织和食品与农业组织对柠檬酸的使用也没有做任何的限制。

在工业生产中，柠檬酸主要由淀粉质或糖质原料经黑曲霉发酵而成，是发酵法生产的最重要的有机酸。有资料表明，柠檬酸消费量占有机酸总量的 70%，食品和饮料、家居清洁用品、医药、化妆品是柠檬酸的主要消费领域。在日本、欧盟、美国等国家或地区，食品和饮料工业的柠檬酸消费量占消费总量的 60%～70%；在我国，饮料领域消费约占 32%，日化领域占 23%，其次是医药和食品领域。在饮料和食品方面，柠檬酸主要作为酸味剂、增溶剂、缓冲剂、抗氧化剂、除腥脱臭剂、螯合剂而被用于饮料、果酱与果冻、酿造酒、腌制品、罐头食品、调味品等的生产中。在医药工业，柠檬酸及其下游产品如柠檬酸钙、柠檬酸钠、柠檬酸钾、柠檬酸镁和柠檬酸锌早被收录到《美国药典》（USP32-NF27 版）；《英国药典》（BP 2009 版）、《欧洲药典》（EP 6.0 版）和《国际药典》（Ph. Int 第 5 版）收录的是柠檬酸钠、柠檬酸钾，《英国药典》（BP 2010 版）、《欧洲药典》（EP 7.0 版）和《国际药典》（Ph. Int 第 5 版）收录了柠檬酸；《日本药典》（JP 14 版）、《印度药典》（IP 2010 版）中收录了柠檬酸和柠檬酸钠。我国药典自 1953 年版起先后收录了柠檬酸钠、柠檬酸钾和柠檬酸锌、柠檬酸钙，2020 版《中华人民共和国药典》［以下简称"《中国药典》（2020 版）"，共四部］的药用辅料中，收录了一水柠檬酸。

柠檬酸有两种形式：一种是含一分子结晶水的水合物，约在 100℃时溶解，130℃时失水；另一种是不含结晶水的无水物，相对密度为 1.542（18℃/4℃），熔点为 153℃，为无色晶体或粉末，有强酸气味。商品柠檬酸多为含一分子结晶水的柠檬酸，但国外市场近年对无水柠檬酸的需求量增加迅速。

25.1 成品柠檬酸含量的测定

25.1.1 原理

以酚酞作指示剂，用 NaOH 标准滴定溶液滴定，由 NaOH 标准滴定溶液的消耗量计算柠檬酸的含量。

$$
\begin{array}{c}
CH_2-COOH \\
| \\
HO-C-COOH \\
| \\
CH_2-COOH
\end{array}
+ NaOH \longrightarrow
\begin{array}{c}
CH_2-COONa \\
| \\
HO-C-COONa \\
| \\
CH_2-COONa
\end{array}
+ H_2O
$$

25.1.2 仪器和试剂

（1）仪器 电子天平（0.1mg）；电热恒温鼓风干燥箱。

（2）试剂

① $c(NaOH)=0.5mol/L$ 的 NaOH 标准滴定溶液 称取 20g NaOH，用水溶解并定容至 1000mL。

a. 标定 准确称取预先于 120℃ 干燥 2h 的邻苯二甲酸氢钾（$HOOCC_6H_4COOK$）3.6g，置于 250mL 锥形瓶中，加 80mL 新煮沸并冷却的蒸馏水，振摇使溶解，加 2 滴 1％的酚酞指示剂，用 0.5mol/L 的氢氧化钠标准滴定溶液滴定至微红色，30s 不褪色即为终点。同时做试剂空白试验。

b. 计算

$$
c(NaOH)=\frac{m \times 1000}{(V_1-V_0) \times 204.2} \tag{25-1}
$$

式中 m——邻苯二甲酸氢钾的质量，g；

$\quad\quad V_1$——滴定消耗氢氧化钠标准滴定溶液的体积，mL；

$\quad\quad V_0$——空白试验消耗氢氧化钠标准滴定溶液的体积，mL；

204.2——邻苯二甲酸氢钾的摩尔质量，g/mol。

② 1％的酚酞指示剂 称取 1.0g 酚酞，溶于 100mL 95％的乙醇溶液中。

25.1.3 测定方法

称取试样 1g（准确至 0.0001g）于 250mL 锥形瓶中，加入 50mL 新煮沸并冷却的蒸馏水（无二氧化碳），摇动使之溶解，加 3 滴 1％的酚酞指示剂，用 $c(NaOH)=0.5mol/L$ 的 NaOH 标准滴定溶液滴定至微粉色为终点。同时做试剂空白试验。

25.1.4 计算

$$
x_1=\frac{(V_1-V_0)c \times 0.06404}{m} \times 100\% \tag{25-2}
$$

$$x_2 = \frac{(V_1 - V_0)c \times 0.06404}{m(1 - 0.08566)} \times 100\% \qquad (25\text{-}3)$$

式中　x_1——试样中无水柠檬酸的含量，%；

　　　x_2——试样中一水柠檬酸的含量，%；

　　　V_1——试样消耗 NaOH 标准滴定溶液的体积，mL；

　　　V_0——空白试验消耗 NaOH 标准滴定溶液的体积，mL；

　　　c——NaOH 标准滴定溶液的实际浓度，mol/L；

　　　m——试样的质量，g；

　0.08566——一水柠檬酸中水的理论含量，$18 \div 210.14 \approx 0.08566$；

　0.06404——与 1.00mL NaOH 标准滴定溶液 $[c(\mathrm{NaOH}) = 1.000\,\mathrm{mol/L}]$ 相当的无水柠檬酸的质量，g。

25.1.5　讨论

（1）《食品安全国家标准　食品添加剂　柠檬酸》（GB 1886.235—2016）理化指标中规定成品柠檬酸最低含量不低于 99.5%（质量分数），对于这样的常量分析，适合用经典的化学方法。尽管现在用气相色谱、液相色谱都可以测定其含量，但对于含量高的样品，化学方法准确度更高些。

（2）《食品安全国家标准　食品添加剂使用标准》（GB 2760—2024）中规定：柠檬酸作为酸度调节剂和抗氧化剂，是可在多数食品（包括婴幼儿配方食品和婴幼儿辅助食品）中按生产需要适量使用的食品添加剂。

（3）对于食品添加剂用途的柠檬酸，我国《食品安全国家标准　食品添加剂　柠檬酸》（GB 1886.235—2016）、《美国食品化学法典》（Food Chemicals Codex，简称 FCC）第 9 版（2018 年）、联合国粮农组织和世界卫生组织下的食品添加剂联合专家委员会（Joint FAO/WHO Expert Committee on Food Additives，简称 JECFA）（2010 年）《质量规格标准》、《日本食品添加物公定书》第 9 版（JSFA-Ⅸ）（2018 年）中柠檬酸的理化指标比较见表 25-1。由表 25-1 可见，我国食品安全国家标准 GB 1886.235—2016 规定的指标明显多于 FCC 9 和 JECFA（2010），并且相同指标的规定值基本都低于 FCC 9、JECFA（2010）和 JSFA-Ⅸ，说明我国对食品添加剂的质量要求还是相当严格的，但也不排除国外因生产工艺的先进性使得产品中的杂质已达到相当低的水平而无需再作规定。

表 25-1　中国、美国、联合国和日本的食品添加剂标准中柠檬酸理化指标的比较

项目	GB 1886.235—2016	FCC9	JECFA(2010)	JSFA-Ⅸ
柠檬酸含量（以无水计）/%	99.5~100.5	99.5~100.5	99.5~100.5	≥99.5
水分/%[①]	≤0.5	≤0.5	≤0.5	<0.5
氯化物/%	≤0.005	—	—	—
硫酸盐/%	≤0.010	—	≤0.0150	<0.048
灼烧残渣/%	≤0.05	≤0.05	≤0.05	<0.10
铅/(mg/kg)	≤0.5	≤0.5	≤0.5	<0.5
易炭化物	≤1.0	$A_{470\mathrm{nm}}<0.52$[②]	$A_{470\mathrm{nm}}<0.5$[③]	反应液颜色不深于色标[④]

项目	GB 1886.235—2016	FCC9	JECFA(2010)	JSFA-Ⅸ
草酸盐/%	≤0.01	不产生浑浊	≤0.01	不产生浑浊
钙盐/%	≤0.02	—	—	不产生浑浊
总砷(以 As 计)/(mg/kg)	≤1.0	—	—	<3

① 指 GB 1886.235—2016、FCC 9、JECFA（2010）和 JSFA-Ⅸ 中无水柠檬酸的水分含量，其一水柠檬酸的水分分别为 7.5%～9.0%、≤8.8%、7.5%～8.8%、<8.8%。

② 是将（1.00±0.01）g 样品置于预先用 90℃ 的 95% H_2SO_4 溶液荡洗过的 150mm（高）×18mm（直径）试管中，加入 10.00mL 95% H_2SO_4 溶液，小心搅拌直至样品完全溶解，将试管浸入（90±1）℃水浴中 1h，其间适当将试管取出，摇匀，以确保样品溶解，并使气体充分逸出。然后冷却至室温，用 10mm 比色皿在 470nm 处测定其吸光度。

③ 方法同②，但用 98% 的 H_2SO_4 溶液。肉眼观察反应液颜色不深于色标，用 10mm 比色皿在 470nm 处测定其吸光度。

④ 方法同③，但是称量 0.5g 样品，加 5.00mL 98% H_2SO_4 溶液。结果以肉眼观察。

注：柠檬酸含量检测，均用酚酞指示剂、氢氧化钠标准滴定溶液滴定，但细节有所不同。FCC9 是称取 3g 样品（准确至 0.0001g），加 40mL 水、用 1mol/L 的氢氧化钠标准滴定溶液滴定；JECFA（2010）是称取 2.5g 样品（准确至 0.0001g），加 40mL 水，用 1mol/L 的氢氧化钠标准滴定溶液滴定；JSFA-Ⅸ 是精密称取样品 1.5g（准确至 0.0001g），加水溶解并定容至 250mL，准确量取 25mL 稀释液，用 0.1mol/L 的氢氧化钠标准滴定溶液滴定。

　　FCC 作为全面涵盖食品原料的标准法典，涉及食品级化学品、加工助剂、调味品、维生素和功能性食品配料，是我国食品添加剂和食物成分相关标准制定、修订工作的重要参考资料之一。JECFA 建立食品添加剂的鉴别和纯度质量规格标准，完成其风险性评估或进行定量危险性评估。JSFA 是日本厚生劳动省消费者厅发布的食品添加物公定书。

　　对于医药用途的柠檬酸，《中国药典》（2020 版）和《美国药典》（USP43-NF38）、《欧洲药典》（EP10.0）、《日本药典》（JP18）中其理化指标的比较见表 25-2。

表 25-2　中国、美国、欧洲和日本的药典中柠檬酸理化指标的比较

项目	无水柠檬酸			一水柠檬酸			
	EP10.0	USP43-NF38	JP18	《中国药典》(2020 版)	EP10.0	USP43-NF38	JP18
鉴别试验	符合试验①	符合试验①	符合试验①	符合试验①	符合试验①	符合试验①	符合试验①
柠檬酸含量(质量分数)/%	99.5～100.5	99.5～100.5	99.5～100.5	99.5～100.5	99.5～100.5	99.5～100.5	99.5～100.5
氯化物/%	—	—	—	≤0.0005	—	—	—
水分/%	≤1.0	≤1.0	≤1.0	7.5～9.0	7.5～9.0	7.5～9.0	7.5～9.0
易炭化物/%	不深于标准	不深于标准	不深于标准	不深于标准	不深于标准	不深于标准	不深于标准
硫酸灰分/%	≤0.1	≤0.1	≤0.1	≤0.1	≤0.1	≤0.1	<0.1
硫酸盐/%	≤0.015	≤0.015	<0.015	≤0.015	≤0.015	≤0.015	<0.015
草酸盐/%	≤0.036②	≤0.036②	<0.036②	不产生浑浊	≤0.036②	≤0.036②	<0.036②
钙盐	—	—	—	不产生浑浊	—	—	—
铁盐/%	—	—	—	≤0.001	—	—	—
砷盐/%	—	—	—	≤0.0001	—	—	—

续表

项目	无水柠檬酸			一水柠檬酸			
	EP10.0	USP43-NF38	JP18	《中国药典》(2020 版)	EP10.0	USP43-NF38	JP18
铝/(μg/g)	≤0.2	≤0.2	—	≤0.2	≤0.2	≤0.2	—
重金属(以 Pb 计)/(mg/kg)	—	—	<10	≤5	—	—	<10
细菌内毒素/(IU/mg)	<0.5	严格说明③	—	—	<0.5	严格说明③	—
无菌试验	—	严格说明③	—	—	—	严格说明③	—

①红外吸收光谱；②草酸；③满足相关剂型专论中所用的柠檬酸的需求。

注：1. 表中《中国药典》(2020 版)中的一水柠檬酸是作为药用辅料的标准被收录在《中国药典》(四部)中的。药用辅料系指生产药品和调配处方时使用的赋形剂和附加剂；是除活性成分或前体以外，在安全性方面已进行了合理的评估，并且包含在药物制剂中的物质。

2. EP10.0 是欧洲 2019 年 7 月发布，2020 年 1 月 1 日实施的最新版药典；USP43-NF38 是美国 2019 年 12 月出版，2020 年 5 月 1 日生效的药典现行版本；JP18 是日本 2021 年 6 月 7 日生效的现行版药典。

3. 为便于对比，表中不同国家的指标是经过单位换算后表示的。

4. 随着柠檬酸纯化技术的发展，Ca^{2+}、Cl^-、As、Pb 等的含量已不足以威胁人类的健康，所以《欧洲药典》、《美国药典》已不再将其作为标准指标，而是越来越注重其使用的安全性。所以对比可以看出，表中《中国药典》(2020 版)规定的指标最多，但在安全使用方面，EP10.0 设置了"细菌内毒素"指标，并有具体规定值；USP43-NF38 对"细菌内毒素"和"无菌试验"指标均有严格要求。

5.《美国药典与国家处方一览表》(简称 USP-NF)由美国政府所属的美国药典委员会 (the United States Pharmacopeial Convention) 编辑出版。《美国药典》 (the United States Pharmacopeia) 简称 USP；《国家处方一览表》 (National Formulary) 简称 NF。NF 自 1980 年起作为一个单独的篇章在《美国药典》中出版。在此之前，自 1888 年 NF 首次问世至 1975 年起，一直作为药典的姊妹篇由美国医药协会 (American Pharmaceutical Association) 出版发行。由于这两种官方文件在内容上经常需要交叉引用，为了减少重复、方便读者使用，USP 与 NF 自 1980 年起开始联合出版；USP36-NF31 出版后取代之前的历代药典和《国家处方一览表》。《欧洲药典》 (European Pharmacopeia，缩写为 EP)由欧洲药品质量管理局负责出版和发行，是欧洲药品质量检测的唯一指导文献。《日本药典》 (Japanese Pharmacopoeia，缩写为 JP)由日本药局方编辑委员会编纂，日本厚生省颁布执行。

(4)《美国药典与国家处方一览表》(USP43-NF38)和《欧洲药典》(EP10.0)、《日本药典》(JP18)中，柠檬酸含量分析均是准确称取 0.5500g 无水柠檬酸，溶于 50mL 水中，加入 0.5mL 的酚酞指示剂，用 1mol/L 的氢氧化钠标准滴定溶液滴定。每毫升 1mol/L 的氢氧化钠标准滴定溶液相当于 64.03mg 柠檬酸。《中国药典》(2020 版)中是准确称取 0.1500g 无水柠檬酸，溶于 40mL 水中，加入 0.5mL 酚酞指示剂，用 1mol/L 的氢氧化钠标准滴定溶液滴定。显然，前者方法相对更科学。

(5)我国是全球最大的柠檬酸产品生产国和出口国，目前国内的柠檬酸产量约占全球市场的 63%，处于绝对的领先地位。2022 年我国柠檬酸年产量 172 万吨，出口总量为 123 万吨；2021 年产量 138.2 万吨，出口量 107 万吨；2020 年产量 136 万吨，出口量 94 万吨；2019 年产量达 139 万吨，出口量 95.6 万吨；2018 年产量为 134 万吨，出口量 95.7 万吨。主要出口对象仍以印度、日本等国为主。

25.2 发酵醪液中柠檬酸含量的测定

25.2.1 原理

用乙酸酐-吡啶比色法测定柠檬酸含量,柠檬酸在乙酸酐存在的条件下与吡啶生成黄色化合物,可在 420nm 下比色定量。

25.2.2 仪器和试剂

(1) 仪器 电子天平(0.1mg);紫外可见分光光度计;电热恒温水浴锅。

(2) 试剂

① 无水柠檬酸。

② 乙酸酐。

③ 吡啶。

④ 1g/L 的柠檬酸标准贮备液 准确称取 1g 无水柠檬酸(称准至 0.0001g),用水溶解并定容至 1000mL 容量瓶中,摇匀。

⑤ 1mg/L 的柠檬酸标准使用液 吸取柠檬酸标准贮备液 1.00mL 于 100mL 容量瓶中,用水稀释定容。从中吸取 10.00mL 于 100mL 容量瓶中,用水稀释定容即得。

25.2.3 测定方法

(1) 标准曲线的绘制 取 7 支 10mL 容量瓶,分别准确移入 0、0.50mL、1.00mL、2.00mL、3.00mL、4.00mL、5.00mL 柠檬酸标准使用液,用水稀释至刻线,即为 0、50μg/L、100μg/L、200μg/L、300μg/L、400μg/L、500μg/L 的柠檬酸系列标准溶液。吸取柠檬酸系列标准溶液 1.00mL 于 10mL 具塞比色管中,分别加入 5.70mL 乙酸酐、1.30mL 吡啶,立即盖上瓶塞摇匀。置于 25℃ 恒温水浴中保温 30min,立即取出在 420nm 处比色,测定吸光度,依据浓度与吸光度的线性关系,绘制标准曲线。

(2) 试样的测定 将发酵醪液稀释 100～200 倍(使其柠檬酸含量为 200～400μg/L),稀释液经过滤后取 1.00mL 于 10mL 具塞比色管中,加 5.70mL 乙酸酐、1.30mL 吡啶,以下操作同标准曲线的绘制,然后根据标准曲线计算柠檬酸的含量。

25.2.4 计算

$$x = \frac{An \times 10^{-3}}{V} \tag{25-4}$$

式中 x——试样中柠檬酸的含量,g/L;

A——标准曲线上查得的柠檬酸质量,μg;

n——稀释倍数;

V——柠檬酸的取样体积,mL。

25.2.5　讨论

（1）该法为测定柠檬酸根的方法，酒石酸、异柠檬酸的存在影响显色；反丁烯二酸、L-苹果酸、丙酮酸的存在对测定有干扰。

（2）该反应须严格控制显色时间，柠檬酸与吡啶反应生成的黄色化合物随时间的延长而颜色加深，如不能及时测定，应将样品置于冰水浴中以终止反应。

（3）吡啶和乙酸酐均为挥发性物质，为确保测定准确，使用时加入该试剂后立即盖紧瓶塞。

（4）该法对温度要求严格，温度不同，显色程度不同。

（5）黑曲霉中具有水解淀粉的酶，主要是 α-淀粉酶及葡萄糖淀粉酶（糖化酶）。黑曲霉中的 α-淀粉酶是耐酸性的，在 pH＝2.0 时仍能保持活力，但不高。故在原料处理时，需外加耐高温的 α-淀粉酶，以提高发酵效率。黑曲霉中的糖化酶耐酸耐热，在柠檬酸发酵 pH 降至 2.0～2.5 时，仍能保持大部分活力，使糊精进一步水解成葡萄糖，进入三羧酸循环而产生柠檬酸。

（6）柠檬酸生产简要工艺流程：玉米原料→粉碎→液化→糖化→发酵→过滤→中和→分离→柠檬酸钙→酸解→分离→脱色→离子交换→减压浓缩→结晶→分离→柠檬酸结晶→干燥→成品。

26

乳酸含量的测定

乳酸（$C_3H_6O_3$，lactic acid），学名 α-羟基丙酸，为无色或淡黄色黏稠液体，相对密度 1.2485(15℃/4℃)，熔点 53℃（或 18℃），沸点 122℃（2kPa），是有机酸中产量及消费量仅次于柠檬酸的第二种重要的有机酸。工业上发酵生产乳酸，是以淀粉、糖质为原料，采用乳酸杆菌和米根霉发酵制得乳酸与乳酸酐的混合物。

乳酸可用于食品、聚乳酸生产、医药等领域。乳酸作为防腐剂、酸味剂在食品领域的应用在我国占比最大，远高于全球平均水平，主要集中在乳制品、奶酪制品以及饮料方面。据资料统计，乳酸的消费量约占有机酸总消费量的 15%，而且还有较大的上升趋势。这主要是因为用 L-乳酸生产生物可降解塑料。在欧美、日本已有可降解塑料商品，这种塑料在自然界可完全降解为二氧化碳和水。L-乳酸还是生产高效、低毒、安全的苯氧丙酸类除草剂的主要原料。

《食品安全国家标准　食品添加剂　乳酸》（GB 1886.173—2016）中规定，乳酸含量在标示值的 95.0%～105.0%（质量分数）之间。《食品安全国家标准　食品添加剂使用标准》（GB 2760—2024）中规定，乳酸作为酸度调节剂，可在多数食品中按生产需要适量使用，包括婴幼儿配方食品，添加单位为 g/kg。

26.1　L-乳酸占总乳酸含量的测定

利用微生物发酵生产乳酸，可得到 L-乳酸（左旋）、D-乳酸（右旋）、DL-乳酸（消旋）3 种产物，它们的旋光性不同。用高效液相色谱法测定 L-乳酸与 D-乳酸的峰面积，可求得 L-乳酸的百分含量。

26.1.1　原理

用分离光学异构体的专用柱，利用高效液相色谱法对混合物中的 L-乳酸、D-乳酸加以分离，经紫外检测器检测，然后进行定性定量。

26.1.2　仪器和试剂

（1）仪器　高效液相色谱仪（配紫外检测器）；电子天平（0.1mg）。

（2）试剂

① 0.002mol/L 的 $CuSO_4$ 溶液　称取 0.500g $CuSO_4 \cdot 5H_2O$，用水溶解并定容至 1000mL。

② L-乳酸　色谱纯，纯度 98%。

③ D-乳酸　色谱纯，纯度 98%。

④ 0.5mg/mL 的 L-乳酸标准溶液　称取 0.0050g L-乳酸，用水稀释定容至 10mL。

⑤ 0.5mg/mL 的 D-乳酸标准溶液　称取 0.0050g D-乳酸，用水稀释定容至 10mL。

26.1.3　测定方法

（1）仪器参考工作条件

① 色谱柱　MCI GEL-CRS10W（ϕ4.6mm×150mm，3μm），光学异构体分离用；或其他等效的色谱柱。

② 检测器波长　254nm。

③ 柱温　35℃。

④ 流动相　0.002mol/L 的 $CuSO_4$ 溶液。

⑤ 流速　0.5mL/min。

⑥ 进样量　20μL。

（2）试样的测定　准确称取试样 0.05g（精确至 0.0001g），用水或流动相溶解并稀释定容至 100mL，经 0.45μm 一次性针式滤器过滤后在仪器操作条件下进样。D-乳酸保留时间大约在 10min，L-乳酸保留时间大约在 12min。根据 D-乳酸和 L-乳酸的峰面积，按归一化法计算 L-乳酸的含量。

26.1.4　计算

$$x = \frac{A_L}{A_L + A_D} \times 100\%　\qquad (26\text{-}1)$$

式中　x——L-乳酸占总乳酸的含量，%；

A_D——D-乳酸的峰面积；

A_L——L-乳酸的峰面积。

结果表述：两次平行测定的算术平均值。允许差：两次平行测定结果之差不大于 0.2%。

26.1.5　讨论

（1）化学合成以及牛乳发酵得到的乳酸熔点是 18℃，葡萄糖经乳酸菌发酵得到的乳酸熔点为 53℃。

（2）该法源于《食品安全国家标准　食品添加剂　乳酸》（GB 1886.173—2016），作者有改动。

26.2　乳酸含量（纯度）的测定

这里的乳酸含量实际上是指发酵乳酸成品的纯度，采用碱中和酸，测得的应是总的乳酸含量。

26.2.1　原理

试样与过量 NaOH 反应，剩余的 NaOH 以酚酞为指示剂，用 H_2SO_4 标准滴定溶液滴定。

$$H_3C-\underset{\underset{H}{|}}{\overset{\overset{OH}{|}}{C}}-COOH + NaOH \longrightarrow H_3C-\underset{\underset{H}{|}}{\overset{\overset{OH}{|}}{C}}-COONa + H_2O$$

$$2NaOH + H_2SO_4 \longrightarrow Na_2SO_4 + 2H_2O$$

26.2.2　仪器和试剂

（1）仪器　电子天平（0.1mg）；电热恒温鼓风干燥箱。

（2）试剂

① $c(NaOH)=1mol/L$ 的 NaOH 标准滴定溶液　称取 4g NaOH，加水溶解并定容至 100mL。

标定：参见 25.1.2 节中的①，邻苯二甲酸氢钾的称取量为 7.5g（精确至 0.0002g）。

② $c\left(\dfrac{1}{2}H_2SO_4\right)=1mol/L$ 的 H_2SO_4 标准滴定溶液　量取 3mL 浓 H_2SO_4，置入已盛有少量水的 100mL 容量瓶中，用水定容至刻度。

a. 标定　称取 1.9g（精确至 0.0001g）于 270～300℃高温炉中灼烧至恒重的工作基准试剂无水碳酸钠，溶于 50mL 水中，加 10 滴溴甲酚绿-甲基红指示剂，用配制好的硫酸标准滴定溶液滴定至溶液由绿色变为暗红色，煮沸 2min，冷却后继续滴定至溶液再呈暗红色。同时做空白试验。

b. 计算

$$c\left(\frac{1}{2}H_2SO_4\right)=\frac{m}{(V_1-V_0)\times0.05299} \tag{26-2}$$

式中　m——无水碳酸钠的质量，g；

V_1——滴定消耗硫酸标准滴定溶液的体积，mL；

V_0——空白试验消耗硫酸标准滴定溶液的体积，mL；

0.05299——与 1.00mL H_2SO_4 标准滴定溶液$\left[c\left(\dfrac{1}{2}H_2SO_4\right)=1.000mol/L\right]$相当的无水碳酸钠的质量，g。

③ 1%的酚酞指示剂　参见 25.1.2 节中的②。

④ 溴甲酚绿-甲基红指示剂   将 1 份 0.2% 的甲基红乙醇溶液与 3 份 0.1% 的溴甲酚绿乙醇溶液临用时混合。

注：0.2% 的甲基红乙醇溶液与 0.1% 的溴甲酚绿乙醇溶液均用 95% 的乙醇配制。

26.2.3 测定方法

(1) GB 1886.173—2016 规定的检测方法   准确称取试样 1g（称准至 0.0001g）于 500mL 锥形瓶中，加入 50mL 新煮沸并冷却的蒸馏水（无二氧化碳），摇动使之全部溶解后，准确加入 $c(NaOH)=1mol/L$ 的 NaOH 标准滴定溶液 20.00mL，煮沸 5min，加 2 滴 1% 的酚酞指示剂，趁热用 $c\left(\frac{1}{2}H_2SO_4\right)=1mol/L$ 的 H_2SO_4 标准滴定溶液滴定至无色。同时做试剂空白试验。

(2) FCC9 和 JECFA (2010) 规定的检测方法   准确称取相当于 3g（称准至 0.0001g）乳酸的试样，置于 250mL 锥形瓶中，加入 $c(NaOH)=1mol/L$ 的 NaOH 标准滴定溶液 50.00mL，混匀后煮沸 20min，加 2 滴 1% 的酚酞指示剂，趁热用 $c\left(\frac{1}{2}H_2SO_4\right)=1mol/L$ 的 H_2SO_4 标准滴定溶液滴定至无色。同时做试剂空白试验。

(3) JSFA-IX 规定的检测方法   准确称取相当于 1.2g（称准至 0.0001g）乳酸的试样于 500mL 锥形瓶中，准确加入 $c(NaOH)=1mol/L$ 的 NaOH 标准滴定溶液 20.00mL，再加水至 100mL，于水浴上加热 20min，加 2 滴 1% 的酚酞指示剂，趁热用 $c\left(\frac{1}{2}H_2SO_4\right)=1mol/L$ 的 H_2SO_4 标准滴定溶液滴定至无色。同时做试剂空白试验。

注：原文没有说明水浴温度。

26.2.4 计算

$$x=\frac{(V_0-V_1)c\times0.09008}{m}\times100\% \qquad (26-3)$$

式中 x——试样中乳酸的质量分数，%；

V_0——空白试验消耗硫酸标准滴定溶液的体积，mL；

V_1——试样消耗硫酸标准滴定溶液的体积，mL；

c——硫酸标准滴定溶液的实际浓度，mol/L；

0.09008——与 1.00mL 氢氧化钠标准滴定溶液 $[c(NaOH)=1.000mol/L]$ 相当的乳酸的质量，g；

m——试样的质量，g。

26.2.5 讨论

(1) 26.2.3 节中 (1) 所述的方法源于《食品安全国家标准 食品添加剂 乳酸》(GB 1886.173—2016)，作者有改动。

(2) 对于食品添加剂用途的乳酸，我国 GB 1886.173—2016 和美国 FCC9 (2018 年)、JECFA (2010)、日本 JSFA-IX (2018 年) 等质量规格标准中乳酸的理化指标比较见表 26-1。

由表 26-1 可见，GB 1886.173—2016 和 JSFA-Ⅸ 规定的项目明显多于 FCC9 和 JECFA（2010），且 GB 1886.173—2016 中只有"铅"的规定值高于 FCC9，其他均低于 FCC9、JECFA（2010）和 JSFA-Ⅸ。但 JSFA-Ⅸ 中的挥发性脂肪酸和甲醇指标是另外三个标准中所没有的。

表 26-1　中国、美国、联合国和日本的食品添加剂标准中乳酸理化指标的比较

项目	GB 1886.173—2016	FCC9	JECFA（2010）	JSFA-Ⅸ
乳酸含量（质量分数）/%	标示值的 95.0～105.0	标示值的 95.0～105.0	标示值的 95.0～105.0	标示值的 95.0～105.0
L-乳酸占总乳酸的含量（质量分数）/%	≥97	—	—	—
氯化物（以 Cl^- 计）/%	≤0.002	≤0.1	≤0.2	<0.010[①]
硫酸盐（以 SO_4^{2-} 计）/%	≤0.005	≤0.25	≤0.25	<0.010[①]
铁/（mg/kg）	≤10	≤10	≤10	<10[①]
灼烧残渣/%	≤0.1	≤0.1	≤0.1	<0.1
砷盐/（mg/kg）	≤1.0	—	—	<3[①]
铅/（mg/kg）	≤2.0	≤0.5	≤2	<2[①]
易炭化物	通过试验	—	通过试验	通过试验
柠檬酸、草酸、磷酸或酒石酸	通过试验	通过试验	通过试验	通过试验
还原糖	通过试验	通过试验	通过试验	—
氰化物/（mg/kg）	≤1	≤5	<1	通过试验
挥发性脂肪酸	—	—	—	通过试验
甲醇（质量体积浓度）/%	—	—	—	<0.20[①]

① 相对于 80% 乳酸而言。

对于医药用途的乳酸，《中国药典》（2020 版）和《美国药典》（USP43-NF38）、《欧洲药典》（EP10.0）、《日本药典》（JP18）中乳酸理化指标的比较见表 26-2。对比可以看出，《中国药典》（2020 版）规定的指标明显多于 USP43-NF38 和 EP10.0，但关键性指标还有一定差距，如乳酸含量、细菌内毒素。

表 26-2　中国、美国、欧洲和日本的药典中乳酸理化指标的比较

项目	《中国药典》(2020 版)	USP43-NF38	EP10.0	JP18
乳酸含量（质量分数）/%	85.0～92.0	88.0～92.0	88.0～92.0	85.0～92.0
密度（20℃）/（g/mL）	1.20～1.21	—	1.20～1.21	1.20
旋光度（$[\alpha]_D^{20}$）/（°）	—	−0.05～+0.05[①]	—	—
氯化物（以 Cl^- 计）/%	≤0.002	通过试验	—	<0.036
硫酸盐（以 SO_4^{2-} 计）/%	≤0.010	通过试验	≤0.02	<0.010
铁盐/%	≤0.001	—	—	<0.0005
灼烧残渣/%	≤0.1	≤0.05	≤0.1	<0.1
砷盐/（mg/kg）	≤1	—	—	—
重金属/（mg/kg）	≤10	—	—	<10
钙盐/（mg/kg）	通过试验	—	≤200	—

项目	《中国药典》(2020 版)	USP43-NF38	EP10.0	JP18
易炭化物	通过试验	通过试验	—	通过试验
柠檬酸、草酸、磷酸或酒石酸	通过试验	通过试验	通过试验②	通过试验
还原糖	通过试验	通过试验	通过试验③	通过试验④
甲醇/%	—	—	≤0.005	—
醚不溶物	—	—	通过试验	—
氰化物/(mg/kg)	—	—	—	通过试验
甘油或甘露醇	—	—	—	通过试验
挥发性脂肪酸	—	—	—	通过试验
细菌内毒素/(IU/g)	—	—	<5	—

①外消旋乳酸；②柠檬酸、草酸、磷酸；③糖和其他还原性物质；④糖类。

（3）发酵生产 L-乳酸的工艺如下：原料→粉碎→调浆→糊化→液化→糖化→过滤→发酵→除杂→酸解→脱色→净化→浓缩→离子交换→浓缩→成品。

（4）我国 2023 年乳酸预计产量达 12.34 万吨，2022 年乳酸年产量为 11.83 万吨，2021 年为 11.17 万吨，2020 年为 10.50 万吨，2019 年为 9.83 万吨。国外 L-乳酸生产已高度规模化，主要生产厂家有荷兰的科碧恩-普拉克（Corbion-Purac）公司、美国的 Nature Works 公司、日本的武藏野化学研究所等。世界聚乳酸的潜在需求量正在不断增长。

（5）在啤酒酿造过程中，加入适量乳酸，既能调节 pH 促进糖化，有利于酵母发酵、提高啤酒质量，又能增加啤酒风味、延长保质期。

27

维生素 C 含量的测定

维生素被称为万年产品，是人和动物维持正常生命活动与健康所必需的微量有机化合物。大多数维生素在人和动物体内不能合成，所以必须通过食物有规律地从外界摄取。每种维生素在生物体内起着不同的作用，它们之间不能相互替代，也没有其他可以替代的物质。同时，维生素许多新的功能和应用还在不断被发现，新品种也在不断增加。

维生素通常分为两大类，即脂溶性维生素和水溶性维生素。维生素 C（$C_6H_8O_6$，vitamin C）属于水溶性维生素，是人体营养必需的一种维生素，其生理作用广泛。它不仅作为重要的医药产品被用于治疗多种疾病，也被广泛应用于食品、饲料及化妆品中。目前全球维生素 C 年需求量约 22 万吨。我国是维生素 C 生产大国和贸易出口大国，2019 年全国维生素 C 产量为 19.7 万吨，2020 年 19.9 万吨，2021 年 20.6 万吨，2022 年 21.3 万吨；出口国主要是美国、德国、荷兰及日本等国。

维生素 C 通常是先通过化学或微生物方法获得 2-酮基-L-古龙酸（2KGA），再经烯醇化和内酯化生产而得。其中微生物发酵法是维生素 C 生产发展的大方向。因为 1933 年德国莱氏（Reichstein）等人发明的"莱氏化学法"需要经过 5 道工序（一步发酵、酮化、氧化、转化和精制），连续操作困难，且生产中伴有大量有毒气体和"三废"产生。由葡萄糖获得 2-酮基-L-古龙酸的方法有 D-山梨醇途径、L-山梨糖途径、L-古龙酸途径、2-酮基-D-葡萄糖酸途径、2,5-二酮基-D-葡萄糖酸途径和基因工程菌直接发酵葡萄糖途径。

"二步发酵法"生产维生素 C 是 20 世纪 70 年代初中国科学院微生物研究所和北京制药厂最先合作发明的，它也是目前唯一成功应用于维生素 C 工业生产的微生物转化法。该法遵循 L-山梨糖途径，即 D-山梨醇在细菌的作用下转化为 L-山梨糖，再经细菌发酵产生维生素 C 前体 2-酮基-L-古龙酸，然后转化成 2-酮基-L-古龙酸甲酯、维生素 C 钠，最后酸化成维生素 C。1986 年，这项新技术以 550 万美元的价格转让给瑞士霍夫曼·罗氏制药公司这一世界维生素最大生产企业。

"二步发酵法"在生产上得到了很好的应用，但同传统的"莱氏化学法"一样，也需要高压加氢使葡萄糖还原为 D-山梨醇。出于对环境和生产成本的考虑，2,5-二酮基-D-葡萄糖酸途径和基因工程菌直接发酵葡萄糖法更加引人注目，也正是世界各国在积极努力研究的现有维生素 C 生产的代替方法。所以维生素 C 的含量检测就更显重要。

维生素 C 具有防治坏血病的功能，并且有显著酸味，故又名抗坏血酸（L-ascorbic acid）。抗坏血酸在化学结构上和糖类十分相似，有 4 种光学异构体，其中 L-(＋)-构型右旋体的生物活性最强。美国、英国、日本药典收载的都是 L-抗坏血酸，中国药典收载有维生素 C 原料及其片剂、泡腾片、颗粒剂和注射液。

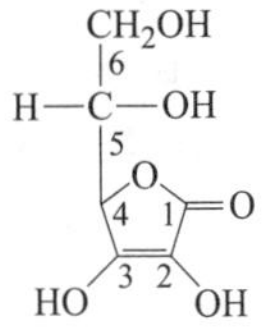

维生素 C 分子结构中有二烯醇结构（见图 27-1），具有内酯环，且有 2 个手性碳原子（C4、C5），这使得维生素 C 性质极为活泼，并具有旋光性，维生素 C 分子的比旋光度为 $+20.5°\sim+21.5°$。

图 27-1 维生素 C
结构示意图

维生素 C 在水中易溶，水溶液呈酸性；在乙醇中略溶，在氯仿或乙醚中不溶。维生素 C 分子结构中的二烯醇基，尤其是 C3 位的—OH 由于受共轭效应的影响，酸性较强（$pK_1=4.17$），C2 位的—OH 酸性极弱（$pK_2=11.57$），故维生素 C 一般表现为一元酸，可与碳酸氢钠作用生成钠盐。维生素 C 分子中的二烯醇基具有极强的还原性，易被氧化为二酮基而成为去氢抗坏血酸，加氢又可还原为抗坏血酸。在碱性溶液或强酸性溶液中能进一步水解为二酮古龙糖酸而失去活性，此反应为不可逆反应。

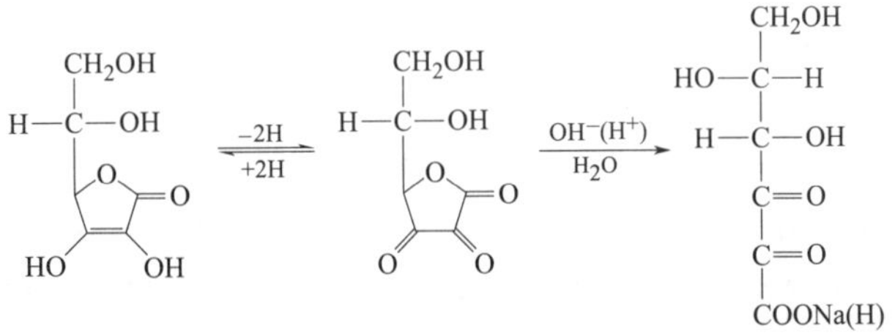

L-抗坏血酸	L-去氢抗坏血酸	L-二酮古龙糖酸
（有生物活性）	（有生物活性）	（无生物活性）

维生素 C 的含量测定大多基于其具有较强的还原性，可被不同氧化剂定量氧化，其中容量法（如碘量法、2,6-二氯靛酚滴定法等）因简便快速、结果准确而被各国药典所采用。为适用于复方制剂和体液中的微量维生素 C 的测定，又相继发展了比色法、紫外分光光度法和高效液相色谱法等。

27.1　高效液相色谱法测定多种维生素的含量

27.1.1　原理

高效液相色谱法（HPLC）分析脂溶性维生素制剂的报道很多，其实该法适用于多种维生素的含量测定。脂溶性维生素和水溶性维生素，由于其化学结构和性质相差较大，在含水介质中，又受到光、空气、温度和 pH 的影响，使测定结果不理想。用甲醇和水都能溶解的樟脑磺酸作为离子对试剂，以 0.125g/2mL 的二巯基丙烷磺酸钠（DMPS）作为抗氧化剂，能使被测样品处于稳定的初始状态，结果更为可靠。

27.1.2 仪器和试剂

（1）仪器 高效液相色谱仪（配紫外检测器）；电子天平（0.0001g）。

（2）试剂

① 甲醇 色谱纯。

② 流动相 流动相 A：称取樟脑磺酸 1.1615g，溶于 500mL 水中，加甲醇 200mL，并用水稀释至 1000mL，经 $0.45\mu m$ 滤膜过滤，脱气，供水溶性维生素的测定。流动相 B：将甲醇经 $0.45\mu m$ 滤膜过滤，脱气，供脂溶性维生素的测定。

③ 对照品 维生素 C、维生素 B_1、维生素 B_2、维生素 B_6、烟酰胺、维生素 A 棕榈酸酯、维生素 E。

27.1.3 色谱操作条件

（1）色谱柱 ODS 柱（$\phi 4.6mm \times 150mm$，$5\mu m$）。

（2）检测波长 水溶性维生素和脂溶性维生素的检测波长分别为 272nm 和 280nm。

27.1.4 测定方法

（1）内标溶液、对照品溶液和供试品溶液的制备

① 水溶性维生素内标溶液的制备 取精制苯酚，精密称定，用流动相 A 配制成 1mg/mL 的浓度，并按每 1.00mL 内标溶液加 1.00mL DMPS 溶液配制，备用。

② 水溶性维生素对照品溶液的制备 精密称取对照品维生素 C 900.0mg、维生素 B_1 22.5mg、维生素 B_2 26.0mg、维生素 B_6 30.0mg、烟酰胺 200.0mg，置于 50mL 烧杯中，加 DMPS 溶液 $100\mu L$，用流动相 A 溶解并稀释定容到 100mL 的棕色容量瓶中，摇匀。从中准确吸取 10.00mL，置于 100mL 的棕色容量瓶内，加 DMPS 溶液 $100\mu L$，再加入内标溶液 5.00mL，用流动相 A 稀释至刻度，摇匀，过滤，备用。

③ 脂溶性维生素对照品溶液的制备 取对照品维生素 A 棕榈酸酯 40.0mg、维生素 E 30.0mg，置于 50mL 烧杯中，用流动相 B 溶解并稀释到 100mL 的棕色容量瓶中，摇匀。从中准确吸取 1.00mL，置于 50mL 棕色容量瓶中，加 DMPS 溶液 $50\mu L$，再用流动相 B 稀释至刻度，摇匀、脱气、过滤，备用。

④ 水溶性维生素供试品溶液的制备 取多种维生素片（相当于 1 片量）的粉末，精密称定，置于 50mL 烧杯中，加 DMPS 溶液 $100\mu L$，再加内标溶液 5.00mL，用流动相 A 溶解并稀释定容到 100mL 棕色容量瓶中，摇匀，过滤，备用。

⑤ 脂溶性维生素供试品溶液的制备 取多种维生素片（相当于 1 片量）的粉末，精密称定，置于 50mL 烧杯中，加 DMPS 溶液 $100\mu L$，用流动相 B 溶解并稀释定容到 100mL 棕色容量瓶中，摇匀。从中准确吸取 5.00mL，置于 10mL 容量瓶中，加 DMPS 溶液 $10\mu L$，再用流动相 B 稀释至刻度，摇匀，过滤，备用。

（2）测定方法 吸取对照品溶液 $20.0\mu L$，注入液相色谱仪中，分别测定各组分的峰面积；再准确吸取供试品溶液 $20.0\mu L$，注入液相色谱仪。

27.1.5 计算

水溶性维生素以内标法计算结果，脂溶性维生素以外标法计算结果。

27.2 碘量法测定维生素 C 的含量

27.2.1 原理

维生素 C 在乙酸的酸性条件下，可被碘定量氧化。根据消耗碘标准滴定溶液的体积，即可计算维生素 C 的含量。反应式如下：

$$\begin{array}{c} CH_2OH \\ | \\ H-C-OH \\ \end{array} \quad O + I_2 \xrightarrow{H^+} \begin{array}{c} CH_2OH \\ | \\ H-C-OH \\ \end{array} \quad O + 2HI$$

27.2.2 仪器和试剂

（1）仪器　电子天平（0.1mg）。

（2）试剂

① $c\left(\frac{1}{2}I_2\right)=0.1mol/L$ 的碘标准滴定溶液　配制与标定参见 9.2 节中的④。

② 1% 的淀粉指示剂　配制方法参见 9.2 节中的⑧。

③ $c(CH_3COOH)=1mol/L$ 的乙酸溶液　取 6mL 冰醋酸，用水稀释定容至 100mL。

27.2.3 测定方法

取一定量试样，研细，准确称取相当于 0.2g 维生素 C 含量（称准至 0.0001g）的样品，置于 500mL 锥形瓶中，加入 100mL 新煮沸并冷却的蒸馏水和 10mL 1mol/L 的乙酸溶液，使之溶解。加 1% 的淀粉指示剂 1.00mL，立即用 $c\left(\frac{1}{2}I_2\right)=0.1mol/L$ 的碘标准滴定溶液滴定，至溶液呈蓝色并持续 30s 不褪色。记录消耗碘标准滴定溶液的体积。

27.2.4 计算

$$x=\frac{cV\times 88.06}{m\times 1000}\times 100\% \tag{27-1}$$

式中　x——维生素 C 的含量（质量分数），%；

　　　　c——碘标准滴定溶液的实际浓度，mol/L；

　　　　V——滴定消耗碘标准滴定溶液的体积，mL；

　　88.06——与 1.00mL 碘标准滴定溶液 $\left[c\left(\frac{1}{2}I_2\right)=0.1000mol/L\right]$ 相当的维生素 C 的质量，mg；

　　　　m——称取试样的质量，g。

27.2.5 讨论

（1）该法源自《中国药典》（2020版），作者有改动。美国、欧洲、日本的药典中抗坏血酸的含量测定也采用该法。

（2）称取样品量可根据药品标示的维生素C含量或者药典中规定的含量范围计算。2020年5月生效的《美国药典》（USP43-NF38）中称取样品0.4g，且要求做空白试验；2020年1月生效的《欧洲药典》（EP10.0）中称取样品0.15g；2021年6月实施的《日本药典》（JP18）中称取样品0.2g。采用容量法，称取样品量大，测定结果更有保证。

（3）操作中加入10mL 1mol/L的乙酸溶液，以使滴定在酸性条件下进行。因在酸性介质中维生素C受空气中氧的氧化速率减慢，但样品溶于酸后仍需立即进行滴定。USP43-NF38中是使用25mL 1mol/L的硫酸溶液，EP10.0中是用10mL稀硫酸溶液，JP18则是直接将样品溶于50mL的偏磷酸溶液（1＋50）中。

（4）加新煮沸并冷却的蒸馏水是为了减少水中溶解的氧对测定的影响。

（5）《中国药典》（2020版）采用该法对维生素C原料、片剂、泡腾片、颗粒剂和注射液等进行含量测定。为消除制剂中辅料对测定的干扰，滴定前要进行必要的处理。如片剂溶解后应过滤，取滤液测定；注射液测定时要加2mL丙酮，以消除注射液中含有的抗氧化剂亚硫酸氢钠对测定结果的影响。

（6）维生素C还被作为抗氧化剂而广泛使用，《食品安全国家标准 食品添加剂使用标准》（GB 2760—2024）中规定，维生素C是可在多数食品中按生产需要适量使用的食品添加剂。《食品安全国家标准 食品添加剂 维生素C（抗坏血酸）》（GB 14754—2010）、FCC9、JECFA（2010）和JSFA-Ⅸ中维生素C的理化指标比较见表27-1。

表27-1 中国、美国、联合国和日本的食品添加剂标准中维生素C理化指标的比较

项目	GB 14754—2010	FCC9	JECFA（2010）	JSFA-Ⅸ
维生素C含量（质量分数）/%	≥99.0	99.0～100.5	≥99.0	>99.0
比旋光度（$[\alpha]_D^{20}$）/（°）	＋20.5～＋21.5	＋20.5～＋21.5	＋20.5～＋21.5	＋20.5～＋21.5
干燥失重/%	—	—	≤0.4	<0.4
灼烧残渣/%	≤0.1	≤0.1	≤0.1	<0.1
铁（Fe）/（mg/kg）	≤2	—	—	—
铜（Cu）/（mg/kg）	≤5	—	—	—
重金属（以Pb计）/（mg/kg）	≤10	—	—	—
铅/（mg/kg）	≤2	≤2	≤2	<2
砷/（mg/kg）	≤3	—	—	<3
pH	—	—	2.4～2.8	—

注：上述标准中维生素C含量的测定均采用碘量法。

（7）中国、美国、欧洲和日本的药典中维生素C理化指标的比较见表27-2。

表 27-2　中国、美国、欧洲和日本的药典中维生素 C 理化指标的比较

项目	《中国药典》(2020 版)	USP43-NF38	EP10.0	JP18
维生素 C 含量(质量分数)/%	≥99.0	99.0～100.5	99.0～100.5	≥99.0
比旋光度([α]$_D^{20}$)/(°)	+20.5～+21.5	+20.5～+21.5	+20.5～+21.5	+20.5～+21.5
草酸/%	低于对照	—	≤0.2	—
灼烧残渣/%	≤0.1	≤0.1	≤0.1	<0.1
重金属/(mg/kg)	≤10	—	—	≤20
铁(Fe)/(mg/kg)	符合规定	—	≤2	—
铜(Cu)/(mg/kg)	符合规定	—	≤5	—
细菌内毒素[1]/(EU/mg)	<0.020	≤1.2[2]	—[3]	<0.15
干燥失重/%	—	—	—	<0.20
pH	—	—	—	2.2～2.5

①供注射用的维生素 C；②USP 内毒素单位/mg；③没有查到欧洲该版药典中注射用抗坏血酸的信息。

27.3　2,6-二氯靛酚滴定法测定维生素 C 的含量

27.3.1　原理

2,6-二氯靛酚（学名 2,6-二氯吲哚酚）为一染料，其氧化型在酸性溶液中显红色，在碱性溶液中为蓝色。当与维生素 C 反应后，即转变为无色的酚亚胺（还原型）。因此，可在酸性溶液中用 2,6-二氯靛酚标准溶液滴定维生素 C，至溶液显玫瑰红色时即为终点，该滴定无需另加指示剂。反应式如下：

L-抗坏血酸　　　2,6-二氯靛酚　　　L-去氢抗坏血酸　　　酚亚胺(还原型)
　　　　　　　　(玫瑰红色)　　　　　　　　　　　　　　　(无色)

27.3.2　仪器和试剂

（1）仪器　电子天平（0.1mg）。

（2）试剂

① 20g/L 的偏磷酸溶液　称取 20g 偏磷酸，用水溶解并定容至 1000mL。

② 20g/L 的草酸溶液　称取 20g 草酸，用水溶解并定容至 1000mL。

③ 1.0mg/mL 的抗坏血酸标准溶液　称取 100mg（精确至 0.1mg）L-(+)-抗坏血酸标准品，溶于偏磷酸溶液或草酸溶液并定容至 100mL。该贮备液在 2～8℃避光条件下可保存一周。

④ 0.2mg/mL 的 2,6-二氯靛酚溶液　称取碳酸氢钠 52mg，溶解在 200mL 热蒸馏水中，然后称取 2,6-二氯靛酚钠盐（$C_{12}H_6Cl_2NNaO_2$）50mg 溶解在该碳酸氢钠溶液中。冷却并用水定容至 250mL，过滤至棕色瓶内，于 4～8℃环境中保存。每次使用前，用标准抗坏血

酸溶液标定其滴定度。

a. 标定　准确吸取 1.00mL 抗坏血酸标准溶液于 100mL 锥形瓶中，加入 10.00mL 偏磷酸溶液或草酸溶液，摇匀，用 2,6-二氯靛酚溶液滴定至玫瑰红色，保持 5s 不褪色为止。同时另取 10.00mL 偏磷酸溶液或草酸溶液做空白试验。

b. 计算

$$T = \frac{cV}{V_1 - V_0} \tag{27-2}$$

式中　T——2,6-二氯靛酚溶液的滴定度（即每毫升 2,6-二氯靛酚溶液相当于抗坏血酸的质量），mg/mL；

$\quad c$——抗坏血酸标准溶液的浓度，mg/mL；

$\quad V$——吸取抗坏血酸标准溶液的体积，mL；

$\quad V_1$——滴定抗坏血酸标准溶液消耗 2,6-二氯靛酚溶液的体积，mL；

$\quad V_0$——滴定空白消耗 2,6-二氯靛酚溶液的体积，mL。

⑤ 偏磷酸-乙酸溶液　称取 15g 偏磷酸，加入 40mL 冰醋酸和 250mL 水，加热搅拌，使其溶解，冷却后加水至 500mL，于 4℃冰箱保存（7~10d）。

27.3.3　测定方法

精密称取适量试样（约相当于维生素 C 50mg，如有必要，可先用水稀释）于 50mL 烧杯中，加偏磷酸-乙酸溶液 20mL，用水转移并定容至 100mL 容量瓶中，摇匀；精密吸取适量稀释液（约相当于维生素 C 2mg），置于 100mL 锥形瓶中，加偏磷酸-乙酸溶液 5.00mL，用 0.2mg/mL 的 2,6-二氯靛酚溶液滴定至溶液显玫瑰红色并持续 5s 不褪色；另取偏磷酸-乙酸溶液 5.50mL，加入 15mL 水，用 0.2mg/mL 的 2,6-二氯靛酚溶液滴定，做空白试验校正。根据消耗 2,6-二氯靛酚溶液的体积及其对抗坏血酸的滴定度计算即可。

27.3.4　计算

$$x = \frac{(V_1 - V_0) T \times 100}{Vm} \tag{27-3}$$

式中　x——样品中维生素 C 的含量（质量分数），%；

$\quad V_1$——滴定试样消耗 2,6-二氯靛酚溶液的体积，mL；

$\quad V_0$——空白试验消耗 2,6-二氯靛酚溶液的体积，mL；

$\quad T$——滴定度，mg/mL；

$\quad 100$——样品的定容体积，mL；

$\quad V$——吸取稀释样液的体积，mL；

$\quad m$——称取样品的质量，mg。

27.3.5　讨论

（1）该法参考《美国药典》（USP43-NF38）、《日本药典》（JP18）和中国《食品安全国家标准　食品中抗坏血酸的测定》（GB 5009.86—2016），作者有改动。

（2）该法的专属性较碘量法高，多用于含维生素 C 的制剂及食品的分析。USP43-NF38 规定抗坏血酸口服液和抗坏血酸片剂采用 2,6-二氯靛酚滴定法；JP18 规定抗坏血酸注射液和抗坏血酸粉剂采用 2,6-二氯靛酚滴定法。

（3）该法并非维生素 C 的专一反应，其他还原性物质对测定也有干扰。但由于维生素 C 的氧化速率远比干扰物质的快，故快速滴定可减少干扰物质的影响，且滴定终点以玫瑰红色持续 5s 褪色为准。GB 5009.86—2016 要求 15s 不褪色，国外药典均为 5s 不褪色。

（4）偏磷酸是维生素 C 的最佳稳定剂，且具有沉淀蛋白质的作用。但其价格较贵，在室温下放置易转化为正磷酸，降低对维生素 C 的稳定性。草酸廉价易得，有与偏磷酸相近的稳定性。而乙酸适于浸提含有 Fe^{2+} 的样品。USP43-NF38 和 JP18 均采用偏磷酸-乙酸，但 JP18 中同时加入 2mL 过氧化氢。

（5）由于 2,6-二氯靛酚溶液不够稳定，贮存时易缓慢分解，故需经常标定，贮备液不宜超过一周。

（6）可用 2,6-二氯靛酚进行剩余比色测定，即在加入维生素 C 后，在很短的时间间隔内，测定剩余染料的吸收强度，或利用乙酸乙酯或乙酸丁酯提取剩余染料后进行比色测定。

28

抗生素效价的测定

某些微生物在生长代谢过程中产生的次级代谢产物能抑制或杀灭其他微生物，这种物质称作抗生素（antibiotic）。抗生素的效价（potency）用其抗菌效能表示，因此，效价的高低是衡量抗生素质量的相对标准。效价以"单位"（U）来表示，经由国际协商规定出来的标准单位，称为"国际单位"（IU）。

最初一个青霉素效价单位为能在 50mL 肉汤培养基中完全抑制金黄色葡萄球菌标准菌株发育的最小青霉素剂量。在抗生素已能被制成纯净的化学物质时，用质量来表示其效价单位更科学，如 1mg 青霉素钠盐相当于 1667 个效价单位。

28.1 微生物检定法测定青霉素的效价

微生物检定法是以抗生素对微生物的杀伤或抑制程度为指标来衡量抗生素效价的一种方法。该法的优点是灵敏度高、需用量小、测定结果较直观，测定原理与临床应用的要求一致，更能确定抗生素的医疗价值；而且适用范围广，较纯的精制品、纯度较差的制品、已知的或新发现的抗生素均能应用；对同一类型的抗生素不需分离，可一次测定其总效价，是抗生素药物效价测定的最基本的方法。

28.1.1 原理

微生物检定法的设计是根据量反应平行线原理，在实验所用的剂量范围内，对数剂量和反应呈直线关系，供试品和标准品的直线应平行。测定方法可分为稀释法、比浊法和管碟琼脂扩散法，后两种为抗生素微生物检定的国际通用方法。《中国药典》采用管碟琼脂扩散法，《美国药典》（USP）和欧洲采用管碟琼脂扩散法和比浊法。抗生素管碟测定法是利用抗生素在涂布特定试验菌的固体培养基内呈球面形扩散，形成含一定浓度的抗生素球形区，抑制了试验菌的繁殖而呈现出透明的抑菌圈。通过比较标准品与供试品产生抑菌圈的大小来测定供试品的效价。

本节以黄青霉（*Penicillium chrysogenum*）产生的青霉素为例来测定其效价。

28.1.2 仪器、实验材料和试剂

（1）仪器 紫外可见分光光度计；超净工作台；高压灭菌锅；电子天平（0.1mg）；电热恒温培养箱；牛津杯（或标准不锈钢小管）；培养皿（$\phi90mm$）。

（2）实验材料和试剂

① 菌种 金黄色葡萄球菌。

② 培养基 培养基Ⅰ：牛肉膏蛋白胨琼脂培养基，培养供试菌使用。培养基Ⅱ：培养基Ⅰ加0.5%葡萄糖，测定青霉素效价使用。

③ 0.85%的无菌生理盐水。

④ 50%的无菌葡萄糖液。

⑤ pH=6.0的磷酸缓冲液（0.2mol/L） 准确称取0.8g KH_2PO_4和0.2g K_2HPO_4，用蒸馏水溶解并定容至100mL，转入试剂瓶中灭菌备用。

⑥ 青霉素标准品贮备液（每毫克相当于1667U，1U即1个单位，相当于0.6μg） 精确称取0.0150g（称准至0.0001g）青霉素标准品，用pH=6.0的磷酸缓冲液（0.2mol/L）溶解并定容至100mL。

⑦ 青霉素标准品使用液 吸取上述贮备液2.00mL，用pH=6.0的磷酸缓冲液（0.2mol/L）稀释定容至50mL，即为10U/mL的青霉素标准使用溶液，于4℃保存备用。

不同浓度青霉素标准使用液的配制方法参考表28-1。

表28-1 不同浓度青霉素标准使用液的配制方法

试管编号	10U/mL的青霉素标准使用液体积/mL	pH=6.0的磷酸缓冲液（0.2mol/L）体积/mL	青霉素含量/(U/mL)
1	0.4	9.6	0.4
2	0.6	9.4	0.6
3	0.8	9.2	0.8
4	1.0	9.0	1.0
5	1.2	8.8	1.2
6	1.4	8.6	1.4

28.1.3 测定方法

（1）青霉素发酵液样品溶液的制备 用pH=6.0的磷酸缓冲液（0.2mol/L）将青霉素发酵液适当稀释，备用。

（2）金黄色葡萄球菌菌液的制备 取用培养基Ⅰ斜面保存的金黄色葡萄球菌菌种，将其接种于培养基Ⅱ的斜面试管上，于37℃培养18~20h，连续转接3~4次，用无菌生理盐水洗涤，以3000r/min离心10min后，菌体用无菌生理盐水洗涤离心1~2次，再将其稀释至

一定浓度（以抑菌圈清晰为准，此时浓度约 $10^9/\text{mL}$；或用分光光度计测定，在波长 650nm 处吸光度值达 0.6 即可）。

（3）抗生素扩散培养皿的制备 取无菌培养皿 18 个，分别加入已融化的培养基 I 20mL，摇匀，置水平位置使其凝固，作为底层。另取培养基 II 融化后冷却至 48~50℃，加入适量上述金黄色葡萄球菌菌液，迅速摇匀，在每个培养皿内分别加入此含菌培养基 5.00mL，使其在底层上均匀分布，置水平位置凝固后，在每个双层培养基中以等距离均匀放置 6 个牛津杯，用平皿盖覆盖备用。

（4）标准曲线的绘制 取上述制备的扩散培养皿 18 个，在每个培养皿上的 6 个牛津杯间隔的 3 个中各加入 1U/mL 的标准品溶液，将每 3 个培养皿组成 1 组，共分 6 组。在第 1 组的每个培养皿的 3 个空牛津杯中均加入 0.4U/mL 的标准品溶液，如此依次将 6 种不同浓度的标准品溶液分别加入 6 组培养皿中（图 28-1）。

每一浓度应更换一支吸量管，每个牛津杯中的加入量为 0.20mL，或用带滴头的滴管加，加样量与杯口水平为准。

全部盖上平皿盖后于 37℃ 培养 16~18h。精确测量各抑菌圈的直径，分别求得每组 3 个培养皿中 1U/mL 标准品抑菌圈的直径与其他各浓度标准品抑菌圈直径的平均值，再求出 6 组中 1U/mL 标准品抑菌圈直径的平均值，总平均值与每组 1U/mL 标准品抑菌圈直径平均值的差，即为各组的校正值。

例如，如果 6 组 1U/mL 标准品抑菌圈直径的总平均值为 22.6mm，而 0.4U/mL 的

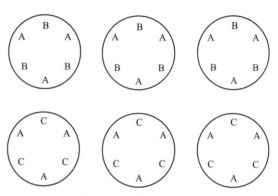

图 28-1 标准曲线的滴定示意图
A—标准曲线的校正稀释度；
B，C—标准曲线上的其他稀释度

一组中 9 个 1U/mL 标准品抑菌圈直径平均为 22.4mm，则其校正数应为 22.6 - 22.4 = 0.2（mm）。如果 9 个 0.4U/mL 标准品抑菌圈直径平均为 18.6mm，则校正后应为 18.6 + 0.2 = 18.8（mm）。以浓度为纵坐标，以校正后的抑菌圈直径为横坐标，在双周半对数图纸上绘制标准曲线。

（5）青霉素发酵液效价的测定 取扩散培养皿 3 个，在每个培养皿上的 6 个牛津杯间隔的 3 个中各加入 1U/mL 的标准品溶液，其他 3 个杯中各加入适当稀释的样品发酵液，盖上平皿盖后，于 37℃ 培养 16~18h。精确测量每个抑菌圈的直径，分别求出标准品溶液和样品溶液产生的 9 个抑菌圈直径的平均值，按照上述标准曲线的绘制方法求得校正值后，将样品溶液的抑菌圈直径的平均值校正，再从标准曲线中查出样品溶液的效价，并换算成每毫升样品所含的单位数。

28.1.4 讨论

（1）抗生素活性以效价单位表示，即指每毫升或每毫克中含有某种抗生素的有效成分的多少，用单位（U）或微克（μg）表示。各种抗生素的效价基准是人们为了生产科研和临床应用方便而规定的，例如：1mg 青霉素钠定为 1670U 单位；1mg 庆大霉素定为 590U

单位；1mg 硫酸卡那霉素定为 670U 单位。一种抗生素有一个效价基准，同一种抗生素的各种盐类的效价可根据其分子量与标准盐类进行换算。例如，1mg 青霉素钾的单位＝$1670 \times 356.4 \div 372.5 \approx 1598$（U）。以上为抗生素的理论效价，实际样品的效价往往低于该理论效价。

（2）在抗生素扩散培养皿的制备中，注意控制金黄色葡萄球菌菌液的浓度，以免影响抑菌圈的大小。一般情况下，100mL 培养基Ⅱ中加 3～4mL 菌液（10^9/mL）较好。

（3）因为该法是利用抗生素抑制敏感菌的直接测定方法，所以符合临床使用的实际情况，而且灵敏度很高，不需特殊设备，故多被采用。但该法也有缺点，即操作步骤多，培养时间长，得出结果慢。尽管如此，由于它上述独特的优点仍被世界各国所公认，作为国际通用的方法被列入各国药典或法规中。随着抗生素类药物的发展（工艺发展）和分析方法的进步，理化方法逐渐取代了生物学方法，但对于分子结构复杂、多组分的抗生素，生物学方法仍然是首选的效价测定方法。

28.2　高效液相色谱法测定青霉素 G 钠的含量

理化方法是根据抗生素的分子结构特点，利用其特有的化学或物理化学性质及反应而进行的。对于提纯的产品以及化学结构明确的抗生素，能较迅速、准确地测定其效价，并具有较高的专属性。但理化方法也存在不足，如化学方法一定要运用其化学结构上官能团的特殊化学反应，对含有同样官能团的杂质的供试品就不适用，或需采取适当方法加以校正。而且当该法是利用某一类型抗生素的共同结构部分的反应时，所测得的结果往往只能代表药物的总含量，并不一定能代表抗生素的生物效价。因此，通常在以理化方法测定抗生素含量时，不但要求方法准确可靠、具有专属性、操作简单、省时、试剂易得、样品用量少，而且要求测定结果必须与生物效价吻合。目前世界各国药典所收载的抗生素效价测定的理化方法主要是 HPLC 法。

28.2.1　原理

流动相经高压输液泵泵入色谱柱，样品由流动相携带进入柱内，各组分在色谱柱内分离，并依次进入检测器，由积分仪或数据处理系统记录和处理色谱信号。

28.2.2　仪器和试剂

（1）仪器　高效液相色谱仪（配紫外检测器）；电子天平（0.1mg）。

（2）试剂

① 0.5mol/L 的磷酸二氢钾溶液　称取 68g 磷酸二氢钾，溶于水后定容至 1000mL。

② 甲醇　色谱纯。

③ 超纯水。

④ 青霉素对照品。

⑤ 苯乙酸。

28.2.3 色谱条件

（1）色谱柱 C_{18} 柱（十八烷基硅烷键合硅胶填料，$\phi 4.6mm \times 150mm$，$5\mu m$），理论塔板数按青霉素峰计算不低于 5000。

（2）流动相 流动相 A：0.5mol/L 的磷酸二氢钾溶液（用磷酸调节 pH 至 3.5)-甲醇-水（10：30：60），经 $0.45\mu m$ 滤膜过滤，脱气，备用。流动相 B：0.5mol/L 的磷酸二氢钾溶液（用磷酸调节 pH 至 3.5)-甲醇-水（10：50：40），经 $0.45\mu m$ 滤膜过滤，脱气，备用。

（3）检测器波长 225nm。

（4）柱温 室温。

（5）流速 1mL/min。

28.2.4 测定方法

（1）色谱条件与系统性试验 精密称取青霉素对照品和苯乙酸适量，加水溶解并定量稀释制成每 1mL 中含青霉素对照品和苯乙酸分别为 0.2mg 的溶液，摇匀。取 $20\mu L$ 注入液相色谱仪，按流动相 A 和流动相 B（70＋30）等度洗脱，记录色谱图。色谱峰流出顺序为苯乙酸、青霉素，两峰之间的分离度不小于 6.0。理论塔板数按青霉素峰计算不低于 5000。

重复性试验：取各品种项下的对照品溶液，连续进样 5 次，其峰面积测量值的相对标准偏差不大于 2.0%。

（2）供试品溶液的制备 准确称取适量样品，加水溶解并制备成约 1mg/1mL 的溶液，摇匀，即为供试品溶液。

（3）测定 准确吸取供试品溶液 $20\mu L$ 注入液相色谱仪，按流动相 A 和流动相 B（70＋30）等度洗脱，记录色谱图。另取青霉素对照品适量，在相同条件下进样测定。

28.2.5 计算

按外标法以峰面积计算，计算式如下：

$$\frac{c_x}{c_R} = \frac{A_x}{A_R} \tag{28-1}$$

式中 c_x——供试品的浓度，mg/mL；

c_R——对照品的浓度，mg/mL；

A_x——供试品的峰面积；

A_R——对照品的峰面积。

由此计算的结果 c_x 乘以 1.0658，即为供试品中青霉素钠（$C_{16}H_{17}N_2NaO_4S$）的含量。每 1mg 的 $C_{16}H_{17}N_2NaO_4S$ 相当于 1670 青霉素单位。

28.2.6 讨论

（1）该法参考《中国药典》（2020 版）中的"青霉素钠"。

（2）《中国药典》（2020 版）、《美国药典》（USP43-NF38）、《欧洲药典》（EP10.0）中青霉素钠的理化指标比较见表 28-2。

表 28-2　中国、美国、欧洲的药典中青霉素钠理化指标的比较

项　目	《中国药典》(2020 版)	USP43-NF38	EP10.0
青霉素钠含量(质量分数)/%	≥96.0	90~105	95.0~102.0
pH	5.0~7.5	5.0~7.5	5.5~7.5
干燥失重(质量分数)/%	≤0.5	≤1.5	<1.0
可见异物	符合规定	—	清澈透明
细菌内毒素[①]/[EU/(1000 青霉素单位)]	<0.10	≤0.10	—
无菌试验	符合规定	符合规定	—
2-乙基己酸(质量分数) /%	—	—	<0.5

①《中国药典》(2020 版) 是针对注射用青霉素钠的要求。USP43-NF38 要求标签上注明青霉素钠是无菌的,或者在制备注射剂的过程中必须进行进一步处理,使其符合规定值。

注：为便于比较,表中不同国家药典的指标经过单位换算后表示。

29

青霉素发酵液中苯乙酸残留量的测定

在青霉素（penicillin）生产工艺中，苯乙酸作为前体（precursor）在生物合成含有苄基的青霉素 G 发酵过程中加入。因苯乙酸对青霉菌有一定毒性，故青霉素发酵液中苯乙酸浓度不能太高。实际青霉素生产中宜采用流加方式。正常发酵时发酵液中残余苯乙酸浓度通常控制在发酵前期 0.3% 左右，发酵中后期 0.3%～0.5%。

29.1 原理

样品经反相液相色谱分离后，根据保留时间和峰面积进行定性和定量。

29.2 仪器和试剂

（1）仪器　高效液相色谱仪（配紫外检测器）；电子天平（0.1mg）；超声波清洗器；微孔玻璃注射器（10mL）。

（2）试剂

① 乙腈　色谱纯。

② 1mol/L 的 NaOH 溶液　称取 4g NaOH 溶于水中，然后定容至 100mL。

③ 1mol/L 的 CH_3COOH 溶液　量取 5.8mL 冰醋酸，加水稀释至 100mL。

④ 1.0mg/mL 的苯乙酸标准品。

⑤ 超纯水。

29.3　色谱条件

① 色谱柱　HYPERSIL ODS2 C_{18} 柱（$\phi 4.6mm \times 200mm$，$5\mu m$）。

② 流动相　乙腈（$800 \sim 1000mL$）＋1mol/L 的 NaOH 溶液（26mL）＋1mol/L 的 CH_3COOH 溶液（34mL），然后用水补至 5000mL。

③ 流速　1.0mL/min。

④ 柱温　室温（$25 \sim 30℃$）。

⑤ 检测器波长　254nm。

⑥ 进样量　$20\mu L$。

注：满足以苯乙酸峰计的理论塔板数 $n \geqslant 3000$；苯乙酸峰与相邻峰的分离度 $R > 1$。

29.4　测定

（1）样品的制备　准确吸取 1.00mL 1.0mg/mL 的苯乙酸标准品于 50mL 容量瓶中，用超纯水稀释至刻度，摇匀。经 $0.45\mu m$ 滤膜过滤后待测。

准确吸取 1.00mL 过滤后的发酵液于 50mL 容量瓶中，用超纯水稀释至刻度，摇匀。经 $0.45\mu m$ 滤膜过滤后待测。

（2）测定

① 开机。

② 选择测定样品所需的流动相；设定高压输液泵的流速、最高压和最低压、检测器的检测波长、柱温箱的温度；编辑应用文件。

③ 启动高压输液泵及柱温箱温度控制，使高压输液泵的流速稳定，柱温箱的温度恒定，色谱柱的压力在恒定范围内，运行 30min 基线平稳后进样。

④ 依次进标准品和待测样，分别记录色谱图，积分求得标准品和样品中苯乙酸的峰面积。

⑤ 样品测定结束后，按水→甲醇→水的顺序冲洗进样阀，开泵冲洗 30min 后方可关机。

29.5　计算

$$发酵液中苯乙酸的浓度 = \frac{样品中苯乙酸的峰面积}{标准品中苯乙酸的峰面积} \times 1.0mg/mL \qquad (29\text{-}1)$$

29.6　讨论

（1）在抗生素生物合成中，菌体利用它构成抗生素分子中的一部分而其本身又没有显著改变的物质，称为前体。前体除直接参与抗生素生物合成外，在一定条件下还控制菌体合成抗生素的方向并明显提高抗生素的产量。前体的加入量应适当，过量会产生毒性，增加成本；不足则导致产物发酵单位降低。

（2）采用上述色谱条件，苯乙酸的保留时间在 4min 左右，青霉素 G 的保留时间在 6min 左右。如果加大流动相中乙腈的比例，出峰时间缩短，但是苯乙酸的峰易与青霉素 G 的峰重叠。

（3）流动相中提高氢氧化钠溶液的加入量时，苯乙酸出峰快；提高乙酸溶液的加入量时，苯乙酸出峰慢。加入氢氧化钠和乙酸的主要目的是调节流动相适宜的 pH。

（4）实验用水均为超纯水，以确保色谱柱及仪器的使用寿命。

30

酱油中氨基酸态氮的测定

用大豆发酵生产酱油，其中所含的氨基酸是酱油的重要成分。优质酱油中的氨基酸是由大豆中的蛋白质水解所产生的。酱油中的游离氨基酸可达 18 种，其中谷氨酸和天门冬氨酸占比例较大，这两种氨基酸的含量高，则酱油的鲜味强。因此，氨基酸态氮含量的高低不仅标示酱油鲜味的程度，也是评定酱油质量的指标。

30.1　原理

因氨基酸是具有氨基与羧基的两性化合物，不能直接用酸碱中和的方法进行测定，而是采用加入甲醛掩蔽氨基的碱性，呈现羧基的酸性，然后再用 NaOH 滴定。反应式为：

$$\underset{NH_2}{R-CH-COOH} \xrightarrow{HCHO} \underset{NHCH_2OH}{R-CH-COOH} \xrightarrow{HCHO} \underset{N(CH_2OH)_2}{R-CH-COOH}$$

$$N\text{-二羟甲基氨基酸}$$

$$\underset{N(CH_2OH)_2}{R-CH-COOH} + NaOH \longrightarrow \underset{N(CH_2OH)_2}{R-CH-COONa} + H_2O$$

30.2　仪器和试剂

（1）仪器　酸度计；磁力搅拌器；电子天平（0.1mg）；电热恒温干燥箱。
（2）试剂
① 36%～38%（质量分数）的甲醛（HCHO）　应不含有聚合物。

② $c(NaOH)=0.05mol/L$ 的氢氧化钠标准滴定溶液 称取 2.0g NaOH，用水溶解并稀释至 1000mL。其标定参见 25.1.2 节。

30.3 测定方法

准确吸取 5.00mL 酱油，用水稀释定容至 100mL。吸取 20.00mL 酱油稀释液，置于 100mL 烧杯中，加 60mL 水，磁力搅拌下用 0.05mol/L 的氢氧化钠标准滴定溶液滴定至 pH=8.20，此为游离酸度，不予计量（但若测定酱油中的总酸，可直接利用此滴定体积）。取下烧杯，于通风橱中加 10.0mL HCHO 溶液，立即开动磁力搅拌器，用 0.05mol/L 的氢氧化钠标准滴定溶液滴定至 pH=9.20，记录消耗氢氧化钠标准滴定溶液的体积。

另取 80.0mL 水，不加酱油稀释液，同上操作，进行试剂空白试验。

30.4 计算

$$x=(V-V_0)c\times0.01401\times\frac{100}{20}\times\frac{1}{5}\times100 \tag{30-1}$$

式中 x——试样中氨基酸态氮的含量，g/100mL；

$\quad\quad V$——试样加甲醛后消耗氢氧化钠标准滴定溶液的体积，mL；

$\quad\quad V_0$——空白加甲醛后消耗氢氧化钠标准滴定溶液的体积，mL；

$\quad\quad c$——氢氧化钠标准滴定溶液的实际浓度，mol/L；

0.01401——与 1.00mL 氢氧化钠标准滴定溶液 $[c(NaOH)=1.000mol/L]$ 相当的氮的质量，g；

100/20——20 为吸取酱油稀释液的体积，mL；100 为酱油稀释后的体积，mL；

$\quad\quad\quad 5$——吸取酱油试样的体积，mL。

同一样品两次平行测定结果之差，不得超过 0.03g/100mL。

30.5 讨论

（1）该法源于《酿造酱油》（GB/T 18186—2000）中氨基酸态氮的测定，该标准中的理化指标规定值见表 30-1；《食品安全国家标准 酱油》（GB 2717—2018）取代《酱油卫生标准》（GB 2717—2003），其理化指标见表 30-2，微生物限量见表 30-3。

表 30-1 GB/T 18186—2000 中理化指标规定值简表

项 目	指 标							
	高盐稀态发酵酱油(含固稀发酵酱油)				低盐固态发酵酱油			
	特级	一级	二级	三级	特级	一级	二级	三级
可溶性无盐固形物/(g/100mL)	≥15.00	≥13.00	≥10.00	≥8.00	≥20.00	≥18.00	≥15.00	≥10.00

续表

项　目	指　标							
	高盐稀态发酵酱油(含固稀发酵酱油)				低盐固态发酵酱油			
	特级	一级	二级	三级	特级	一级	二级	三级
全氮（以 N 计)/(g/100mL)	≥1.50	≥1.30	≥1.00	≥0.70	≥1.60	≥1.40	≥1.20	≥0.80
氨基酸态氮(以 N 计)/(g/100mL)	≥0.80	≥0.70	≥0.55	≥0.40	≥0.80	≥0.70	≥0.60	≥0.40

注：1. 该标准为原国家质量技术监督局批准。

2. 高盐稀态发酵酱油（含固稀发酵酱油）指以大豆和/或脱脂大豆和/或小麦粉为原料，经蒸煮、曲霉菌制曲后与盐水混合成稀醪，再经发酵制成的酱油；低盐固态发酵酱油指以脱脂大豆及麦麸为原料，经蒸煮、曲霉菌制曲后与盐水混合成固态酱醅，再经发酵制成的酱油。

表 30-2　GB 2717—2018 规定的理化指标

项　目	指标
氨基酸态氮/(g/100mL)	≥0.4

表 30-3　GB 2717—2018 规定的微生物限量

项　目	采样方案及限量			
	n	c	m	M
菌落总数/(CFU/mL)	5	2	5×10^3	5×10^4
大肠菌群/(CFU/mL)	5	2	10	10^2

注：n 为同一批次产品应采集的样品件数；c 为最大可允许超出 m 值的样品数；m 为微生物指标可接受水平的限量值；M 为微生物指标的最高安全限量值。

（2）日本酱油源于我国，经不断发展创新，生产出独具特色的酱油产品。日本农业标准（Japanese Agricultural Standard，JAS）规定日本酱油的种类、等级和质量指标见表 30-4。日本酱油生产工艺有三种：本酿造、混合酿造和氨基酸酿造。根据工艺和口味的不同分成五种，其中每一种都分三个等级。

表 30-4　JAS 规定的日本酱油的种类、等级及相应的质量指标

种类	等级	指标			
		可溶性无盐固形物 /(g/100mL)	全氮/%	色度/号	还原糖/%
白酱油	特级	>16	0.40～0.80	>46	>12
	上级	>13	0.40～0.90	>46	>9
	标准	>10	0.40～0.90	>46	>6
淡口酱油	特级	>14	>1.15	>22	—
	上级	>12	>1.05	>22	—
	标准	—	>0.95	>18	—
浓口酱油	特级	>16	>1.50	<18	—
	上级	>14	>1.35	<18	—
	标准	—	>1.20	<18	—

续表

种类	等级	指标			
		可溶性无盐固形物 /(g/100mL)	全氮/%	色度/号	还原糖/%
再酿造酱油	特级	>21	>1.65	<18	—
	上级	>18	>1.50	<18	—
	标准	—	>1.40	<18	—
溜酱油	特级	>16	>1.60	<18	—
	上级	>13	>1.40	<18	—
	标准	—	>1.20	<18	—

注：1. 色度反映酱油外观的颜色，号数越大，颜色就越浅。

2. 再酿造酱油是指向制曲中加入生酱油或酱油以代替盐水，再经发酵酿制而成的酱油。

（3）氨基酸是一种两性电解质，不能直接用酸或碱滴定，是因为酸、碱滴定时其等电点的 pH 或过高（pH 为 12～13）或过低（pH 为 1～2），单一的指示剂难以满足要求。

（4）酱油中氨基酸态氮的测定采用甲醛法，因为一般化学法不能将氨基酸分离，只能通过测定氨基酸态氮的方法定量。甲醛法又分为指示剂滴定法和电位滴定法。滴定终点（加甲醛后）确定在 pH=9.20，是因为氨基酸溶液中存在 1mol/L 甲醛时，滴定终点 pH 从 12 左右移至 9 附近，亦即酚酞指示剂的变色区域，这也是甲醛滴定法的基础。

（5）电位滴定法也同指示剂法一样，由于滴定终点标准不同而检测结果有差异，个别终点掌握在 pH=9.00，所以报告时最好注明检测方法及终点的 pH。

（6）甲醛法测定酱油中的氨基酸态氮，除氨态氮外，别的氮也可起反应，故仍有误差。另外，由于各种氨基酸的等电点不同，确定一个合适的滴定终点较为困难。

（7）酱油色泽较深，采用指示剂法进行滴定误差更大。若经活性炭脱色，还会使芳香族氨基酸被吸附，导致结果偏低。

（8）氨基酸态氮更为精确的测定方法宜用范斯莱克（Van Slyke）定氮法。

（9）酱油中的氨基酸分子量较小，样品用高速离心机(20000r/min)离心 10～15min，对于除去色素等杂质的影响可收到理想效果。

（10）以大豆为原料发酵生产酱油，大豆中蛋白质的含量及各种氨基酸的比例是酱油中氨态氮数量的基础，可见用传统的经典发酵法生产酱油，其氨基酸态氮含量是有限的。随着发酵法生产味精工艺的出现，以及特鲜味精的出现，外源添加的技巧也随之而来。尤其是添加羽毛粉水解液、毛发水解液以及皮革水解液来制造伪劣酱油。如何测定其中的氨基酸态氮，是分析工作者面临的一个新课题。据资料显示，L-羟脯氨酸是动物蛋白中特有的氨基酸，通过检测酱油中的 L-羟脯氨酸可以判断其是否有动物水解蛋白。按酱油生产工艺，其中不应含有动物蛋白水解液。

（11）酱油的相对密度一般在 1.14～1.20 之间，不低于 1.10。相对密度的大小可以说明样品所含可溶性物质的多少，其中除食盐占很大一部分外，主要是可溶性蛋白质、氨基酸、糖类和酸类等营养物质。

（12）36%～38%的甲醛应避光保存，否则容易生成聚合物（出现沉淀）。

31

味精成品纯度的测定

味精（谷氨酸钠）自 1909 年作为商品上市以来，在国际调味品市场上已有百余年历史，是目前世界上销量最大的一种调鲜用氨基酸产品。味精的主要成分是含 1 分子结晶水的谷氨酸一钠，结构式为 $NaOOCCH_2CH_2CHNH_2COOH \cdot H_2O$，相对分子质量为 187.13。味精中谷氨酸钠的含量是其产品质量的主要指标。

31.1 旋光法

L-谷氨酸同糖（包括淀粉）、大多数氨基酸、羟基酸等一样，分子结构中存在不对称碳原子，可以产生旋光现象，故具有旋光性。

旋光度和比旋光度是旋光性物质的主要物理性质。旋光度是指偏振光通过旋光性物质时，其振动平面就会被旋转一定的角度，此角度即为该旋光性物质的旋光度。旋光度与旋光性物质的浓度成正比。比旋光度是指溶液浓度为 1g/mL 时，在 100mm 长旋光管中测定的旋光度。比旋光度不受溶液浓度和旋光管长度的影响，因此用比旋光度表示光学活性物质的旋光性更合适。

通过旋光度和比旋光度的测定，可以检查光学活性物质的纯度，也可以定量分析有关化合物溶液的浓度。结晶味精的纯度可达 99% 以上。

31.1.1 原理

L-谷氨酸在水溶液中的比旋光度 $[\alpha]_D^{20}$ 为 $+12.1°$，在 2mol/L HCl 溶液中为 $+32°$。L-谷氨酸在盐酸溶液中的比旋光度在一定盐酸浓度范围内随酸度的增加而增加。所以测定成品味精纯度时，加入 HCl 使其浓度为 2mol/L，此时谷氨酸钠以谷氨酸形式存在，在一定温度下测定其旋光度，计算出比旋光度后与该温度下纯 L-谷氨酸的比旋光度比较，即可求得味精中谷氨酸钠的质量分数，即味精纯度。

L-谷氨酸的比旋光度与温度 t 的关系可用下式表示：

$$[\alpha]_D^t = [\alpha]_D^{20} + 0.06 \times (20 - t) \tag{31-1}$$

式中 $[\alpha]_D^t$ —— t℃时 L-谷氨酸对钠光 D 线（589.3nm）的比旋光度；

$[\alpha]_D^{20}$ —— 20℃时 L-谷氨酸对钠光 D 线（589.3nm）的比旋光度；

0.06 —— L-谷氨酸比旋光度的温度校正系数。

31.1.2　仪器和试剂

（1）仪器　自动旋光仪；电子天平（0.1mg）。

（2）试剂　浓 HCl。

31.1.3　测定方法

（1）样品的制备　准确称取味精样品 10g（精确至 0.0001g）于 100mL 烧杯中，加 40～50mL 水溶解，搅拌下缓慢加入 16.0mL 浓 HCl，使其全部溶解，冷却至室温，用水转移并定容至 100mL 容量瓶中。

（2）校正用空白溶液的制备　吸取 16.0mL 浓 HCl 置入 100mL 容量瓶中，用水稀释定容至刻度。

（3）测定　打开仪器电源开关，为钠光灯预热，保证稳定发光；15min 后打开仪器光源开关；按说明书设置测定程序，使仪器处于待测状态。旋光管用空白溶液润洗 2～3 次后注满，擦拭干净，放入样品室，盖上样品室盖，按下测量键，待数值稳定后按下清零键。取出旋光管，用待测样品润洗旋光管，然后注满，按相同的位置和方向放入样品室，盖上样品室盖，按下测量键，仪器自动显示 3 次读数及其平均值作为测定结果。记录示数，即为样品的旋光度。

31.1.4　计算

（1）待测样品中 L-谷氨酸在测定温度下的比旋光度

$$[\alpha]_{样}^t = \frac{\alpha \times 100}{lc} \tag{31-2}$$

式中 $[\alpha]_{样}^t$ —— t℃时 L-谷氨酸的比旋光度；

α —— t℃时测得样品的旋光度；

l —— 旋光管的长度，dm；

c —— 100mL 样品溶液中含有 L-谷氨酸的质量，g。

因测定的是溶液中的 L-谷氨酸，故需将味精样品质量 m 换算成 L-谷氨酸的质量 c。

$$c = m \times \frac{147.13}{187.13} \tag{31-3}$$

式中 m —— 称取味精样品的质量，g；

147.13 —— L-谷氨酸的摩尔质量，g/mol；

187.13 —— 味精的摩尔质量（含 1 分子结晶水的 L-谷氨酸单钠盐），g/mol。

(2) 纯 L-谷氨酸在测定温度下的比旋光度　纯 L-谷氨酸 20℃时的比旋光度为＋32°，校正为 t℃时的比旋光度：

$$[\alpha]_{纯}^t = 32 + 0.06 \times (20 - t) \qquad (31\text{-}4)$$

(3) 成品味精纯度的计算

$$味精纯度 = \frac{[\alpha]_{样}^t}{[\alpha]_{纯}^t} \times 100\% = \frac{\dfrac{\alpha \times 100}{lm}}{[32 + 0.06 \times (20-t)]lm \times \dfrac{147.13}{187.13}} \times 100\%$$

$$= \frac{\alpha \times 100}{[25.16 + 0.047 \times (20-t)]lm} \times 100\%$$

式中　α——t℃时测得样品溶液的旋光度；

　　　t——测量时样品溶液的温度，℃；

　　　l——旋光管的长度，dm；

　　　m——味精样品的质量，g。

31.1.5　讨论

(1) 该法源自《谷氨酸钠（味精）》（GB/T 8967—2007）。其实 GB/T 8967—2007 规定的谷氨酸钠含量测定第一法为高氯酸非水溶液滴定法，第二法为旋光法。由于旋光法快速、简单且不失准确，故仍为多数人采用。

(2) 在 GB/T 8967—2007 中，按添加成分将味精产品分成三大类，即普通味精、加盐味精和增鲜味精。其中加盐味精产品的谷氨酸钠含量应不小于 80%，即食用盐添加量应小于 20%；增鲜味精则要求谷氨酸钠含量不小于 97%，增鲜剂呈味核苷酸二钠不小于 1.5%。无论是加盐味精还是增鲜味精，都需用 99% 的味精来加盐和增鲜。

(3) 旋光管中若有气泡，应倾斜旋光管使气泡浮在凸颈处除去。

(4) 旋光管通光面两端的雾状水滴，应用软布揩干；旋光管螺帽不宜旋得过紧，以免产生应力影响读数；旋光管安放时应注意标记的位置和方向，保持测定样品和空白溶液一致。

(5) 测深色样品，当被测样品透过率过低时，仪器的示数重复性有所降低属于正常现象。

(6) 仪器正常状态下，被测样品的重复性差，可考虑是由钠光灯长期使用发光强度降低造成的，应更换钠光灯。

(7) 旋光管一定要擦拭干净，否则样品室内很容易被污染腐蚀，同时也会造成示数不稳定。

(8) 自动旋光仪的工作原理：用 20W 钠光灯作光源，由聚光镜、小孔光阑和物镜组成一组简单的点光源平行光束，平行光通过起偏镜产生偏振光。当偏振光经过有法拉第效应的磁旋线圈时，其振动面产生往复摆动。光线经过检偏镜投射到光电倍增管上，产生交变的光电信号。光电信号经过放大，控制伺服电机，并操纵蜗轮蜗杆调整起偏镜旋转一定角度，使仪器重归光学零点，此时检偏器所转动的角度恰与试样旋转偏振光的角度相同，通过数字系统显示出来。

(9) 因盐酸的密度大于水，所以制备空白溶液时，容量瓶中可预先加部分水，然后缓慢加入盐酸，冷却至室温后定容；以免溶液溅出或释放大量热。

(10) 谷氨酸是世界上第一个工业化生产的氨基酸单一产品，此后许多种常用氨基酸

（赖氨酸、苏氨酸、苯丙氨酸等）均可利用微生物发酵法生产，从而使其产量大增，成本大为下降。谷氨酸钠（味精）是以碳水化合物（淀粉、大米、糖蜜等糖质）为原料，经微生物（谷氨酸棒杆菌等）发酵、提取、中和、结晶，制成的具有特殊鲜味的白色结晶或粉末，其生产工艺流程见图 31-1。

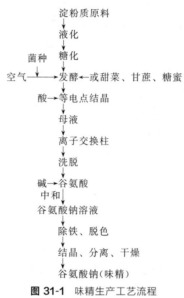

图 31-1 味精生产工艺流程

　　（11）《谷氨酸钠（味精）》（GB/T 8967—2007）规定的理化指标见表 31-1。《食品安全国家标准　味精》（GB 2720—2015）取代《味精卫生标准》（GB 2720—2003），但只有一项实质性的理化指标，即谷氨酸钠含量≥99.0%，其余对于加盐味精和增鲜味精中谷氨酸钠含量的要求同 GB/T 8967—2007。

表 31-1　GB/T 8967—2007 规定的味精理化指标

项　目	指　标	项　目	指　标
谷氨酸钠/%	≥99.0	氯化物（以 Cl⁻ 计）/%	≤0.1
透光率/%	≥98	干燥失重/%	≤0.5
比旋光度$[\alpha]_D^{20}$/(°)	+24.9～+25.3	铁/(mg/kg)	≤5
pH	6.7～7.5	硫酸盐（以 SO_4^{2-} 计）/%	≤0.05

　　注：与 GB/T 8967—2000 相比，pH 范围略放宽（原来为 6.7～7.2），且减少了砷、铅指标。

　　（12）奥地利安东帕高精度数字式旋光仪在旋光管长度、光源、测量精度、稳定性等方面很有优势。

　　（13）我国是全球最大的味精生产国和出口国，2022 年我国味精产量为 262.5 万吨，2021 年产量为 237.5 万吨，2020 年产量为 245 万吨，2019 年产量为 205 万吨，2018 年产量为 220 万吨。

31.2　高氯酸非水溶液滴定法

　　非水溶液滴定法即在非水溶剂中滴定的方法。溶剂对酸、碱的强度影响很大，非水溶液中的酸碱滴定利用这个原理，使原来在水溶液中的弱酸弱碱，经选择适当溶剂，增强其酸碱性后便可以进行滴定。该法用来测定有机碱及其卤酸盐、磷酸盐、硫酸盐或有机酸盐，以及有机酸的碱金属盐类药物的含量。

31.2.1　原理

在乙酸存在下，用高氯酸标准溶液滴定样品中的谷氨酸钠，以电位滴定法确定其终点；或以 α-萘酚苯基甲醇为指示剂，滴定溶液至绿色为终点。

31.2.2　仪器和试剂

（1）仪器　自动电位滴定计（精度 $\pm 5mV$）；酸度计；磁力搅拌器；电子天平（0.1mg）。

（2）试剂

① $c(HClO_4)=0.1mol/L$ 的高氯酸标准滴定溶液

a. 配制　量取 8.7mL 高氯酸，在搅拌下加入到 500mL 乙酸（冰醋酸）中，混匀。滴加 20mL 乙酸酐，搅拌至溶液均匀。冷却后用乙酸（冰醋酸）稀释至 1000mL，贮存于棕色瓶中，密闭保存。临用前标定。

b. 标定　称取 0.75g（准确至 0.0001g）于 105～110℃ 干燥至恒重的基准试剂邻苯二甲酸氢钾，置于 250mL 干燥的锥形瓶中，加入 50mL 乙酸（冰醋酸），温热溶解。加 3 滴 5g/L 的结晶紫指示剂，用配制好的高氯酸标准滴定溶液滴定至溶液由紫色变为蓝色（微带紫色）。同时做空白试验。

c. 计算

$$c(HClO_4)=\frac{m}{(V-V_0)\times 0.2042}\qquad(31\text{-}5)$$

式中　$c(HClO_4)$——标定温度下高氯酸标准滴定溶液的实际浓度，mol/L；

　　　　m——基准试剂邻苯二甲酸氢钾的质量，g；

　　　　V——滴定消耗高氯酸标准滴定溶液的体积，mL；

　　　　V_0——空白试验消耗高氯酸标准滴定溶液的体积，mL；

　　0.2042——与 1.00mL 高氯酸标准滴定溶液 $[c(HClO_4)=1.000mol/L]$ 相当的邻苯二甲酸氢钾的质量，g。

d. 修正　使用高氯酸标准滴定溶液时的温度应与标定高氯酸标准滴定溶液时的温度相同，如温度差超过 4℃，则应重新标定高氯酸标准滴定溶液的浓度；不超过 4℃，可按下式加以修正。

$$c_1=\frac{c_0}{1+0.0011\times(t_1-t_0)}\qquad(31\text{-}6)$$

式中　c_1——使用温度下高氯酸标准滴定溶液的实际浓度，mol/L；

　　　　c_0——标定温度下高氯酸标准滴定溶液的实际浓度，mol/L；

　　0.0011——每改变 1℃ 高氯酸标准滴定溶液的体积膨胀系数；

　　　　t_1——使用时高氯酸标准滴定溶液的温度，℃；

t_0——标定时高氯酸标准滴定溶液的温度，℃。

② 5g/L 的结晶紫指示剂　称取 0.5g 结晶紫，用 100mL 冰醋酸使之溶解。

③ 乙酸。

④ 甲酸。

⑤ 2g/L 的 α-萘酚苯基甲醇指示剂　称取 0.1g α-萘酚苯基甲醇，用乙酸溶解并稀释至 50mL。

31.2.3　测定方法

（1）电位滴定法　称取试样 0.15g（精确至 0.0001g）于 100mL 烧杯中，加 3mL 甲酸，搅拌至完全溶解后加 30mL 乙酸，摇匀。将烧杯置于磁力搅拌器上，插入电极，搅拌下滴加 0.1mol/L 的高氯酸标准滴定溶液，分别记录电位和消耗高氯酸标准滴定溶液的体积。滴定终点前，每滴加 0.05mL 高氯酸标准滴定溶液的同时记录电位及消耗高氯酸标准滴定溶液的体积。滴定突跃过后，继续滴加高氯酸标准滴定溶液至电位无明显变化为止。以电位（E）为纵坐标，消耗高氯酸标准滴定溶液的体积（V）为横坐标，绘制 E-V 滴定曲线，以曲线突跃点为滴定终点。

（2）指示剂法　称取试样 0.15g（精确至 0.0001g）于 250mL 锥形瓶中，加 3mL 甲酸，搅拌至完全溶解后加 30mL 乙酸，摇匀。加 10 滴 α-萘酚苯基甲醇指示剂，用 0.1mol/L 的高氯酸标准滴定溶液滴定至溶液变绿色即为滴定终点，记录消耗高氯酸标准滴定溶液的体积（V_1）。同时做试剂空白试验，记录消耗高氯酸标准滴定溶液的体积（V_0）。

31.2.4　计算

$$x = \frac{c(V_1 - V_0) \times 0.09357}{m} \times 100\% \tag{31-7}$$

式中　x——样品中一水谷氨酸钠的含量，%；

$\quad\quad c$——高氯酸标准滴定溶液的实际浓度，mol/L；

$\quad\quad V_1$——试样消耗高氯酸标准滴定溶液的体积，mL；

$\quad\quad V_0$——空白试验消耗高氯酸标准滴定溶液的体积，mL；

$\quad\quad m$——试样的质量，g；

0.09357——与 1.00mL 高氯酸标准滴定溶液 $[c(HClO_4) = 1.000mol/L]$ 相当的谷氨酸钠（含一分子结晶水）的质量，g。

31.2.5　讨论

（1）该法参照《谷氨酸钠（味精）》（GB/T 8967—2007），作者有改动。

（2）配制高氯酸标准滴定溶液时，应将高氯酸用冰醋酸稀释后，在搅拌下，缓缓滴加醋酸酐（乙酸酐）；高氯酸与醋酸酐不得使用同一容器量取，因高氯酸与有机物接触极易引起爆炸。

（3）称取试样量以消耗 0.1mol/L 的高氯酸标准滴定溶液 8mL 左右为宜。

（4）《中国药典》（2020 版）中谷氨酸钠作为氨基酸类药物，其含量测定规定采用该法；《美国药典》（USP43-NF38）中谷氨酸钠和谷氨酸的含量测定也采用该法。欧洲、日本、英国的药典中收录的是谷氨酸，中国和美国的药典中收录的既有谷氨酸钠，又有谷氨酸。中国、美国、欧洲、日本药典中谷氨酸（钠）的理化指标对比见表 31-2。

表 31-2　中国、美国、欧洲、日本药典中谷氨酸（钠）的理化指标

项目	一水谷氨酸钠		谷氨酸			
	《中国药典》（2020 版）	USP43-NF38	《中国药典》（2020 版）	USP43-NF38	EP10.0	JP18
一水谷氨酸钠含量（质量分数）/%	99.0～100.5	99.0～100.5	≥98.5[①]	98.5～101.5[①]	98.5～100.5[①]	99.0～101.0[①]
比旋光度（$[\alpha]_D^{20}$）/(°)	+24.8～+25.3	+24.8～+25.3	+31.5～+32.5	+31.5～+32.5	+30.5～+32.5	+31.5～+32.5
干燥失重/%	≤0.1	≤0.5	≤0.5	≤0.1	≤0.5	≤0.3
氯化物/%	≤0.05	≤0.25	≤0.02	≤0.02	≤0.02	≤0.021
硫酸盐/%	≤0.03	≤0.25	≤0.02	≤0.02	≤0.03	≤0.028
重金属/(mg/kg)	≤10	≤10[②]	≤10	—	—	≤10
pH	6.7～7.2	6.7～7.2	—	—	—	2.9～3.9
铵/%	≤0.02	—	≤0.02	—	≤0.02	≤0.02
铁/(mg/kg)	≤10	—	≤5	≤10	≤10	≤10
砷盐/(mg/kg)	≤1	—	≤1	—	—	—
灼烧残渣/%	—	—	≤0.1	≤0.1	≤0.1	≤0.1
细菌内毒素[③]/(EU/g)	<25	—	—	—	—	—
热源[③]	—	—	符合规定	—	—	—

①指谷氨酸的含量；②铅；③注射用。

32

发酵乳中山梨酸、苯甲酸的测定

山梨酸（2,4-己二烯酸，$C_6H_8O_2$）、山梨酸钾（2,4-乙二烯酸钾，$C_6H_7O_2K$）及苯甲酸（$C_7H_6O_2$）、苯甲酸钠（$C_7H_5O_2Na$）均是限量添加的食品添加剂，在食品贮存过程中起防腐保鲜作用。苯甲酸和苯甲酸钠对细菌、霉菌等有较强抑制作用，特别是在酸性食品中效果更好，当 pH>4 时效果明显下降；山梨酸和山梨酸钾适用于 pH<6 的食品防腐，对于霉菌、酵母菌、需氧菌的抑制均有效，但对厌氧菌与噬酸乳杆菌几乎无效。山梨酸是不饱和脂肪酸，进入人体后直接参与脂肪代谢，被氧化成二氧化碳和水，比苯甲酸更为安全，是一种国际公认安全（GRAS）的防腐剂。《食品安全国家标准 食品中苯甲酸、山梨酸和糖精钠的测定》（GB 5009.28—2016）中规定用高效液相色谱法测定乳和乳制品中苯甲酸和山梨酸的含量。

发酵乳是以生牛（羊）乳或乳粉为原料，经杀菌、接种嗜热链球菌和保加利亚乳杆菌（德氏乳杆菌保加利亚亚种）发酵制成的产品。为保证其质量的稳定性，有企业向其中加入极少量的山梨酸或苯甲酸等防腐剂。但在国际食品法典委员会（Codex Alimentarius Commission，简称 CAC）发布的 2019 版《食品添加剂法典通用标准》和我国发布的《食品安全国家标准 食品添加剂使用标准》（GB 2760—2024）中，均显示不允许向乳及发酵乳中添加山梨酸（钾）或苯甲酸（钠）等防腐剂。

32.1 原理

发酵乳经亚铁氰化钾和乙酸锌沉淀蛋白后，采用反相液相色谱法分离，根据保留时间和峰面积进行定性和定量。该法苯甲酸、山梨酸的检出限均为 5mg/kg。

32.2　仪器和试剂

（1）仪器　高效液相色谱仪（配紫外检测器）；电子天平（0.1mg）；超声波振荡器；涡旋振荡器；离心机（转速≥8000r/min）；电热恒温水浴锅。

（2）试剂

① 甲醇（CH_3OH）　色谱纯。

② 92g/L 的亚铁氰化钾溶液　称取 106g 亚铁氰化钾 $[K_4Fe(CN)_6 \cdot 3H_2O]$，用水溶解后定容于 1000mL 容量瓶中。

③ 183g/L 的乙酸锌溶液　称取 219g 乙酸锌 $[Zn(CH_3COO)_2 \cdot 2H_2O]$，加入 32mL 乙酸，用水溶解并定容至 1000mL 容量瓶中。

④ 20mmol/L 的乙酸铵溶液　称取 1.54g 乙酸铵，加入适量水溶解，用水定容至 1000mL，经 $0.22\mu m$ 水相微孔滤膜过滤后备用。

⑤ 1000mg/L 的苯甲酸、山梨酸标准贮备液　准确称取苯甲酸钠 0.118g、山梨酸钾 0.134g（精确到 0.0001g），用水溶解并分别定容至 100mL。于 4℃贮存，保存期为 6 个月。

注：苯甲酸钠纯度≥99.0%，山梨酸钾纯度≥99.0%。

⑥ 200mg/L 的苯甲酸、山梨酸混合标准使用液　准确吸取苯甲酸、山梨酸标准贮备液各 10.00mL 于 50mL 容量瓶中，用水定容至刻度。于 4℃贮存，保存期为 3 个月。

32.3　测定方法

（1）试样的制备　将冷藏的发酵乳取出放置到室温后，准确称取 2g（精确到 0.001g）试样于 50mL 具塞离心管中，加 25mL 水，涡旋混匀，在 50℃水浴中超声 20min，冷却至室温后加 2mL 92g/L 的亚铁氰化钾溶液和 2mL 183g/L 的乙酸锌溶液，混匀，以 8000r/min 离心 5min，将上清液转移至 50mL 容量瓶中。向沉淀中加 20mL 水，涡旋混匀后超声 5min，以 8000r/min 离心 5min，将上清液合并到 50mL 容量瓶中，用水定容至刻度，混匀。取适量上清液过 $0.22\mu m$ 滤膜，供液相色谱测定。

（2）色谱参考条件

① 色谱柱：C_{18} 柱（ϕ4.6mm×250mm，$5\mu m$）。

② 流动相：甲醇-20mmol/L 乙酸铵溶液（5+95）。流速：1.00mL/min。

③ 检测器波长：230nm。

④ 柱温：室温。

⑤ 进样量：$10.0\mu L$。

（3）测定

① 标准曲线的绘制　准确吸取苯甲酸、山梨酸混合标准使用液 0、0.05mL、0.25mL、0.50mL、1.00mL、2.50mL、5.00mL 和 10.00mL 分别置于 10mL 具塞比色管中，用水定容至刻度，即为质量浓度分别 0、1.00mg/L、5.00mg/L、10.0mg/L、20.0mg/L、50.0mg/L、100mg/L 和 200mg/L 的混合标准系列工作溶液。由低到高分别注入液相色谱

仪中，测定相应的峰面积，以混合标准系列工作溶液的质量浓度为横坐标，以峰面积为纵坐标，绘制标准曲线。

② 试样的测定　将试样制备液注入液相色谱仪中，得到峰面积，根据标准曲线计算待测液中苯甲酸、山梨酸的质量浓度。

该条件下，色谱出峰顺序依次为苯甲酸、山梨酸，保留时间约为 8.5min、11.5min。

32.4　计算

$$x = \frac{cV}{m \times 1000} \tag{32-1}$$

式中　x——试样中苯甲酸或山梨酸的含量，g/kg；

c——测定用试样溶液中苯甲酸或山梨酸的浓度，mg/L；

V——试样最终的定容体积，mL；

m——称取试样的质量，g；

1000——换算系数。

结果保留至三位有效数字。

32.5　讨论

(1) 该法源于《食品安全国家标准　食品中苯甲酸、山梨酸和糖精钠的测定》（GB 5009.28—2016），作者有改动。

(2) 该法也适用于酱油中山梨酸、苯甲酸含量的测定。山梨酸是目前酱、酱油、碳酸饮料以及低浓度酒精饮料常用的食品添加剂。

(3) 当使用苯甲酸和山梨酸标准品配制其标准贮备液时，需要用甲醇溶解并定容。

(4) 山梨酸微溶于水，配制山梨酸溶液时，可先将山梨酸溶解在乙醇、碳酸氢钠或碳酸钠的溶液中，然后再加入食品中。溶解时不要使用铜制、铁制容器。

(5) Nisin（乳酸链球菌素）作为防腐剂，虽然应用广泛，但《食品安全国家标准　食品添加剂使用标准》（GB 2760—2024）中规定 Nisin 不允许用于发酵乳生产中。

(6)《食品安全国家标准　发酵乳》（GB 19302—2010）中规定的理化指标见表 32-1。

表 32-1　GB 19302—2010 中规定的理化指标

项　目	发酵乳	风味发酵乳	检测方法
脂肪[①]/(g/100g)	≥3.1	≥2.5	GB 5413.3
非脂乳固体/(g/100g)	≥8.1	—	GB 5413.39
蛋白质/(g/100g)	≥2.9	≥2.3	GB 5009.5
酸度/(°T)	≥70.0	≥70.0	GB 5413.34

① 指全脂产品。

33

酸牛乳中三聚氰胺的检测

三聚氰胺（$C_3H_6N_6$）是一种三嗪类含氮杂环有机化合物，呈白色结晶粉末状，通常被用作化工原料。资料介绍，人和动物长期摄入三聚氰胺会造成生殖系统和泌尿系统的损害，导致膀胱结石、肾结石，并可进一步诱发膀胱癌。故三聚氰胺不允许添加到食品中。但由于食品和饲料工业中蛋白质含量测定方法的局限性，三聚氰胺也常被不法商人用作食品添加剂，以提高食品检测中蛋白质的含量，因此三聚氰胺也被称为"蛋白精"。

《原料乳与乳制品中三聚氰胺检测方法》（GB/T 22388—2008）中规定用高效液相色谱法（HPLC）、液相色谱-质谱/质谱法（LC-MS/MS）和气相色谱-质谱联用法［包括气相色谱-质谱法（GC-MS）、气相色谱-质谱/质谱法（GC-MS/MS）］，其检出限分别为 2mg/kg、0.01mg/kg 和 0.05mg/kg（其中气相色谱-质谱/质谱法为 0.005mg/kg）。本节主要介绍前两种方法。

33.1 高效液相色谱法

33.1.1 原理

试样用三氯乙酸溶液-乙腈提取，经阳离子交换固相萃取柱净化后，用高效液相色谱分离后定性、外标法定量。

33.1.2 仪器和试剂

（1）仪器 高效液相色谱仪（配紫外检测器或二极管阵列检测器）；电子天平（0.1mg）；离心机（转速不低于 4000r/min）；超声波清洗器；固相萃取装置；氮气吹干仪；涡旋混合器；塑料具塞离心管（50mL）。

（2）试剂

① 乙腈　色谱纯。

② 甲醇　色谱纯。

③ 甲醇水溶液　量取 50mL 甲醇（色谱纯）和 50mL 水，混匀后备用。

④ 10g/L 的三氯乙酸溶液　称取 10g 三氯乙酸，用水溶解后，转移并定容至 1000mL 容量瓶中。

⑤ 5％的氨化甲醇溶液　量取 5mL 氨水和 95mL 甲醇（色谱纯），混匀后备用。

⑥ pH=3.0 的离子对试剂缓冲液　称取 2.10g 柠檬酸和 2.16g 辛烷磺酸钠（色谱纯），加水溶解，调节 pH 至 3.0 后，用水定容至 1000mL 容量瓶中，备用。

⑦ 1mg/mL 的三聚氰胺标准贮备液　准确称取 100.0mg（精确到 0.1mg）三聚氰胺标准品（CAS 108-78-01，纯度>99.0％）于 100mL 烧杯中，用甲醇水溶液溶解并定容至 100mL 容量瓶中，于 4℃避光保存。

⑧ 阳离子交换固相萃取柱　混合型阳离子交换固相萃取柱，基质为苯磺酸化的聚苯乙烯-二乙烯基苯高聚物，填料质量为 60mg，体积为 3mL，或相当者。使用前依次用 3mL 甲醇、5mL 水活化。

⑨ 微孔滤膜　0.2μm，有机相。

⑩ 氮气　纯度≥99.999％。

33.1.3　实验方法

（1）样品的处理　准确称取 2g（精确至 0.001g）放至室温的均匀的酸牛乳试样于 50mL 塑料具塞离心管中，加入 15mL 10g/L 的三氯乙酸溶液和 5mL 乙腈，超声提取 10min，再振荡提取 10min 后，高速离心（高于 4000r/min）离心 10min。上清液经 10g/L 的三氯乙酸溶液润湿的滤纸过滤后，用 10g/L 的三氯乙酸溶液定容至 25mL。从中移取 5.00mL 滤液，加入 5.00mL 水混匀后进行净化处理。

将上述待处理的净化液转移至固相萃取柱中，依次用 3mL 水和 3mL 甲醇洗涤，抽至近干后，用 6mL 5％的氨化甲醇溶液洗脱。固相萃取过程中控制流速不超过 1mL/min。洗脱液于 50℃下用氮气吹干，残留物（相当于 0.4g 样品）用流动相定容至 1mL，涡旋混合 1min，过微孔滤膜后，作为供试样品待测。

（2）高效液相色谱参考条件

① 色谱柱　C_8 柱，250mm×4.6mm（i.d.），5μm，或相当者；C_{18} 柱，250mm×4.6mm（i.d.），5μm，或相当者。

② 流动相　C_8 柱，pH=3.0 的离子对试剂缓冲液-乙腈（85+15，体积比），混匀；C_{18} 柱，pH=3.0 的离子对试剂缓冲液-乙腈（90+10，体积比），混匀。流速：1.0mL/min。

③ 柱温　40℃。

④ 检测器波长　240nm。

⑤ 进样量　20μL。

（3）标准曲线的绘制　用流动相将三聚氰胺标准贮备液逐级稀释，得到浓度为 0.80μg/mL、2.0μg/mL、20μg/mL、40μg/mL、80μg/mL 的标准工作溶液，按浓度由低到高依次进样检测，以峰面积-浓度作图，得到标准曲线回归方程。基质匹配加标三聚氰胺的样品

HPLC 色谱图见图 33-1。

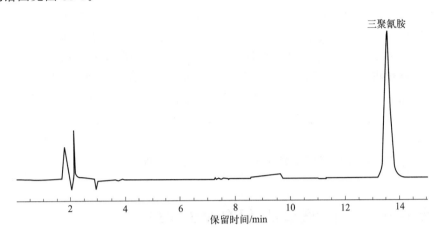

图 33-1 基质匹配加标三聚氰胺的样品 HPLC 色谱图

（C$_8$ 色谱柱，检测器波长 240nm，保留时间 13.6min）

（4）试样的测定　待测样液按上述操作条件进样，其三聚氰胺的响应值应在标准曲线线性范围内，超过线性范围应稀释待测样或增加取样量经处理后再进样分析。

同时做空白试验，除不称取样品外，均按上述测定条件和步骤进行。

33.1.4　计算

试样中三聚氰胺的含量按下式计算：

$$x = \frac{\dfrac{(c-c_0)V}{5} \times 25}{m \times 1000} \times 1000 \tag{33-1}$$

式中　x——试样中三聚氰胺的含量，mg/kg；

c——样液中三聚氰胺的浓度，µg/mL；

c_0——空白中三聚氰胺的浓度，µg/mL；

V——样液最终定容的体积，mL；

5——净化用滤液的体积，mL；

25——样液最初定容的体积，mL；

m——试样的质量，g；

1000——换算系数。

33.1.5　讨论

（1）该法参考《原料乳与乳制品中三聚氰胺检测方法》（GB/T 22388—2008），作者有改动。

（2）该法适用于原料乳、乳制品以及含乳制品中三聚氰胺的定量测定。

（3）蛋白质和乳脂肪是酸牛乳的主要营养成分，在《食品安全国家标准　发酵乳》（GB 19302—2010）中规定蛋白质≥2.9%（质量分数），乳脂肪（全脂酸牛乳）≥3.1%（质量分数）。

（4）蛋白质含量的测定采用凯氏定氮法，试样经消化、蒸馏、滴定测出总氮的含量，据此估算其蛋白质含量。该法无法区分是食品中固有的氮还是外源添加的氮。若蛋白质平均含氮量按 16% 计，那么，三聚氰胺（相对分子质量 126.12）的含氮量约 67%，对于以蛋白质含量作为主要理化指标的酸牛乳类产品，添加三聚氰胺后会使其蛋白质含量显著增高，加之三聚氰胺无色无味，所以掺杂到酸牛乳中既可大幅度降低成本，又不易被发现。

（5）三聚氰胺呈弱碱性（弱阳离子化合物），净化过程一般应选择阳离子交换柱。混合型的阳离子交换柱（PCX）通过将磺酸基团（—SO_3H）键合在极性高聚物聚苯乙烯-二乙烯苯（PEP）吸附剂上，具有阳离子交换和反相吸附两种机理。

33.2　液相色谱-质谱/质谱法（LC-MS/MS）

33.2.1　原理

试样用三氯乙酸溶液提取，经阳离子交换固相萃取柱净化后，用液相色谱-质谱/质谱法分离、定性和确证，外标法定量。

33.2.2　仪器和试剂

（1）仪器　液相色谱-质谱/质谱（LC-MS/MS）仪，配有电喷雾离子源（ESI）；其他同 33.1.2 节。

（2）试剂

① 乙酸。

② 10mmol/L 的乙酸铵溶液　准确称取 0.772g 乙酸铵，用水溶解并定容至 1000mL 容量瓶中，备用。

③ 其他同 33.1.2 节。

33.2.3　实验方法

（1）样品的处理　准确称取 1g（精确至 0.001g）放至室温的均匀的酸牛乳试样于 50mL 具塞塑料离心管中，加入 8mL 10g/L 的三氯乙酸溶液和 2mL 乙腈，超声提取 10min 后再振荡提取 10min，高速（高于 4000r/min）离心 10min。上清液经 10g/L 的三氯乙酸溶液润湿的滤纸过滤后，作净化处理。

将上述待处理的滤液转移至固相萃取柱中，依次用 3mL 水和 3mL 甲醇（色谱纯）洗涤，抽至近干后，用 6mL 5% 的氨化甲醇溶液洗脱。固相萃取过程中控制流速不超过 1mL/min。洗脱液于 50℃ 下用氮气吹干，残留物（相当于 1g 试样）用流动相定容至 1mL，涡旋混合 1min，过微孔滤膜后，供 LC-MS/MS 测定。

（2）液相色谱-质谱/质谱参考条件

① LC 参考条件

色谱柱：强阳离子交换与反相 C_{18} 混合填料（混合比例 1:4），150mm×2.0mm（i.d.），5μm，或相当者。

流动相：将等体积的 10mmol/L 乙酸铵溶液和乙腈（色谱纯）充分混合，用乙酸调节至 pH 为 3.0 后备用。流速：0.2mL/min。

进样量：10μL。

柱温：40℃。

② MS/MS 参考条件

电离方式：电喷雾电离，正离子。

离子喷雾电压：4kV。

雾化气：氮气，40psi。

干燥气：氮气，流速 10L/min，温度 350℃。

碰撞气：氮气。

分辨率：Q1（单位）、Q3（单位）。

扫描模式：多反应监测（MRM），母离子 m/z 127，定量子离子 m/z 85，定性子离子 m/z 68。

停留时间：0.3s。

裂解电压：100V。

碰撞能量：m/z 127＞85 为 20V，m/z 127＞68 为 35V。

（3）标准曲线的绘制　用流动相将三聚氰胺标准贮备液（见 33.1.2 节）逐级稀释，得到浓度为 0.01μg/mL、0.05μg/mL、0.1μg/mL、0.2μg/mL、0.5μg/mL 的标准工作溶液，按浓度由低到高依次进样检测，以定量子离子峰面积-浓度作图，得到标准曲线回归方程。基质匹配加标三聚氰胺的样品 LC-MS/MS 多反应监测质量色谱图参见图 33-2。

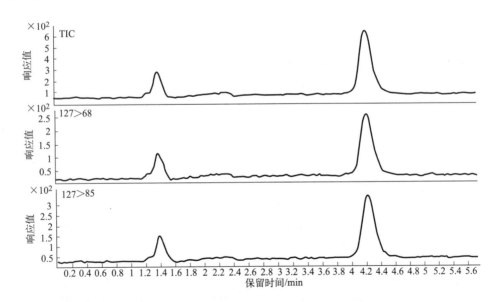

图 33-2　基质匹配加标三聚氰胺的样品 LC-MS/MS 多反应监测质量色谱图

（保留时间 4.2min，定性离子 m/z 127＞85 和 m/z 127＞68）

（4）定量测定　待测样液按上述操作条件进样，其三聚氰胺的响应值应在标准曲线线性范围内，超过线性范围应稀释待测样或加大取样量处理后再进样分析。

（5）定性判定　按照上述条件测定试样和标准工作溶液，如果试样中的质量色谱峰保留时间与标准工作溶液一致（变化范围在±2.5％之内），样品中目标化合物的两个子离子的相对丰度与浓度相当的标准溶液的相对丰度一致（相对丰度偏差不超过表33-1的规定），则可判断样品中存在三聚氰胺。

表 33-1　定性离子相对丰度的最大允许偏差

相对离子丰度 a	a＞50％	20％＜a≤50％	10％＜a≤20％	a≤10％
允许的相对偏差	±20％	±25％	±30％	±50％

33.2.4　计算

同 33.1.4 节。

33.2.5　讨论

① 该法参考《原料乳与乳制品中三聚氰胺检测方法》（GB/T 22388—2008），作者有改动。

② 该法适用于原料乳、乳制品以及含乳制品中三聚氰胺的定性、定量检测。

34

乳酸酸菜的质量检测

酸菜是我国东北和东欧一些国家将长白菜或甘蓝通过自然发酵或加入乳酸菌营养液发酵而成的一种蔬菜深加工食品。用纯乳酸菌发酵生产的乳酸酸菜发酵周期短，口感脆嫩，酸鲜可口，有乳酸发酵特有的浓郁的酯香气。但生产设备、工艺不合格的乳酸酸菜生产企业，其产品中亚硝酸盐含量超标的可能性非常大，而且乳酸含量偏低，口味也不够纯正。因此亚硝酸盐含量和乳酸含量是乳酸酸菜的关键质量指标。

34.1 乳酸酸菜中亚硝酸盐含量的测定

乳酸酸菜中的亚硝酸盐是乳酸菌以外的杂菌将硝酸盐还原为亚硝酸盐而产生的。亚硝酸盐摄入过多会对人体健康产生危害。由于大量使用氮肥，导致蔬菜成为富含硝酸盐的食品，当蔬菜贮存和加工条件不良时，其中的硝酸盐在硝酸盐还原酶的作用下可转变为亚硝酸盐。

《食品安全国家标准　食品中亚硝酸盐与硝酸盐的测定》（GB 5009.33—2016）中规定第一种方法为离子色谱法，第二种方法为分光光度法（盐酸萘乙二胺法），检出限分别为 $0.2mg/kg$ 和 $1mg/kg$。

34.1.1 离子色谱法

34.1.1.1 原理

试样经除去蛋白质、脂肪，并用相应的方法提取和净化后，采用阴离子交换柱分离，氢氧化钾溶液洗脱，电导检测器检测。以保留时间定性，外标法定量。

34.1.1.2 仪器和试剂

（1）仪器　离子色谱仪（电导检测器，配有抑制器、大容量阴离子交换柱和 $50\mu L$ 定量环）；小型组织捣碎机（食物粉碎机）；超声波清洗器；电子天平（0.1mg）；高速冷冻离心机；净化柱（C_{18}柱、Ag柱和Na柱或等效柱）；$0.22\mu m$水膜针头式滤器。

（2）试剂

① 超纯水　电阻率大于$18.2M\Omega\cdot cm$。该实验用水均为超纯水。

② 100.0mg/L的亚硝酸盐（以NO_2^-计）标准贮备液　准确称取0.1500g于110～120℃干燥至恒重的亚硝酸钠（基准试剂），用水溶解并转移至1000mL容量瓶中，加水稀释至刻度，混匀。

③ 1.0mg/L的亚硝酸盐（以NO_2^-计）标准使用液　准确移取100.0mg/L的亚硝酸盐标准贮备液1.00mL于100mL容量瓶中，用水稀释至刻度。

④ 1mol/L的氢氧化钾溶液　称取6g氢氧化钾，用新煮沸并冷却的蒸馏水溶解，稀释至100mL，备用。

⑤ 6mmol/L的氢氧化钾溶液　称取0.0336g氢氧化钾，用新煮沸并冷却的蒸馏水溶解，稀释至100mL，备用。

⑥ 70mmol/L的氢氧化钾溶液　称取0.392g氢氧化钾，用新煮沸并冷却的蒸馏水溶解，稀释至100mL，备用。

注：所有玻璃器皿使用前均需依次用1mol/L氢氧化钾溶液和水各浸泡4h，然后用水冲洗3～5次，晾干备用。

34.1.1.3　实验方法

（1）试样的预处理　取乳酸酸菜试样适量，用小型组织捣碎机制成匀浆备用。

准确称取5g（精确至0.001g）匀浆液于150mL锥形瓶中，加80mL水、1mL 1mol/L的氢氧化钾溶液，超声提取30min，其间每隔5min振摇一次，使固相呈完全分散状态。在75℃水浴中放置5min后取出放至室温，全部转移至100mL容量瓶中，并用水稀释至刻度，混匀。将该溶液用滤纸过滤，弃去初滤液，取部分续滤液经10000r/min离心15min，留上清液备用。

取上清液15.00mL，过$0.22\mu m$水膜针头式滤器、C_{18}柱，弃去前面3mL（若氯离子高于100mg/L，则需依次过针头式滤器、C_{18}柱、Ag柱和Na柱，且弃去前面7mL），收集后面的洗脱液作为供试液。以超纯水代替试样做空白试验。

（2）色谱工作条件

① 色谱柱　氢氧化物选择性，可兼容梯度洗脱的二乙烯基苯-乙基苯乙烯共聚物基质，烷醇基季铵盐功能团的高容量阴离子交换柱，$\phi 4mm\times 250mm$（带保护柱$\phi 4mm\times 50mm$）或等效柱。

② 梯度洗脱　6mmol/L的KOH溶液 30min → 70mmol/L的KOH溶液 5min → 6mmol/L的KOH溶液 5min。

③ 流速　1.0mL/min。

④ 抑制器。

⑤ 检测器　电导检测器，检测池温度35℃。

⑥ 进样量　$50\mu L$（可根据试样中NO_2^-含量进行调整）。

（3）测定

① 标准曲线的绘制　将1.0mg/L的亚硝酸盐（以NO_2^-计）标准使用液用水分别稀释

为 0、0.02mg/L、0.04mg/L、0.06mg/L、0.08mg/L、0.10mg/L、0.15mg/L、0.20mg/L。然后按浓度由低到高依次进样，以亚硝酸盐浓度为横坐标，峰高或峰面积为纵坐标，绘制标准曲线或计算线性回归方程。

② 样品的测定　分别吸取空白和试样溶液 50μL，在相同工作条件下，依次注入离子色谱仪中，记录色谱图。根据保留时间定性，根据峰高或峰面积定量。

34.1.1.4　计算

$$x = \frac{(c - c_0)Vf \times 1000}{m \times 1000} \tag{34-1}$$

式中　x——试样中亚硝酸根离子的含量，mg/kg；

　　　c——试样中亚硝酸根离子的浓度，mg/L；

　　　c_0——空白试验中亚硝酸根离子的浓度，mg/L；

　　　V——试样的体积，mL；

　　　f——试样的稀释倍数；

　　　m——取样量，g。

结果以重复性条件下获得的两次独立测定结果的算术平均值表示，保留两位有效数字。试样中测得的亚硝酸根离子含量乘以换算系数 1.5，即为亚硝酸盐含量（以亚硝酸钠计）。

34.1.1.5　讨论

（1）该法源于《食品安全国家标准　食品中亚硝酸盐与硝酸盐的测定》(GB 5009.33—2016)，作者有改动。

（2）上述测定条件下，亚硝酸根离子出峰时间大约在 13.39min。

（3）净化柱用前需活化。C_{18} 柱(1.0mL)使用前依次通过 10mL 甲醇、15mL 水，静置活化 30min；Ag 柱(1.0mL)和 Na 柱(1.0mL)用 10mL 水通过，静置活化 30min。

（4）样品应尽快处理和分析，否则会氧化成 NO_3^-。同时其中的细菌可能使样品中 NO_2^- 的浓度随时间而改变，即使将样品储存在 4℃ 的环境中，也只能抑制而不能消除细菌的生长。

（5）《酱腌菜卫生标准》（GB 2714—2003）中规定的理化指标有总砷、铅和亚硝酸盐，其中要求亚硝酸盐（以亚硝酸钠计）含量不超过 20mg/kg。取而代之的《食品安全国家标准　酱腌菜》(GB 2714—2015)，则取消了关于亚硝酸盐等理化指标，只规定了微生物指标。

34.1.2　分光光度法

34.1.2.1　原理

样品经沉淀蛋白质、除去脂肪，在弱酸条件下亚硝酸盐与对氨基苯磺酸重氮化后，再与盐酸萘乙二胺（N-1-萘基乙二胺）偶合形成紫红色染料，其最大吸收波长为 538nm，通过测定吸光度并与标准比较定量。反应式为：

$$2HCl + NaNO_2 + H_2N\!-\!\!\!\bigcirc\!\!\!-\!SO_3H \xrightarrow{\text{重氮化}} Cl^-N^+\!\!\equiv\!N\!-\!\!\!\bigcirc\!\!\!-\!SO_3H + NaCl + 2H_2O$$

$$2HCl\cdot NH_2CH_2CH_2NH\!-\!\!\!\bigcirc\!\!\!\bigcirc + Cl^-N^+\!\!\equiv\!N\!-\!\!\!\bigcirc\!\!\!-\!SO_3H \xrightarrow{\text{偶合反应}}$$

盐酸萘乙二胺

$$2HCl\cdot NH_2CH_2CH_2NH\!-\!\!\!\bigcirc\!\!\!\bigcirc\!-\!N\!=\!N\!-\!\!\!\bigcirc\!\!\!-\!SO_3H + HCl$$

(紫红色)

34.1.2.2 仪器和试剂

(1) 仪器　小型组织捣碎机；紫外可见分光光度计；电子天平（0.1mg）；电热恒温干燥箱；超声波清洗器。

(2) 试剂

① 106g/L 的亚铁氰化钾溶液　称取 122g 亚铁氰化钾[$K_4Fe(CN)_6 \cdot 3H_2O$]，用水溶解并稀释至 1000mL。

② 220g/L 的乙酸锌溶液　称取 263g 乙酸锌 [$Zn(CH_3COO)_2 \cdot 2H_2O$]，用 30mL 冰醋酸溶解，再用水稀释至 1000mL。

③ 50g/L 的饱和硼砂溶液　称取 9.47g 硼酸钠（$Na_2B_4O_7 \cdot 10H_2O$），溶于 100mL 热水中，冷却后备用。

④ 4g/L 的对氨基苯磺酸溶液　称取 0.4g 对氨基苯磺酸（$C_6H_7NO_3S$），溶于 100mL 20%（体积分数）的 HCl 中，混匀后置于棕色瓶中避光保存。

⑤ 2g/L 的盐酸萘乙二胺溶液　称取 0.2g 盐酸萘乙二胺（$C_{12}H_{14}N_2 \cdot 2HCl$），溶于 100mL 水中，混匀后置于棕色瓶中避光保存。

⑥ 200μg/mL 的 $NaNO_2$ 标准溶液　准确称取 0.1000g $NaNO_2$（基准试剂，预先在 110～120℃ 干燥至恒重），用水溶解后移至 500mL 容量瓶中并稀释至刻度，摇匀。

⑦ 5μg/mL 的 $NaNO_2$ 标准使用液　临用前吸取 200μg/mL 的 $NaNO_2$ 标准溶液 2.50mL 于 100mL 容量瓶中，并用水稀释至刻度。

34.1.2.3 实验方法

(1) 样品的处理　称取乳酸酸菜试样适量，用小型组织捣碎机制成匀浆。准确称取 5g（精确至 0.0001g）匀浆液（如制备过程中加水，应按加水量折算）置于 500mL 烧杯中，加 12.5mL 50g/L 的饱和硼砂溶液，搅拌均匀，加 150mL 约 70℃ 的水，搅匀，在沸水浴中加热 15min 后取出置于冷水浴中，冷却至室温，将其全部转移至 250mL 容量瓶中。然后加入 5.0mL 106g/L 的亚铁氰化钾溶液，摇匀，再加入 5.0mL 220g/L 的乙酸锌溶液，以沉淀蛋白质。加水至刻度，摇匀。放置 30min，除去上层脂肪，上清液用滤纸过滤，弃去初滤液 30mL，收集续滤液待测。

(2) $NaNO_2$ 标准曲线的绘制　吸取 0、0.20mL、0.40mL、0.60mL、0.80mL、1.00mL、1.50mL、2.00mL、2.50mL $NaNO_2$ 标准使用液（相当于 0、1.0μg、2.0μg、

3.0μg、4.0μg、5.0μg、7.50μg、10.0μg、12.5μg NaNO$_2$），分别置于50mL具塞比色管中。依次加入2.00mL 4g/L的对氨基苯磺酸溶液，混匀，静置5min。再依次加入1.00mL 2g/L的盐酸萘乙二胺溶液，加水至刻度，混匀，静置15min。用1cm比色皿，以0号管调零，于538nm处测定吸光度值，绘制标准曲线或按公式求得线性回归方程。

（3）样品的测定　准确移取40.0mL待测液于50mL具塞比色管中，余下步骤同标准曲线的绘制。同时做试剂空白试验。

34.1.2.4　计算

$$x = \frac{A \times 1000}{m \times \dfrac{V_1}{V_0} \times 1000} \tag{34-2}$$

式中　x——试样中亚硝酸钠的含量（以NaNO$_2$计），mg/kg;

　　　A——测定用样液中亚硝酸钠的质量，μg;

　　　m——试样的质量，g;

　　　V_1——测定用样液的体积，mL;

　　　V_0——试样处理液的总体积，mL;

　　1000——换算系数。

34.1.2.5　讨论

（1）该法源于《食品安全国家标准　食品中亚硝酸盐与硝酸盐的测定》(GB 5009.33—2016)，作者有改动。

（2）蛋白质是两性物质，在碱性溶液中，能与亚铁氰化钾、乙酸锌溶液中的K$^+$、Zn^{2+}形成沉淀。

（3）硼砂即四硼酸钠（Na$_2$B$_4$O$_7 \cdot 10$H$_2$O），在水溶液中易水解而显碱性，为蛋白质沉淀提供碱性环境。

（4）亚硝酸钠的热稳定性好，沸水浴中加热15min，可使亚硝酸钠更好地溶出。

（5）《食品安全国家标准　食品添加剂使用标准》（GB 2760—2024）中规定，亚硝酸钠和硝酸钠的使用仅限于肉类制品中，如腌腊肉制品、酱卤肉、西式火腿、肉灌肠类、发酵肉制品类、肉罐头类。最大使用量，亚硝酸钠为0.15g/kg，硝酸钠为0.5g/kg；残留量以亚硝酸钠计，肉类罐头不超过50mg/kg，肉制品不超过30mg/kg。

（6）采用先进的乳酸酸菜生产工艺，其产品中亚硝酸盐含量仅1mg/kg，甚至检不出。

34.2　乳酸酸菜中L-乳酸含量的测定

L-乳酸菌能调节胃肠道正常菌群、维持微生态平衡，从而改善胃肠道功能。乳酸菌发酵食品被公认为是功能性食品。因此，乳酸酸菜中L-乳酸含量的测定不仅对微生物发酵过程有一定的指导意义，而且对产品的质量影响很大。乳酸含量是乳酸酸菜中很重要的质量指标。

34.2.1 原理

酸的测定有酸碱中和法和电位滴定法。乳酸酸菜中的乳酸以中和法直接测定，结果实际是以乳酸表示的总酸含量。乳酸与氢氧化钠的反应如下：

$$H_3C-\underset{\underset{H}{|}}{\overset{\overset{OH}{|}}{C}}-COOH + NaOH \longrightarrow H_3C-\underset{\underset{H}{|}}{\overset{\overset{OH}{|}}{C}}-COONa + H_2O$$

34.2.2 仪器和试剂

（1）仪器　电子天平（0.1mg）；电热恒温水浴锅；小型组织捣碎机。

（2）试剂

① $c(NaOH)=0.1mol/L$ 的氢氧化钠标准滴定溶液　配制及标定参见 3.2.2 节中的（2）⑧，标定需称取 0.75g 邻苯二甲酸氢钾。

② 0.5% 的酚酞指示剂　配制参见 3.2.2 节中的（2）⑨。

34.2.3 测定方法

（1）试样的处理　称取乳酸酸菜试样适量，用小型组织捣碎机制成匀浆。准确称取 30g（精确至 0.001g）匀浆液，加 150mL 水，在沸水浴中煮沸 40min（或在室温下浸泡 4h）。冷却后定容至 250mL，过滤，弃去初滤液 20mL，收集续滤液待测。

（2）测定　吸取滤液 25.0mL 于 250mL 锥形瓶中，加 50mL 除去二氧化碳（CO_2）的蒸馏水，加 2 滴酚酞指示剂，用 0.1mol/L 的氢氧化钠标准滴定溶液滴定至微粉色，30s 不褪色即为终点。记录消耗 0.1mol/L 的氢氧化钠标准滴定溶液的体积。同时做试剂空白试验。

34.2.4 计算

$$x = \frac{c(V_1-V_0)\times 0.09008}{m\times\dfrac{25}{250}}\times 100\% \tag{34-3}$$

式中　x——试样中总酸的含量（以乳酸计），%；

　　　c——氢氧化钠标准滴定溶液的实际浓度，mol/L；

　　　V_1——试样消耗氢氧化钠标准滴定溶液的体积，mL；

　　　V_0——空白试验消耗氢氧化钠标准滴定溶液的体积，mL；

　　　m——试样的质量，g；

　　　25——滴定用试样的体积，mL；

　　　250——试样处理液的总体积，mL；

0.09008——与 1.00mL 氢氧化钠标准滴定溶液 $[c(NaOH)=1.000mol/L]$ 相当的乳酸的质量，g。

34.2.5 讨论

（1）煮沸过程中需适当补充蒸发掉的水。

（2）滴定时向移取的滤液中加水，可起到稀释作用，使终点更易观察；用电位滴定法不受溶液颜色的影响。

（3）除去二氧化碳的蒸馏水冷却后，即为新煮沸并冷却的蒸馏水。

（4）乳酸酸菜中 L-乳酸含量最准确的测定方法是高效液相色谱法，它能将其中的有机酸分离后进行定性定量。具体参照 26.1.3 节。

34.3 乳酸酸菜中挥发酸的测定

发酵中产生的酸类较多，有脂肪酸、羟基酸等，其中低碳链的脂肪酸，如甲酸、乙酸等为挥发酸，乳酸、柠檬酸等为非挥发酸，乳酸酸菜中的挥发酸主要是乙酸。测定挥发酸的含量，可了解发酵是否感染杂菌和乳酸发酵的类型。

34.3.1 原理

试样用水蒸气蒸馏，馏出液以中和法测定。

34.3.2 仪器和试剂

（1）仪器　水蒸气蒸馏装置；小型组织捣碎机；电子天平（0.1mg）。

（2）试剂

① $c(NaOH)=0.1mol/L$ 的氢氧化钠标准滴定溶液　同 34.2.2 节。

② 0.5% 的酚酞指示剂　同 34.2.2 节。

34.3.3 测定方法

称取乳酸酸菜试样适量，用小型组织捣碎机制成匀浆。准确称取 30g（精确至 0.001g）匀浆液，置于 500mL 圆底烧瓶中，加 150mL 水，蒸馏，用 100mL 容量瓶准确接收 100.0mL 馏出液。

吸取 25.0mL 馏出液于 250mL 锥形瓶中，加 2 滴酚酞指示剂，用 0.1mol/L 的氢氧化钠标准滴定溶液滴定至微粉色，30s 不褪色即为终点。记录消耗 0.1mol/L 的氢氧化钠标准滴定溶液的体积。同时做试剂空白试验。

34.3.4 计算

$$x=\frac{c(V_1-V_0)\times 0.06006}{m\times\frac{25}{100}}\times 100\% \tag{34-4}$$

式中　x——试样中挥发酸的含量（以乙酸计），%；

c——氢氧化钠标准滴定溶液的实际浓度，mol/L；

V_1——试样消耗氢氧化钠标准滴定溶液的体积，mL；

V_0——空白试验消耗氢氧化钠标准滴定溶液的体积，mL；

m——试样的质量，g；

25——滴定用试样的体积，mL；

100——试样处理液总体积，mL；

0.06006——与 1.00mL 氢氧化钠标准滴定溶液 $[c(NaOH)=1.000mol/L]$ 相当的乙酸的质量，g。

35

气相色谱法

气相色谱法（gas chromatography，GC）是 20 世纪 50 年代以来迅速发展起来的一种新型分离、分析技术，具有选择性高、分离效率高、灵敏度高、分析速度快的特点，主要用于小分子量、易挥发的有机化合物（占有机物的 15%～20%）的分离分析。

用气体作流动相的色谱法称为气相色谱法。气相色谱根据所用固定相的状态不同，分为气固色谱（GSC）和气液色谱（GLC）。气固色谱常用于分离永久性气体和小分子量的烃类，约占整个气相色谱法的 10%。气液色谱多选用高沸点有机化合物涂渍在载体上作固定相，利用试样分子在两相间的分配系数不同分离试样。一般只要在 450℃ 以下有 1.5～10kPa 的蒸气压且热稳定性好的有机及无机化合物都可用气相色谱法来分离。在气液色谱中可供选择的固定液种类很多，容易得到好的选择性，因此气液色谱是一种实用价值很高的分离方法。

气相色谱作为一种高效、快速、灵敏的分离分析技术，已被广泛应用于工业发酵的科学研究和生产中。如用于性质相近的抗生素的分离分析；发酵生产的溶剂中微量杂质的检测；酒精、酒类、食醋等发酵醪液中的产物和副产物的测定；饮料酒中微量芳香成分的测定；发酵原料、半成品和成品中微量有机毒物（如残留农药、酚类、氰化物、N-亚硝基氨基酸等）的检测等。近年来，国外已有通过气相色谱分析微生物的代谢产物及其结构组分来鉴别微生物类型的报道，为微生物分类和研究提供了新的途径。

35.1 气相色谱的基本理论

气相色谱法是由惰性气体将气化后的试样带入加热的色谱柱，并携带试样分子渗透通过固定相，达到分离的目的。由于气体的黏度小，扩散系数大，如乙醛、乙醇在色谱柱内流动的阻力小、传质速度快，有利于高效、快速地分离小分子化合物。

35.1.1 气相色谱的分离原理

气相色谱法以气体作流动相（载气），当样品经进样器进入气化室后，由载气携带进入色谱柱（毛细管柱或填充柱）。由于样品中各组分在色谱柱中的载气和固定相间分配或吸附系数的差异，在载气连续流动的冲洗下，各组分在两相间作反复多次分配，使其在柱中得到分离，然后由与色谱柱相连接的检测器根据组分的理化特性，按组分流出顺序检测出来，最后由色谱工作站对各组分的色谱图进行记录并处理分析。可见，色谱能够实现分离的内因是由于固定相与被分离的各组分发生的吸附（或分配）作用的差别。其宏观表现为吸附（或分配）系数的差异，其微观解释就是分子间相互作用力（取向力、诱导力、色散力、氢键）的不同。外因是流动相不间断地流动。由于流动相的流动，使被分离的组分与固定相发生反复多次的吸附（或溶解）、解吸（或挥发）过程，这样就使那些在同一固定相上吸附（或分配）系数只有微小差别的组分，在固定相上的移动速度产生很大差别，从而达到各个组分的完全分离。

35.1.2 气相色谱基本术语

样品经过色谱柱的分离进入检测器后，以信号大小对流出时间作图，可得到呈高斯分布的色谱流出线——色谱图，如图 35-1 所示。

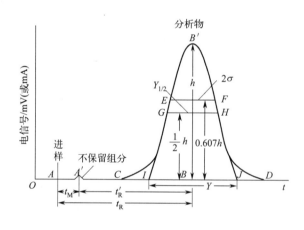

图 35-1 色谱图

（1）基线 基线是色谱柱中只有载气通过时，检测器响应信号的记录值。稳定的基线应是一条直线。

（2）峰高 色谱峰顶点与基线之间的垂直距离为峰高，如图 35-1 中的 $B'B$。

（3）保留值

① 死时间（t_M） 不被固定相吸附或溶解的物质进入色谱柱时，从进样到色谱图上出现第一个峰极大值所需的时间称为死时间，如图 35-1 中的 AA'。因为这种物质不被固定相吸附或溶解，故其流速近似于载气的流速，载气的平均线速度（$\bar{u}$）表示为：

$$\bar{u} = \frac{L}{t_M}$$

（35-1）

式中 L——色谱柱长度。

② 保留时间（t_R）　试样从进样开始到色谱柱后出现峰极大值时所经过的时间，称为保留时间，如图 35-1 中的 AB。

③ 调整保留时间（t_R'）　某组分的保留时间减去死时间后称为该组分的调整保留时间，如图 35-1 中的 $A'B$，即

$$t_R' = t_R - t_M \tag{35-2}$$

由于组分在色谱柱中的保留时间 t_R 包含了组分随载气通过色谱柱所需的时间和组分在固定相中滞留的时间，所以 t_R' 是组分保留在固定相中的真实时间。

保留时间是色谱法定性的基本依据，但同一组分的保留时间常受到流动相流速的影响，在气相色谱中尤其如此，故色谱工作者常用保留体积等参数进行定性。

相对保留值 $\gamma_{2,1}$ 指某组分 2 的调整保留值与组分 1 的调整保留值之比，表示为：

$$\gamma_{2,1} = \frac{t_{R_2}'}{t_{R_1}'} \tag{35-3}$$

研究表明，相对保留值只与色谱柱温度及固定相的性质有关，与柱径、柱长、填充情况及流动相流速无关，因此，它是色谱法中广泛使用的定性数据。但须注意，相对保留值不是两个组分保留时间或保留体积之比。

在定性分析中，通常固定一色谱峰作为标准（s），然后再求其他峰（i）相对这个峰的相对保留值。此时 $\gamma_{i/s}$ 可能大于 1，也可能小于 1。在多元混合物分析中，通常选择一对最难分离的物质对，将它们的相对保留值作为重要参数，称为选择因子，用符号 α 表示：

$$\alpha = \frac{t_{R_2}'}{t_{R_1}'} \tag{35-4}$$

式中　t_{R_1}'——先出峰组分的调整保留时间；

　　　t_{R_2}'——后出峰组分的调整保留时间。

所以 α 总是大于 1。

（4）分配比（κ）　也称容量因子。它是衡量色谱柱对被分离组分保留能力的重要参数，指组分在固定相和载气中的分配量，表示为：

$$\kappa = \frac{\text{组分在固定相中物质的量}}{\text{组分在流动相中物质的量}} = \frac{n_s}{n_m} \tag{35-5}$$

设试样谱带 x 的平均线速度是 $\bar{u}_x$，显然 $\bar{u}_x$ 的大小取决于试样分子 x 分配在载气中的分数 R 和载气的线速度 $\bar{u}$，即

$$\bar{u}_x = \bar{u}R \tag{35-6}$$

根据式(35-5) 得到

$$\kappa + 1 = \frac{n_s}{n_m} + \frac{n_m}{n_m} = \frac{n_s + n_m}{n_m}$$

$$R = \frac{n_m}{n_s + n_m} = \frac{1}{\kappa + 1}$$

$$\bar{u}_x = \bar{u}\frac{1}{\kappa + 1} \tag{35-7}$$

试样和载气通过色谱柱所需的时间分别为：

$$t_R = \frac{L}{\bar{u}_x} \quad \text{和} \quad t_M = \frac{L}{\bar{u}}$$

简化为：

$$t_R = \frac{u t_M}{\bar{u}_x} \tag{35-8}$$

将式(35-7)代入式(35-8)中，得到

$$t_R = t_M(1+\kappa)$$

$$\kappa = \frac{t_R - t_M}{t_M} = \frac{t_R'}{t_M} \tag{35-9}$$

式(35-9)提供了从色谱图上直接求算 κ 的方法。可以看出，κ 是组分的调整保留时间与死时间之比。将式(35-9)代入式(35-3)中，得到

$$\gamma_{2,1} = \frac{t_{R_2}'}{t_{R_1}'} = \frac{\kappa_2}{\kappa_1}$$

由此看出，κ 不仅与物质的热力学性质有关，同时也与色谱柱的柱型及其结构有关。κ 是色谱理论中一个重要的基本参数。

根据 κ 的定义，可以得出 κ 与分配系数 K 之间的关系：

$$\kappa = \frac{(c_x)_s V_s}{(c_x)_m V_m} = K \frac{V_s}{V_m} \tag{35-10}$$

式中　$(c_x)_s$——试样 x 在固定相中的浓度；

　　　$(c_x)_m$——试样 x 在载气中的浓度；

　　　V_s——色谱柱中固定相的总体积；

　　　V_m——色谱柱中载气的总体积；

　　　K——分配系数。

将式(35-10)代入式(35-7)中，有

$$\bar{u}_x = \frac{\bar{u}}{1 + K \dfrac{V_s}{V_m}} \tag{35-11}$$

式(35-11)说明组分移动的线速度是分配平衡常数以及固定相和载气体积的函数。

(5) 区域宽度　色谱峰的区域宽度是组分在色谱柱中谱带扩展的函数，它反映了色谱操作条件的动力学因素。描述色谱峰区域宽度通常有以下 3 种方法。

① 标准偏差 σ　色谱峰呈高斯分布，可用标准偏差 σ 表示峰的区域宽度，即 0.607 倍峰高处色谱峰宽的一半，如图 35-1 中 E、F 间距离的一半。

② 半峰宽 $Y_{1/2}$　即峰高一半处对应的峰宽，如图 35-1 中 G、H 间的距离。它与标准偏差的关系为：

$$Y_{1/2} = 2.354\sigma \tag{35-12}$$

③ 基线宽度 Y　即色谱峰两侧拐点上的切线在基线上的截距，如图 35-1 中 I、J 间的距离。基线宽度与标准偏差 σ 的关系是 $Y = 4\sigma$。当标准偏差以时间为单位时，用 τ 表示，则有 $Y_t = 4\tau$，σ 和 τ 的关系可用下式表示：

$$\sigma = \bar{u}_x \tau = \frac{L\tau}{t_R}$$

$$\tau = \frac{\sigma}{L/t_R} \tag{35-13}$$

分析色谱图，可以得到许多重要信息：由色谱峰个数，可判断试样中所含组分的最少种数；根据色谱峰的保留值（或位置），可进行定性分析；根据色谱峰的面积或峰高，可进行定量分析；色谱峰的相对保留值及其区域宽度，是评价色谱柱分离效能的依据；色谱峰两峰间的距离，是评价固定相（对液相色谱而言还包括流动相）选择合适与否的依据。

35.1.3　气相色谱分离理论

气相色谱是在色谱柱中实现分离的。气相色谱发展初期，普遍使用填充柱。为提高柱效，得到理想的分离效果，色谱工作者花费了很多精力研究色谱分离理论，了解影响分离的因素。现在毛细管色谱柱已经普及，加之色谱仪的相关技术有极大提高，柱效以及分析速度等问题相继解决。

（1）塔板理论　塔板理论是将色谱柱视为精馏塔，即色谱柱是由一系列相同的水平塔板（也称理论塔板）组成，可简单地理解为组分与固定相之间有相互作用的时刻。相邻两层塔板间的距离 H 称为塔板高度。塔板理论假设：在每一层塔板上，试样组分在两相间很快达到分配平衡，然后伴随流动相逐层向前移动。设色谱柱长度为 L，则试样组分达到平衡的次数（即理论塔板数）应为：

$$n = L/H \tag{35-14}$$

与精馏塔一样，色谱柱的柱效随 n 的增加而增加，随 H 的增大而减小。与精馏塔的不同之处在于：在气液色谱中混合物的分离除与组分在气相中的分压有关外，还与组分在气相中的活度系数（组分和固定液之间的作用力）有关。这是气相色谱与蒸馏的本质差别，是气相色谱法的分离效率极大高于蒸馏的原因。

研究表明：试样组分在色谱柱中的理论塔板数 $n > 50$ 时，可得到基本对称的色谱峰，但一般 n 值可达 $10^3 \sim 10^6$，因而色谱峰一般是趋近于理想的正态分布曲线；当试样进入色谱柱后，只要各组分在两相间的分配系数有微小差别，经过反复多次的分配平衡后，即可获得良好的分离；理论塔板数 n 与半峰宽及基线宽度的关系为：

$$n = 5.54 \times \left(\frac{t_R}{Y_{1/2}}\right)^2 = 16 \times \left(\frac{t_R}{Y}\right)^2 \tag{35-15}$$

式中，t_R 与 $Y_{1/2}$ 应使用同一单位。

可见，当 t_R 一定时，色谱峰越窄，n 越大，H 越小，柱效越高。

塔板理论用热力学观点定量地说明了试样组分在色谱柱中的迁移速率，解释了色谱峰的形状，提出了计算和评价色谱柱的参数。但色谱分离过程不仅与热力学因素有关，还受动力学因素如分子扩散、传质阻力等的影响。因此，单纯用塔板理论还不能充分解释色谱分离的机理。

（2）速率理论　速率理论是在研究气液色谱的基础上提出的，但作适当修改，也适用于液相等其他色谱方法。速率理论考虑了色谱分离过程中各种动力学因素及其影响。

① 影响色谱峰展宽的因素　速率理论用随机行走模型解释了色谱峰的形状是高斯分布曲线，认为以方差 σ^2 作为色谱峰展宽的指标，进而可以用 σ_1^2、σ_2^2、σ_3^2 和 σ_4^2 分别表示涡流扩散、分子扩散、流动相传质阻力和固定相传质阻力对色谱峰展宽的影响，即 $\sigma^2 = \sigma_1^2 + \sigma_2^2 + \sigma_3^2 + \sigma_4^2$。

a. 涡流扩散 σ_1^2　填充柱中流动相通过填充物的不规则空隙时，其流动方向不断发生改变，形成紊乱的类似"涡流"的流动。由于色谱柱填料的不均一以及填充的不均匀性，使组分各分子在色谱柱中经过的通道直径和长度不等，从而造成它们在柱中的停留时间不同，其结果导致色谱峰变宽。色谱峰变宽的程度由下式决定：

$$\sigma_1^2 = 2\lambda d_p L \tag{35-16}$$

式中　λ——填充不规则因子；

　　　d_p——填料的平均直径；

　　　L——色谱柱长。

可以看出，涡流扩散项 σ_1^2 与流动相的性质、线速度和组分性质无关。因此选用颗粒细小、均匀的填料，并均匀填充，是减少涡流扩散和提高柱效的有效途径。

但毛细管色谱柱不存在涡流扩散项，因为毛细管色谱柱中没有填充物质阻塞流路。

b. 分子扩散 σ_2^2　当试样迅速注入色谱柱后，便在色谱柱的纵向形成浓度梯度，使组分分子产生浓度差扩散，其方向为沿色谱柱纵向扩散。表达式为：

$$\sigma_2^2 = \frac{2\gamma D_g L}{\bar{u}} \tag{35-17}$$

式中　γ——填充柱内气体扩散路径弯曲的因素（也称弯曲因子）；

　　　D_g——组分在气相中的扩散系数。

γ 和 D_g 均与色谱柱的填充质量相关，一般填充柱 γ 为 0.6（毛细管柱 γ 为 1）。从式 (35-17) 看出，$\sigma_2^2 \propto D_g$。由于 D_g 除与组分性质有关外，还与组分在气相中的停留时间、载气性质、柱温等因素有关。为减小 σ_2^2，可提高载气流速、使用相对分子质量较大的载气、控制较低的柱温。

c. 流动相传质阻力 σ_3^2 和固定相传质阻力 σ_4^2　物质系统由于浓度有差异而发生物质迁移的过程，称为传质。影响这个过程进度的阻力，叫传质阻力。气液色谱中流动相是气体，固定相是液体，因此流动相传质阻力和固定相传质阻力常称为气相传质阻力和液相传质阻力。气相传质过程是指试样在气相和气液界面上的迁移。传质阻力的存在，使试样在两相界面上不能瞬间达到分配平衡。所以，有的分子还来不及进入两相界面，就被气相带走，出现超前现象；当然，也有的分子在进入两相界面后还未来得及返回到气相，这就引起滞后现象。超前与滞后均能造成色谱峰展宽。对于填充柱，气相传质阻力 σ_3^2 为：

$$\sigma_3^2 = \frac{0.01\kappa^2}{(1+\kappa)^2} \times \frac{d_p^2 L\bar{u}}{D_g} = f_g(\kappa) \times \frac{d_p^2 L\bar{u}}{D_g} \tag{35-18}$$

从式 (35-18) 看出，气相传质阻力与填充物粒度的平方成正比，与组分在气相中的扩散系数成反比。因此，采用粒度小的填充物和相对分子质量小的气体（如 H_2）作载气，可减小 σ_3^2，提高柱效。

与气相传质阻力一样，在气液色谱中，固定相传质阻力也会引起色谱峰的扩展，不过它发生在气液界面和固定相之间。固定相传质阻力 σ_4^2 为：

$$\sigma_4^2 = \frac{2\kappa}{3(1+\kappa)^2} \times \frac{d_f^2 L\bar{u}}{D_L} = f_L(\kappa) \times \frac{d_f^2 L\bar{u}}{D_L} \tag{35-19}$$

式中　d_f——固定液的膜厚度；

　　　D_L——组分在液相中的扩散系数。

由式 (35-19) 可见，减小 d_f，增大 D_L，可以减小 σ_4^2。显然，降低固定液的含量，可以降低液膜厚度，但 κ 值随之变小，又会使 σ_4^2 增大。当固定液含量一定时，液膜厚度随载体的比表面积增大而降低，因此，一般采用比表面积较大的载体以降低液膜厚度。应该指出，提高柱温，虽然可以增大 D_L，但会使 κ 值变小，为了保持适当的 σ_4^2 值，应该控制适宜的柱温。当固定液含量较高，液膜较厚，载气又在中等线速度时，塔板高度主要受固定相传质阻力系数 $f_L(\kappa)d_f^2/D_L$ 的控制。此时，气相传质阻力系数 $f_g(\kappa)d_p^2/D_g$ 很小，可以忽略。但随着快速色谱的发展，当采用低固定液含量色谱柱和高载气线速度进行分析时，气相传质阻力就成为影响塔板高度的重要因素。

② 速率理论方程

$$Y_t = 4\tau$$

$$n = 16 \times \left(\frac{t_R}{Y_t}\right)^2 = \frac{t_R^2}{\tau^2}$$

$$\tau = \frac{\sigma}{L/t_R}$$

$$n = \frac{L^2}{\sigma^2}$$

$$H = \frac{L}{n} = \frac{\sigma^2}{L} = \frac{\sigma_1^2 + \sigma_2^2 + \sigma_3^2 + \sigma_4^2}{L} \tag{35-20}$$

可以看出，速率理论赋予塔板高度的新含义是单位柱长色谱峰展宽的程度。将式（35-16）～式（35-19）代入式（35-20），得到速率理论方程：

$$H = 2\lambda d_p + \frac{2\gamma D_g}{\bar{u}} + \left[\frac{0.01\kappa^2}{(1+\kappa)^2} \times \frac{d_p^2}{D_g} + \frac{2\kappa}{3(1+\kappa)^2} \times \frac{d_f^2}{D_L}\right]\bar{u} \tag{35-21}$$

若用 A、B 和 C 分别表示式（35-21）中的各项系数，则方程简化为：

$$H = A + \frac{B}{\bar{u}} + C\bar{u} \tag{35-22}$$

式中"B"项与使用的载气类别有关，相对分子质量较大的气体如 N_2，比 H_2 提供更小的扩散率，可降低"B"值；"C"项说明了在液相中的传质阻力，降低该项有效的方法是降低固定液膜的厚度。

H 与线速度 $\bar{u}$ 形成的曲线叫作范德姆特曲线，图 35-2 即为范德姆特曲线。

该速率理论方程对选择色谱分离条件有实际指导意义。它表明色谱柱填充的均匀程度、填充物粒度大小、载气种类及流速、固定相液膜厚度等对柱效的影响。还应该指出，除上述造成色谱峰展宽的因素外，还有柱外的色谱峰展宽、柱径、柱长等。

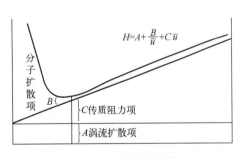

图 35-2 范德姆特曲线

（3）柱分离指标 在色谱分析中，常用柱效、分离度和选择性来描述分离情况。

① 柱效 指色谱柱形成尖锐峰的能力，受载气线速度和流量的影响，理论塔板数 n 是衡量柱效的主要指标。

图 35-2 范德姆特曲线的最低点代表每米最大理论塔板数，即最好的柱效。范德姆特曲线最低点的线速度值即为可获得最好柱效的最佳线速度值。

表 35-1 比较了毛细管柱和填充柱的柱效。

表 35-1 毛细管柱与填充柱的柱效比较

柱效	色谱柱类型			
	0.2mm 毛细管柱		3.175mm 填充柱	
	每米塔板数	理论塔板高度/mm	每米塔板数	理论塔板高度/mm
非常好	＞5000	$<2\times10^{-3}$	＞500	<0.6
好	3000～5000	$(2\sim3)\times10^{-3}$	300～500	0.6～0.1
尚可	2000～3000	$(3\sim5)\times10^{-3}$	200～300	1.0～1.5
较差	＜1000	$>1\times10^{-2}$	＜100	＞0.3

从表 35-1 中数据可见，最好的填充柱的柱效也只有最差的毛细管柱柱效的一半。所以只要条件允许，多选用毛细管柱。

② 分离度 R_s 分离度（resolution）也称分辨率，指将两个峰彼此分开的能力，是评价柱效的重要参数。用相邻两色谱峰保留时间的差与两峰底宽平均值之比表示：

$$R_s=\frac{t_{R_2}-t_{R_1}}{\frac{1}{2}(Y_1+Y_2)}=\frac{2(t_{R_2}-t_{R_1})}{Y_1+Y_2} \tag{35-23}$$

载气种类对柱效和分离度有影响。图 35-3 为 OV-101 WCOT（0.25mm×25m）毛细管色谱柱柱效曲线；图 35-4 是用 SE-52 石英 WCOT（0.25mm×15m）毛细管柱，在 150℃恒温下分别使用 N_2、He、H_2 作载气分离 n-十七烷和姥鲛烷的情况。

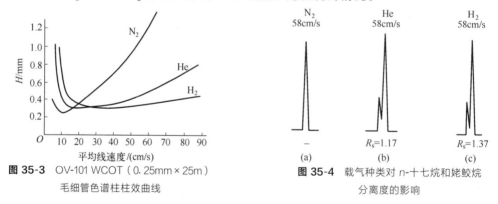

图 35-3 OV-101 WCOT（0.25mm×25m）
毛细管色谱柱柱效曲线

图 35-4 载气种类对 n-十七烷和姥鲛烷
分离度的影响

结合图 35-3、图 35-4 可以看出：使用 H_2，可选择更大的线速度，提高分析速度；使用 N_2，当线速度达 58cm/s 时，则要损失峰分离度。可见，只用柱效或柱选择性不能全面反映组分在色谱柱中的分离情况。

一般来说，当 $R_s<1$ 时，两峰总有部分重叠；$R_s=1$ 时，两峰可明显分离；$R_s=1.5$ 时，两峰完全分离。当然，R_s 越大，分离效果越好，但要延长分析时间。

③ 选择性 代表柱中固定相类型。在色谱法中，常用色谱图上两峰间的距离衡量色谱柱的选择性，距离越大说明色谱柱的选择性越好。一般用选择因子 α 表示两组分在给定色谱柱上的选择性。色谱柱的选择性主要取决于组分在固定相上的热力学性质。

表 35-2 提供了常用固定液的极性。可根据"相似相溶"规则，即按试样的极性与固定液的极性相当来选用固定液，以增大分子间作用力，提高选择性，保证分离效果。

表 35-2 常用固定液的极性

固定液	相对极性	级别	固定液	相对极性	级别
角鲨烷	0	−1	25%氰乙基-甲基硅酮(XE-60)	52	+3
阿皮松	7~8	+1	PEG-20M	68	+3
甲基硅酮(SE-30),二甲基硅脂(OV-1)	13	+1	PEG-600	74	+4
己二酸二辛酯	21	+2	己二酸二乙二醇酯	80	+4
邻苯二甲酸二壬酯	28	+2	双甘油	89	+5
聚苯醚	45	+3	β,β'-氧二丙腈	100	+5

注：各种固定液的相对极性值在 0~100 之间，可将其分为五级，每 20 单位为一级。级别在 0~+1 为非极性固定液，+1~+2 为弱极性固定液，+3 为中等极性固定液，+4~+5 为强极性固定液。

表 35-3 列出了实际分析中常用的固定液的麦氏常数和及最高使用温度，供参考。

表 35-3 常用固定液的麦氏常数和及最高使用温度

固定液名称		型号	麦氏常数和	最高使用温度/℃
角鲨烷		SQ	0	150
甲基硅油或甲基硅橡胶		SE-30[①],OV-101,SP-2100,SF-96	205~229	350
苯基甲基聚硅氧烷	10%	OV-3	423	350
	20%	OV-7	592	
	50%	OV-17[①],DC-710,SP-2250	827~884	375
	60%	OV-22	1075	350
三氟丙基(50%)甲基聚硅氧烷		OV-210,QF-1[①],SP-2401	1500~1520	275
β-氰乙基(25%)甲基聚硅氧烷		XE-60	1785	250
聚乙二醇-20000		Carbowax-20M[①]	2308	225
聚己二酸二乙二醇酯		DEGA	2764	200
聚丁二酸二乙二醇酯		DEGS[①]	3504	200
1,2,3-三(2-氰乙氧基)丙烷		TCEP	4145	175

① 使用概率高。

注:按某些特征常数对固定液进行分类,最常用的是麦氏常数分类法。通常固定液麦氏常数和越大,其极性越强。

35.2 气相色谱仪

35.2.1 气相色谱仪的结构

国内外气相色谱仪的型号和种类虽然很多，但主体结构均由气路、进样、分离、温控、检测和记录等系统组成。如图 35-5 所示。

（1）气路系统　气相色谱仪气路系统的气密性、载气流量的稳定性及其准确性，对色谱分析结果影响很大。

气相色谱中常用载气主要有氦气（He）、氮气（N_2）、氢气（H_2）或混有甲烷（CH_4）的氩气（Ar），其作用是传输样品通过整个系统。可根据特定的使用要求及所选用的检测器的类别来选择载气。气体通常由压缩钢瓶提供，也可选择气体发生器产生气体。

注：无论哪种方式提供，均需惰性、干燥、纯净。连接气体的管路只能用不锈钢管（或铜管）。使用前管子应用溶剂如甲醇清洗，并使用载气干燥（建议在所有气体管路中使用分子筛干燥器）。过滤器或净化管应定期更换，并注意净化管的位置。管路周围的温度改变和振动可导致接头泄漏，应定期进行所有外加接头的检漏工作。

气相色谱仪有两种气路形式：单柱单气路和双柱双气路。前者适用于恒温分析，一些简

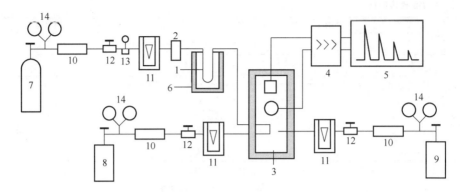

图 35-5 气相色谱仪（配氢火焰离子化检测器）结构示意图

1—色谱柱；2—进样口气化室；3—氢火焰离子化检测器；4—微电流放大器；5—数据处理系统；6—恒温柱箱；
7—氮气钢瓶（或氮气发生器）；8—氢气钢瓶（或氢气发生器）；9—空气发生器；10—气体干燥管；
11—气体流量计；12—稳压阀；13—稳流阀；14—气压表

单的气相色谱仪属于这种类型。后者适用于程序升温，且能补偿固定液的流失并使基线稳定。目前多数气相色谱仪属于这种类型，其气路如图 35-6 所示。

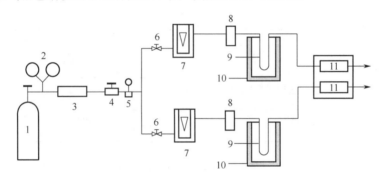

图 35-6 补偿式双气路结构示意图

1—载气（高压钢瓶）；2—压力表（减压阀）；3—净化器；4—稳压阀；5—稳流阀；6—针形阀；
7—转子流量计；8—进样口气化室；9—色谱柱；10—恒温柱箱；11—检测器

载气纯度越高，色谱分离效果越好。为此，气相色谱仪需配备高效气体纯化装置——净化器，以进一步提高载气纯度。常用净化剂有活性炭、硅胶和分子筛、105 催化剂，它们可分别除去烃类物质、水分、氧气。

① 气体净化　由于样品需用载气携带进入色谱柱进行分离，然后进入检测器对各组分进行定量，所以载气的纯度至关重要，且对于防止色谱硬件的性能下降也十分重要。载气中的污染物对色谱柱的寿命以及被分析物的检测都有很大影响，如出现干扰峰、色谱柱固定相流失、损坏色谱柱甚至检测器。即使使用超纯净的气体，也要在安装过程中控制灰尘进入。尤其是用空气压缩机和气体发生器产生的气体，更需要及时处理容易产生积累或污物的地方。

气相色谱分析时，如使用高纯度气体，净化气体的作用还不明显，但若气体纯度不够，净化气体对保护气相色谱柱和检测器的作用就非常大；如果气体净化系统净化能力低，气体纯度又不高，则气相色谱柱的性能会很快大幅度下降，毛细管柱在高温下与氧气和水分持续接触，其分离性能会迅速下降。

为保证色谱分离的质量，延长色谱柱的使用寿命，保护仪器，气体净化就显得非常必要。

因为气体净化可以除去载气和检测器气体中的有害杂质，包括气体中的水分、氧气和烃类。

气体净化主要包括对微量水分的吸附、氧气的清除和烃类的清除。载气净化通常可以使用在线气体净化剂、气体净化系统或组合捕集阱（水分、氧气和烃类捕集阱）；检测器气体净化根据实际需要，可参考表 35-4 选用。

表 35-4 气体净化捕集阱选用参考

净化对象	选用捕集阱	净化对象	选用捕集阱
FID 检测器尾吹气、空气和氢气	烃类捕集阱	ELCD 检测器反应气	烃类捕集阱
ECD 检测器尾吹气	水分捕集阱、氧气捕集阱	MS 载气	水分、氧气和烃类组合捕集阱，氧气指示捕集阱

② 各种捕集阱的性能及作用机理

a. 水分捕集阱　水分捕集阱根据吸附剂和指示材料的不同，分为可重新填充的水分捕集阱、S 型水分捕集阱和大容量水分捕集阱三种。水分捕集阱有玻璃材质和塑料材质之分，前者不易污染，但都可耐受约 1.03MPa（150psi）的压力。水分捕集阱吸水容量为 16.3～36g，通过水分吸湿处理后流出的气体含水量仅（6～18）$\times 10^{-9}$g。吸附剂通过干燥除水后可重复使用，利于节约，但在干燥和重新填装时一定要注意净化原则；否则，吸附剂干燥了，但不再干净了，同样影响色谱分离的质量。

b. 烃类捕集阱　主要除去气体中的有机物，如碳氢化合物和卤代烃，吸附剂是优质活性炭或碳质材料过滤介质。活性炭除吸附有机物外，还可吸附少量水分。对于毛细管色谱级烃类化合物捕集阱，通常用高纯氦气吹净其微尘炭颗粒的高效活性炭填装。

c. 氧气捕集阱　多数氧气捕集阱可将氧气浓度降至（15～20）$\times 10^{-9}$g 以下。标准氧气捕集阱的容量约为每 100mL 体积捕集 30mg 氧气。氧气捕集阱还可以从气流中除去某些小分子有机物和含硫化合物，可承受 13.7MPa（2000psi）高压。

根据使用要求，也可配备超净气体过滤系统，能够最大限度地消除污染物进入气流的可能性。

应该说目前使用气相色谱的关键有三方面：样品净化，在不丢失样品组成成分的前提下，样品处理得越纯净越好（含杂质少）；微量进样器的净化，对含水分高的样品如蒸馏酒等，最好一个样品用一支微量注射器，微量注射器用后用有机溶剂清洗、去离子水清洗，干燥待用；气体净化系统的合理配备与使用。

（2）进样系统　进样系统包括进样口、阀、顶空进样和吹扫捕集装置。进样口的作用是使样品瞬间气化、进入载气流中。进样口有几种类型，见表 35-5，最常用的是分流/不分流进样口。

表 35-5 进样口类型

序号	进样口类型	序号	进样口类型
1	分流/不分流	4	程序升温气化
2	隔垫吹扫填充	5	挥发
3	冷柱头		

进样口能使样品以一种可重复、可再现的方式楔入到色谱柱中，所以进样量、进样时间、试样气化速度都会影响色谱的分离效率和分析结果的准确性及重现性。进样口的日常使用需注意：定期更换进样垫，使用最低可用温度，使用干净衬管，使用干净进样针等。

进样器有手动进样器和自动进样器两种。液体试样用微量注射器手动进样，规格有 $1\mu L$、$5\mu L$、$10\mu L$ 和 $50\mu L$ 不等；气体试样用旋转式六通阀定量进样。

（3）分离系统　色谱柱是气相色谱仪分离系统的核心，试样中各组分的分离在这里完成。气相色谱柱有填充柱和毛细管柱两种，目前大多用毛细管色谱柱。但像永久性气体分析这样的特殊应用，仍旧选择填充柱，因其优势领域是气体分析。在填充柱中，液体固定相附着在固体支撑物上；而在毛细管色谱柱中，液体固定相附着在柱内壁上。

自从 0.53mm 大口径毛细管柱出现后，大大减小了填充柱与毛细管柱在样品容量上的差别，检测器敏感度的提高也降低了大样品量的需求。对众多样品分析，毛细管柱有很高的效率，从而极大改善了峰的分离，毛细管柱分离能力之强，使许多分析在非常短的时间内即可完成。故通常推荐使用毛细管柱。

色谱柱材料尽可能选用惰性材料，以免分析物被吸收，尤其对微量分析或有可能拖尾严重的化合物。熔融石英是毛细管柱理想的选择材料。熔融石英毛细管柱有两种基本类型：壁涂开口柱（WCOT柱）和多孔层开口柱（PLOT柱）。WCOT柱的固定相是涂渍到脱活柱壁的液膜，在气相色谱中最常用。PLOT柱的固定相是涂渍到柱壁的固体物质上。填充柱可以是玻璃或不锈钢材质，金属尽管内部有活性，却比较耐用且适用于非极性物质；但如果样品是极性的，则应选用玻璃柱。目前毛细管柱规格有内径 0.10～0.53mm，长度 20～105m；填充柱规格有内径 2～4mm，长度 1～10m。毛细管柱柱形多为螺旋形，为了减小跑道效应，其螺旋直径与柱内径之比为 (15:1)～(25:1)。色谱柱的分离效果除与柱长、柱径和柱形有关外，还与所选用的固定相和柱填料的制备技术以及操作条件等因素有关。

通常情况下，可使用表 35-6 所示的推荐值来确定不同类型色谱柱的载气最佳流量及线速度。

表 35-6　不同类型色谱柱的载气最佳流量及线速度

类型	毛细管柱		填充柱		
	载气最佳流量 /(mL/min)	载气最佳线速度 /(cm/s)	柱内径/mm	载气最佳流量 /(mL/min)	载气最佳线速度/(cm/s)
大口径(0.53mm)	3～5	22～38	6.35	50～60	2.6～3.2
粗径(0.32mm)	1～3	20～41	3.175	20～30	4.2～6.3
细径(0.20mm)	0.5～1	21～32			
快速(0.10mm)	0.2～0.5	42～106			

表 35-6 列出了与柱内径相关的载气最佳流量和最佳线速度范围。欲提高柱效，可使用内径更小的色谱柱；减小固定相粒径或固定相液膜厚度；减小进样量；选用更长的色谱柱；使用程序升温改善后流出组分峰形。

① 气相色谱毛细管柱的老化　第一次使用的毛细管色谱柱，需进行老化——核实确有载气通过，将柱温箱缓慢程序升温（5℃/min）至老化温度，老化温度参照色谱柱使用说明书，通常推荐老化温度为（推荐最高使用温度＋应用中使用的最高温度)/2；初次老化时间不应少于 4h；老化色谱柱时，不能将色谱柱接在检测器上，而是排空，同时将检测器入口

端用堵头塞紧。色谱柱使用一段时间后，本底较高或色谱柱受到污染，可在比推荐最高使用温度低 20℃ 的条件下，老化 2h 以上。

填充柱应比毛细管柱更经常和更严格地进行老化。

② 色谱柱的保存 色谱柱不用时要安全地保存起来，切忌划伤（高温加热可能使之从划伤处断裂）；堵上柱两端，保护柱中的固定液不被氧气和其他污染物污染。

（4）温控系统 温控系统主要用于设定和控制气化室、柱温箱、检测器的温度。温度是气相色谱分析中的主要影响因素之一，它直接影响色谱柱的选择性、分离效率和检测器的灵敏度及稳定性。

早期生产的气相色谱仪，多采用可控硅温度控制器连续控制柱箱的温度。沸点范围较宽的试样，可用程序升温分析，即在一个分析周期内，柱箱温度连续地随时间由低温向高温线性或非线性变化，使沸点不同的组分在其最佳柱温下流出，从而改善分离效果，缩短分析时间。

气化室的温度应使试样瞬时气化而又不分解，应比色谱柱温度高 10～50℃。由于所有检测器对温度的变化都很敏感（除氢火焰离子化检测器外），尤其是热导检测器，温度的微小变化都会影响检测器的灵敏度和稳定性，因此，检测器的温度控制精度要求小于 ±0.1℃。

（5）检测器 检测器是识别与载气不同的组分的存在，并将此信息转化为电信号的装置。气相色谱检测器有以下几种：热导检测器（TCD），载气中的组分通过时，热丝温度升高，使电阻增大；氢火焰离子化检测器（FID），组分在氢火焰中燃烧产生离子，被收集并转化为电流；电子捕获检测器（ECD），当电负性物质通过检测器时，捕获低能量的热电子，使池电流降低；氮磷检测器（NPD），在富含碱金属盐蒸气的火焰中，N、P 组分产生增加的电流；火焰光度检测器（FPD），含 S、P 组分在产生化学发光元素的火焰中燃烧，根据选择波长监控；电导检测器（ELCD、HALL），含卤素、S 或 N 组分在反应管中与反应气体混合，产物与适当的液体混合，产生导电溶剂；光离子化检测器（PID），组分分子被从一紫外灯发射的光子激发，离子化，电荷粒子被收集产生电流；质谱检测器（MSD），组分分子被电子轰击产生碎片，进入质量滤器，通过离子的质荷比而被过滤；红外检测器（IRD），组分分子吸收红外线能量，其频率是该分子结构的特征值；原子发射检测器（AED），组分分子从一等离子体气源获得能量被分离为激发态原子，当电子回到基态时就会发出特征光。

最常用的气相色谱检测器是氢火焰离子化检测器和质谱检测器。

检测器响应指标主要指灵敏度、选择性和动态范围。

① 灵敏度 单位含量样品的响应，即响应值与含量构成的直线的斜率，直线斜率的最小值定义为最低检测限。检测器灵敏度定义为信号与噪声的比（简称信噪比）。

② 选择性 指检测器对某类化合物是否有响应。

③ 动态范围 指含量与响应值有良好对应关系的曲线段，即检测器提供的能正确定量的样品浓度范围。

不同检测器具有的灵敏度水平不同，图 35-7 为常见检测器灵敏度范围比较。

下面介绍几种常用检测器的原理及结构。

① 热导检测器（thermal conductivity detector，TCD） TCD 是一种非破坏性的浓度型检测器，具有结构简单，性能稳定，线性范围宽，对无机物、有机物都有响应且灵敏度适宜的特点，在气相色谱中得到广泛的应用。TCD 有一个电加热的热丝，因此热丝比检测器池

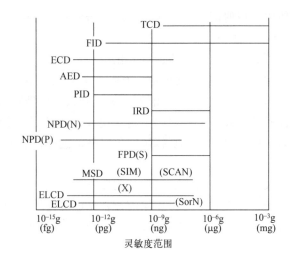

图 35-7 常见检测器灵敏度范围比较

体温度高。TCD 主要是比较两种气流的热导率的变化——纯载气（也叫参比气）和携带样品组分的载气（也叫柱流出物）。当参比气和柱流出气交替通过时，热丝温度保持恒定。当载气中有样品时，若要再保持热丝温度恒定，则其电流就会有变化。两种气流在热丝上定时切换，电流的差别被测量并记录下来。

因为在检测过程中 TCD 不会破坏样品，所以这种检测器可与氢火焰离子化检测器和其他检测器串联。图 35-8 是热导检测器的结构图。

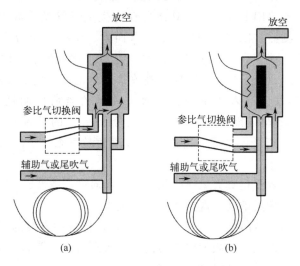

图 35-8 热导检测器的结构示意图

图 35-8 是一个单丝的 TCD，图中给出了参比气和柱流出物的流向，两种气流的切换由参比气切换阀控制。图（a）中柱流出物转向旁边通道，热丝被参比气包围；图（b）中柱流出物转向热丝通道，如有样品存在，热导率根据载气类型升高或下降。设定正确的流速，可以得到最大的灵敏度。参比气和柱流出物任何一个流速过高，都将导致灵敏度损失。

影响热导池灵敏度的因素有桥路电流、载气、池体温度等。一般来说，热导池的灵敏度和桥路电流的三次方成正比。因此，提高桥路电流可大幅度提高灵敏度。但电流过大，也会造成噪声增大，基线不稳，数据精度降低，甚至使金属丝氧化损坏。

通常载气与试样的热导率相差越大，灵敏度越高。由于被测组分的热导率一般都比较小，故应选用热导率大的载气。常用载气的热导率顺序为 $H_2 > He > N_2$。用 He（或 H_2）作为载气时，样品引起热导率下降；载气使用 N_2 时，由于大多数物质都比 N_2 的传导性好，所以热导率通常上升。在使用热导检测器时，为提高灵敏度，多选用 H_2 作载气。

当桥路电流和热丝温度一定时，如降低池体温度，将使池体与热丝的温度差变大，从而提高热导检测器的灵敏度，但检测器的温度要高于柱温以防组分在检测器内冷凝。

TCD 操作推荐气体流量见表 35-7。

表 35-7　TCD 操作推荐气体流量

气体种类		流量范围/(mL/min)
载气（H_2、He、N_2）	毛细管柱	1～5
	填充柱	10～60
参考气（与载气种类相同）		15～60
毛细管柱尾吹气（与载气种类相同）	毛细管柱	5～15
	填充柱	2～3

TCD 使用推荐温度：低于 150℃时不能开启灯丝，高于柱温 30～50℃以防组分在检测器内冷凝。

使用 TCD 时，如有基线漂移、噪声增大，对测试色谱图响应改变，检测器很可能被柱流出的沉积物或不纯净的样品污染。一般的维护方法按以下步骤进行：关闭检测器；将色谱柱从检测器上取下并处理好其接口部位；设定参比气流速为 20～30mL/min，检测器温度为 400℃；热清洗运行数小时，将系统冷却至正常操作温度。

② 氢火焰离子化检测器（flame ionization detector，FID）　FID 是一个破坏性、质量型检测器。它具有结构简单、灵敏度高、死体积小、响应快、线性范围宽、稳定性好等优点，是目前常用的检测器。该检测器对含碳有机化合物有响应，对永久性气体、H_2O、CO、CO_2、氮的氧化物、硫化物等不产生信号或者信号极弱。

FID 将从色谱柱流出的样品和载气通过氢气-空气火焰。氢气-空气火焰本身只产生少许离子，但当有机化合物燃烧时，产生的离子数量增加。极化电压将这些离子吸收到火焰附近的收集极上，产生的电流与燃烧的样品量成正比。此电流可被电流计检测并转换成数字信号，送到输出装置。图 35-9 为 FID 的结构示意图。

毛细管柱要安装在检测器里面被推进喷嘴。柱流出物被送至喷嘴顶部，氢气向上围绕在柱外部（见图 35-10），这样可使分析物与喷嘴的金属内壁接触最小。不正确的安装将导致灵敏度丧失。

要优化检测器灵敏度，应清楚影响检测器性能的变量（见图 35-11）。载气的分子量越大，灵敏度越高，因此氮气比氢气的灵敏度稍高。随着氢气流量的增大，灵敏度上升至一个值，然后开始下降。因此，最优的灵敏度是达到曲线顶点的值。空气流速增大，灵敏度上升，然后稳定。应尽量在稳定开始时操作，以节约空气。用于获得最优化的实际值应取决于特定的分析需要。

FID 操作推荐气体流量见表 35-8。

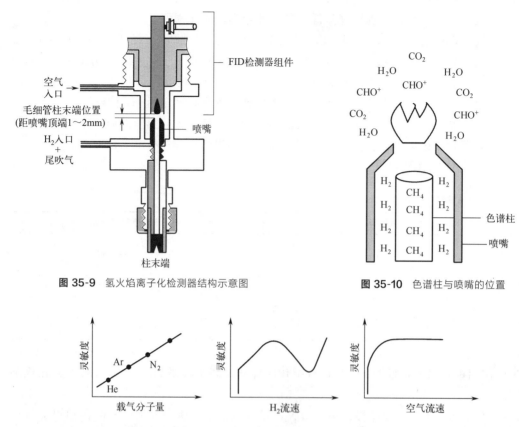

图 35-9 氢火焰离子化检测器结构示意图

图 35-10 色谱柱与喷嘴的位置

图 35-11 影响氢火焰离子化检测器灵敏度的变量

表 35-8 FID 操作推荐气体流量

气体种类		流量范围/(mL/min)	推荐流量/(mL/min)
载气（H_2、He、N_2）	毛细管柱	1～5	
	填充柱	10～60	
检测器支持气	H_2	24～60	40
	空气	200～600	450
柱流量与尾吹气加合		10～60	50

FID 操作推荐温度：不能低于 150℃，否则火焰无法点燃；应高于柱温 20℃。

FID 收集极和喷嘴要定期清洗或更换，即使 FID 能正常工作，在喷嘴内也会产生沉积物，降低灵敏度并引起色谱噪声和信号出刺。推荐使用超声波清洗器清洗收集极和喷嘴，然后用热水冲洗，再用少量甲醇清洗后以空气吹干。

③ 电子捕获检测器（electron capture detector，ECD） ECD 选择性较强，对含电负性的物质，如卤素、S、P、N 有响应，且电负性越强，检测灵敏度越高，检测限可达 10^{-11} mg/mL，是目前使用较多的检测器。图 35-12 是电子捕获检测器的结构示意图。由放射源发射的 β 射线轰击载气分子使之失去外层电子，在阳极形成基础电流。高能电子被载气及尾吹气分子撞击而失去部分能量成为低能量的电子，可被电负性强的样品分子所捕获。

ECD 是高灵敏度和高选择性的检测器，可用来分析痕量的具有电负性元素的组分，如卤化物、氮族化合物、共轭双键化合物等。电子捕获检测器是浓度型检测器，其线性范围较

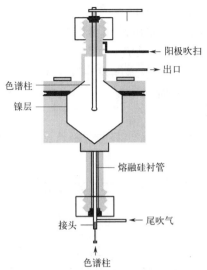

图 35-12 电子捕获检测器结构示意图

窄（$10^2 \sim 10^4$），在定量分析时需特别注意。

ECD 的操作要求：气体方面，使用 N_2 或含 5% CH_4 的 Ar 作为尾吹气和阳极吹扫气，载气与尾吹气和阳极吹扫气必须足够干燥且去除氧气，即所有气体管路都应使用脱水、脱氧装置；检测器温度应高于柱温的最高温度，以免色谱峰拖尾，同时防止检测器污染。

ECD 操作推荐气体流量见表 35-9。

表 35-9 ECD 操作推荐气体流量

气体类型		推荐的流量范围 /(mL/min)	推荐流量 /(mL/min)	备注
载气	毛细管柱(H_2、N_2 或 Ar-CH_4)	0.1~20		取决于柱内径
	填充柱(N_2 或 Ar-CH_4)	30~60		
毛细管柱尾吹气	N_2 或 Ar-CH_4	20~150	60	常用 50~60mL/min
阳极吹扫气（与尾吹气种类相同）	EPC 检测器　毛细管柱	尾吹气的 10%	6	
	EPC 检测器　填充柱	3~6		
	non-EPC 检测器　毛细管柱	尾吹气的 6%~7%		
	non-EPC 检测器　填充柱	3~6		

注：EPC 指电子压力控制。

④ 氮磷检测器（NPD）　NPD 对含磷、氮的有机化合物有响应，它对磷原子的响应比对氮原子的响应大 10 倍，比对碳原子的响应大 $10^4 \sim 10^6$。NPD 对含氮、含磷化合物的检测灵敏度，是氢火焰离子化检测器的 50 倍和 500 倍。因此，NPD 可以测定含痕量氮和磷的有机化合物（如许多含磷农药和杀虫剂），是高灵敏度、高选择性、宽线性范围的新型检测器。图 35-13 是氮磷检测器的结构示意图。

NPD 的结构与氢火焰离子化检测器相似，只是在喷嘴与收集极之间加一个热的陶瓷源——铷盐珠，样品经载气携带经过一个氢气/空气等离子体。低的

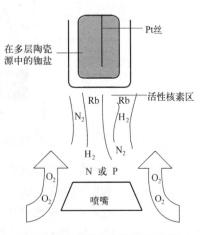

图 35-13 氮磷检测器的结构示意图

氢气/空气比不能维持火焰，使碳氢化合物的电离减至最小，而铷珠表面的碱盐离子促进有机氮或有机磷化合物的电离。输出的电流与收集到的离子数成正比。用静电计测量并将其转化为数字形式传送至输出装置。

NPD对操作要求极其严格，检测器温度须保持在150℃以上，样品须清洁，检测器不用时关闭铷珠。NPD稳定性差，同时碱金属在使用过程中不断损失，需经常调整，以保证一定的灵敏度。

NPD操作推荐气体流量见表35-10。

表 35-10　NPD操作推荐气体流量

气体类型		推荐流量/(mL/min)	备注
载气(He、N₂、H₂)	毛细管柱	依据柱内径不同选择最佳流量	H₂作载气时流量应低于3mL/min；尾吹气最好用He
	填充柱	20~60	
检测器气体	H₂	3(最大到5)	
	空气	60	
	毛细管柱尾吹气(He、N₂)	关闭	

NPD的收集极切忌用极性溶剂清洗，尤其是用水清洗，否则容易溶掉铷珠上的铷盐；可用己烷或异辛烷清洗，然后使用压缩空气或氮气吹干。喷嘴用甲醇-丙酮（1+1）超声波清洗，用压缩空气或氮气吹干并在70℃柱温箱中烘烤至少30min。NPD内可能积水，可调节检测器温度至100℃保持30min；然后设定检测器温度为150℃，并再保持30min。

⑤ 火焰光度检测器（flame photometric detector，FPD）　又叫硫磷检测器，是应用火焰光度法原理检测含硫、磷的有机化合物的检测器，具有高选择性和高灵敏度。含硫、磷的有机化合物在富氢焰中反应，形成具有化学发光性质的 S_2^*、HPO碎片，分别发射出波长为394nm、526nm的特征光。双光路火焰光度检测器可同时检测硫、磷化合物。图35-14是火焰光度检测器的结构示意图。

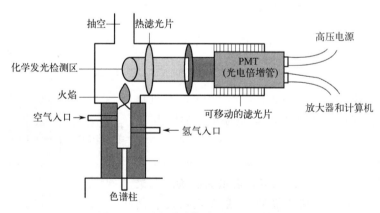

图 35-14　火焰光度检测器的结构示意图

在火焰光度检测器上，有机硫、有机磷的检测限比碳氢化合物低10000倍，因此可以排除大量的溶剂峰和碳氢化合物的干扰，极有利于检测含痕量硫、磷的化合物，但是火焰光度检测器在检测线性范围上要比硫化学发光检测器差。在气相色谱仪中，应用火焰光度法检测卤素、N、Sn、Cr、Se及Ge等元素。

FPD 的操作要求：检测器温度不能低于 120℃，否则气体会关闭；但操作温度也不能超过 250℃。使用 FPD，气体必须保证足够的洁净度，才能保持检测器恒定的响应；同时由于大部分含硫、磷的物质都有化学活性点，所以进样系统和色谱柱也必须保持非常干净。FPD操作推荐气体流量见表 35-11。

表 35-11　FPD 操作推荐气体流量

气体类型		推荐流量范围/(mL/min)		备注
		S	P	
载气	毛细管柱	1～5		取决于色谱柱内径
	填充柱	10～60		
检测器气体	H_2	50	150	
	空气	60	110	
	柱＋尾吹气	60		

表 35-12 列出 4 种常用检测器的性能比较。

表 35-12　4 种常用检测器的性能比较

项　目	热导检测器	氢火焰离子化检测器	电子捕获检测器	火焰光度检测器
灵敏度	10^4 mV·mL/mg	10^{-2} C/g	800A·mL/g	400C/g
检测限/(mg/mL)	2×10^{-6}	10^{-10}	10^{-11}	10^{-8}(S) 10^{-9}(P)
最小检测浓度/(ng/mL)	100	1	0.1	10
线性范围	10^4	10^7	$10^2 \sim 10^4$	10^3
最高温度/℃	500	约 1000	350(^{63}Ni)	270
进样量/μL	1～40	0.05～0.5	0.1～10	1～400
载气流量/(mL/min)	1～1000	1～200	10～200	10～100
试样类别	所有物质	含碳有机物	多卤、亲电子物	硫(S)、磷(P)化合物
应用范围	无机气体、有机物	有机物、痕量分析	农药、污染物	农药残留、大气污染

（6）数据采集设备　数据采集设备大多是一台 PC 机，通过软件将检测器信号转换成色谱图记录下来。也可用积分仪。

35.2.2　气相色谱仪的工作流程

气相色谱仪用于分离分析试样的基本过程如图 35-6 所示。由高压钢瓶 1 供给的流动相载气，经减压阀 2、净化器 3、稳压阀 4、稳流阀 5 和转子流量计 7 后，以稳定的压力、恒定的流速连续通过气化室 8、色谱柱 9、检测器 11，最后气流流经皂膜流量计放空。气化室与进样口相连接，其作用是将从进样口注入的液体试样瞬时气化为蒸气，以便由载气携带进入色谱柱中进行分离。分离后的试样随载气依次进入检测器。检测器将各组分的浓度（或质量）变化转变为电信号。电信号经放大后，由记录器记录下来，即得到色谱图。

35.3 气相色谱的应用

35.3.1 定性和定量分析

色谱法是分离性质十分相近的化学物质的重要方法，而且可对分离后的各组分直接进行定性和定量分析。色谱仪是分离复杂混合物的有效工具，如果将色谱与质谱或其他光谱法联用，则是目前解决复杂混合物中未知物定性分析的最有效的技术。

（1）定性分析　用气相色谱法进行定性分析，就是确定色谱图上每个色谱峰所代表的物质。具体说就是根据保留值或与其相关的值来进行判断，包括保留时间、保留体积、保留指数和相对保留值等。但应指出，在许多情况下还需结合化学方法或仪器方法，才能准确判断某组分是否存在。

① 用已知物对照进行定性　当有待测组分的纯品试样时，用对照法进行定性极为简单。通常可采用单柱比较法、双柱比较法或峰高加入法。单柱比较法是在相同的色谱条件下，分别对已知纯样及试样进行色谱分析，得到两张色谱图，然后比较其保留时间或保留体积，或比较换算为以某一物质为基准的相对保留值。当两者保留值相同时，即可认为试样中有纯样组分存在。双柱比较法是在两个极性完全不同的色谱柱上，按照单柱定性的方法，测定纯样和待测组分在每一根色谱柱上的保留值。如果都相同，则可准确地判断试样中有与此纯样相同的物质存在。可见，双柱法比单柱法更为可靠，因为有些不同的化合物可在某一固定液上表现出相同的色谱性质。峰高加入法是将已知纯样加入待测组分后再进行一次分析，然后与原来的待测组分的色谱图进行比较，若前者的色谱峰增高，则可认为加入的已知纯物质与试样中的某一组分为同一化合物。当进样量很低时，如峰不重合，峰中出现转折或半峰宽变宽，则可确定试样中不含与所加已知纯物相同的化合物。

② 用经验规律和文献值进行定性　当没有待测组分的纯品时，可用文献值进行定性，或者用气相色谱中的经验规律进行定性。

③ 碳数规律　实验证明，在一定温度下，同系物的调整保留时间的对数与分子中的碳原子数呈线性关系：

$$\lg t_R' = A_1 n + C_1 \tag{35-24}$$

式中　A_1，C_1——常数；

$\qquad n$——分子中的碳原子数，$n \geqslant 3$。

该式说明，如果知道某一同系物中两个或更多组分的调整保留值，则可根据上式推知同系物中其他组分的调整保留值。

④ 沸点规律　同族具有相同碳链的异构体化合物，其调整保留时间的对数与其沸点呈线性关系：

$$\lg t_R' = A_2 T_b + C_2 \tag{35-25}$$

式中　A_2，C_2——常数；

$\qquad T_b$——组分的沸点，K。

由此可见，根据同族同数碳链异构体中几个已知组分的调整保留时间的对数值，就能求得同族中具有相同碳数的其他异构体的调整保留时间。

目前文献上报道的定性分析数据，主要是相对保留值和保留指数。

保留指数（retention index）用 I 表示。它规定：正构烷烃的保留指数为其碳数乘 100。如正己烷和正辛烷的保留指数分别为 600 和 800。至于其他物质的保留指数，则可采用正构烷烃为参比物进行测定。测定时，将碳数为 n 和 $n+1$ 的正构烷烃加于试样中进行分析。若测得它们的调整保留时间分别为 $t'_{R(n)}$、$t'_{R(n+1)}$，且 $t'_{R(n)} < t'_{R(x)} < t'_{R(n+1)}$ 时，则组分 x 的保留指数可按下式计算：

$$I_x = 100 \times \left[n + \frac{\lg t'_{R(x)} - \lg t'_{R(n)}}{\lg t'_{R(n+1)} - \lg t'_{R(n)}} \right] \tag{35-26}$$

同系物组分的保留指数之差一般应为 100 的整数倍。一般来说，除正构烷烃外，其他物质保留指数的 1/100 并不等于该化合物的含碳数。

红外光谱与质谱的定性能力都很强，现在常用气相色谱与傅里叶红外光谱联用（GC-FTIR）、气相色谱与质谱联用（GC-MS）定性。

（2）定量分析　峰面积大小不易受操作条件（如柱温、流动相的流速、进样速度等）影响，因此峰面积更适于用作定量分析的参数。

在一定的色谱条件下，组分 i 的质量（m_i）或其在流动相中的浓度，与检测器响应信号（峰面积 A_i 或峰高 h_i）成正比：

$$m_i = f_i^A A_i \quad \text{或} \quad m_i = f_i^h h_i \tag{35-27}$$

式中　f_i^A，f_i^h——绝对校正因子。

则

$$f_i^A = \frac{m_i}{A_i} \quad \text{或} \quad f_i^h = \frac{m_i}{h_i} \tag{35-28}$$

可见，绝对校正因子是指某组分 i 通过检测器的量与检测器对该组分的响应信号之比。m_i 用质量（g）、物质的量或体积表示时，相应的校正因子分别称为质量校正因子（f_m）、摩尔校正因子（f_M）和体积校正因子（f_V）。

很明显，绝对校正因子受仪器及操作条件的影响很大，应用受到限制；在定量分析中，常用相对校正因子。

相对校正因子是指组分 i 与基准组分 s 的绝对校正因子之比，即

$$f_{is}^A = \frac{f_i^A}{f_s^A} = \frac{A_s m_i}{A_i m_s} \tag{35-29}$$

或

$$f_{is}^h = \frac{f_i^h}{f_s^h} = \frac{h_s m_i}{h_i m_s} \tag{35-30}$$

式中　f_{is}^A——组分 i 以峰面积为定量参数时的相对校正因子；

　　　f_{is}^h——组分 i 以峰高为定量参数时的相对校正因子；

　　　f_s^A——基准组分 s 以峰面积为定量参数时的绝对校正因子；

　　　f_s^h——基准组分 s 以峰高为定量参数时的绝对校正因子；

　　　m_s——基准组分 s 的质量。

相对校正因子是一个无量纲量，但其数值与采用的计量单位有关。一般文献上提及的校正因子，多指相对校正因子。

（3）定量方法　色谱法多采用面积百分比法（或峰高百分比法）、外标法、内标法和归一化法进行定量分析。

① 面积百分比法　假设检测器响应都相同，所有组分都流出，所有组分都被检测到，则

$$面积百分比 = \frac{峰面积}{\sum 峰面积} \times 100\% \tag{35-31}$$

$$峰高百分比 = \frac{峰高}{\sum 峰高} \times 100\% \tag{35-32}$$

② 外标法　外标法的优点是只对欲分析的组分峰做校正，无需所有峰都检测到。其结果的准确度取决于进样的重现性和操作条件的稳定性。

$$含量 = 峰面积 \times 绝对校正因子 \tag{35-33}$$

③ 内标法　当只需测定试样中某几个组分，或试样中所有组分不可能全部出峰时可用内标法。即准确称取试样，加入一定量某种纯物质作为内标物，然后进行色谱分析，再由被测物和内标物在色谱图上相应的峰面积（或峰高）和相对校正因子，求出某组分的含量。根据内标法的校正原理，可写出下式：

$$\frac{A_i}{A_s} = \frac{f_{ss}^A}{f_{is}^A} \times \frac{m_i}{m_s} \tag{35-34}$$

则

$$m_i = \frac{A_i f_{is}^A m_s}{A_s f_{ss}^A} \tag{35-35}$$

故

$$w_i = \frac{m_i}{m} \times 100\% = \frac{A_i f_{is}^A m_s}{A_s f_{ss}^A m} \times 100\% \tag{35-36}$$

式中　w_i——被测组分的质量分数；

m_s——内标物的质量，g；

m——试样的质量，g；

A_i——被测组分的峰面积；

A_s——内标物的峰面积；

f_{is}^A——被测组分的相对质量校正因子；

f_{ss}^A——内标物的相对质量校正因子。

实际分析中，一般以内标物作为基准，即 $f_{ss}^A = 1$，此时上式可简化为：

$$w_i = \frac{A_i}{A_s} \times \frac{m_s}{m} \times f_{is}^A \times 100\% \tag{35-37}$$

内标物的选择标准：样品中不存在，容易得到，化学性质与样品相似，与样品有相同的浓度范围，不会与样品发生反应，在目标组分附近流出，可得到与其他组分分离度好的峰，色谱性质稳定。

④ 归一化法　归一化法是主要用于色谱法的一种定量方法。它是将试样中所有组分的含量之和按 100% 计算，以它们相应的色谱峰面积或峰高为定量参数，通过下列公式计算各组分的质量分数：

$$w_i = \frac{A_i f_{is}^A}{\sum\limits_{i=1}^{n} A_i f_{is}^A} \times 100\% \tag{35-38}$$

或

$$w_i = \frac{h_i f_{is}^h}{\sum\limits_{i=1}^{n} h_i f_{is}^h} \times 100\% \tag{35-39}$$

当各组分的 f_{is}^A（或 f_{is}^h）相近时，公式可简化为：

$$w_i = \frac{A_i}{\sum\limits_{i=1}^{n} A_i} \times 100\% \tag{35-40}$$

从上式可见，使用这种方法的条件是：经过色谱分离后，试样中各组分均能产生可测量的色谱峰。

归一化法的优点是简便、准确；操作条件（如进样量、流速等）变化，对分析结果影响较小。该方法常用于常量分析，尤其适合于进样量少而其体积不易准确测定的液体试样。但任何影响总峰面积的变化都会影响到各个峰的计算结果，而且给出的只是组分的相对含量。

表 35-13 是 4 种定量方法的比较。

表 35-13　4 种定量方法优缺点的比较

定量方法	优　　点	缺　　点
面积百分比法	无需校正,进样量要求不严格	检测器的响应必须一致,所有组分峰都需流出,所有组分峰都需被检测到,所有面积都需准确
归一化法	进样量要求不严格	所有组分都需流出,所有组分峰都需测定,必须校正所有的峰
外标法	校正检测器的响应,只对目标峰做校正,无需所有峰都流出,无需所有组分都被检测到,报告结果可选择不同的单位	进样量必须准确,仪器需要很好的稳定性
内标法	进样量要求不严格,只对目标峰做校正,校正检测器的响应,报告结果可选择不同的单位	必须在所有样品中加入一个组分,样品和标样的准备更加复杂

35.3.2　气相色谱分析故障排除

气相色谱分析主要借助于色谱峰（图），如色谱图异常，出现拖尾、前伸等，直接影响色谱定量结果。一般认为：色谱图前段发生问题，多由色谱柱以前的系统组件引起，如进样系统；色谱图后段发生问题，通常由色谱柱以后的系统组件引起，如检测器；若整张色谱图都有问题，则由色谱柱本身引起。

常见气相色谱故障如下。

（1）色谱峰拖尾　图 35-15 为正常色谱峰与拖尾色谱峰。

① 只有活性物质拖尾　应是色谱柱和/或石英衬管污染，由色谱柱和/或石英衬管的活性引起。

② 挥发性组分（出峰较早）拖尾　可能有溶剂效应、死体积、色谱柱安装问题、进样问题（样品进样欠佳）。

③ 低挥发性组分（出峰较晚）拖尾　色谱柱污染；存在冷却区（冷凝）；进样口温度太低。

④ 所有峰拖尾　可由以下因素导致：色谱柱严重污染；色谱柱中有固体碎屑；石英衬管里有固体颗粒；溶剂/固定相极性不匹配；色谱柱安装不正确；分流比太小；进样技术欠佳等。

引起色谱峰拖尾的其他原因还有：共流出，固定相、溶质和溶剂的极性不匹配以及化合物性质等。

色谱峰拖尾也可能是由于色谱柱过载，这时应减少进样量或将样品稀释 10 倍；或尝试换另一种色谱柱，最好用液膜更厚的色谱柱。

（2）前伸峰 图 35-16 是正常色谱峰与前伸色谱峰。

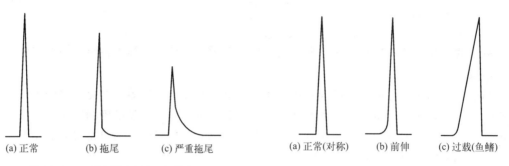

(a) 正常　　　　(b) 拖尾　　　　(c) 严重拖尾

图 35-15 正常色谱峰与拖尾色谱峰

(a) 正常(对称)　　(b) 前伸　　(c) 过载(鱼鳍)

图 35-16 正常色谱峰与前伸色谱峰

色谱柱安装水平、进样技术（重复性）、组分极易溶解于进样的溶剂、混合溶剂和共流出都可能引起前伸峰。

若色谱柱进样量过多，则可将样品稀释 10 倍后再进样；也可用固定液相同但液膜更厚的色谱柱或减少样品量（减小体积或增大分流比）来解决。

如有两个或更多的未分辨峰，可将柱温降低 20℃后再进样；若分离，说明可能有额外的组分，可选择更长的色谱柱。也可尝试用不同选择性或极性的色谱柱。

（3）裂分峰 图 35-17 是裂分峰色谱。

若所有峰都是裂分峰，可考虑以下原因：色谱柱安装问题（可重新安装，缩短色谱柱与进样口之间的距离）；进样技术；样品在进样针中仍有部分保留；混合溶剂或溶剂聚焦问题。

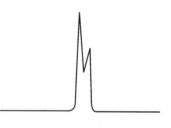

图 35-17 裂分峰色谱

若部分峰为裂分峰，则与样品在进样器中降解、混合溶剂、进样技术有关。裂分程度随保留增加而递减。

产生裂分峰也有检测器过载严重、柱温波动严重等其他原因。

处理裂分峰的方法：可降低柱温 20～30℃；提高进样口温度；检查并确认样品和溶剂的极性匹配情况（极性样品用极性溶剂）。

（4）鬼峰 鬼峰指即使不进样也出现峰，并且有样品进样时这些峰出现在真峰当中。

产生鬼峰的原因：柱头有污染物沉积；进样垫流失；进样口污染（前次进样在进样口或衬管有残留）；载气不纯；固定相和载气中的污染物发生反应。

解决办法：烘烤色谱柱然后空运行（无样品）；选用优质进样垫，整夜用将要运行的方法的最高温度烘烤柱温箱；选用优质气体、使用气体过滤器并定期更换；如果用分流/不分流进样，进样口底部密封垫可能会与样品反应，应选用镀金的进样口密封垫。

色谱图中还经常出现样品峰以外的峰，即进纯样品时出现多余的峰。产生原因：进样口过热，使样品组分降解；衬管和样品反应；衬管填充物有活性；样品保留在进样口太久；样品组分不稳定等。

处理方法：每次降低进样口温度 20℃，观察峰是否消失；选用去活衬管；去除填充物或选用无填充物的衬管；增加柱流速。

图 35-18 为鬼峰与鬼峰消除色谱图。

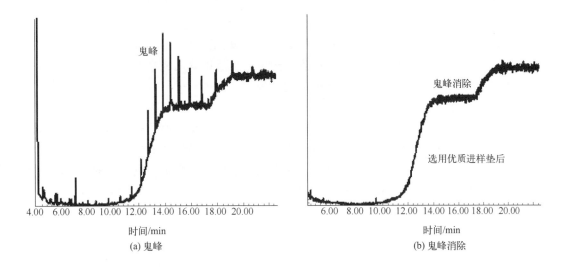

图 35-18 鬼峰与鬼峰消除色谱图

（5）色谱柱污染 在毛细管气相色谱中，色谱柱被污染是很普遍的问题，因为它和其他常见的色谱问题相似，常常被错误地判断为其他故障。一支被污染了的色谱柱经常是并没有损坏，但可能已经失效。

污染色谱柱的污染物有非挥发性污染物和半挥发性污染物两种基本类型。非挥发性污染物或其残留物不能从色谱柱中洗脱出来，而是累积在色谱柱中，因而影响溶质的分配，即溶质溶入和蒸发出固定相的正常分配，而且残留物还和活性化合物（含有—OH、—NH、—SH）相互作用，引起峰的吸附，甚至造成拖尾或减小峰面积。半挥发性污染物或其积累在色谱柱中的残留物，最终会洗脱出来，但需要的时间很长（几小时或几天）；和非挥发性残留物一样，它们也会引起峰形变化和峰面积减小；此外，也常引起基线问题（不稳定、漂移、噪声、鬼峰等）。

污染物主要来源于进样。对于含有大量半挥发性和非挥发性物质的基体，即使采用彻底的萃取方法，进样样品也会或多或少地含有少许这些物质，几次至几百次进样便会造成残留物的积累。有些进样方式如柱上进样、不分流进样和大口径柱直接进大量样品到色谱柱中，常常会造成色谱柱的污染。

污染物偶尔来源于气体管线和捕集阱、密封垫和隔垫的碎屑，或其他与样品接触的物质（样品瓶、溶剂、注射器、移液管等）。这些类型的污染物可能使仪器突然地出现故障，而类似的样品在以前从来都没有出现过故障。

严格、彻底地净化样品是防止样品污染色谱柱的最好办法，使用保护柱或适当延长进样间隙可以减轻或推迟色谱柱受污染的损害。对于被污染了的色谱柱，最好的处理办法是用溶剂进行清洗，除去污染物。建议不要使用长时间加热的方法来处理已受污染的色谱柱。因为烘烤色谱柱可能会把污染残留物变成不能溶解的物质，即使用溶剂清洗也不能将其清洗出色谱柱。

用溶剂冲洗色谱柱，是把色谱柱从仪器上卸下来，并通入几毫升溶剂到色谱柱中。可以溶解的残留物就会溶解到溶剂中，从色谱柱中洗出来。如果色谱柱不卸下来，注入大量溶剂既不能冲洗色谱柱，也不能把任何污染物冲洗出色谱柱（毛细管色谱柱必须是键合和交联的固定相才可以冲洗，用溶剂冲洗一支非键合固定相的色谱柱会严重损坏该色谱柱）。

可以使用色谱柱冲洗装置把溶剂注入色谱柱。将该装置接到一个有压力的气源（氮气或氦气）上，并把色谱柱插到冲洗装置里。把溶剂加到样品瓶里，往样品瓶中施加气体压力，将溶剂压到毛细管色谱柱中。残留物溶解到溶剂中，然后用溶剂将它反吹出色谱柱，再把溶剂吹扫出色谱柱，并对色谱柱进行适当的老化处理。

在冲洗色谱柱之前，把靠近进样口的一端切去 0.5m，连接检测器的一端插入溶剂冲洗装置。常使用多种溶剂冲洗色谱柱，后面继续使用的溶剂必须和前一种溶剂互溶，切忌使用高沸点溶剂，特别是最后使用的溶剂。溶解样品的溶剂常常是最佳的选择。

在绝大多数情况下，建议使用甲醇、二氯甲烷和己烷。丙酮是二氯甲烷的代用品（在避免使用含氯溶剂时），但二氯甲烷是最好的冲洗溶剂。如果注射的是样品的水溶液（如生物液体和组织），在使用甲醇前要用水冲洗。一些源于水溶性样品的残留物只能溶解在水中而不溶于有机溶剂，应当使用水和醇类（甲醇、乙醇和异丙醇）冲洗键合聚乙二醇为主的固定相，并作为最后使用的溶剂。

表 35-14 列出了对各种直径的色谱柱建议使用溶剂的体积。

表 35-14　冲洗色谱柱建议使用溶剂的体积

色谱柱内径/mm	溶剂体积/mL	色谱柱内径/mm	溶剂体积/mL
0.18～0.20	3～4	0.45	7～8
0.25	4～5	0.53	10～12
0.32	6～7		

虽然使用大量溶剂不会损坏色谱柱，但过于浪费。在首次加入溶剂之后，需给冲洗装置加压（低于 0.138MPa），使用适当的压力控制溶剂的流速低于 1mL/min。除了多数 0.53mm 内径的色谱柱外，在溶剂冲洗流速达到 1mL/min 时压力要低于 0.138MPa。如果使用黏度大的溶剂或直径小而长的色谱柱，则需要较长的冲洗时间。当第一次加入的溶剂全部或绝大部分注入色谱柱后，不必完全驱出，即可加入第二种溶剂。图 35-19 是用甲醇、二氯甲烷、正己烷每次 10mL 依次反冲色谱柱。

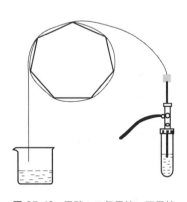

图 35-19　甲醇、二氯甲烷、正己烷
依次反冲色谱柱的装置示意图

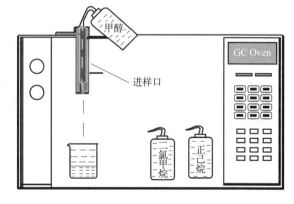

图 35-20　冲洗进样口示意图

最后加入的溶剂赶出来以后让气体通入色谱柱 5～10min，连接色谱柱到进样口，接通载气使之通过色谱柱 5～10min。使用程序升温从 40～50℃ 加热色谱柱，以 2～3℃/min 的速率一直达到固定相的最高使用温度，并在此温度下保持 1～4h，直至色谱柱老化好为止（色谱柱最好不接到检测器上）。

防止色谱柱污染常用的简单有效的方法：在色谱柱入口处切除 1.5m，更换石英衬管和隔垫；用甲醇、二氯甲烷、正己烷依次冲洗进样口（见图 35-20）。

35.3.3 蒸馏酒的气相色谱分析

（1）蒸馏酒中有机酸的分析　图 35-21 为白酒中有机酸的气相色谱图。色谱条件如下。

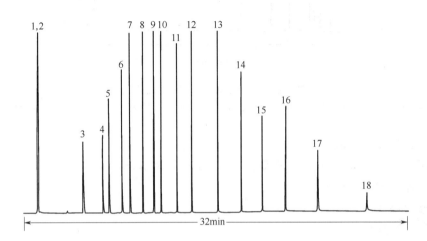

图 35-21 白酒中有机酸的气相色谱图

1—丙酮；2—甲酸；3—乙酸；4—丙酸；5—异丁酸；6—丁酸；7—异戊酸；8—戊酸；
9—异己酸；10—己酸；11—庚酸；12—辛酸；13—癸酸；14—十二酸；15—十四酸；
16—棕榈酸；17—十八酸；18—花生酸

① 气相色谱仪：安捷伦 GC-6890 型气相色谱仪。

② 检测器：氢火焰离子化检测器。

③ 色谱柱：FFAP（ϕ0.25mm×30m，0.25μm）。

④ 载气：N_2，40cm/s（100℃时测定）。

⑤ 柱温：在 100℃保持 5min，然后以 10℃/min 的速率升温至 250℃，保持 12min。

⑥ 进样口：温度 250℃，分流比 1：50。

⑦ 检测器温度：300℃。

⑧ 氮气尾吹气：30mL/min。

（2）波旁威士忌的分析　图 35-22 为某一波旁威士忌样品的气相色谱图。

① 色谱柱：HP-INNOWax（ϕ0.25mm×30m，0.25μm）。

② 载气：He，33cm/s。

③ 柱温：设定程序升温时，柱温在 35℃保持 5min，然后以 5℃/min 的速率升温至 150℃，再以 20℃/min 的速率升温至 250℃，在 250℃保持 2min。

④ 检测器温度：280℃。

⑤ 进样口温度：220℃。

⑥ 进样量：1μL，分流比 25：1。

（3）白兰地的分析　图 35-23 为某一白兰地样品的气相色谱图。

① 色谱柱：ZB-624（ϕ0.25mm×60m，1.40μm）。

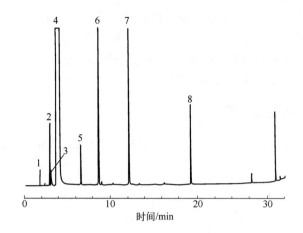

图 35-22 某一波旁威士忌样品的气相色谱图

1—乙醛；2—乙酸乙酯；3—甲醇；4—乙醇；5—乙酸；6—正丙醇；7—异丁醇；8—异戊醇

② 载气：H_2，33cm/s。

③ 柱温：在 40℃ 保持 5min，然后以 10℃/min 的速率升温至 250℃。

④ 检测器：FID，300℃。

⑤ 进样口温度：220℃。

⑥ 进样量：1μL。

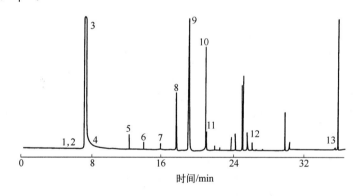

图 35-23 某一白兰地样品的气相色谱图

1—乙醛；2—甲醇；3—乙醇；4—丙酮；5—正丙醇；6—乙酸乙酯；7—异丁醇；8—正丁醇；
9—3-戊醇（内标）；10—异戊醇；11—活性戊醇；12—己醇；13—苯基乙醇

36

气相色谱-质谱联用仪

气相色谱-质谱联用是分析仪器联用技术中开发最早、应用最广泛、联用最为成功的一种，目前广泛应用于环保、医药、石油、食品分析等领域。

36.1　GC-MS 联用仪的定义及分类

利用气相色谱（GC）对混合物的高效分离能力和质谱（MS）对分离后纯化物的准确鉴定能力而开发的分析仪器，称为气相色谱-质谱联用仪，简称 GC-MS 联用仪。这种技术（或分析方法）称作气相色谱-质谱联用技术（GC-MS）。在 GC-MS 联用仪中，气相色谱相当于质谱的样品处理器，质谱则相当于气相色谱的检测器。

GC-MS 联用仪分类如下：

（1）按质量分辨率划分　分为质量分辨率小于 1000 的低分辨率 GC-MS 联用仪和质量分辨率高于 5000 的高分辨率 GC-MS 联用仪。

（2）按质谱的离子化方法划分　分为气相色谱-电子轰击电离质谱（GC-EIMS）联用仪和气相色谱-化学电离质谱（GC-CIMS）联用仪等。

（3）按质谱原理划分　可分为气相色谱-离子阱（或称三维四极）质谱（GC-ITMS）联用仪、气相色谱-飞行时间质谱（GC-TOFMS）联用仪、气相色谱-串联质谱（GC-MS-MS）联用仪等。

36.2　GC-MS 联用仪的结构及其工作原理

GC-MS 联用仪的结构从不同角度看有不同的组成。考虑多机组合，GC-MS 联用仪由气相色谱仪、质谱仪、计算机、GC 与 MS 之间的中间连接装置——接口四部分组成，如图

36-1 所示。

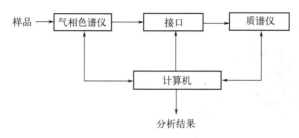

图 36-1 GC-MS 联用仪的组成框图

其中，气相色谱仪是混合样品的组分分离器；接口是样品组分的传输线以及 GC 与 MS 两机工作流量或气压的匹配器；质谱是试样组分的鉴定器；计算机则集系统控制和数据处理于一身。随着计算机技术的迅猛发展，有的计算机系统还能控制和替代 GC-MS 联用仪的硬件，使仪器操作更简便，结构更简单，分析更加自动化。

从整机看，GC-MS 联用仪像其他分析仪器一样，也可以看成由气路、电路两部分组成（见图 36-2）。

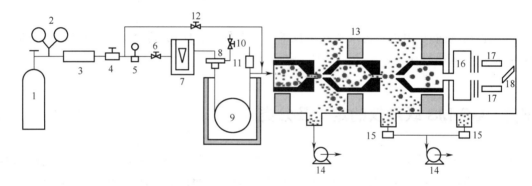

图 36-2 GC-MS 联用仪的气路

1—He 钢瓶；2—减压阀；3—干燥器；4—稳压阀；5—稳流阀；6—针形阀；7—转子流量计；
8—进样器；9—色谱柱；10—分流阀；11—检测器；12—载气补充阀；13—喷射分离器；
14—真空泵；15—扩散泵；16—离子源；17—四极杆质量分析器；18—电子倍增器

气路主要包括气相色谱的气路、接口气路以及质谱仪的真空系统；电路则包括气路部件的供电系统、离子流检测系统和数据处理及仪器控制系统。

下面以多机组合 GC-MS 联用仪为例，介绍其各组成部件的工作过程和工作原理。

（1）气相色谱仪　气相色谱仪将混合物的多组分化合物分离成单组分化合物，是分离气相分子的一种分析仪器。其入口端高于大气压力，出口端为大气压力，在高于大气压力的条件下完成气相分子的分离。一般的气相色谱仪都可与质谱仪组成 GC-MS 联用仪。气相色谱仪原理详见第 35 章"气相色谱法"。

（2）质谱仪　质谱仪主要用于分离气相离子，因离子在真空环境中运动，故需在高真空条件下完成气相离子的分离。质谱仪一般由进样系统、离子源、离子质量分析器及其质量扫描部件、离子流检测器及记录系统和离子运动所需的真空系统组成。

来源于气相色谱仪分离后的样品的气体分子通过进样系统进入处于一定真空度的离子源，在离子源内将样品分子转化为样品离子。不同的离子化方法生成不同的离子种类，提供的信息也不同。如化学电离、场电离、光电离等软电离时生成准分子离子（M±1）$^+$、M$^-$和少量碎片离子，主要提供分子量信息；电子轰击电离时则生成大量碎片离子（按分子中原子间化学键强度碎裂），主要提供分子结构信息。

由离子源生成的离子进入质量分析器，在质量扫描部件作用下，其电场强度、磁场强度按一定规律随时间变化，检测器检测到的离子质量数扫描和离子流强度就会随时间变化，从而获得样品的质谱图。质谱图反映了化合物分子的结构信息、分子质量信息，它是化合物的指纹，所以质谱法的定性能力极高。GC-MS 联用仪就是利用质谱法的这个特点鉴定组分化合物的。

能够与色谱仪联用的质谱仪种类很多，但要实现 GC-MS 联用，需解决两个问题——GC 的大气压工作条件和 MS 的真空操作条件相匹配的问题、速度问题，即在色谱出峰时间内完成质谱鉴定。匹配问题由接口解决，速度问题由快扫描质谱解决。GC-MS 联用涉及大量的数据处理，这恰好显示出现代计算机的功能。

（3）接口　GC-MS 联用仪的接口组件是实现气相色谱和质谱联用的关键部件，它起传输试样、匹配二者工作气压的作用。理想的接口应能去除全部载气而使试样毫无损失地从气相色谱仪传输给质谱仪，但实际使用的接口总有一定差距。接口的性能指标可用传输产率、浓缩系数、延时和峰形展宽来描述。

经毛细管色谱柱分离后，各组分依次进入接口，在接口装置（喷射分离器）中尽可能地去除载气，保留样品，使近似大气压态气流变成粗真空态（0.1～100Pa）的气流，并平衡色谱仪和质谱仪的工作流量及气压。

接口有多种，可根据色谱柱类型、质谱仪真空泵的抽速和载气的性质等因素选定。柱流出物中的大部分载气经接口的低、高真空泵组（机械泵和扩散泵）排入大气，携带着大部分试样组分的少量载气（但样品浓度还是很低）被质谱仪的真空泵组（由高真空泵和机械泵组成）抽入离子源。部分样品组分的分子在离子源的电离区电离成离子，供四极杆质量分析器分析和电子增倍器检测，大部分组分分子经真空泵组排入大气。在较为复杂的质谱仪中，质量分析器由独立的分析室真空泵组维持更高的真空度，抽入离子源的气流就会有一少部分通过质量分析器的离子入口孔被分析室真空泵组排入大气（这种抽气方法称为差动抽气）。

接口分为一般性接口和特殊性接口两类。一般性接口可以解决联用的共性问题：GC 和 MS 的工作气压和流量的匹配，要求其试样传输产率高，浓缩系数大，延时短，色谱的峰形展宽少。特殊性接口不但要应对特种气相色谱仪（或特种质谱仪）在 GC-MS 联用中存在的普遍性问题，还要满足特种气相色谱仪（或特种质谱仪）的要求。

一般性接口有直接导入型、分流型、浓缩型三类，最常用的是毛细管柱直接导入接口、开口分流接口和喷射式浓缩接口。

需要说明的是，毛细管柱直接导入接口虽具有构造简单、产率高（100%）的优点，但无浓缩作用，故只适合于使用小口径毛细管柱的高分辨气相色谱仪与质谱仪联用。因为导入的过程就是将毛细管色谱柱的末段直接插入质谱仪离子源内，柱的流出物直接进入电离盒区，然后被离子源高真空泵组排入大气，接口只起保护插入段毛细管柱和控制温度的作用。用这种类型的接口组成的 GC-MS 联用仪，其色谱柱的工作流量受质谱仪能承受的流量的限制。如离子源对氦气的泵速为 100L/s（对空气的名义泵速约 37L/s），离子源工作最高氦气压为 $1×10^{-2}$Pa，则氦气的质量流量为 $100×1×10^{-2}$Pa·L/s＝0.59mL·atm/min，所以它不适合流量大于 1mL·atm/min 的大口径毛细管柱和填充柱。不过随着 MS 检测灵敏度的提高，这种接口应用日趋广泛。各种一般性接口的性能比较见表 36-1。

表 36-1 各种一般性接口的性能比较

接口类型	产率/%	浓缩系数	延时/s	展宽系数	载气	最高工作温度/℃	惰性	分离原理	适用的色谱柱
理想接口	100	∞	0	1	任何气体	不限	惰性	理想分离	各种 GC 柱
直接全导入型	100	1	0	1	He、H₂	最高温度	优	无分离	小孔径毛细管柱
开口分流型	分流百分比	分流=1 补充<1			He、H₂	不限	优	无分离	毛细管柱
喷射式分离器	50	10²	1	1～2	He、H₂	300	良	喷射分离	毛细管柱 填充柱
分子流式分离器	50	10²	1	1～2	He、H₂	300	良	改变流动状态	毛细管柱 填充柱
有机薄膜分离器	80	10³	变化	3	无机气体	250	良	对有机气体选择性溶解	毛细管柱 填充柱
钯-银分离器	100	10⁵	2	1～2	H₂	300	良	对 H₂ 选择性反应	毛细管柱 填充柱

（4）计算机　计算机的主要功能在于：控制硬件状态，显示工作参数，实现质量扫描；调校仪器；数据采集；实时显示；标准谱库（通用谱库）；专用谱库；谱库检索；定性报告；积分（TIC、SIM、SRM 和提取离子）色谱图；定量报告；自动化软件。

（5）GC-MS 联用仪整机工作机理　混合物试样注射到 GC 进样口后，在载气携带下流经色谱柱，根据气相色谱柱上的固定相对存在于载气中的化合物具有不同的溶解度或吸附性能，表现为不同化合物在两相中分配系数的差异，造成迁移速度的不同而使混合物得以分离，并按时间先后从色谱柱中流出。

接口装置将色谱柱的流出物——大气态的分离组分转变成粗真空态（$0.1\sim100$Pa）的分离组分，且以尽可能高的试样传输效率和浓缩系数将分离组分从色谱柱传输到质谱的离子源。在离子源的电离盒中，粗真空态的组分分子经电离、引出和聚焦，成为高真空态（$10^{-3}\sim1.33\times10^{-2}$Pa）下由不同质量数离子组成的离子束，然后进入更高真空态下的质量分析器和离子检测器（如质量分析器与离子源共同使用一个真空泵组，则它们共处一个真空态）。离子在质量分析器中进行质量分离，然后被离子检测器（通常为电子倍增器）及其分离子流检测系统检测。当质量分析器作一次质量数扫描时，可检测到离子流强度随质量数变化的一张质谱图，也就是完成了对组分离子的一次离子质量数及其强度的鉴定。为避免组分之间的相互干扰，这一鉴定至少要在下一个组分离子进入之前完成。质量分析器不同，离子检测器不同，则其工作原理也不同，但都是检测离子流强度及其质量数。

这种检测可以是表征组分化合物的一个或数个有意义的质量数离子流，如分子离子流、功能团离子流，也可以是组分化合物电离产生的所有质量数离子流，对应这两种离子检测方式，分别称为选择离子监测方式和全扫描监测方式。检测到的离子流信息输到计算机与质谱仪之间的信号接口板，由它将模拟量转换成数字量，供计算机处理成各种谱图和报告，如混合物总离子流色谱图、特征质量数离子的离子色谱图和进一步处理后的定性、定量报告。

① GC-MS 联用仪全扫描（SCAN）工作方式的原理　如前所述，组分离子进入质量分析器后，因质量分析器的电离作用，对电测法质谱仪而言，不同质量的离子最终按时间先后

分离，某一时刻只允许某一质量数离子通过分析器，被离子接收器检测。如果质量分析器在可能出现的质量数范围内（如 10～600）快速地（每个色谱峰组进行 10 次左右的质量扫描）以固定时间间隔不断重复扫描，分离子流检测系统就能得到连续不断地变化着的质谱图的集合，构成 GC-MS 联用仪的原始数据。每扫描一次获得一张质谱图、一组原始数据，从放大器给出的离子流信号是模拟量，经接口板上的 A/D 转换器变为数字量的离子流信号，计算机采集这些数字化的一组组原始数据，一边存储，一边将每次扫描的离子流求和（可以不计载气离子流和化学电离时反应气生成的反应离子流，或不计某个质量数以下的离子流）而获得总离子流（TIC）。它的大小反映了离子源在色谱进样下，随试样组分变化的情况，所以总离子流随时间变化的谱图就是一张色谱图，称为总离子流色谱图。这种给出总离子流的方法又叫计算机再生总离子流法。这是 GC-MS 联用仪最广泛采用的给出色谱图的方法，通常是一边采集和存储数据，一边实时地显示总离子流色谱图和当时时刻的质谱（棒状）。

在总离子流色谱图上，纵坐标表示总离子流强度，横坐标表示时间（有时用连续扫描的质谱图编号数代替）；在实时显示的质谱图上，纵坐标表示分离子流强度，横坐标表示质量数；两个图谱的纵坐标尺度实时可调。当色谱流程结束后，计算机可以提取出存储的数据文件作进一步后处理，GC-MS 联用仪的这种工作方式称为全扫描工作方式。

② GC-MS 选择离子监测（SIM）工作方式的原理　全扫描工作方式适合未知化合物的定性分析，而对目标化合物或目标类别化合物的寻找，应采用选择离子监测工作方式，也称多离子检测法（MID），以提高检测灵敏度。

当质量分析器只先后传输表征某一（或某类）目标化合物的数个特征离子（如分子离子、官能团离子或强的碎片离子等）的状态之间跳跃扫描时，就可检测到在色谱柱进样条件下，这数个选定的质量离子流随时间变化的谱图，称为质量离子色谱图，每个选定的质量离子可以获得一张质量离子色谱图（简称离子色谱图）。当表征某一化合物的数个特征质量离子色谱图同时出峰时，该时刻的流出组分就是欲寻找的目标化合物（或目标类别化合物），所以选择离子监测方式时的质谱仪是 GC 的选择性检测器，而在全扫描工作方式时的质谱仪则是 GC 的通用性检测器。一个色谱流程内可寻找若干个目标化合物（或目标类别化合物），这样就可选出数组特征离子（每组有数个特征离子），并可作时间编程。运行时按时序变更选择离子，通过计算机采集、实时显示和存储，供进一步处理之用。目标化合物特征离子的确定，可从谱库中该化合物的标准谱中查出。

由于选择离子监测工作方式，扫描部件只在选定的数个质量峰的峰顶跳跃扫描，大大增加了监测质谱峰的停留时间（约 50ms），比全扫描时每个质谱峰的停留时间（约 500μs）长很多，从而提高了检测灵敏度（约两个数量级）；但定性能力不及全扫描工作方式。

③ GC-MS-MS 选择反应监测（SRM）工作方式的原理　GC-MS 联用仪以选择离子方式工作时所获得的谱图叫选择离子色谱图。这种类型的谱图也可以在全扫描工作方式下采集到数据文件后处理得到，方法是计算机按同样的选定质量数离子提取它们的离子流强度。这种后处理得到的谱图叫提取离子色谱图，它与选择离子色谱图的唯一区别是离子流的强度可减小两个数量级。

选择反应监测是在 GC 进样条件下利用 MS-MS 联用技术使前后两个质谱仪工作于某个或多个离子反应所对应的母离子、子离子检测状态的一种工作方式，一般由联动跳跃扫描来实现。它能进一步消除由非检测物离子形成的化学噪声，提高灵敏度，此图也称选择反应色谱图。

36.3 GC-MS 联用仪对 GC 和 MS 的要求

（1）对 GC 的要求

① 选用特种高纯气　除钯-银管反应式分子分离器只适用于氢气外，其他接口均可使用氦气。载气纯度影响质谱本底谱图，其纯度应在 99.995％以上。GC-MS 联用仪的载气选用原则：高温下化学性质稳定；易被质谱的真空泵组抽出（分子量越小越易抽出）；与接口相匹配。

② 单柱式色谱柱　为消除程序升温时色谱柱流出物对基线的影响，气相色谱仪常采用双柱补偿法。GC-MS 联用仪中质谱仪为色谱仪的检测器，基线漂移问题反映在质谱图上是柱流失物谱线的出现，可以用减本底谱法消除，比使用双柱和双质谱更为实用、经济、可靠。

③ 选用耐高温的色谱柱固定相材料　直接导入接口会使色谱柱末端工作在低于大气压和较高的温度下，使柱流失物增多。通常采用耐高温的色谱柱固定相材料、充分老化和限制柱的使用温度等办法来减少柱流失物。此外，在给定 GC-MS 联用仪条件下，色谱柱内径和长度应满足与接口（或质谱仪）要求的流量相匹配的原则，内径大或柱长太短的柱会使质谱部分真空度恶化，质谱图变差，质谱的分辨率和灵敏度下降。

④ 检测器　除对某些特殊化合物的低浓度分析，仍需其他色谱检测器外，一般的分析不必另配检测器。

⑤ 色谱仪进样系统　全自动分析时需自动色谱进样系统，此外，应便于安装接口。

（2）对 MS 的要求

① 选用大泵速的真空系统　质谱仪的真空泵组要承受试样、载气和化学电离时的反应气的气流负荷，即使用高浓缩系数的接口（浓缩型），流入质谱仪气流中的大部分仍为载气（试样不足 1％）。这个额外的负荷要求质谱离子源泵抽速要大，管道要短，旋转机械泵要连续抽气，以确保离子源稳定的真空度。假如离子源能承受 1.685Pa·L/s（相当于 1mL·atm/min）的氦气流量，离子源工作气压为 1.0×10^{-2}Pa（如在离子源高真空泵进口处测量），则离子源泵对氦气的抽速为 168.5L/s，折合对空气的抽速则为 $168.5 \div (29/4)^{1/2} \approx 63$L/s。不同原理的质量分析器有不同的最大工作压力，其关系为离子阱＞四极杆＞磁式，因而所需的真空系统泵速的关系则相反。为了提高低工作气压的质量分析器的工作气流量，常采用独立抽气的另一个真空泵组维持质量分析器的低工作气压，而保持离子源的高工作气压，实现质谱仪的高气流量、高接口产率和高灵敏度 GC-MS 联用。

② 离子源的结构　采用半封闭的电离盒和敞开式的离子透镜系统，以提高灵敏度，维持色谱峰的分辨率和质谱图的质量分辨率。

（3）对高电位型化学电离（CI）质谱仪的 GC-MS 联用，如磁质谱的化学电离源，除了质谱仪应具备化学电离必要条件（反应气通入密闭性更好的电离盒等）外，还应注意接口与化学电离源的电隔离。如采用玻璃喷射分离器（一级）和采用气压降 6.65kPa 以上、用绝缘材料制成的管道，输送反应气或其他样品气体。

（4）GC 进样时，电离盒上其他进气口尽量无死体积地封堵或敞开，但敞开时不能过多影响电离盒的流导，尤其是化学电离源的电离盒的流导。

（5）EI/CI 扫描式 GC-MS 联用仪，还应选用折中流导的电离盒，以便在不切换电离盒条件下，只通过开关反应气，实现一个色谱峰的 EI/CI 变换。对离子阱质谱仪，则通过改变反应离子存储时间，来实现 EI/CI 变换。

（6）合理设置 GC 进样口、电离盒和离子源壳体的温度，以防出现冷点，使色谱峰分辨恶化，甚至 GC-MS 联用失败。

（7）质量分析器应具有快速扫描能力。磁质量分析器应采用低电压大电流的激磁线圈和叠层式磁铁芯，以提高磁场质量扫描速度，缩短循环扫描周期；采用质谱峰等峰宽的扫描方法（磁质谱的磁场采用指数扫描，四极杆和离子阱的四极场采用线性扫描），使具有一定时间常数的离子流检测系统对等峰宽的快信号响应的影响（峰高和峰宽）一致，以减少质谱图畸变。质量扫描部件应具有连续循环扫描和跳跃扫描功能，以适应 GC-MS 联用仪的全扫描工作方式和选择离子检测工作方式。如用计算机控制扫描，则还应具有数字量扫描能力。

（8）离子流检测系统时间常数 τ 应足够小于质谱峰的宽度 t_p，否则将影响质谱图的灵敏度和质谱峰的分辨率。

（9）为防止四极杆质量分析器被玷污，增设前四极过滤器，并维持一定温度。

（10）MS 的体积应尽量小，应便于计算机或微处理器的控制和便于接口的安装。

36.4　GC-MS 法的优点

（1）定性能力强　用化合物分子的指纹——图谱鉴定组分，大大优于色谱保留时间定性。GC-MS 的定性指标有：电子轰击离子源产生的分子离子峰、碎片离子峰、重排离子峰、同位素离子峰以及这些离子峰的相对强度；化学电离源经离子-分子反应产生的准分子离子峰；或者总离子流色谱图，选择离子色谱峰和选择反应色谱峰所对应的保留时间窗。

（2）一般应用可省略其他色谱检测器　GC-MS 联用仪的全扫描工作方式是最通用的灵敏度极高的色谱检测器，而选择离子和选择反应的工作方式是最可变和最有选择性的更高灵敏度的色谱选择性检测器，所以一般应用时可省略其他色谱检测器。

（3）分离尚未分离的色谱峰　用提取离子色谱法、选择离子监测法和选择反应监测法，可分离总离子流色谱图上尚未分离或被化学噪声掩盖的色谱峰。

（4）提高定量分析精度　可用同位素稀释和内标技术提高定量精度和定性能力。

（5）提高仪器功能，实现分析自动化　计算机的多功能使仪器的结构更简单，操作更方便，更易于实现分析工作的自动化。

36.5　GC-MS 联用仪的操作要点

（1）正确选择色谱柱及其工作条件　对给定的 GC-MS 联用仪，按流量匹配原则，选择色谱柱类型、尺寸、柱前压（或流量）是使仪器正常工作和发挥良好性能的基础。流量匹配公式为：

$$p_{源(He)} \cdot S_{泵(He)} \cdot N = 0.6368(D^4/L) \cdot (p_入^2 - p_出^2) \cdot Y \tag{36-1}$$

式中　$p_{源(He)}$——离子源泵口处的氦气压，Pa；

　　　　$S_{泵(He)}$——离子源泵对氦气的抽速，L/s；

N——接口装置的浓缩系数（直接导入接口和分流接口 $N=1$）；

Y——接口装置的产率（直接导入接口，$Y=1$；分流接口，Y 为分流百分比）；

D——毛细管柱内径，mm；

L——毛细管柱长，mm；

$p_入$——柱前压（绝对压力），Pa；

$p_出$——柱后压（绝对压力）[对直接导入接口，$p_出=0$；对开口分流接口，$p_出=0.1MPa$（即 1atm）]，Pa；

0.6368——20℃时氦气的黏滞系数和单位换算系数之和。

（2）优化混合物分离的气相色谱条件　在 GC 法中，一切有利于试样色谱分离的方法应沿用，如样品萃取、衍生、管道硅烷化处理等。

（3）合理设置 GC-MS 联用仪各温度带区的温度　防止出现冷点是不使色谱分辨恶化的关键。

（4）防止离子源污染　这是减少离子源清洗次数、保持整机良好工作状态的重要措施。防止离子源污染的方法有：柱老化时不联质谱仪，柱最高工作温度应低于老化温度 10℃ 以上；保持离子源温度，必要时加热去污；减少引入高含量和高沸点样品；防止真空泄漏等。

（5）综合考虑质谱仪操作参数（质谱图质量范围、分辨率和扫描速度）　按分析要求和仪器所能达到的性能设定操作参数：在选定 GC 柱型和分离条件下，可知 GC 峰的宽度。以 1/10 GC 峰宽初定扫描周期，由所需谱图的质量范围、分辨率和扫描周期初定扫描速度，再进行实测。若不能满足要求，再适当修正操作参数。

（6）综合分析进样量　考虑色谱柱的最大承载样品负荷、接口产率、GC-MS 仪鉴定所需最小样品量及动态范围等之间的关系，以能检出和可鉴定为度，尽量减少进样量，防止质谱仪沾污。

（7）考虑自动化程度　GC-MS 联用仪的操作随具体仪器的自动化程度而有很大差异，自动化程度越低，操作人员越应注意操作要求。此外，不同应用领域的不同质量控制规范均应遵照执行。

36.6　GC-MS 联用仪的应用

烟草、酒、饮料及其他各种食品中的风味物质，植物、中草药中的精油成分，是最适于用 GC-MS 分析的物质类别。这些脂肪族、芳香族、单萜、倍半萜类化合物通常是含氧化合物，而且存在诸多可能的异构体，因此，GC-MS 分析必须结合 GC 保留时间、EI 质谱图和 CI 提供的分子量信息。一般的 GC-MS 检索软件没有考虑色谱保留值因素，而 Admas 的精油质谱库除收入质谱图外，还增加在 30m DB-5 毛细管柱中分离的保留时间，使定性简易方便。朱亮铎等以 GC-MS 联用技术为主要手段，分析了大量芳香植物的精油成分。

GC-MS 也用于食品中营养物质和中草药有效成分的分析。例如，对含不同数目和位置的双键、支链的类脂进行定性和定量分析，可以用 GC-MS 分离 50 余种脂肪酸。其他类脂如甾醇、三己酸甘油酯也可用 GC-MS 或 LC-MS 等方法分析。

37

高效液相色谱法

以液体作流动相的色谱法称为液相色谱法 (liquid chromatography, LC)，如柱色谱法、纸色谱法、薄层色谱法等。这些方法在 20 世纪 50 年代前曾是有效的分离分析手段，但因方法复杂费时已无多大发展余地。50 年代出现了气相色谱分析方法，使分离效果与分析速度有了很大的提高。但对挥发性低、热稳定性差的大分子有机化合物来说，随后快速发展起来的高效液相色谱法 (high performance liquid chromatography, HPLC) 更胜一筹，它使气相色谱难以分离的化合物得到了有效的分离与分析，是色谱技术的重大进步。

高效液相色谱是用高压液体作为流动相的液体柱色谱，并在经典液相色谱的基础上引用了气相色谱理论，采用高压泵、高效固定相和高灵敏度的检测技术，目前已广泛应用于石油工业、有机合成、高分子聚合物、医药工业、食品工业等领域，特别是糖类、蛋白质、核酸、氨基酸、有机酸、农药残留、黄曲霉毒素、添加剂、色素等的分离分析。

高效液相色谱法由于使用高压流动相，又称高压液相色谱法 (high pressure liquid chromatography) 或高速液相色谱法 (high speed liquid chromatography)。

(1) 高效液相色谱法的特点

① 快速　高效液相色谱中的流动相在色谱柱内的流速较经典液相色谱快，大大缩短了分析时间。如用高效液相色谱分析啤酒、麦汁和啤酒花中苦味物质的主体成分异 α-酸、α-酸、β-酸，仅需 5min。

② 高压　为使流动相携带被分离组分快速通过装有微粒固定相的色谱柱，实现快速分析，需对流动相施加高压。由于流动相所受阻力很大，故每米色谱柱的压降在 7.5MPa 以上，高效液相色谱柱借助高压泵，使入口压力达到 15～30MPa，甚至 45～50MPa。尽管高效液相色谱所需柱前压高，但液体不易被压缩，且其内部势能较低，所以使用高压无爆炸危险。

③ 高效　高效液相色谱使用许多新型固定相，如化学键合固定相等，其理论塔板数可达 5000，这给发酵成品 (各类酒、调味品等)、半成品 (麦汁、果汁等) 以及原料 (啤酒花、葡萄等) 中有机物的分析带来了极大方便。如葡萄酒中各种有机酸的定性与定量分析，

用高效液相色谱法既快速又准确。

④ 高灵敏度 随着检测器灵敏度的大幅度提高，高效液相色谱法的检测灵敏度得到了相应提高，如紫外检测器的灵敏度可达 $10^{-10} g/mL$，而荧光检测器的灵敏度已达 $10^{-11} g/mL$。高效液相色谱法的优点除高灵敏度外，还表现在所需的试样量极少，微升级的试样就足以进行全分析。

（2）高效液相色谱法的类型 高效液相色谱法的常见类型见表 37-1。

表 37-1 高效液相色谱法的常见类型

色谱类型	液固色谱法	液液色谱法	离子交换色谱法	凝胶色谱法
流动相	液 体			
固定相	固体(吸附剂)	液体	离子交换树脂	多孔颗粒
分离原理	组分在吸附剂表面上吸附力的差异	组分在固定相和流动相中溶解度的差异	组分在离子交换树脂上离子交换能力的差异	组分对颗粒孔隙渗透性的差异

根据被分离组分在流动相和固定相中分离的原理不同，高效液相色谱法分为液固色谱法（吸附色谱法，adsorption chromatography）、液液色谱法（分配色谱法，partition chromatography）、离子交换色谱法（ion exchange chromatography）和凝胶色谱法（gel chromatography）等。

① 液固色谱法 这是一种流动相为液体，固定相为固体的经典色谱技术，茨维特（Tsweet）首创的色谱法就属此类，其原理是根据各种组分在固定相上吸附能力的差异而进行分离。该法适用于分离相对分子质量小于 2000，易溶于烃类溶剂的化合物。

② 液液色谱法 液液色谱的流动相和固定相均为液体，其中固定相是将与流动相不相混溶的液体涂渍到载体上形成的。其分离原理同气液色谱法，也是基于被分离组分在两相中的分配系数不同而实现分离的。不同之处在于，气相色谱中流动相的性质对分配系数影响不大，而高效液相色谱中流动相的性质（种类）对分配系数有较大影响，这也是此类色谱法的一大优点。因为可通过同时或单一地调整流动相和固定相，使被分离组分分配系数差异增大，进而得到理想的分离效果。

按照固定相与流动相极性的差别，液液色谱法又分为正相（normal-phase）液液色谱法和反相（reversed-phase）液液色谱法。流动相极性小于固定相极性的称为正相液液色谱法，用于分离溶于有机溶剂的极性和中等极性的分子型物质；流动相极性大于固定相极性的称为反相液液色谱法，主要用于分离非极性至中等极性的分子型化合物。

③ 离子交换色谱法 离子交换色谱法是基于离子交换树脂上可电离的离子与流动相中具有相同电荷的溶质离子进行可逆交换，由于离子对交换剂具有不同的亲和力而将它们分离。该法适用于微溶于水，但在酸、碱性条件下能很好电离的化合物的分离分析，如氨基酸的分析。

④ 凝胶色谱法 该法用凝胶作固定相，液体作流动相，分离机理类似于分子筛，但凝胶的孔径比分子筛要大得多，一般为几十至几百纳米。当试样注入装有一定孔隙凝胶的色谱柱后，分子量大的分子不能渗透到凝胶孔隙里，先被冲洗出来；中等分子量的分子产生部分渗透作用，稍迟流出柱外；小分子则可渗透到孔隙内部而被最后冲洗出来。凝胶色谱法就是按照组分的分子量大小进行分离的，主要用于分离相对分子质量大于 2000 的化合物，如蛋

白质、核酸、多酚等大分子物质。

37.1　高效液相色谱的基本理论

高效液相色谱的基本理论与气相色谱无本质区别，这里只对一些重要的基本概念加以简要介绍。

37.1.1　溶质在色谱柱中的保留作用

混合物的分离与组分在固定相中的选择性保留作用有关，气相色谱法中将描述具有保留作用的参数称为保留值，其中有保留时间（t_R）、保留体积（V_R）、调整保留时间（t_R'）、调整保留体积（V_R'）等。高效液相色谱法同样用这些参数来描述其保留作用。

组分的保留时间为：

$$t_R = t_M \left(1 + K \frac{V_s}{V_M} \right) \tag{37-1}$$

式中　t_M——死时间；

　　　V_M——死体积，即流动相在色谱柱中占有的体积；

　　　V_s——固定相在色谱柱中占有的体积；

　　　K——系数。

K 和 V_s 在不同类型色谱中所表示的意义有所不同，见表 37-2。

表 37-2　K 和 V_s 在不同类型色谱中的意义

色谱类型	K	V_s	色谱类型	K	V_s
液固色谱	吸附系数	吸附剂表面积	离子交换色谱	离子交换系数	离子交换剂总交换容量
液液色谱	分配系数	固定液体积	凝胶色谱	渗透系数	凝胶孔隙总孔容积

调整保留时间为：

$$t_R' = t_R - t_M \tag{37-2}$$

保留体积为：

$$V_R = V_M \left(1 + K \frac{V_s}{V_M} \right) \quad 或 \quad V_R = V_M + K V_s \tag{37-3}$$

保留体积等于流动相的流速（F_o）与保留时间的乘积，即

$$V_R = t_R F_o \tag{37-4}$$

调整保留体积为：

$$V_R' = K V_s \tag{37-5}$$

37.1.2　谱带扩展

谱带扩展表现为色谱峰变宽或变形，柱效降低。造成谱带扩展的有柱内因素，也有柱外因素，主要表现在以下三个方面。

（1）柱外效应（柱外扩展）　产生这种扩展的原因主要是柱前和柱后的死体积过大、组分分子在液相中的扩散系数小、流动相的流速慢等。进样方式和检测器的响应时间等也会引起谱带扩展。因为进样器内存在一定的死体积，加上进样时液体的扰动，使试样在色谱柱的顶端以截面方式进入固定相，从而造成谱带扩展或不对称。

（2）非瞬间平衡　混合物中各组分在流动相的携带下，在色谱柱中向前移动，并且在固定相与流动相之间进行连续分配。因为每次分配都需要一定的时间，所以在流动相流动的状态下，分配平衡不可能瞬间完成，结果使谱带边缘被稀释，造成谱带扩展。

（3）分子扩散　分子扩散是指单个分子沿着色谱柱离开谱带中心的一种杂乱扩散的现象，与气相色谱相似，高效液相色谱的分子扩散主要包括涡流扩散、纵向扩散和传质阻力。

由柱内诸多因素引起谱带扩展，导致柱效的变化可归纳为：

$$H = 2\lambda d_p + \frac{C_d D_m}{\overline{u}} + \left(\frac{C_m d_p^2}{D_m} + \frac{C_{sm} d_p^2}{D_m} + \frac{C_s d_f^2}{D_s} \right) \overline{u} \qquad (37\text{-}6)$$

式中　H——塔板高度；

d_p——固定相颗粒的粒度直径；

λ——常数，与粒度分布和色谱柱装填性能有关；

C_d——常数，与色谱柱的装填性能有关；

D_m——溶质分子在流动相中的扩散系数；

$\overline{u}$——流动相的平均线速度；

C_m——常数，与色谱柱结构和装填性能有关；

C_{sm}——常数，与容量因子有关；

C_s——常数，与容量因子有关；

d_f——固定相的液膜厚度；

D_s——溶质分子在固定相中的扩散系数。

对于一定的色谱柱（固定相、长度等一定），$2\lambda d_p$ 为常数，用 A 表示；$C_d D_m$ 视为常数，用 B 表示；$\frac{C_m d_p^2}{D_m} + \frac{C_{sm} d_p^2}{D_m} + \frac{C_s d_f^2}{D_s}$ 也可视为常数，用 C 表示。则上式简化为：

$$H = A + \frac{B}{\overline{u}} + C\overline{u} \qquad (37\text{-}7)$$

由于纵向扩散项 $B/\overline{u}$ 可忽略不计，故可进一步简化为：

$$H = A + C\overline{u} \qquad (37\text{-}8)$$

图 37-1 表示了气相色谱与高效液相色谱的 $H\text{-}\overline{u}$ 关系。从图中可以看出，两者的 $H\text{-}\overline{u}$ 曲线形状不同，其原因是高效液相色谱忽略了纵向扩散项。在气相色谱中，随着流动相流速的增大，柱效呈直线降低；而在高效液相色谱中，随着流动相流速的增大，柱效平稳降低。产生这一差别的主要原因是液相色谱的流动相为液体，溶质在液相中的扩散系数为在气相中的 $10^{-5} \sim 10^{-4}$ 倍。所以，虽然柱内流动相流速提高，但是由于此时固定相和流动相的传质都能很快进行，故 $H\text{-}\overline{u}$ 曲线呈缓慢上升趋势。

综上所述，在高效液相色谱中，要减小谱带扩展、提

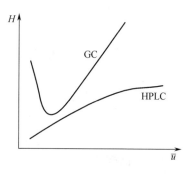

图 37-1 $H\text{-}\overline{u}$ 关系

高柱效,必须解决以下几个问题:选用直径小于 $10\mu m$ 的微粒型均匀填料;提高色谱柱装填水平;调整适宜的流动相流速;尽可能采用死体积小的进样器、检测器、接头和传输管线等。

值得注意的是,这些条件与参数相互制约,必须综合考虑,才能获得满意的效果。

37.1.3 分离条件的选择指标

高效液相色谱分离条件的选择指标和气相色谱一样,即用动力学参数——柱效来描述分离条件的优劣,用热力学参数——相对保留值来衡量固定相选择是否得当,而用分离度作为色谱柱的总分离效能指标。分离度 R_s 的计算公式见式(35-23)。从式(35-23)可以看出,两组分的保留时间相差越大或峰越窄,R_s 值越大,分离就越好。可见,分离度 R_s 既反映了两组分保留值差别的热力学特性,也反映了色谱分离过程的动力学特性,它为描述色谱的分离过程提供了一个重要的量度。它与 n、$\gamma_{2,1}$、κ 有如下关系:

$$R_s = \frac{\sqrt{n}}{4} \times \frac{\gamma_{2,1} - 1}{\gamma_{2,1}} \times \frac{\kappa}{1+\kappa} \tag{37-9}$$

式中　n——理论塔板数;

　　　$\gamma_{2,1}$——相对保留值;

　　　κ——容量因子(分配比)。

由上式可知,要使混合物中的各组分能达到令人满意的分离,只要控制理论塔板数 n、相对保留值 $r_{2,1}$ 和容量因子 κ 即可。

37.2　高效液相色谱仪的主要结构与性能

37.2.1 结构与流程

高效液相色谱仪主要由贮液器、高压泵、梯度洗脱装置、进样器、色谱柱、检测器、温控装置、数据处理机等部件组成。图 37-2 为典型的高效液相色谱仪流程示意图。

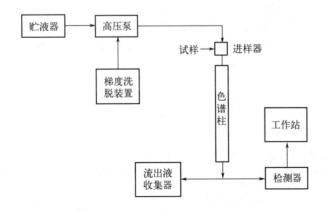

图 37-2 高效液相色谱仪的流程示意图

其工作过程为贮液器中的流动相经脱气过滤后由高压泵经进样器送入色谱柱中，试样经脱气过滤由进样器进入时，流经进样器的流动相携带其进入色谱柱中进行逐一分离。流出色谱柱的样品组分依次进入检测器，进行信号转换，将化学信号转换为电信号，在数据处理机上得到色谱图的同时对样品进行定性定量。若配置自动进样器和色谱工作站，则可实现液相色谱分析过程的自动化。

37.2.2 主要部件性能

现将高效液相色谱仪的几个主要部件的功能和性能要求分述如下。

（1）贮液器 贮液器用来存放流动相，多用玻璃瓶（一般以 0.5～1L 为宜）。为防所用有机溶剂的有毒蒸气逸出，需带盖密封。多数高效液相色谱仪附有加热脱气装置，可对流动相加热脱气，否则气泡逸出，影响高压泵正常工作和干扰检测器检测。

（2）高压泵 高效液相色谱中所用载体的颗粒直径仅为 $5\sim10\mu m$，阻力很大，只有在色谱柱的入口端施加很大的压力，才能使流动相以合适的流速通过色谱柱，故高效液相色谱必须使用高压泵。高压泵又分为恒压泵和恒流泵两种基本类型。高效液相色谱的高压泵，需具备以下性能：

① 具有较高的输出压力 一般为 10～30MPa，有的高效液相色谱仪的输出压力高达 50MPa。

② 能使流动相以恒定、无脉冲的方式进入色谱柱 这是由于高效液相色谱仪的检测器极为敏感，流动相流速的脉冲变化将在检测器上产生响应，在记录仪上表现为噪声，从而使整个系统灵敏度下降。流量恒定、无脉冲、准确，才能获得平稳的基线和保留值良好的重现性。

③ 输出流动相的流量可调 一般分析型液相色谱仪流量为 3～10mL/min，制备型液相色谱仪流量为 50～100mL/min。输送流动相的量控制精度高，应在±0.5％。

④ 耐腐蚀性强 由于用作高效液相色谱流动相的许多溶剂具有腐蚀性，因此高压泵必须能抗溶剂的腐蚀。

⑤ 泵的死体积要小 最大不超过 0.5mL，以便于迅速更换溶剂和梯度洗脱。

高效液相色谱中常用的高压泵有恒流泵和恒压泵。

① 恒流泵 能输出恒定的流量，且输出流量与色谱柱的阻力变化等外界因素无关。常见的恒流泵有恒流注射泵和往复泵两种类型，其中往复泵又分为柱塞式往复泵和隔膜式往复泵。

a. 恒流注射泵 相当于一个大的医用注射器，泵体用不锈钢制成，容积几十到几百毫升。步进电机通过齿轮带动螺杆，使柱塞呈直线运动，将液缸中的液体以高压排出，其流量借助调节步进电机的转速加以控制。这种泵的优点是压力平稳无脉冲，输出压力高达 50MPa；缺点是液缸中盛装液体的量有限，一次排完后需停泵，待重新吸满液体后才能继续输出液体。实际应用中多是双泵交替使用。

b. 柱塞式往复泵 其原理与一般的高压供液泵大同小异。步进电机通过凸轮带动活塞，在泵室内以每分钟几十次至百次的速度往复运动。当活塞向下移动时，流动相自入口单向阀吸入泵室；当活塞向上移动时，入口单向阀受压关闭，流动相自出口单向阀输出；当活塞再次下移时，管路中流动相的外压使出口单向阀关闭，同时流动相又经入口单向阀吸入泵室；如此反复进行。流动相的流量通过改变活塞的冲程以及电机的转速得以控制。这种泵的优点是泵室体积小（100μL、200μL），活塞往复移动快，容易清洗及更换流动相，克服了注射泵的主要缺点。但有输出流量脉冲大的缺点，可外加脉冲阻尼装置，以使压力平稳。

c. 隔膜式往复泵　原理与柱塞式往复泵相似，所不同的是与液体接触的不是柱塞，而是用不锈钢或氟碳聚合物制成的弹性隔膜，这样使液体与柱塞隔开，不仅降低了对柱塞和密封圈的要求，而且还可加润滑油，使柱塞更加光滑，提高了柱塞的运动频率和使用寿命。

② 恒压泵　恒压泵虽然输出压力恒定，但输出流量不稳定，且流动相流速受环境温度、色谱柱长度、填充物的粒度、装填水平及流动相的黏度等因素影响较大，目前分析中已较少使用。

（3）梯度洗脱装置　梯度洗脱是用两种或两种以上溶剂组成的流动相，在分离过程中按一定程序连续地改变它们的混合比例，从而改变流动相的极性、离子强度或 pH 值，达到改变被测组分的相对保留值，提高分离分辨率，缩短分析时间，能使峰形变尖锐等目的。液相色谱中的梯度洗脱作用类似于气相色谱中的程序升温，适用于复杂基质的样品分析。

梯度洗脱装置分为低压梯度洗脱装置和高压梯度洗脱装置。低压梯度洗脱是 A 和 B 两种不同极性的溶剂在常压下按一定的浓度比例先在混合室中完成混合，然后再由高压泵输送至色谱柱进行梯度洗脱。其溶剂比例的变化，可由一台低压计量泵控制其中一种溶剂的输出流量，而用一台高压泵控制总输出流量的方式来获得梯度的输液；也可由三通阀按单位时间改变两种溶剂的导通次数来控制输液溶剂的比例变化。高压梯度洗脱系统溶剂的输出梯度变化，用程序控制器指令两台高压泵完成。高压梯度洗脱系统对混合室的设计要求很严格：死体积小，有较高的混合效果和溶剂更换能力。两种梯度洗脱系统的工作原理如图37-3 所示。

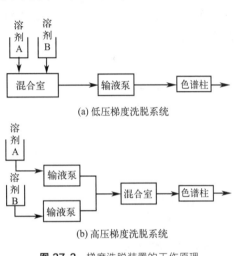

(a) 低压梯度洗脱系统

(b) 高压梯度洗脱系统

图 37-3　梯度洗脱装置的工作原理

（4）进样系统　进样系统也是高效液相色谱仪的关键部件之一，该系统的某些缺陷常造成组分不出峰、色谱峰扩展、重复性差等异常现象。目前，常用的进样系统主要有高压六通阀、自动进样器和隔膜注射进样器。

① 高压六通阀　高压进样系统由注射器和六通阀两部分组成。六通阀采取两种不同的位置：当阀处于"负荷位置"时，用一特制的微量注射器将样品送入定量管，然后将六通阀旋转60°，由高压泵输送的流动相将样品送入色谱柱。若进样体积超过定量管的容积，剩余的试样将经另一通路流入废液缸。这种进样系统可以在 40MPa 下迅速、重复地将样品注入色谱柱。缺点是进样系统管路过长，易产生色谱峰扩展现象。图 37-4 是高压六通进样阀示意图。

进样阀内部通道极微细，试样中切忌存有固体颗粒堵塞通道，试样浓度应适宜，否则易在进样阀内形成结晶。使用时应经常清洗进样阀的通道。

② 自动进样器　经常批量分析样品时，多配置自动进样器。其工作过程如下：采样针头插入冲洗孔，启动冲洗泵冲洗整个流路；采样针头移至样品瓶上方，注射器吸液；针头插入样品瓶，吸取样品液（较指定体积多吸 7μL）；针头离开样品瓶后，到达六通阀进样口上

方；六通阀反时针切换，指定体积的样品进入样品环；六通阀顺时针切换至原来位置，流动相进入样品环，携带样品进入色谱柱；注射器内剩余样品经三通阀排掉。采样针头再次插入冲洗孔，启动冲洗泵冲洗整个流路；洗毕，采样针头回至清洗孔上方，等待下一次操作指令。

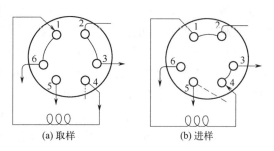

图 37-4 高压六通进样阀

1,4—定量管；2—连接泵；3—流入色谱柱；5,6—排液口

③ 隔膜注射进样器 这是一种简便且有效的进样装置。样品用微量注射器刺过色谱柱上端装有一层弹性隔膜（氟橡胶）的进样垫，直接注入色谱柱填充剂的顶端中心。该装置具有构造简单、无进样死体积、可根据需要随时调整进样量的优点；但需要掌握一定的进样技巧，才能保证进样的重复性。该系统不能承受高压，负压大于 21MPa 时就会出现进样不稳定；隔膜的针刺部分容易泄漏，因此要经常更换氟橡胶进样垫；同时在选用流动相时，要注意选用不溶解隔膜的溶剂。

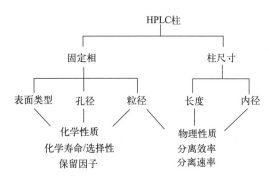

图 37-5 高效液相色谱柱的组成和性能的关系

（5）色谱柱 高效液相色谱柱有两方面含义：一是指固定相，二是指柱的尺寸（见图 37-5）。

高效液相色谱柱用内径为 1～6mm 的内壁抛光的不锈钢管制成，柱长根据分离要求有 100～500mm 不等规格，内部填料粒度为 3～5μm。

① 孔径的选择 如溶质相对分子质量小于 4000，选择小孔（6～8nm）填料柱；否则，选用孔尺寸为 30nm 的填料柱。

② 粒径的选择 用于高效液相色谱的填料微粒标准尺寸为 5μm，如需要快速分析样品，可选用填料为 3.0μm 或 3.5μm 的短柱，以达到高分离度和快速分离的目的。

在建立分析方法时，推荐使用 φ4.6mm×150mm 色谱柱；如需要更高的分离度，可使用较长的色谱柱（如 φ4.6mm×250mm），或者使用填料粒度较小的相同尺寸的色谱柱。至于窄径柱，高效液相色谱标准色谱柱的内径为 4mm 或 5mm，而窄径柱的内径大约为 2mm。当与常规内径柱的填料相同时，窄径柱可得到相同的分离能力，但可用更少的溶剂，因为被分析化合物可以在更低的流速条件下被洗脱出来。除此之外，窄径柱在与常规柱同样的进样体积下，其灵敏度可高出 4～6 倍。窄径柱的使用无疑对液相系统提出更高的要求：首先，液相的泵必须具有能提供高精度、高重复性流量的能力；其次，所有模块之间连接所用的毛细管的延迟体积要尽量小（理想的管线应该是表面惰性、连接紧密、无渗漏、零死体积）；再次，由于色谱柱入口的滤头易堵，因此需使用保护柱。一个用于窄径柱的液相系统（低孔体积和高性能泵）可以获得更高的检测灵敏度，而且节约更多的溶剂。然而，标准柱在同样的条件下具有更大的分析容量。

高效液相色谱装柱填充技术要求较高，如果柱中固定相装得松散或留有较大的空穴，流动相在此将会产生涡流扩散而使色谱带扩展，柱效下降。单纯分析时多用商品色谱柱，以保证分析效果。

③ 色谱柱的维护　液相色谱柱维护的基本知识如下。

a. 用专用保护柱可延长和保护分析柱保持高分离性能的寿命（因硅胶在极性流动相/离子型流动相中有一定的溶解度）。保护柱是连接在进样器和色谱柱之间的短柱，一般柱长为 $30\sim50\text{mm}$，柱内装有填料和孔径为 $0.2\mu\text{m}$ 的过滤片。保护柱可以防止来自流动相和样品中的不溶性微粒对色谱柱产生的堵塞现象，起到保护色谱柱的作用。另外，对于硅胶柱和键合柱，保护柱可以避免硅胶和键合相的流失，起到延长色谱柱的使用寿命和保持柱效的作用。保护柱填料的种类要选择和分析柱性能相同或相近的。脏的样品每进样 $25\sim50$ 次更换保护柱，一般样品进样 $100\sim250$ 次更换保护柱，非常干净的样品进样 500 次后更换保护柱。

b. 大多数反相色谱柱的 pH 范围在 $2\sim7.5$，使用时尽量不超过该色谱柱的 pH 范围。

c. 避免流动相组成和极性的大幅度变化；流动相使用前一定要经脱气和过滤处理。

d. 如果使用极性或离子型的缓冲溶液作流动相，在实验结束后应将色谱柱冲洗干净，并保存于乙腈中。

e. 色谱柱如果出现压力升高，要及时更换保护柱。

（6）检测器　检测器是连续检测色谱柱流出组分与浓度变化的装置，理想的检测器应具备灵敏度高、噪声低、响应快、死体积小、线性范围宽、适用范围广、对流量与温度的变化不敏感等特性。由于高效液相色谱的流动相与样品组分的物理化学性质常常十分相似，因此液相色谱的检测器的设计和制造技术难度比气相色谱要大得多。到目前为止，只有荧光检测器和电化学检测器这样的选择性检测器灵敏度接近于气相色谱的检测器。液相色谱中最常用的是紫外检测器、二极管阵列检测器、示差折光检测器、荧光检测器和电化学检测器，下面将这五种检测器分别作以简要介绍。

① 紫外检测器（ultraviolet-visible detector）　紫外检测器是高效液相色谱中应用最广泛的一种检测器，被分析的样品组分对紫外光有很好吸收，即可用此检测器灵敏地检测出来。这种检测器对温度和流量的变化不敏感，对很多组分有极高的灵敏度。现有的紫外检测器已达满刻度为 0.005 吸收单位的灵敏度和 $\pm1\%$ 的噪声。如此高的灵敏度不仅能检测吸收值较高的一些组分，甚至对只有中等紫外吸收的组分也可检测到几纳克（ng）数量级。紫外检测器还有结构简单、操作方便、可进行梯度洗脱等优点；缺点是不适用于对紫外光完全不吸收的组分检测，溶剂的选用也受到一定限制，对紫外光不透过的溶剂（如苯）不能用作流动相。

紫外检测器主要由光源、流通池（包括参比池与测量池）、紫外滤光片以及光敏检测器系统（光电池、光电管、光电倍增管或其他光强测量装置）等部件组成。图 37-6 是紫外检测器光路设计结构示意图，图 37-7 是紫外检测器结构示意图。

光源：紫外检测器的光源有低压汞灯、氘灯以及氘灯-钨灯三种。普通的紫外检测器使用低压汞灯作光源，因低压汞灯在紫外区谱线简单、辐射能量大，尤以波长 254nm 的紫外光最强，可占总能量的 90% 以上。所以，低压汞灯用于固定波长的紫外光源，又称固定波长紫外检测器。为了克服固定波长检测器的局限性，使某些在 254nm 波长处吸收较弱，甚至无吸收，而在其他波长处却有很强吸收的物质，在检测时能得到更高的灵敏度，相继产生了以氘灯作光源的可变波长紫外检测器（波长 $195\sim400\text{nm}$）和以氘灯-钨灯作光源的紫外可见分光光度检测器，使紫外检测器能根据样品组分的吸收特征相应选择工作波长，既提高了检测器的灵敏度，又扩大了它的应用范围，选择性也大为提高。

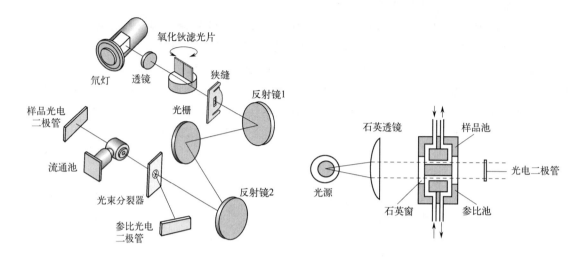

图 37-6 紫外检测器光路设计结构示意图　　　　**图 37-7** 紫外检测器结构示意图

流通池：常用的流通池有 Z 形池和 H 形池。

在 Z 形池中，流动相从池的一端流入，经过窗口进入池腔，然后从另一端流出。Z 形池的最大缺点是流量的变化或波动可引起基线的漂移和噪声。而 H 形池则能克服这一缺点，因为 H 形池中，流动相自中间流入后，立即分成相等的两路，由两侧流入光通道，然后在出口处再汇聚成一路流出。这样，由于快速液流所引起的对光线的扰动可以相互抵消，同时由于池体积较小（一般小于 $10\mu L$）、光路长（约为 $10mm$），可降低谱带扩展，有利于提高检测器的灵敏度。

a. 工作原理　从氘灯发出的多波长光被聚焦到单色器的入口狭缝，单色器选择性地传输一个窄谱带的光到出口狭缝。从出口狭缝出来的光通过流通池，部分被流通池中的样品吸收。样品通过流通池的光强度与没有通过流通池的光强度的比值就是样品的吸收强度。

大多数可变波长检测器通过分光器分出部分光到达参比光电二极管；参比光电二极管用于补偿光源的波动。

紫外检测器的工作原理是基于被分析组分对特定波长的紫外光有选择性吸收，吸光度和组分浓度服从比尔定律。

$$A = \lg \frac{I_0}{I} = \varepsilon c L \tag{37-10}$$

式中　A——吸光度；

　　　I_0——入射光强度；

　　　I——透射光强度；

　　　ε——吸光系数；

　　　c——样品浓度；

　　　L——样品溶液厚度。

如图 37-7 所示，光源发出的紫外光（I_0）平行通过样品池和参比池，透过的光又分别照射到两个光电管上，其强度分别为 I_1（样品池）和 I_2（参比池），根据比尔定律，样品溶液的吸光度 A_1（入射光通过样品池）为：

$$A_1 = \lg \frac{I_0}{I_1} \tag{37-11}$$

纯溶剂（流动相）的吸光度 A_2（入射光通过参比池）为：

$$A_2 = \lg \frac{I_0}{I_2} \tag{37-12}$$

故样品的吸光度 $A = A_1 - A_2$，即

$$A = A_1 - A_2 = \lg \frac{I_0}{I_1} - \lg \frac{I_0}{I_2} = \varepsilon c L \tag{37-13}$$

将光电管的输出信号 I_1 和 I_2 分别输入对数放大器中，由对数放大器输出的信号分别为 $\lg I_1$ 和 $\lg I_2$，$\lg I_2 - \lg I_1$ 就是样品的吸光度，与其浓度呈线性关系，可用作定量分析。

b. 流动相选择的限制　高效液相色谱中所使用的溶剂，对紫外光都有所吸收，使用时要注意它们的吸收波长上限，见表 37-3。

表 37-3　12 种高纯溶剂的紫外吸收波长上限

溶　剂	吸收波长上限/nm	溶　剂	吸收波长上限/nm	溶　剂	吸收波长上限/nm
丙酮	330	氯仿	250	醚	220
芳香烃	300	二氯甲烷	245	环己烷	215
四氯化碳	268	烷基卤化物	225	乙腈	190
乙酸乙酯	260	四氢呋喃	220	烷烃	185

样品检测波长应当在溶剂吸收波长上限以上，才能保证检测的灵敏度。如果两者的吸收波长很接近，就应该换用吸收波长上限小的溶剂，或者用其他类型的检测器。表 37-3 中列举了 12 种高纯溶剂的吸收波长上限，当溶剂中含有可吸收紫外光的微量杂质时，其吸收波长上限就要增加 50～100nm，如色谱纯乙腈的吸收波长上限为 190nm，而分析纯乙腈在 210nm 波长处就有很强的吸收。

② 二极管阵列检测器（diode array detector，DAD）　在二极管阵列检测器中，消色差透镜系统把从氘灯和钨灯发出的光聚焦至流通池，通过流通池的多色光到达全息光栅后被分成单色光，然后投射到二极管阵列。该检测器由于使用双灯设计，波长范围可从 190nm 到 950nm。

如图 37-8 所示的二极管阵列检测器中，阵列由 1024 个二极管组成，每个二极管测量非常窄的波长范围。通过测量在整个波长范围内不同波长的吸收强度，可以获得吸收的紫外光谱图。一个二极管所检测的谱带宽度取决于入口狭缝宽度。如果需要高灵敏度，狭缝宽度可以设置为 16nm，以便最大的光通量通过；如果需要高分辨率，狭缝可以设置为 1nm。与传统紫外仪器相比，二极管阵列检测器光学系统中的流通池与光栅的位置正好颠倒，所以也称二极管阵列检测器为倒光学系统。传统紫外检测器与二极管阵列检测器最明显的差异见表 37-4。

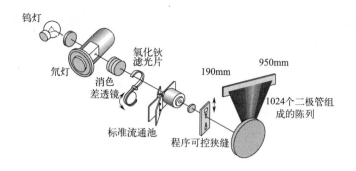

图 37-8 二极管阵列检测器示意图

表 37-4 传统紫外检测器与二极管阵列检测器的明显差异

项 目	传统紫外检测器	二极管阵列检测器
获得信号数目	1	8
获得光谱方式	停泵	在线

二极管阵列检测器配备适合的数据处理系统，可以对不同化合物进行检测波长优化，能够在色谱峰的任意点进行扫描，给出全波长光谱图以及色谱峰的保留时间、波长、吸光度的三维空间谱图，这对于样品定性极其有利，故二极管阵列检测器主要用于色谱峰的识别和纯度分析上，适合方法研究及过程质量控制。

③ 示差折光检测器（refractive index detector） 示差折光检测器是一种浓度型通用检测器，它借助于连续测定样品池与参比池中液流间折射率的差值以达到测定试样浓度的目的。

光从一种介质射入另一种介质时会发生折射现象，光的折射服从斯涅尔（Snell）定律。

$$n\sin\theta = n'\sin\theta' \tag{37-14}$$

式中 n，n'——两种介质的折射率；

θ——入射角；

θ'——折射角。

示差折光检测器就是根据这一原理设计的。在理想条件下，溶液的折射率等于溶质和溶剂的折射率乘以各自的浓度分数之和。

$$n_s = n_1 c_1 + n_2 c_2 \tag{37-15}$$

式中 n_s——溶液的折射率；

n_1——溶剂的折射率；

n_2——溶质的折射率；

c_1，c_2——溶液中溶剂和溶质的浓度分数，$c_1 + c_2 = 1$。

在检测中，以纯溶剂作参比，示差折光检测器的输出即为溶液与纯溶剂折射率之差，即

$$n_s - n_1 = c_2(n_2 - n_1) \tag{37-16}$$

可见，在一定的浓度范围内，示差折光检测器的输出与溶质的浓度成正比，并且溶质和溶剂的折射率相差越大，输出信号就越大。24 种重要溶剂的折射率见表 37-5。

表 37-5　24种重要溶剂的折射率 (25℃)

溶　剂	折射率	溶　剂	折射率	溶　剂	折射率
苯	1.498	三乙胺	1.398	乙酸乙酯	1.370
四氯化碳	1.457	正丁醇	1.397	异丙醚	1.365
三氯甲烷	1.443	异辛烷	1.389	乙醇	1.359
1,2-二氯甲烷	1.442	正丙醇	1.385	丙酮	1.356
环己烷	1.423	异丙醇	1.384	二乙醚	1.350
二氯甲烷	1.421	甲乙酮	1.376	乙腈	1.341
四氢呋喃	1.405	正己烷	1.372	水	1.333
环戊烷	1.404	乙酸	1.370	甲醇	1.326

　　示差折光检测器的优点是操作简便，稳定性好，应用范围广，只要被测组分溶液与流动相的折射率有足够的差异，这种组分就可以被检测。但其灵敏度比紫外检测器低2个数量级，通常不能用于痕量分析。另外，示差折光检测器对温度变化非常敏感，主要是灵敏度随温度和压力的波动而变化，因此对检测器的恒温要求严格（0.001～0.1℃之间）。该检测器不适用于梯度洗脱的操作，因为随着溶剂系统的改变，流动相的折射率也随之变化，基线无法稳定。

　　示差折光检测器，按其工作原理可分为折射式和反射式两种，前者具有较宽的线性范围，可测量1～1.75RI折射率，使用温度高达150℃以上，为实际中多用。

　　a. 折射式示差折光检测器　其工作原理是溶液折射率的改变引起折射光偏转角发生变化，偏转角度大小和样品池与参比池之间的折射率差值成正比，通过测量偏转角来测量检测器的输出信号，其光学原理如图37-9所示。

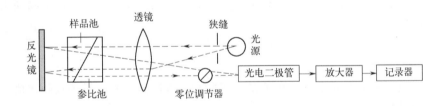

图 37-9　折射式示差折光检测器示意图

　　光源发出的光经狭缝和透镜成为平行光进入流通池（流通池是用一块斜置的玻璃板分隔成样品池和参比池），然后经反光镜将光反射回流动池，再次发生偏转。光经透镜聚焦后照射到光敏元件上，根据光偏转的程度按比例产生相应大小的输出信号，经电子放大器放大后输入检流计或记录仪。通过零点调节器，玻璃可以将光束从一侧偏向另一侧得到零输出信号。当样品池中组分改变时，其折射率也将随之改变，入射光通过流通池发生光的偏转。

　　折射式示差折光检测器测量的是由流通池样品和参比池溶剂之间的折射率差值引起的光偏转角度，即是测量聚焦光束的位置，而不是测量光强度，故检测器对尘埃、气泡所引起的变化不敏感，不需要对流通池经常清洗。

　　b. 反射式示差折光检测器　其依据为菲涅尔（Fresnel）反射定律：

$$\frac{I}{I_0} = \frac{1}{2}\left[\frac{2\sin\beta\cos\alpha}{\sin(\alpha+\beta)}\right]^2 + \left[\frac{2\sin\beta\cos\alpha}{\sin(\alpha+\beta)\cos(\alpha+\beta)}\right]^2 \qquad (37\text{-}17)$$

式中　I——折射光强度；

　　　I_0——入射光强度；

　　　α——入射角；

　　　β——折射角。

从上式可以看出，不同折射率的液体所产生的折射角 β 不同，故折射光强度 I 也不相同，当入射角 α 和入射光强度 I_0 接近恒定时，由于样品和参比之间的折射率变化而使折射光强度发生改变，通过折射率变化与折射光强度变化成正比，即与样品浓度成正比而进行定量。

由钨灯发出的光，经过遮光板、红外阻挡滤色片（滤除红外光，以防止光束中红外线的热效应）、遮光板，形成能量相等的两束窄细平行光束，再由透镜准直，投射到样品池与参比池上。透过空气-棱镜和棱镜-液膜（流动相）界面的光线由池底板镜面反射，经过透镜聚焦于双光电检测器上。信号经放大后，输入记录仪。当样品池和参比池溶剂相同时，系统的输出为零，当样品池中含有样品组分时，光强发生变化，即可测量出样品池和参比池的差值。

由于该检测器是基于光强度的变化来测量样品的含量，故对流通池内可能引起光强度变化的干扰因素（如气泡、颗粒、池电镜面沾污等）非常敏感。同时，检测器的线性范围较窄，检测的折射率范围为 $1.31\sim1.63\mathrm{RI}$，并需使用两块不同的棱镜。但该检测池体积很小（$3\sim5\mu\mathrm{L}$），具有较高的灵敏度，适宜于配合高效柱使用。

④ 荧光检测器（fluorescence detector）　荧光检测器灵敏度高，选择性好，可用来检测经紫外光激发后能产生荧光的物质，如多环芳烃、黄曲霉毒素、维生素 B_2、卟啉类化合物等。在激发光强度、波长、溶液厚度不变的条件下，荧光强度（F）与被测物质的浓度成正比。

$$F = 2.303QKI_0\varepsilon cL \qquad (37\text{-}18)$$

式中　F——荧光强度；

　　　Q——荧光效率，表示所发生荧光的量子数与所吸收激发光的量子数的比值；

　　　K——荧光收集效率；

　　　I_0——激发光强度；

　　　ε——摩尔吸光系数；

　　　c——被测物质的浓度；

　　　L——液池厚度。

荧光检测器有直角型和直线型两种，其工作原理大致相同。光源发出的紫外光经滤光片除去杂散辐射后，射入样品池和参比池，物质辐射出的荧光经滤色片除去残余的入射光后，照射到光电管上，转变为电信号，经放大后记录。图 37-10 是安捷伦 1100 系列最新荧光检测器光路设计结构示意图，图 37-11 是荧光检测器结构示意图。

荧光是分子发光的一种特殊类型，它是特定分子将以前在激发过程中吸收的能量释放出来的过程。荧光检测器比某些检测器（如紫外检测器）灵敏度更高，因为不是所有分子都能吸收并释放能量，所以背景噪声低，荧光检测器比其他吸收类型检测器更灵敏。大多数荧光检测器被装配在与入射光成一定角度（一般是直角）的方向上记录荧光。这样的装置可降低杂散的入射光作为背景干扰检测的可能性，保证达到灵敏检测水平的最大信噪比。

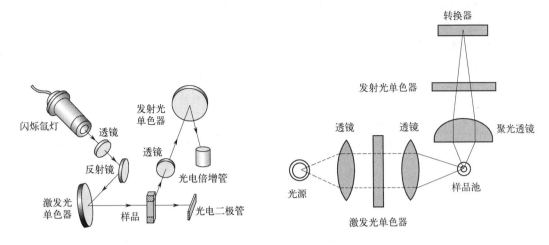

图 37-10 荧光检测器光路设计
结构（直角型）示意图

图 37-11 荧光检测器结构（直角型）示意图

图 37-10 中一个闪烁氙灯提供在紫外范围内激发的最大光强，氙灯只点燃几微秒以提供光能。每次闪烁使得流通池内样品产生荧光，在色谱图上产生一个单独的数据点。由于氙灯在检测器工作的大部分时间是关闭的，它的使用寿命可以达到几千个小时。氙灯不需要预热就可以得到稳定的基线。全息光栅作为单色器将氙灯发出的光分散，需要的波长被聚焦到流通池产生最佳激发。为了减少从检测器激发一侧来的杂散光，光路被装配到与入射光成直角的方向记录；另外一个全息光栅作为发射单色器，这两个单色器都在可见光范围内有最佳的光通量。

光电倍增管是测量低强度发射荧光的最佳选择。由于闪烁灯本身每次闪光的强度的差异，一个基于光电二极管的参考系统测量激发光的强度，然后触发检测器信号补偿系统。

荧光检测器应用较广，能检测氨基酸、维生素、芳香族化合物、胺类、酶、甾族化合物等；荧光检测器灵敏度高，对强荧光物质硫酸奎宁的最低检测浓度可达 $10^{-9} g/mL$。但荧光检测器专用性太强，而且吸收紫外光和荧光的溶剂或熄灭荧光效应的溶剂不能用作流动相。

⑤ 电化学检测器（electrochemical detector）　电化学检测（见图 37-12）是基于在氧化还原中的电子转移：氧化过程中分子给出电子，还原过程中分子得到电子，氧化还原在工作电极表面上进行。无论化合物被氧化还是被还原，反应速率取决于工作电极与含有溶质的溶液

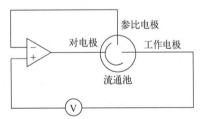

图 37-12 电化学检测器示意图

的电势差。根据能斯特方程确定的氧化还原电势与活化能的关系，可以确定反应速率。氧化还原电流的大小与电极上发生反应的数目成正比，反应数目又是界面附近被分析化合物的浓度的量度。

在检测过程中使用三个电极：工作电极（电化学反应发生在该电极上）、对电极（和工作电极构成电极对，所加电压为流动相和工作电极间的电势差）、参比电极（对洗脱电导率的变化进行补偿）。参比电极读数反馈到对电极，以便在峰洗脱过程中电流通过工作电极时

保持恒定的电势差。

电化学检测器应用广泛，尤其在检测酶、生化药物等方面，是高效液相色谱一个重要的选择性检测器。但它对流动相中容易发生氧化还原反应的杂质相当敏感，常导致基线噪声过大；溶液中的溶解氧也常引起过高的背景电流；电极表面氧化还原产物的沉积会导致灵敏度下降和重复性变差等。

⑥ 5 种常用检测器性能的比较　见表 37-6。

表 37-6　5 种常用检测器性能的比较

项　目	紫外检测器	二极管阵列检测器	示差折光检测器	荧光检测器	电化学检测器
类型	选择性	选择性	通用	选择性	选择性
可否梯度洗脱	可	可	不可	可	脉冲的可以
检测限/g	10^{-11}	—	$10^{-10} \sim 10^{-9}$	10^{-14}	$10^{-11} \sim 10^{-10}$
线性范围	10^4	10^4	10^3	10^5	10^5
$\pm 1\%$ 噪声下满刻度灵敏度	0.005	—	10^{-5}	0.005	—
对适当试样灵敏度/(g/mL)	5×10^{-10}	10^{-10}	5×10^{-7}	$10^{-10} \sim 10^{-9}$	10^{-8}
对流速的敏感性	无	无	无	无	无
对温度的敏感性/℃	低	低	10^{-4}	低	低

注：检测器的响应可表示为动态范围和线性范围。动态范围指在可记录的测量特性（吸光度、电流等）范围内，最高浓度与最低浓度的比值；线性范围是指被测物的浓度范围，在此范围内，检测器的响应是线性的，通常线性范围只占动态范围的 10％。

37.3　高效液相色谱的固定相

37.3.1　安捷伦 ZORBAX 硅胶

安捷伦 ZORBAX 反相柱采用两种不同类型的多孔硅胶微球：original ZORBAX SIL 和 ZORBAX Rx-SIL。相比之下，后者纯度较高而酸度较低。酸度大意味着欲分析的样品与硅胶表面的硅醇基之间作用力增大，在溶解物呈碱性时更是如此。图 37-13 为硅胶颗粒表面。

安捷伦 ZORBAX Rx-SIL 工艺可制造超纯（99.995％）硅胶颗粒，其金属含量极低。成品硅胶颗粒全部为羟基化的，酸性很弱，且其强度、孔径及粒度分布均经严格控制，以提供最佳的色谱性能。商品 ZORBAX Rx-SIL 与另一种通常用来制造 HPLC 柱填料的干凝胶的性能比较见表 37-7。

表 37-7　ZORBAX Rx-SIL 与对照型硅胶的性能比较

性　能	ZORBAX Rx-SIL	干凝胶
纯度	99.995％	低
强度	高	中
孔径粒度分布	窄	宽
孔径,表面积	8nm,180m^2/g	10nm,300m^2/g
孔隙率	60％	70％
高 pH 稳定性	好	差

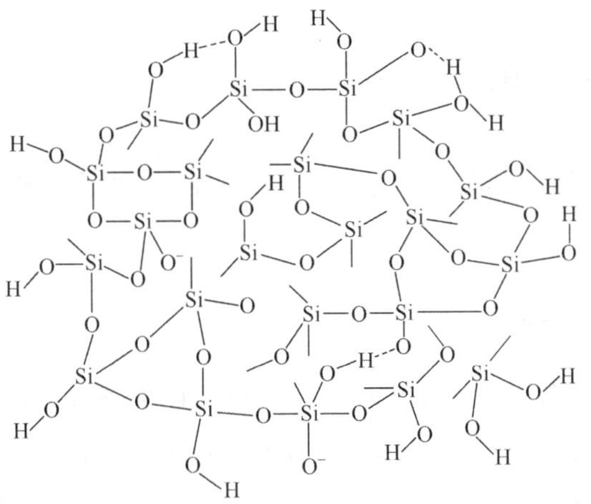

图 37-13 硅胶颗粒表面

高纯硅胶有助于减少峰拖尾。碱性化合物的峰拖尾是常见色谱问题，主要是由样品与硅胶表面存在的酸性醇羟基之间的作用引起的。

安捷伦 ZORBAX Rx-SIL 的高强度颗粒，使填料即使在高压（34.4MPa）下装填色谱柱时也不会被破坏，可获得非常稳定的柱床，延长色谱柱的寿命。窄而一致的粒度分布是保证高柱效和柱床稳定性的基础，且不会产生高柱压。

37.3.2 键合固定相

键合固定相的首选材料为 C_8 和 C_{18}。如果欲分析的样品在这些柱上没有很好地分离，则在氰基和苯基柱上的选择性可能会与直链烷烃有明显的差别。

安捷伦 ZORBAX 坚固的键合固定相用独特的单官能团硅烷，带有较大的二异丁基（SB-C_{18}）或二异丙基（SB-C_8、SB-C_3、SB-CN、SB-CAq、SB-苯基）空间位阻侧链基团，保护关键的硅氧键在低 pH 条件下免受水解的进攻（见图 37-14）。

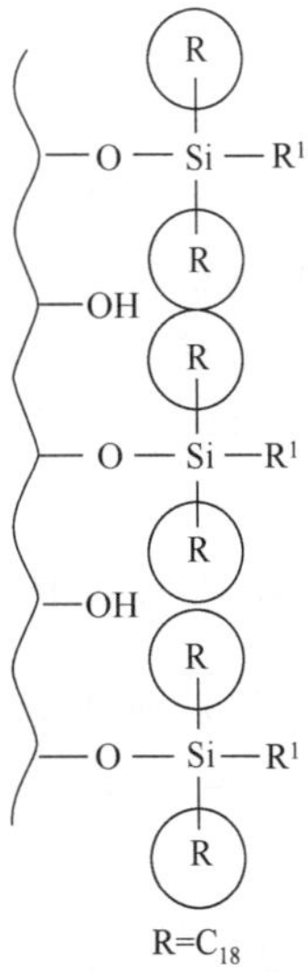

图 37-14 为稳定长链、短链的键合相，使用大体积二异丁基（C_{18}）或二异丙基（C_8、C_3、CN、Aq、苯基）侧链基团。

安捷伦的 ZORBAX Stable Bond 可与所有常用的流动相兼容，包括含水量很高的流动相。

键合固定相的优点：无固定液流失现象，提高了色谱柱的稳定性，延长了色谱柱的使用寿命；由于可以键合不同官能团，因此能灵活地改变选择性；能进行梯度洗脱；流动相不必用固定液饱和，也不需要前置柱；表面没有液坑，比一般液体固定相传质快得多。

$R=C_{18}$
$R^1=C_8$、C_3、CN等

图 37-14 官能团立体保护键合固定相

37.4 高效液相色谱的流动相

高效液相色谱采用的流动相多为二元或多元溶剂，合理恰当地选择流动相是保证样品分离的关键。

37.4.1 溶剂对分离度的影响

液相色谱的分离度主要由相对保留值 $\gamma_{2,1}$、色谱柱理论塔板数 n 和容量因子 κ 所决定，它们之间的关系见式（37-9）。不同的溶剂系统对这三个参数有不同的影响。

（1）溶剂对 κ 的影响　从下式可以看出，κ 与组分 x 在固定相和流动相之间的平衡分配有关。

$$\kappa=\frac{n_{\rm s}}{n_{\rm m}}=\frac{[X]_{\rm s}}{[X]_{\rm m}}\times\frac{V_{\rm s}}{V_{\rm m}}=K\,\frac{V_{\rm s}}{V_{\rm m}} \tag{37-19}$$

式中各符号的意义同 35.1.2 节。溶剂强度 $\propto 1/\kappa$。

（2）溶剂对 $\gamma_{2,1}$ 的影响

$$\gamma_{2,1}=\frac{t_{\rm R2}-t_{\rm M}}{t_{\rm R1}-t_{\rm M}}=\frac{\kappa_2}{\kappa_1} \tag{37-20}$$

从上式可以看出，$\gamma_{2,1}$ 表示两组分在固定相和流动相中互相作用的差别，随着溶剂组成的变化而显著地发生变化。

（3）溶剂对理论塔板数 n 的影响　理论塔板数 n 是随着溶剂黏度的增大而减小的。溶剂黏度大，使溶质的扩散系数减小，传质阻力增大，传质速度减慢，从而使色谱柱的理论塔板高度增大。$n\propto 1/(\text{溶剂的黏度})^{1/2}$。

可见，溶剂对高效液相色谱分离度的影响是多方面的，若选择不当，将直接影响样品中各组分的分离效果。

37.4.2 流动相的使用条件

（1）纯度要高　通常用色谱纯试剂。若使用分析纯试剂，需对试剂进行纯化，以除去有干扰的杂质，否则试剂纯度不高会使基线不稳，出现杂质峰，导致检测器噪声增大，色谱柱效降低。

溶剂的纯化方法有下列三种。

① 蒸馏法　利用蒸馏法可以除去与溶剂沸点差别较大的某些杂质。

② 吸附法　利用吸附剂的性能不同，有目的地将溶剂中的杂质吸附。具体应用为可将溶剂通过氧化铝或硅胶柱除去极性强的杂质，如除去氯仿中的少量甲醇，可将它通过活性氧化铝或硅胶柱；除去吸附极性小的杂质和水分，可用活性炭和分子筛柱。

③ 过滤法　过滤可以除去溶剂中悬浮的固体微粒。

（2）溶剂脱气　脱气是指溶剂在进入色谱柱之前，除去溶解在其中的气体。脱气可以防止在流路中形成气泡，并且去除由于气泡产生的替代体积和对梯度混合的影响，提高分析系统的性能。流速不稳会影响化合物在色谱柱上的保留时间，增加噪声，而且影响流动敏感型

的检测器的分析。大多数溶剂会溶解氧气，因而损害检测器，损害作用包括：增加噪声；紫外检测器基线漂移；造成荧光检测器淬灭；化学检测器在还原模式操作时因溶解氧的还原作用导致高背景噪声（在氧化模式，这种作用极小）。

脱气后的溶剂应立即使用；若存放过长，使用前仍需脱气。

一般来讲，脱气有在线或脱机真空脱气、脱机超声波脱气、在线氦气脱气三种模式。其中，在线脱气由于具有以下特点而被认为是首选方法：无需预备溶剂，溶解的气体浓度恒定，在整个操作中，都可以维持在最低量。在线氦气脱气和在线真空脱气是两种最常用的模式。

在线氦气脱气时，氦气连续通过溶剂瓶鼓泡，这种过程可使溶剂饱和，从而迫使其他气体只到达顶部。但氦气脱气成本高，挥发性溶剂损失会导致组成随时间变化，脱氧的效率不如在线真空脱气。

在线真空脱气过程中，溶剂通过由特殊聚合物制成的渗透膜管路，这些管路在真空下只允许气体渗透出去，而液体保留。

（3）严禁使用对柱效有损失或使保留特性发生变化的溶剂　在液固吸附色谱中，有些溶剂会在吸附剂上发生不可逆的保留而影响色谱分离。如使用碱性氧化铝时，应避免与酸性溶剂接触；使用酸性硅胶时，应避免与碱性溶剂接触。在液液分配色谱中，流动相与固定相应互不相溶，否则会造成固定相流失，使色谱柱的保留特性改变。

（4）溶剂对试样要有适宜的溶解度　如果溶剂对试样的溶解度低，则会在色谱柱头产生沉淀。

（5）溶剂黏度要小　若溶剂黏度过大，样品中各组分传质阻力增大，造成传质速率小，柱效降低。同时，随着溶剂黏度的增大，色谱柱的渗透性也随之降低，为保持给定的流速，就需提高压力。因此，在给定的线速度下，溶剂黏度增大，柱压增高，分离时间就会延长。流动相的黏度以小于 $0.5 \times 10^{-2} Pa \cdot s$ 为宜。

（6）溶剂应与检测器相匹配　使用紫外检测器时，不可使用在检测波长处有吸收的溶剂。当然，对溶剂中能吸收紫外光的杂质的含量要求达到最低，必要时选用紫外纯度的溶剂。在梯度洗脱中，对不同溶剂成分吸收紫外光的能力应予以考虑，防止洗脱过程中出现较大的基线漂移。当溶剂与样品中某组分的折射率相近时，使用示差折光检测器会造成信号响应减弱或者得不到该组分的色谱峰。

配制液相色谱流动相需注意以下几点：使用色谱纯级流动相；流动相必须过滤，推荐使用 $0.45 \mu m$ 的滤膜，同时应注意滤膜的材质；缓冲溶液必须用 $0.2 \mu m$ 滤膜过滤；使用强氧化性溶剂作流动相时，需加抗氧化剂；抑制水溶液中细菌生长，可添加 0.002% 叠氮化钠、甲醇或乙腈；在系统运行前，须将所用流动相进行预混合，以确定混合性是否良好，严禁使用对泵有腐蚀的溶剂。

37.4.3　液液分配色谱流动相的选择

（1）正相液液分配色谱流动相的选择　在正相液液分配色谱中，常用 Hildebrand 溶解度参数 δ 来表示溶剂的洗脱规律。δ 值反映了溶剂极性的大小，极性溶剂 δ 值大，非极性溶剂 δ 值小。同时，δ 值又是溶剂和溶质分子间作用力的总量度，用公式表示为：

$$\delta = \delta_d + \delta_o + \delta_a + \delta_h \tag{37-21}$$

式中　δ_d——溶剂分子与溶质分子之间色散力相互作用能力的量度；

δ_o——溶剂分子与溶质分子之间偶极取向相互作用能力的量度；

δ_a——溶剂分子作为氢接受体的作用能力的量度；

δ_h——溶剂分子作为氢给予体的作用能力的量度。

表 37-8 列举了部分溶剂的 δ 值等有关参数，其中溶剂的溶解度参数 δ 对于正相色谱中流动相的选择极为重要。

表 37-8　常用流动相溶剂的特性参数

溶剂	溶剂强度	黏度 (20℃) /(Pa·s)	沸点 /℃	折射率 (20℃)	紫外可用最短波长/nm	δ	δ_d	δ_o	δ_a	δ_h
正戊烷	0.00	0.23	33	1.358	210	7.1	7.1	0	0	0
正己烷	0.01	0.32	69	1.372	210	7.3	7.3	0	0	0
正庚烷	0.01	0.41	98	1.385	210	7.4	7.4	0	0	0
异辛烷	0.01	0.50	98	1.404	210	7.0	7.0	0	0	0
环己烷	0.04	1.00	80	1.427	210	8.2	8.2	0	0	0
二硫化碳	0.15	0.37	46	1.626	380	10.0	10.0	0	0.5	0
四氯化碳	0.18	0.97	76	1.466	265	8.6	8.6	0	0.5	0
甲苯	0.29	0.59	110	1.496	285	8.9	8.9	0	0.5	0
苯	0.32	0.65	80	1.501	280	9.2	9.2	0	0.5	0
乙醚	0.38	0.23	34	1.353	220	7.4	6.7	2	2	0
三氯甲烷	0.40	0.57	60	1.443	245	9.1	8.1	3	0.5	0.3
二氯甲烷	0.42	0.44	40	1.424	245	9.6	6.4	5.5	0.5	0
四氢呋喃	0.45	0.46	109	1.408	220	9.1	7.6	4	3	0
二氯乙烷	0.49	0.79	83	1.445	230	9.7	8.2	4	0	0
丙酮	0.56	0.32	56	1.359	330	9.4	6.8	5	2.5	0
二氧六环	0.56	1.54	101	1.422	220	9.8	7.8	4	3	0
乙酸乙酯	0.58	0.45	76	1.370	260	8.6	7.0	3	2	0
乙酸甲酯	0.60	0.37	56	1.362	260	9.2	6.8	4.5	2	0
乙腈	0.65	0.37	82	1.344	210	11.8	6.5	8	2.5	0
吡啶	0.71	0.94	115	1.510	305	10.4	9.0	4	5	0
正丙醇	0.82	2.3	98	1.383	210	10.2	7.2	2.5	4	4
乙醇	0.88	1.20	78.5	1.361	210	11.2	6.8	4.0	5	5
甲醇	0.95	0.60	65	1.329	210	12.9	6.2	5	7.5	7.5
乙酸	1.0	1.26	118	1.372	230	12.4	7.0	—	—	—
水	大	1.00	100	1.333	210	21	6.3	大	大	大
甲酰胺	大	3.76	—	1.448	—	17.9	8.3	大	大	大

根据溶解度参数理论，样品分子 x 在溶剂 m 和固定相 s 之间的分配是由 x、s、m 的溶解度参数 δ_x、δ_s、δ_m 及 x 的摩尔体积 V_x 所决定的。

$$\lg \frac{[x_s]}{[x_m]} = \frac{V_x \left[(\delta_x - \delta_m)^2 - (\delta_s - \delta_x)^2 \right]}{2.3RT} \qquad (37\text{-}22)$$

式中　R——气体常数；

T——热力学温度。

从上式可以看出，在其他条件恒定的情况下，增大流动相的极性，即溶剂的溶解度参数增大，$\delta_x - \delta_m$ 减小，$[x_s]/[x_m]$ 降低，组分保留时间缩短；反之，减小流动相的极性将产生相反的结果。据此，在正相液液分配色谱中，可先选用中等极性溶剂作流动相，若组分的保留时间太短，表示溶剂极性太强，应改用极性较弱的溶剂，若组分的保留时间太长，则选择极性在上述两种溶剂之间的溶剂。如此反复试验，可选到最适宜的溶剂。

常用溶剂的极性顺序排列如下：水＞甲酰胺＞乙腈＞甲醇＞乙醇＞丙醇＞丙酮＞二氧六环＞四氢呋喃＞甲乙酮＞正丁醇＞乙酸乙酯＞乙醚＞异丙醚＞二氯甲烷＞氯仿＞溴乙烷＞苯＞氯丙烷＞甲苯＞四氯化碳＞二硫化碳＞环己烷＞己烷＞庚烷＞煤油。

（2）反相液液分配色谱流动相的选择　反相色谱的特点是流动相的极性总大于固定相。因此，反相色谱主要是用极性最强的溶剂——水作流动相。为改善分离效果，有时往水中加入一定量可与水混溶的所谓"有机改性剂"。常用的有机改性剂有甲醇、乙腈、四氢呋喃和二氧六环等，其中甲醇和乙腈使用最多。当流动相含有乙腈、甲醇和四氢呋喃时，样品的保留和选择性都会有显著的差异。这些溶剂或一些特殊溶剂在指定条件下使用时，样品的溶解性不同。实际工作中可通过调整有机改性剂与水的混合比例，改变试样组分的容量因子和分离的选择性。需要注意的是，在用某些改性剂时，紫外检测的特定波长可能有变化，如甲醇在 200nm 以下。

反相色谱的流动相中，还经常加入一定量的缓冲剂，防止溶质解离。常用的缓冲剂有甲酸、乙酸、丁二酸、磷酸、乙酸铵等。

为方便使用，表 37-9 列出液相色谱常用溶剂的溶解性能。

37.4.4　离子交换色谱流动相的选择

在离子交换色谱中，分离度的控制主要是通过对流动相的 pH 和离子强度的调节来达到的。提高流动相的离子强度，即增加流动相的盐浓度，可减少样品组分的保留时间。原因是降低了样品离子与流动相中的离子争夺离子交换树脂上交换剂的能力。

阴离子在离子交换树脂上的滞留顺序为：柠檬酸根＞SO_4^{2-}＞$C_2O_4^{2-}$＞I^-＞NO_3^-＞CrO_4^{2-}＞Br^-＞CNS^-＞$HCOO^-$＞CH_3COO^-＞OH^-＞F^-。

阳离子在离子交换树脂上的滞留顺序为：Ba^{2+}＞Pb^{2+}＞Sr^{2+}＞Ca^{2+}＞Ni^{2+}＞Cd^{2+}＞Cu^{2+}＞Co^{2+}＞Zn^{2+}＞Mg^{2+}＞UO_2^{2+}＞Te^+＞Ag^+＞Cs^+＞Rb^+＞K^+＞NH_4^+＞Na^+＞H^+＞Li^+。

流动相的 pH 直接影响到样品中组分的解离和离子交换剂表面交换基团的电离，故对组分的分离效果有较大的影响。对阳离子交换柱来讲，流动相 pH 增加，使组分保留时间缩短，而在阴离子交换柱中，则正好相反。

37.4.5　凝胶色谱流动相的选择

凝胶色谱是一种特殊类型的色谱，其流动相的选择主要考虑所选用的流动相能够溶解样品并具有较低的黏度。

溶剂的黏度对凝胶色谱分离影响甚大，降低黏度，可以改善溶质分子在流动相中的传质，从而获得较高的柱效。

凝胶色谱一般选用示差折光检测器，流动相要选用与样品折射率差别较大的溶剂，以提高检测器的灵敏度。

表 37-9 液相色谱常用溶剂的溶解性能

	乙酸	乙醇	异丙醇	丙酮	四氢呋喃	二甲苯	环氧乙烷	乙腈	环己烷	环戊烷	二甲基甲酰胺	二甲基亚砜	庚烷	己烷	甲醇	乙醚	异辛烷	戊烷	二丙醚	四氯化碳	氯仿	苯	丁醇	三氯乙烷	三氯甲烷	乙酸乙酯	甲乙酮	四氯乙烷	甲苯	三氯乙烷
乙醇																														
异丙醇																														
丙酮																														
四氢呋喃																														
二甲苯					×																									
环氧乙烷					×																									
乙腈	×	×		×	×																									
环己烷						×	×																							
环戊烷						×	×																							
二甲基甲酰胺	×	×		×	×																									
二甲基亚砜	×	×			×																									
庚烷			×	×																										
己烷									×																					
甲醇									×	×																				
乙醚															×															
异辛烷															×															
戊烷															×															
二丙醚															×															
四氯化碳															×															
氯仿															×															
苯															×															
丁醇																							×							
三氯乙烷																							×							
三氯甲烷																							×							
乙酸乙酯																							×							
甲乙酮																							×							
四氯乙烷																							×							
甲苯																							×							
三氯乙烷																							×							
水																								×	×	×	×	×	×	×

注："×"表示不溶。

37.4.6 梯度洗脱

对于成分复杂的样品，需要采用梯度洗脱技术。它可以在分离过程中逐渐改变溶剂的组成，使溶剂强度逐渐增大，结果各组分的 κ 值随时间而缓慢变化，处于最佳的 κ 值范围（1~10），能够有效地改善峰形，提高峰检测的灵敏度，缩短分析时间。梯度洗脱还可以提高有效理论塔板数。

在梯度洗脱的实际操作中，总是将极性强的溶剂逐渐加入到极性弱的溶剂中（对反相色谱则相反）。即先从极性最小的纯溶剂 A 开始，按一定程序改变溶剂 A 与溶剂 B 的比例，直至极性最大的纯溶剂 B，从而达到各组分均有大小合适的 κ 值。

值得注意的是，梯度洗脱后的色谱柱，在下次使用前必须进行处理，以除去强溶剂成分，这可使用"倒梯度"洗脱程序来实现。梯度洗脱的最大不足是受检测器使用的限制，如示差折光检测器不能用于梯度洗脱操作。

37.5 高效液相色谱分离方法及色谱柱的选择

根据欲分析物的理化性质，即可按图 37-15 找到适合的分离方法并合理选择色谱柱。

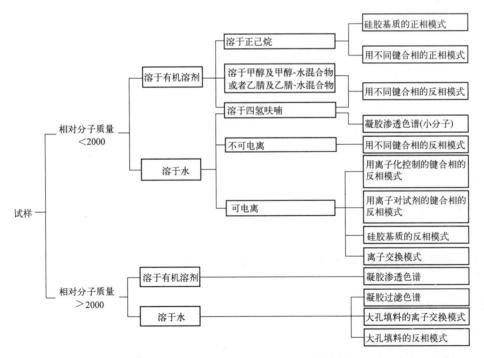

图 37-15 高效液相色谱分离方法及色谱柱的选择

37.6 HPLC 分析常见故障及其排除

HPLC 分析常见故障及其排除见表 37-10。

表 37-10 HPLC 分析常见故障及其排除

故障现象	可能原因	解决途径
出现双峰	进样量过大	进样量为流动相流入量的 1/6
	溶剂极性太强	使用较弱的进样溶剂或流动相
	柱有空隙	用填充料填满或重新装柱
	色谱柱进样量超载	用更大负载量的固定相；增大色谱柱直径；减少进样量
出现峰拖尾	碱性分析物与硅醇相互作用	换成高聚物固定相；或用极性更强的流动相
	硅胶基-柱降解	使用特种色谱柱、高聚物柱或空间保护柱
	硅胶基-硅醇相互作用	向流动相中加盐增大缓冲液浓度；用 pH 更低的流动相抑制；衍生溶质以改变极性
出现宽峰	进样量太大	降低进样溶剂强度使溶质集中
	流动相黏度太高	升高柱温
	进样量太大	减少进样量
压力波动	单向阀漏	更换单向阀
	泵中有气泡	脱气
	泵密封口漏	更换泵密封垫
压力逐渐上升	微粒积聚	过滤样品；管路加过滤器过滤流动相
	水/有机系-缓冲液沉淀	检查缓冲液-有机化合物，确保相容
保留时间变化	柱温不恒定	使柱温箱温度控制恒定；保证室温恒定
	平衡时间不足以适应梯度洗脱要求，或流动相发生变化	确保在溶剂改变或梯度结束后至少 10 个柱容积通过色谱柱
	流动相选择性蒸发	减轻脱气程度；确保贮液器盖严；制备新的流动相
	缓冲能力不足	用 >20mmol 浓度的缓冲液
	在线流动相混合不均一	保证梯度系统输送恒定的溶剂组成
	污染积聚	冲洗色谱柱除去污染物
保留时间缩短	流速增大	检查泵确保流速恒定
	柱上进样超载	减少进样量
	键合固定相流失	保持流动相 pH 在 2~8.5 之间
保留时间延长	流速减慢	检查泵密封垫；检查泵中是否有气泡
	流动相组成在变化	确保贮液器盖严
	硅胶填料存在活化点	使用流动相改性剂；固定相用更高覆盖度的填料

37.7 高效液相色谱在发酵工业中的应用

37.7.1 样品预处理

在实际分析中，用标准溶液往往能得到很好的色谱分离结果，但具体分析样品时，常出现不理想的色谱图以致难以进行定性、定量分析，甚至得出错误的结果。产生这种现象的主要原因是样品中成分复杂，含有干扰杂质等。解决这一问题的办法应从样品的预处理入手，选用适当的萃取、净化、浓缩等方法，才可使样品中各组分得到很好的分离。

（1）萃取　食品与发酵分析常用的萃取分离方法是溶剂萃取法。

在选用萃取溶剂时，应考虑被分析组分在该溶剂中的溶解度，待测组分能否与萃取剂发生化学反应，溶剂的毒性、挥发性、纯度、价格等。

选择萃取剂依据相似相溶原则，即亲水性化合物要用亲水性溶剂萃取，脂溶性和油溶性化合物要用疏水性溶剂萃取。实际工作中，常用的萃取溶剂有乙醇、甲醇、乙醚、石油醚、二氯甲烷、三氯甲烷、乙酸乙酯、丙酮、甲苯、苯、乙腈等。有时用一种溶剂萃取效率不高，可将两种或两种以上的溶剂按一定比例混合作萃取剂。

（2）净化　样品经萃取所得到的萃取液，除含有被测组分外，还含有其他干扰物质或共萃物，这些杂质的存在将对被测组分的分离效果产生不良影响，必须设法除去。可用与色谱分析配套用的样品预处理柱（如美国 Waters 公司的 SEP-PAK TM Silika 预处理柱）对样品进行纯化和痕量浓缩。

（3）浓缩　当样品中被测组分的浓度低于仪器的检出限时，需对样品进行浓缩。浓缩方法有旋转蒸发器浓缩法和 KD 浓缩器浓缩法。除此以外，柱色谱法也可以用于样品的浓缩，即利用吸附剂对被测组分的吸附作用，将被测组分吸附在吸附剂上，再用少量溶剂洗脱，以达到浓缩目的。

37.7.2　高效液相色谱法应用实例

（1）淀粉糖浆、糖蜜的分析

仪器：Agilent1100（配示差折光检测器）。

色谱柱：ZORBAX（$\phi 4.6mm \times 150mm$，$5\mu m$）糖类分析柱。

流动相：乙腈（75%）-水（25%）。

温度：30℃。

流量：2.0mL/min。

试样：淀粉糖浆、糖蜜分别按 1：50 稀释。

淀粉糖浆和糖蜜的 HPLC 谱图分别见图 37-16 和图 37-17。

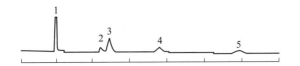
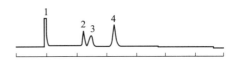

图 37-16　淀粉糖浆的 HPLC 谱图
1—鼠李糖；2—果糖；3—葡萄糖；
4—麦芽糖；5—棉籽糖

图 37-17　糖蜜的 HPLC 谱图
1—鼠李糖；2—果糖；3—葡萄糖；4—蔗糖

（2）发酵饮料中水溶性维生素的分析

仪器：Agilent 1100（配紫外检测器）。

试样：水溶性维生素。

色谱柱：ZORBAX SB-C_8 柱（$\phi 4.6mm \times 150mm$，$5\mu m$）。

流动相：A. 50mmol Na_3PO_4（pH＝2.5)-甲醇（90：10）；B. 50mmol Na_3PO_4（pH＝2.5)-甲醇（10：90）。

梯度洗脱：流动相在 18min 时 A 从 100%变为 30%，B 从 0 变为 70%。

流速：1.0mL/min。

进样量：10μL。

柱温：室温。

检测器波长：245nm。

发酵饮料中水溶性维生素的 HPLC 谱图见图 37-18。

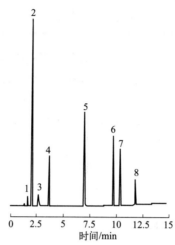

图 37-18 发酵饮料中水溶性维生素的 HPLC 谱图

1—维生素 B_1；2—维生素 C；3—维生素 B_3；4—维生素 B_6；

5—维生素 B_5；6—叶酸；7—维生素 B_{12}；8—维生素 B_2

38

氨基酸自动分析仪

氨基酸自动分析仪广泛应用于生物化学、微生物学、食品、粮食、医药、饲料、化妆品、烟草、临床诊断与科研（PF 体系）等领域的研究。

氨基酸自动分析仪实际是专用高效液相色谱仪，色谱柱填料是强酸型阳离子交换树脂，检测器用可见分光光度计或荧光分光光度计。由于为专用分析仪，即具有比通用仪器更好的选择性和准确度、更高的灵敏度以及更快的分析速度。

20 世纪 40 年代人们开始探求用色谱法分析氨基酸。第一台氨基酸分析仪由 Spackman、Stein 和 Moore 于 1958 年研制成功，他们在 $\phi 9mm \times 150mm$ 和 $\phi 9mm \times 1500mm$ 的色谱柱中填充粉碎的强酸型阳离子交换树脂，缓冲液的流速为 30mL/h，分析约 20 种氨基酸，历经 20 多小时。其后本森（J. V. Benson）、帕特森（J. A. Patterson）改用 $\phi 6mm \times 100mm$ 和 $\phi 6mm \times 580mm$ 的色谱柱，填充球状树脂，并将缓冲液流速提高到 50mL/h，仅用 6h 就完成了同样的分析。随着树脂颗粒直径和色谱柱内径的减小、泵压的提高，分析时间缩短至 60min 甚至 30min。目前的氨基酸自动分析仪用微机控制程序和处理数据，分析灵敏度和准确度又有极大提高，实现了全自动分析，并可在无人管理下连续工作。进入 20 世纪 80 年代后，液相色谱特别是键合相反相分配色谱及柱前衍生技术的发展又给氨基酸分析仪提供了新的空间，还出现了阴离子交换分离、直接安培法检测、配置上侧重氨基酸分析的离子色谱仪。不过，离子交换色谱在氨基酸分析中仍占据主导地位，被国内外公认为氨基酸最准确可靠的分离测定手段；而柱前衍生高效液相色谱法也已成熟，进入了实用阶段。因此，本章重点介绍传统离子交换色谱专用氨基酸分析仪，对柱前衍生反相高效液相色谱的氨基酸分析作简要介绍。就氨基酸分析而言，全自动氨基酸分析仪（IEC）和普通高效液相色谱仪（HPLC）的主要性能比较见表 38-1，全自动氨基酸分析仪、普通高效液相色谱仪和离子色谱仪（IC）的分析方法比较见表 38-2。

表 38-1　全自动氨基酸分析仪和普通高效液相色谱仪的主要性能比较

性　能	分析对象	全自动氨基酸分析仪	普通高效液相色谱仪
分析时间/min	蛋白水解液	30	50
	生理体液	110	135
分离度/%	苏氨酸/丝氨酸	95～98	85
灵敏度/pmol		3	100
峰位变异系数/%		≤1.0	≤3

注：1. 液相色谱仪用于氨基酸分析的最大缺点是衍生物不止一种，且氨基酸不同组分峰之间有重叠现象。

2. 氨基酸分析仪是一种特殊的液相色谱仪，采用离子交换色谱柱，但比液相色谱仪要复杂得多。

表 38-2　氨基酸分析方法比较

方法	IEC	HPLC					IC
原理	阳离子交换分离，柱后茚三酮衍生，光度法测定	反相色谱分离，柱前衍生，光度法测定					阴离子交换直接测定
衍生试剂	茚三酮	PITC	OPA	FMOC	AQC	DABS-Cl	无
基体干扰	无	有	有	有	有	有	有
多余试剂	不干扰	需除去	不干扰	需除去	不干扰	需除去	无
检测器	可见光检测器	紫外检测器	荧光检测器	荧光检测器	荧光检测器	紫外检测器	电导检测器
检测限	3～10pmol	30pmol	1～5pmol	1pmol	3pmol	30pmol	0.5pmol
优点	方法成熟可靠，稳定性、重现性和线性均优于HPLC法，无基体干扰，柱寿命长，一次可分析40余种氨基酸	仪器可一机多用，对一些氨基酸有很高的灵敏度，分析时间较短，但用于氨基酸分析和其他分析时，需要更换一些部件，如柱子、缓冲溶液等，通常更换之后需要较长时间平衡					
缺点	对整机性能要求高，仪器专用化，售价较高	衍生反应和产物稳定性常受基体和过量试剂干扰，方法的稳定性、重现性、线性和可靠性不如茚三酮法；且柱寿命短，衍生试剂一般较贵，方法对操作技术要求高					易受细菌干扰，稳定性及重现性较差，测量结果与茚三酮法有明显差异
应用	蛋白水解氨基酸和游离氨基酸分析的国际和国家标准方法、质量控制分析方法	对个别氨基酸分析有应用价值，作为非标准方法也用于肽类、蛋白水解氨基酸和游离氨基酸的分析					

注：PITC—异硫氰酸苯酯；OPA—邻苯二甲醛；FMOC—芴甲氧羰酰氯；AQC—6-氨基喹啉-N-羟基琥珀酰亚胺基氨基甲酸酯；DABS-Cl—磺酰氯二甲胺偶氮苯。

38.1　基本原理

离子交换色谱氨基酸分析仪又称专用氨基酸分析仪，其工作原理是：先将氨基酸混合物在离子交换树脂柱上进行分离，然后将分离后的氨基酸衍生，根据衍生产物的特性，选择适当的检测器检测并进行定性定量分析。

38.1.1 离子交换树脂

现代的专用氨基酸分析仪，其色谱柱多数用磺酸型强酸性阳离子交换树脂为柱填料，该树脂是由苯乙烯和二乙烯基苯聚合后磺化而成。其中，苯乙烯是主体成分，离子交换的活性基团——磺酸根连在苯乙烯中乙烯基的对位上；二乙烯基苯是交联剂，将聚合物的直链结构错综复杂地连接起来，形成一个不溶于水的高分子骨架，防止因吸水而溶解。其结构大体如图 38-1 所示。

氨基酸分析用离子交换树脂一般都是 Na^+ 型的，用于蛋白质水解液中氨基酸的分析；还有一种树脂为 Li^+ 型，用于全部氨基酸的分析（如生理体液中的氨基酸分析）。

离子交换树脂中交联剂所占的比例（交联度）决定着树脂内部网状结构的孔径大小。交联度大，分子结构紧密，孔径就小，可用于分离相对分子质量小的氨基酸；反之，交联度小，分子结构疏松，网状结构孔径大，适合分离相对分子质量大的蛋白质、肽类。多数氨基酸分析用色谱柱采用交联度为 8%～12% 的离子交换树脂。目前各国厂商生产的离子交换树脂所用的二乙烯基苯的纯度、类型（邻、对位异构体等）、磺化程度、粒度及大小虽不尽相同，但均为微球体，直径为 5～10 μm。

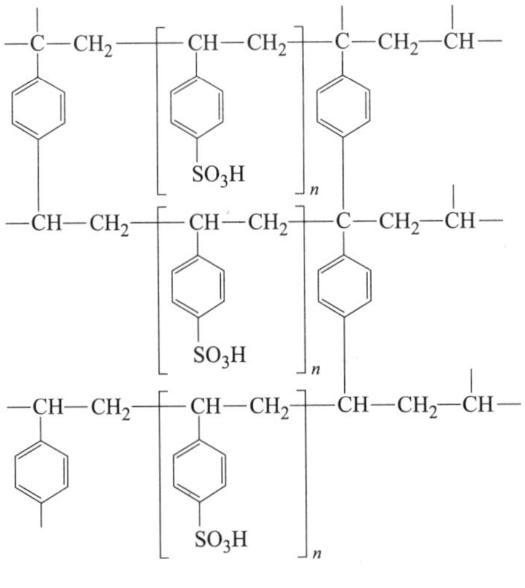

图 38-1 离子交换树脂的大体结构

38.1.2 氨基酸在色谱柱中的分离

氨基酸属两性电解质，其所带电荷随 pH 或离子强度而改变。在酸性（pH＝2.2）溶液中（即 pH 在等电点以下），呈正离子（$^+H_3N—CHRCOOH$）状态，可被离子交换树脂表面的磺酸基团（$—SO_3^-$）吸引而附着在树脂上；随着 pH 的升高或离子强度的增大，氨基酸所带正电荷减少，吸引力就会下降乃至消失而被洗脱下来。不同的氨基酸，其等电点、极性及相对分子质量大小不同，洗脱顺序也不同（见表 38-3）。一般酸性和带羟基的氨基酸先被洗脱下来，然后是中性氨基酸，最后是碱性氨基酸。用 $XSO_3^-Na^+$ 表示离子交换树脂，则有

$$XSO_3^-Na^+ + H_3\overset{+}{N}-\overset{\underset{|}{R}}{C}HCOOH \underset{pH增大}{\overset{pH减小}{\rightleftharpoons}} XSO_3^-\ H_3\overset{+}{N}-\overset{\underset{|}{R}}{C}HCOOH + Na^+$$

在同类氨基酸中，短碳链小分子先洗脱下来，长碳链大分子后洗脱出来（如甘氨酸先于丙氨酸，缬氨酸先于亮氨酸）。而碳原子数相同的氨基酸，有支链的比无支链的先洗脱出来（如异亮氨酸先于亮氨酸，亮氨酸先于正亮氨酸），碳链上的羟基可加速洗脱（如丝氨酸先于丙氨酸，羟脯氨酸先于脯氨酸，酪氨酸先于苯丙氨酸，羟基赖氨酸先于赖氨酸）。

一般氨基酸分析仪上蛋白质水解液的氨基酸出峰情况见表38-3。有些仪器的碱性氨基酸部分洗脱顺序不同，如 Hitachi（日立）835 为 Lys、Amm（氨）、His 和 Arg，而 Durrum（美国）D500、Chromaspek（英国）等为 His、Lys、Amm 和 Arg。

表 38-3　一般氨基酸分析仪上蛋白质水解液的氨基酸出峰顺序

氨基酸			出峰顺序	相对分子质量	等电点
中文名称	英文名称	英文缩写			
天门冬氨酸	aspartic acid	Asp	1	133.6	2.98
苏氨酸	threonine	Thr	2	119.18	6.53
丝氨酸	serine	Ser	3	105.06	5.68
谷氨酸	glutamic acid	Glu	4	147.08	3.22
脯氨酸	proline	Pro	5	115.08	6.30
甘氨酸	glycine	Gly	6	75.05	5.97
丙氨酸	alanine	Ala	7	89.06	6.02
胱氨酸	cystine	Cys	8	240.33	—
缬氨酸	valine	Val	9	117.09	5.97
甲硫氨酸（蛋氨酸）	methionine	Met	10	149.15	5.75
异亮氨酸	isoleucine	Ile	11	131.11	6.02
亮氨酸	leucine	Leu	12	131.11	5.98
酪氨酸	tyrosine	Tyr	13	181.09	5.66
苯丙氨酸	phenylalanine	Phe	14	165.09	5.48
赖氨酸	lysine	Lys	15	146.13	9.74
组氨酸	histidine	His	16	155.09	7.58
氨氨酸（氨）	ammonia	Amm	17	17	—
精氨酸	arginine	Arg	18	174.4	10.76

注：表中无色氨酸（Trp），是因为采用酸水解，色氨酸被严重破坏，无法检出。

Hitachi 835 型氨基酸自动分析仪上的出峰顺序为：Asp、Thr、Ser、Glu、Pro、Gly、Ala、Cys、Val、Met、Ile、Leu、Tyr、Phe、Lys、NH_3、His、Arg。

Hitachi L-8800 型全自动氨基酸分析仪高分辨率分析蛋白水解液的出峰情况见图 38-2。

德国 SYKAM 公司 S-433D 型全自动氨基酸分析仪分析生理体液氨基酸标样的出峰顺序见图 38-3，其中各氨基酸的出峰情况见表 38-4。

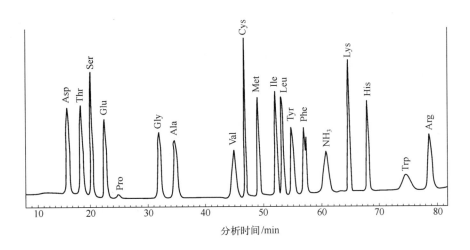

图 38-2 L-8800 型全自动氨基酸分析仪高分辨率分析蛋白水解液的出峰情况

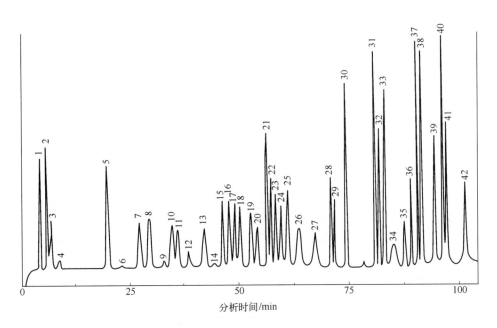

图 38-3 德国 SYKAM 公司 S-433D 型全自动氨基酸分析仪分析
生理体液中氨基酸标样的出峰顺序

表 38-4 德国 SYKAM 公司 S-433D 型全自动氨基酸分析仪分析生理体液中氨基酸的出峰情况

氨基酸			出峰顺序	相对分子质量	等电点
中文名称	英文名称	英文缩写			
磷酸丝氨酸	phosphoserine	P-Ser	1	185.1	—
牛磺酸(牛胆碱)	taurine	Tau	2	125.2	—
磷酸乙醇胺	phospho ethanol amine	PEA	3	141.1	—
尿素	urea	Urea	4	60.1	—
天门冬氨酸	aspartic acid	Asp	5	133.6	2.98
羟基脯氨酸	hydroxy proline	Hypro	6	131.1	—

续表

氨基酸			出峰顺序	相对分子质量	等电点
中文名称	英文名称	英文缩写			
苏氨酸	threonine	Thr	7	119.18	6.53
丝氨酸	serine	Ser	8	105.06	5.68
天门冬酰胺	asparagine	AspNH$_2$	9	132.1	—
谷氨酸	glutamic acid	Glu	10	147.08	3.22
谷酰胺	glutamine	GluNH$_2$	11	146.2	—
肌氨酸	sarcosine	Sar	12	89.1	—
α-氨基己二酸	α-amino adipic acid	α-AAA	13	161.2	—
脯氨酸	proline	Pro	14	115.08	6.30
甘氨酸	glycine	Gly	15	75.05	5.97
丙氨酸	alanine	Ala	16	89.06	6.02
瓜氨酸	citrulline	Cit	17	175.2	—
α-氨基正丁酸	α-amino-n-butyric acid	α-ABA	18	103.1	—
缬氨酸	valine	Val	19	117.09	5.97
—	cyrosine	—	20		
胱硫醚	cystathionine	Cysthi	21	222.3	—
甲硫氨酸（蛋氨酸）	methionine	Met	22	149.15	5.75
异亮氨酸	isoleucine	Ile	23	131.11	6.02
亮氨酸	leucine	Leu	24	131.11	5.98
正亮氨酸	norleucine	Nle	25	131.2	—
酪氨酸	tyrosine	Tyr	26	181.09	5.66
苯丙氨酸	phenylalanine	Phe	27	165.09	5.48
β-丙氨酸	β-alanine	β-Ala	28	89.1	—
β-氨基异丁酸	β-amino isobutyric acid	β-AiBA	29	103.1	—
γ-氨基丁酸	γ-amino butyric	—	30	103.1	—
组氨酸	histidine	His	31	155.09	7.58
3-甲基组氨酸	3-methylhistidine	3-Mehis	32	169.2	—
甲基组氨酸	1-methylhistidine	1-Mehis	33	169.2	—
色氨酸	tryptophan	Trp	34	204.1	—
肌肽	carnosine	Car	35	226.2	—
鹅肌肽	anserine	Ans	36	240.3	—
羟基赖氨酸	hydroxylysine	Hylys	37	162.2	—
鸟氨酸	ornithine	Orn	38	132.2	—
赖氨酸	lysine	Lys	39	146.13	9.74
氨氨酸（氨）	ammonia	Amm	40	17	—
乙醇胺（2-羟基乙胺）	ethanol amine	OHNH$_2$	41	61.1	—
精氨酸	arginine	Arg	42	174.4	10.76

　　氨基酸分离不仅受离子交换树脂的型号、粒度、交联度的影响，受色谱柱长度、直径、柱温的影响，还受洗脱液（缓冲溶液）的阳离子类型、pH、离子强度、洗脱梯度、流速及其中有机溶剂含量的影响。需要特别指出的是，对于洗脱液的某个特定阳离子类型，如 Na$^+$ 型缓

冲液，虽然通过变化 pH 和离子强度等能很好地分离各种蛋白水解液中的氨基酸，但不能将天门冬酰胺、谷氨酰胺和一些相关的氨基酸分离出来，因此在生理体液分析中除了要改变柱长、调节柱温外，还必须将 Na^+ 型缓冲溶液体系改换成 Li^+ 型缓冲溶液体系。

38.1.3 衍生与检测

由于多数氨基酸无生色基团，因此在紫外可见光区没有吸收（常规蛋白水解氨基酸中只有酪氨酸、苯丙氨酸和色氨酸在 250～280nm 有紫外吸收，最大吸收波长分别为 275nm、257nm、280nm），必须将之衍生，转化为具有紫外、可见光吸收或能产生荧光的物质才能检测分析。

氨基酸的衍生有两种方式：一种为柱前衍生法，将氨基酸混合物先衍生后，再用反相分配色谱法分离，测定其紫外吸收或产生的荧光强度；另一种是柱后衍生法，即将氨基酸混合物用离子交换色谱法分离，再把分离后的氨基酸衍生为具有可见光吸收或产生荧光的物质，然后测定。柱前衍生与柱后衍生的相关比较见表 38-5。目前公认的方法还是柱后衍生法。常用的柱后衍生法有茚三酮法和邻苯二甲醛（OPA）法。

表 38-5 柱前衍生与柱后衍生的相关比较

项目	自动化程度	衍生物稳定性	色谱柱寿命	前处理过程	可分析的氨基酸种类	一次性设备投入	单样成本
柱前衍生	低	低	短	烦琐	18～26	低	高
柱后衍生	高	高	长	简单	>40	高	低

注：高效液相色谱仪分析氨基酸常用柱前衍生，氨基酸分析仪则多用柱后衍生。

（1）茚三酮法　被洗脱出来的氨基酸中的 α-氨基酸与水合茚三酮在弱酸性条件下共热，引起氨基酸氧化脱氨、脱羧反应，水合茚三酮与氨合还原茚三酮发生作用（加热后在 130℃反应器内反应 60s），生成深蓝紫色配合物 DYDA，其最大吸收波长为 570nm。但茚三酮与脯氨酸、羟脯氨酸反应不释放 NH_3，直接生成黄色化合物，最大吸收波长在 440nm。这两种衍生物均可用 UV-VIS（紫外-可见分光光度计）进行检测，根据吸光度与峰面积的关系通过色谱工作站进行定性定量。α-氨基酸与茚三酮的反应过程如下：

DYDA(紫色)

脯氨酸和羟脯氨酸与茚三酮反应的生成物为：

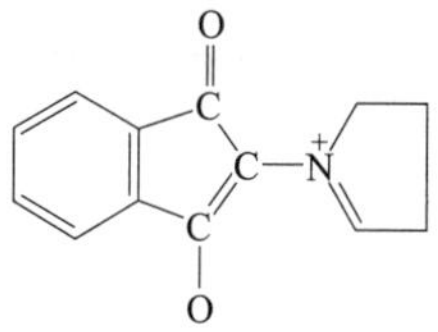

茚三酮法是氨基酸分析仪应用最早且目前仍应用最多的衍生方法。

（2）邻苯二甲醛（OPA）法　氨基酸分离后也可与邻苯二甲醛混合，在常温、乙硫醇或 β-巯基乙醇存在下生成一种强荧光衍生物。α-氨基酸的反应式为：

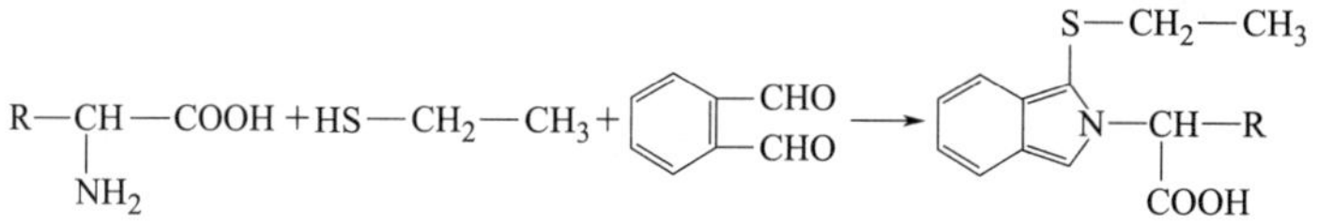

$$R-CH-COOH + HS-CH_2-CH_3 + \text{邻苯二甲醛} \longrightarrow \text{荧光衍生物}$$

| α-氨基酸 | 乙硫醇 | 邻苯二甲醛 | 荧光衍生物 |

该衍生物激发波长为 340nm，吸收波长为 455nm，可用荧光检测器测定其发射的荧光。OPA 法灵敏度约为茚三酮法的 10 倍，但它只能测定一级氨基酸（α-氨基酸）。因二级胺（脯氨酸和羟脯氨酸）不能直接与 OPA 反应，必须先用氧化剂次氯酸钠（NaClO）将其氧化（反应温度 62℃），打开环状结构，成为一级胺（其他氨基酸无此反应），再与 OPA 反应（常温下 20s）。

38.2　氨基酸分析仪的结构性能

氨基酸自动分析仪主要由流路系统、分离系统、检测系统、控制系统、数据处理系统组成，不同的氨基酸自动分析仪差别仅在于各部件的性能与自动控制程度。

38.2.1　结构与流程

虽然氨基酸分析仪型号很多，部件设计各异，但其主体结构及基本流程与高效液相色谱仪大体相同（见图 38-4）。

有些氨基酸分析仪如 Hitachi（日立）835 或 Beckman（贝克曼）121MB 等一般采用 3～5 种不同 pH 的缓冲液。缓冲液经加热脱气后，按时间切换，依次用泵输送至色谱柱中，使由进样系统定量注入的氨基酸混合物逐步分离。分离后的氨基酸与另一台泵输送的茚三酮混合，经反应器加热完成衍生，进入 UV-VIS 检测器检测。色谱柱的加热方式以及反应器的结构和加热方式也有较大变化，如 Hitachi L-8800、Hitachi L-8900 色谱柱采用半导体加热方式，反应器由现在的反应柱取代过去的反应圈（反应盘管），加热也采用半导体式。

或如图 38-4 所示，分离后的氨基酸先与次氯酸钠（NaClO）混合，氧化开环后与 OPA 反应，用荧光分光度计检测，检测得到的信号放大后送至数据处理系统。

也有些氨基酸分析仪如 Chromaspek，只用两种缓冲液，用两个独立的泵，在模拟梯度洗脱装置控制下，连续改变洗脱液的 pH 值，进行洗脱分离，检测、数据处理同前。

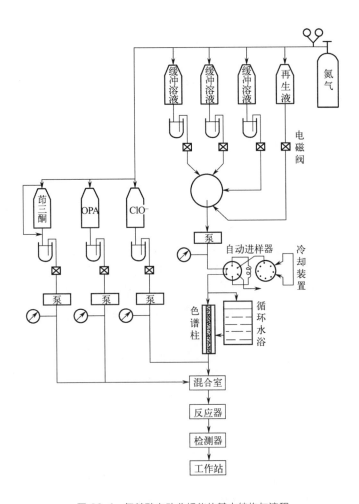

图 38-4 氨基酸自动分析仪的基本结构与流程

38.2.2 主要部件功能

（1）输液系统　氨基酸分析仪的输液系统主要由泵、切换阀或梯度洗脱装置组成。泵就像氨基酸分析仪的心脏，输送缓冲液、再生液和衍生试剂。

氨基酸自动分析仪通常有两个泵，其中一个泵将流动相（不同 pH 的缓冲溶液）连续不断地送入色谱柱，使试样中的氨基酸在色谱柱中完成分离；另一个泵将水合茚三酮溶液送入混合室与分离后的氨基酸在此混合。

目前氨基酸分析仪上使用的泵主要有 3 种类型：往复式活塞泵、柱塞泵和蠕动泵。不同型号仪器的泵压流量也不尽相同，有些仪器为消除往复式活塞泵等的输液脉冲还配有阻尼装置。切换阀实际上是一个多向阀，根据仪器程序控制系统的指令转动，一一切换进泵、进柱的缓冲液，因此它所给出的是一多台阶式的梯度洗脱程序。而梯度洗脱装置是按时间控制缓冲液的配比，从而给出的是一连续变化特定形状的梯度洗脱曲线。

泵的性能直接关系到分离过程中柱效率的提高和定量结果的准确性与重复性，以及检测器的灵敏度和稳定性。对泵的要求如下。

① 流量恒定　这是对输液泵的最基本要求，它关系到峰的重复性、分辨率和定量的准

确度。

② 流速稳定　检测器对流速很敏感，流速的脉动将导致检测器的噪声加人，最小检出量增大，灵敏度下降。

③ 较高的输出压力　由于色谱柱较长较细，填充的树脂颗粒度最大 $10\mu m$，欲达到快速、高效分离的目的，必须有较高的柱前压。实验证明：压力升高，流速加大，分离时间缩短。目前使用的泵压一般在 20MPa 以下，Hitachi 835-50 型的最高泵压已达 20MPa。

④ 输出流量范围大　泵输出的流量范围大，就可以灵活地选择分离条件；同时泵的流量最好能连续可调。

（2）进样分离系统　进样分离系统由进样器和色谱柱组成。20 世纪 80 年代后生产的氨基酸分析仪均装有多位进样器。不同仪器的自动进样器虽然形状、结构各异，但大多采用六通阀（见液相部分）进样原理，即装有一个定量样品环管，用注射器或其他驱动装置将其注满，多余的液体可在阀体转动后排出，定量样品由缓冲液带入色谱柱。一般的自动进样器不仅可自动吸样、注样，还可自动清洗。有些仪器的进样器还装有冷却装置，以保障生理（生物）样品在等待分析过程中不发生变性。有些单柱氨基酸分析仪为保证分析过程中基线平稳，特别是中性氨基酸和碱性氨基酸间不出现氨台阶，还装有除氨柱，使缓冲液进入色谱柱前先脱氨。

色谱柱是这类仪器的核心，目前生产的氨基酸分析仪多是单柱的。但 20 世纪 80 年代中期生产的仪器有双柱系统的，即酸性氨基酸、中性氨基酸和碱性氨基酸分别在两根不同的色谱柱中完成分离。色谱柱有不锈钢柱也有玻璃柱，内径和柱长分别在 1.75～5mm、150～300mm 之间。柱细而长对提高分离度有利，柱短而细对缩短分离时间有利。柱长与内径的选择还与树脂的颗粒直径有关，颗粒直径小的树脂宜用短而细的色谱柱。由于只有在适当的温度下（30～70℃）氨基酸才能获得最佳分离，为提高分离效率与重复性，色谱柱需恒温，过去色谱柱多用循环恒温水浴（±0.5℃）加热（一般来说，柱温升高，出峰时间缩短，适当改变柱温可改善某些峰的分离效果），Hitachi L-8800 和 Hitachi L-8900 采用半导体加热。

（3）检测系统　氨基酸分析仪检测系统决定于所选择的衍生方法。用茚三酮做柱后衍生的仪器一般都使茚三酮试剂处于高纯氮的气氛中并于冰箱冷藏，分析时用泵输出与分离后的氨基酸混合并在 90～100℃水浴中反应 15min，再送至 UV-VIS 检测器检测。近年来，有些氨基酸分析仪采用半导体加热，将反应温度提高到 130～135℃，使反应时间缩短至 1min。此外，还有些氨基酸分析仪（如 Chromaspek）将茚三酮和还原剂分别贮存，分析时分别用泵输出混合，这种设计使茚三酮不需冷藏，避免使用中显色剂衰减失效。

用 OPA 衍生的仪器，需先让柱流出液与 NaClO 氧化剂混合，使二级胺氧化开环后，再与另一台泵输出的 OPA 混合、反应生成荧光衍生物，进入荧光检测器检测。

（4）程序控制系统　氨基酸分析仪的自动化是通过程序控制系统实现的。从分析仪的启动，缓冲液的流速、切换或梯度变化，进样系统的吸样、清洗，柱温及数据采集、记录、处理、报告打印，直至仪器分析完毕，茚三酮泵的停止、管路清洗乃至最后停机，都是依程序控制系统的指令进行的。

（5）数据处理系统及其他辅助系统　多数氨基酸分析仪是由微机完成程序控制与数据处理，但有些分析仪是两系统分开的，即检测信号放大后，分别进入记录仪、积分仪或微处理机，再由后者完成基线校正、峰识别、峰面积积分及一些必要的计算等数据处理。

此外，多数氨基酸分析仪还有气路控制、报警或安全等辅助系统，当操作错误或仪器出现故障时可自动报警，直至自动停机。

38.2.3 常见仪器的主要性能

表 38-6 列出 8 种有代表性的或国内应用较多的氨基酸分析仪的主要性能指标，可对不同型号仪器的性能进行相互比较，并可对氨基酸分析仪器的性能发展有所了解。

表 38-6 国内使用较多的氨基酸分析仪主要性能指标比较

性能指标		英国 Rank Hilger Chromaspek	美国 Durrum D500	美国 Beckman 121MB	美国 Beckman 6300	日本 Hitachi 835-50	日本 Hitachi L-8500	日本 Hitachi L-8800	日本 Hitachi L-8900
灵敏度/pmol	UV-VIS	25×10^3	500	100	50	30	10	3	3
	荧光	100	—	—	50	—	0.5	—	—
峰位变异系数/%		±3	±3	±2	±2	±3	±3	±1	±1
分析时间/min	蛋白水解液	60	30	60	45	60~70	30	30	30
	生理体液	180	120	180	120	240	120	110	110
树脂	粒度/μm	6~8	10	8~9	6.5~7.5	5~6	3	3	3
	交联度/%	7.5~8	10	12	8~11	12	8~12	8~12	—
柱参数(φ×L) /(mm×mm)	蛋白水解液	2.6×350	—	2.8×150	2.8×180	2.6×150	4.6×150	4.6×60	4.6×60
	生理体液	3.0×350	—	2.8×300	2.8×200	2.6×250	—	4.6×60	4.6×60
缓冲液	流速/(mL/h)	12		10	20	12~60	40	24	—
	泵压/MPa	14.8	—	7.4	21.0	20.0	2~30.0	8.7	0~30.0
茚三酮	流速/(mL/h)	12	10.4	5	10	18	18	21	
	显色温度/℃	95	—	100	135	98	130	135	140
反应器		反应圈	反应圈	反应圈	反应柱	反应圈	反应圈	反应柱	反应柱
检测器检测波长/nm		570,440		570,440,690		570,440			
仪器水平		较先进	先进	较先进	先进	较先进	先进		

注：1. 表中"—"指没有相应数据。

2. Beckman 6300 是氨基酸分析仪中最先进的一款，脯氨酸和其他氨基酸可在同一张谱图上，690nm 检测波长作为参比波长以扣除背景吸收。

3. 反应器采用反应柱，用惰性石英砂填料、半导体加热，可避免样品扩散，很适合茚三酮与氨基酸的中速反应。

4. Hitachi L-8800 树脂粒度 3μm，故色谱柱长仅 60mm，便有较高的分辨率。

从表 38-6 数据看出，这些氨基酸分析仪的性能发展主要体现在色谱柱系统的变化和仪器的自动化、微机化上。柱系统的变化主要是树脂粒度变小，第二、三代仪器的树脂粒度已从第一代的 20μm 降至 10μm 乃至 3μm（似细菌和酵母菌大小）。树脂粒度变小的同时柱内径也变小，从 6mm 降至 3mm 乃至 1.75mm；柱长也越来越短，由 350mm 降至 60mm。加上高压泵的使用及显色温度的提高，使分析灵敏度和速度均有较大提高，灵敏度已由纳摩尔（nmol）级提高到皮摩尔（pmol）级，分析速度提高了 5~8 倍。仪器的全自动化和微机化使操作更加方便可靠。此外，样品的用量、试剂的消耗特别是价格较高的茚三酮消耗量也有所下降。

38.3 试样前处理

38.3.1 上机分析试液的要求

氨基酸自动分析仪同其他大型精密分析仪器一样，其测试样品的前处理至关重要。样品处理不当，可能会导致极微量的待测物损失而检测不出来，对分析结果无从下结论，还可能造成色谱柱的污染等问题。所以，操作者应清楚前处理的目的及处理方法的理论依据。掌握了样品前处理的方法可以说完成了大部分工作任务，而且还能确保氨基酸自动分析仪可靠的检测结果及使用寿命，这是使用全自动氨基酸分析仪的第一要务。

氨基酸自动分析仪所用的色谱柱，其树脂颗粒微小、装填紧密、价格昂贵。而一般试样中杂质较多，甚至有沉淀物，这将造成色谱柱污染失效。作为上机用的样品试液必须经严格的前处理并达到下述要求：试液澄清透明无可见残渣，放置或离心不产生沉淀；试液无色或略带浅黄色，否则需进行脱色处理（活性炭对芳香族氨基酸有吸附，可导致芳香族氨基酸检测结果偏低）；试液含盐量应极低，含氨量低；试液应无蛋白质或肽类物质（水解完全）；试液 pH 以 2.2 为宜；试液中氨基酸浓度以 0.4~10nmol/20μL 为宜。

38.3.2 试样前处理方法

氨基酸分析试样除含蛋白质、氨基酸外，大多数试样中还共存有糖类、色素、无机盐等物质。前处理的目的在于将上述杂质彻底除去，并使蛋白质完全水解为氨基酸，获得较高的回收率。

前处理方法有酸水解法、碱水解法和酶水解法。其中酶水解法不产生消旋作用，也不破坏氨基酸，利用蛋白酶水解的专一性，将蛋白质水解为氨基酸。如胰蛋白酶（trypsin）能专一水解赖氨酸及精氨酸的肽键。但一种酶不可能将所有蛋白质完全水解为氨基酸，而且酶活性的保持、酶本身的水解产物及水解后脱蛋白质等问题尚需进一步解决；此外，酶水解所需时间较长，故酶水解法现只能适用于特定氨基酸的分析。因此，下面只介绍酸水解法、碱水解法及其应用。

（1）酸水解法　酸水解法有盐酸水解法和过甲酸氧化法。

① 盐酸水解法　盐酸水解法中，色氨酸完全被破坏，蛋氨酸破坏 50%~60%，而亮氨酸、异亮氨酸、缬氨酸等不易被水解，天冬酰胺与谷酰胺水解后转化为天冬氨酸和谷氨酸，所以控制盐酸水解时的温度和时间极为重要，否则水解率会偏低。具体水解温度与时间应视试样性质而定，通常温度为 110℃，时间 22~24h，水解率可达 90% 以上。水解时间过长，某些羟基氨基酸如苏氨酸、羟脯氨酸、酪氨酸等也会被破坏。

为克服盐酸水解法的不足，R. J. Simpson 等提出用 4mol/L 甲磺酸，内含 0.2% 色胺作水解剂，使色氨酸、胱氨酸回收率提高。但该法在含糖类超过 20% 的试样中，色氨酸损失仍较严重，故该法对纯蛋白质试样很有效，对谷物、食物的分析受到限制。

盐酸水解法的优点是蛋白质水解彻底，可得到除色氨酸、胱氨酸外的所有氨基酸，而且几乎都是 L 型，不引起消旋作用（racemization），残存盐酸可通过蒸发除去。

② 过甲酸（performic acid，HCOOOH）氧化法　用盐酸水解时，胱氨酸被水解为半胱氨酸，而半胱氨酸不与茚三酮反应，故不能被测定。若在盐酸水解前先用过甲酸氧化，再

进行盐酸水解，则胱氨酸与半胱氨酸被氧化为半胱磺酸，蛋氨酸被氧化为蛋氨酸砜，这两种氨基酸氧化产物在盐酸水解时都很稳定，且能与茚三酮起显色反应而被测定。

（2）碱水解法　盐酸水解法与过甲酸氧化法都使色氨酸遭破坏，虽经许多改进，仍得不到理想的回收率；但碱水解法能得到色氨酸。碱水解时蛋白质水解完全，不过在此过程中多数氨基酸遭到不同程度的破坏，并且产生消旋现象，所得的产物是 D 型和 L 型氨基酸的混合物；同时，碱水解引起精氨酸脱氨，生成鸟氨酸（L-ornithine）和尿素，然而在碱性条件下色氨酸是稳定的。

（3）酸、碱水解法的应用　下面以测定饲料或其他样品中氨基酸的样品前处理为例，具体介绍酸水解法和碱水解法的应用。

① 盐酸水解法　该法适合测定除蛋氨酸、胱氨酸和色氨酸以外的其他 15 种氨基酸。

固体样品必须粉碎后过 60 目筛，以利取样均匀并保证水解效果，水用超纯水，盐酸使用优级纯。样品称取量为 50～100mg（参考表 38-7）。

表 38-7　样品 CP[①] 含量与称取量参考表

原　　料	CP/%	取样量/mg	原　　料	CP/%	取样量/mg
谷物类	10～20	100	鱼粉、玉米蛋白	55～65	60
饼粕、浓缩料、DDGS	30～45	80	羽毛粉、血粉	70～80	50

① CP 表示对照物。

注：称取样品时，将一洁净干燥的高型烧杯置于电子天平（称准至 0.1mg）上，戴手套取下玻璃水解管，轻放至烧杯中。天平清零，用专用样品勺取样并送至玻璃水解管底部，然后称量。

准确吸取 10.0mL 6mol/L 的 HCl 溶液于玻璃水解管中。

注：先缓慢加入 0.5mL 左右，使样品充分浸湿，然后将剩余部分加入。

将玻璃水解管置于用易拉罐做成的铝盒中，然后放入盛有液氮的冰瓶中，使样品液快速冻结以除去样品液中的氧，然后水解管上部充氮气或抽真空，塞紧塞子。

待样品液完全解冻后，置于 110℃ 干燥箱中水解 22h。

取出，将水解管中的试液摇匀，然后用滤纸过滤至 15～20mL 洁净的试管中。

根据样品中氨基酸的含量，用移液枪移取 100～200μL 样液于 1.5mL eppendorf 管中，在真空浓缩器上浓缩（负压、60℃，1～1.5h）至近干，用旋转蒸发仪或蒸发皿水浴亦可，主要是尽可能除去 6mol/L 的 HCl 溶液。

向 eppendorf 管中加入 1.00mL 0.2mol/L 的 HCl 溶液，在振荡器上振摇均匀。

取出，用超速离心机（22000r/min）离心 10min，再用 C_{18} 预柱处理（C_{18} 预柱先用甲醇活化，再用水冲洗，样品处理效果不好时，可重复该处理过程）。

取经 C_{18} 预柱处理后的样品约 0.80mL 于氨基酸分析仪样品瓶中，待测。

② 过甲酸氧化法　该法适用于含硫氨基酸的测定。

固体样品必须粉碎过 60 目筛，以利取样均匀并保证水解效果。

样品称取量为 50～100mg（参考表 38-7）。

注：称取样品时，将一洁净干燥的高型烧杯置于电子天平（称准至 0.1mg）上，戴手套取下聚四氟乙烯水解管，轻放至烧杯中。天平清零，用专用样品勺取样并送至聚四氟乙烯水解管底部，然后称量。

将样品管置于冰水浴中冷却 10min，然后向每个样品管中加 2mL 过甲酸［HCOOH-H_2O_2（9+1），在室温下反应 1h 后放冰箱中于 0℃ 下保存，现用现配］。

将加有过甲酸的样品管拧紧瓶盖，在 0℃ 冰箱中保存 18h。

取出，向样品管中加入 1mL 偏重亚硫酸钠溶液终止反应。

向样品管中加入 10mL 7.5mol/L 的 HCl 溶液，拧紧瓶盖，于 110℃ 干燥箱中水解 22h。以下步骤同"①盐酸水解法"。

③ 碱水解法 该法主要针对色氨酸的测定。

准确称取饲料样品约 100mg（含氮约 10mg）于聚四氟乙烯水解管中（样品粉碎通过 0.5mm 筛孔直径）。

向样品管中加入 3mL 4mol/L 的 LiOH 溶液，轻轻摇动混合，液氮低温冷冻至结冰，充入高纯氮气封盖，于 110℃ 干燥箱中水解 20h。

样品冷却后，全部转移至烧杯，用 6mol/L 的 HCl 溶液调 pH 至 4.3，并定容至 50mL。

样品液用超速离心机（22000r/min）离心 10min，取上清液于氨基酸分析仪样品瓶中，待测（样品液冷藏可保存 3 天）。

（4）血清及生理体液样品处理方法 氨基酸自动分析仪常用来分析血清样品及生理体液中的氨基酸，其样品处理方法介绍如下。

血清样品中游离氨基酸的测定，样品前处理比较简单：准确吸取血清样品 10.00mL 于塑料离心管中；按 1∶3 比例加入 40g/L 的磺基水杨酸钠溶液，振荡，摇匀；在高速离心机（22000r/min）上离心 10min；取上清液约 1mL 于氨基酸分析仪样品瓶中，待测。

生理体液样品预处理方法：先除去蛋白，然后脱盐、脱色。除蛋白方法有化学法（苦味酸法、三氯乙酸法、磺基水杨酸法和乙醇沉淀法）、煮沸法（即先调至等电点，再煮沸）、透析法（用半透膜使游离氨基酸分离）和分子筛法。

需要说明的是，水解过程是氨基酸测定中最易产生实验误差的一个环节，因此水解条件的选择和控制是分析成功的关键。盐酸云水解受样品纯度、盐酸浓度、真空度、水解时间以及水解温度等影响：①如样品中碳水化合物会干扰水解；酪氨酸能与氯等卤素生成卤代物，故盐酸应用优级纯，并加入苯酚以抑制上述过程。②盐酸浓度及用量直接关系到水解是否彻底。③若真空度达不到要求，空气中的 O_2 可破坏酪氨酸、组氨酸，可使蛋氨酸、胱氨酸氧化，故水解管应充氮，或同时进行抽真空充氮，来回 3 个循环，目的在于除去氧气，保证氨基酸的水解回收率。④水解常用温度为 110℃，水解时间为 22~24h，可使蛋白质水解率达 90% 以上。

38.4 Hitachi L-8800 型全自动氨基酸分析仪操作程序

图 38-5 是 Hitachi L-8800 型全自动氨基酸分析仪的内部结构图，其具体操作按下述程序进行。

38.4.1 准备工作

（1）缓冲液和茚三酮溶液的正确放置

将盛有缓冲液 B1~B5 的溶剂桶分别放入相应位置，拧紧桶盖，但不宜拧得过紧。

连接 R1 管到茚三酮试剂瓶，拧紧瓶盖。

连接 R2 管到茚三酮缓冲液瓶，拧紧瓶盖。

在 R3 试剂桶中加约 1L 超纯水，连接 R3 管路并拧紧桶盖。

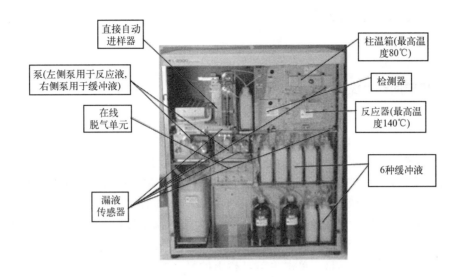

图 38-5 Hitachi L-8800 型全自动氨基酸分析仪内部结构图

R1 和 R2 试剂瓶装上保护套筒。

废液桶（10L）放在相应的位置。

注：设置或更换缓冲溶液和茚三酮溶液之前，一定要确保氮气（N_2）压力为零——将 N_2 选择开关打到 OPEN 后等待 3min 后进行，再小心拿取 R1 和 R2 试剂瓶。

（2）N_2 压力调整

打开 N_2 钢瓶阀，将压力（总表）调至 50～100kPa。

顺时针轻轻旋转 N_2 调节器，使输出压力为 34～40kPa。

注：到达主机的 N_2 压力严禁超过 100kPa；主机工作的 N_2 压力严禁超过 50kPa；N_2 压力上升速度较慢，需 1～2min。

（3）脱气瓶中缓冲液的更换

打开缓冲液 B1～B5 的脱气瓶的瓶盖，气泡会在气压作用下流出。

用相应的缓冲液冲洗脱气瓶 2 次，然后装入脱气瓶 1/2 容积的缓冲液并迅速拧紧盖子。

注：每次更换缓冲液，都要按此操作进行。

（4）自动进样器清洗瓶的放置

将清洗瓶（C-1，1L）装满超纯水，放入相应位置并拧上盖子，应经常检查液面位置，适时补充超纯水（每个样品大约可消耗 1mL 超纯水）。

（5）开主机电源

打开主机右侧的 POWER（电源）开关，系统的各部分进行自检；启动和激活 ASM 应用程序后，系统各部分显示自检结果。

（6）茚三酮试剂脱气

使 N_2 控制钮处于 BUBBLE（排气泡）状态，N_2 进入 R1 和 R2 试剂瓶，同时空气被排出（约需 30min），结束脱气后，使控制钮回到 ANALY（分析）状态。

38.4.2 启动和关闭 Windows NT

按系统提示操作。

38.4.3　启动 L-8800 ASM 应用程序

按系统提示操作。

38.4.4　分析前的部件操作

（1）设定泵1流速——缓冲液清洗　单击工具栏的泵1调整按钮，设定为 Purge（清洗）状态，在溶剂栏中选择 Regenerating Solution（再生液），然后点击 OK；打开泵1的排液阀（逆时针旋转约1周）；单击主工具栏上的泵1按钮以打开泵1，持续2min；单击工具栏的泵1调整按钮，设定 Buffer（缓冲溶液）B1～B4 的 Mixing Ratio（混合比例）均为25%，然后点击 OK；该状态保持8min，然后关闭泵1；同时关闭泵1的排液阀。

（2）设定泵2流速——反应液清洗　单击工具栏泵2调整按钮，设定为 Purge 状态，设置反应液 R1、R2、R3 的 Mixing Ratio 分别为33%、33%和34%，然后点击 OK；打开泵2的排液阀（逆时针旋转约1周）；单击主工具栏上的泵2按钮以打开泵2，持续6min；关闭泵2；同时关闭泵2的排液阀。

（3）自动进样器的设定　单击自动进样器的调整按钮，选择 Sampler Wash（样品清洗）后点击 OK。此时，自动进样器的流路和针头正在清洗。若要去除气泡，可重复此过程3次。如第一次开机，则需重复该清洗过程10次，然后检查，确保注射器中无气泡为止。

（4）泵压力归零　单击工具栏的泵压力调零按钮，分别选择泵1和泵2，使压力调节至零；确保泵1和泵2都已关闭；打开泵1、泵2的排液阀；选择泵1或泵2，然后点击 OK；关闭排液阀。

38.4.5　仪器的常规化分析功能

Hitachi L-8800 型全自动氨基酸分析仪设有常规化分析（routine analysis）功能，简化了标准分析操作程序。使用该功能只要输入样品信息，系统便会自动生成一个样品表，分析工作即按程序进行。

常规分析功能：激活各部件功能；选择应用程序（如 pH）；单击常规化分析图标，输入待测样品的信息，全部设定完成后，监控屏幕将自动显示；先开泵1，然后打开泵2，以避免试剂回流；将标样放在1号位（No.1），待测样品从2号位（No.2）开始放置；单击监控屏幕下方的 Start Series（开始系列分析）按钮，开始样品测试。

38.5　氨基酸分析仪使用注意事项

氨基酸分析仪与其他分析仪器的不同之处主要在于它要使用大量溶液（缓冲液、再生液和茚三酮溶液），易造成泄漏、腐蚀、堵塞，茚三酮溶液还常有氧化失效等问题，实际应用中对仪器和所用试剂均需严加注意。

38.5.1　关于仪器的注意事项

（1）经常检查管路与接头。

（2）缓冲液易于滋生霉菌和其他微生物，因此仪器停用时需经常通电冲洗管路和整个体系，必要时用加防霉剂的去离子水代替缓冲液冲洗，经常通电对电子元器件也有好处。

（3）为保证分析的重现性，更换缓冲液和茚三酮时，注意更换脱气管，排除泄液阀中积存的残液。

（4）每次开机前要检查缓冲液、再生液和茚三酮溶液的体积与质量（是否长霉、褐变失效）。

（5）发现仪器分辨率下降，且树脂在机内再生后无效时，需取出树脂进行机外再生处理，或更换色谱柱。

（6）分析结束或分析中突然停电时，应用缓冲液将反应柱中的茚三酮及氨基酸衍生物全部冲出。

38.5.2 关于试剂的注意事项

Hitachi L-8800 型全自动氨基酸分析仪所用试剂的要求及其配制方法分别见表 38-8～表 38-10。

表 38-8 所用试剂的要求

序号	试剂名称	分子式(结构简式)	推荐生产厂家	规格	保存方式及注意事项
1	水合茚三酮	$C_9H_6O_4$	上海试剂三厂	G. R.	密封室温避光干燥保存,配好后放置 1d 使用,尽量进口
2	乙酸钠	$NaAc \cdot H_2O$	北京新华化学试剂厂	G. R.	密封室温避光干燥保存,用 $0.45\mu m$ 水膜过滤
3	冰醋酸	CH_3COOH	北京化工厂	G. R.	密封 16℃以上保存
4	乙二醇甲醚	$C_3H_8O_2$	上海试剂三厂		密封室温保存,用前用固体 $SnCl_2$ 还原以去除过氧化物
5	硼氢化钠	$NaBH_4$	SIGMA No. S-9125		密封室温避光干燥保存,属二级遇水燃烧化学品
6	聚氧乙烯十二烷基醚		SIGMA	300g/L	密封保存
7	苯甲醇	C_7H_8O	SIGMA No. B-2263		密封室温避光保存
8	硫二甘醇	$S(C_2H_4OH)_2$	上海试剂二厂	G. R.	密封阴凉保存
9	辛酸	$C_7H_{15}COOH$	SIGMA No. C-2875		密封室温保存
10	柠檬酸钠	$NaC_6H_5O_7 \cdot H_2O$	SIGMA No. S-4641		
11	氢氧化钠	$NaOH$	北京化学试剂公司		
12	氯化钠	$NaCl$	北京化工厂	G. R.	
13	无水乙醇	C_2H_5OH			
14	柠檬酸	$C_6H_8O_7 \cdot H_2O$			

注：1. 配制氨基酸缓冲液所用试剂纯度要高，否则影响测定。

2. 配制氨基酸缓冲液用水为超纯水，最好经脱氨处理（除氨不彻底，会出现基线上翘）。

表 38-9 缓冲液的配制方法

名 称	pH-1	pH-2	pH-3	pH-4	RH-RG
储液桶	B1	B2	B3	B4	B5
钠浓度/(mol/L)	0.16	0.20	0.20	1.20	0.20
超纯水/mL	700	700	700	700	700
柠檬酸三钠·2H$_2$O/g	6.19	7.74	13.31	26.67	—
氢氧化钠/g	—	—	—	—	8.00
氯化钠/g	5.66	7.07	3.74	54.35	—
柠檬酸/g	19.80	22.00	12.80	6.10	—
乙醇/mL	130.0	20.0	4.0	—	100.0
苯甲醇/mL	—	—	—	5.0	—
硫二甘醇/mL	5.0	5.0	5.0	—	—
聚氧乙烯十二烷基醚 Brij-35*/mL	4.0	4.0	4.0	4.0	4.0
pH	2.3	3.2	4.0	4.9	—
加超纯水至溶液最终体积/L	1.0	1.0	1.0	1.0	1.0
辛酸/mL	0.10	0.10	0.10	0.10	0.10

注：1. 聚氧乙烯十二烷基醚 Brij-35* 为表面活性剂，其配制方法是称取 25g 溶于 100mL 超纯水中。

2. 最后加入的辛酸主要是起防止缓冲液发霉的作用。

3. 钠浓度是主要影响因素。

4. pH 需用酸度计测定。

5. 缓冲液配好后用 0.45μm 水膜过滤。

表 38-10 茚三酮溶液的配制方法

储液桶	序号	加入试剂或步骤	数量	储液桶	序号	加入试剂或步骤	数量
茚三酮缓冲液 R2	1	超纯水/mL	336	茚三酮溶液 R1	1	乙二醇甲醚/mL	979
	2	乙酸钠/g	204		2	茚三酮/g	39
	3	冰醋酸/mL	123		3	鼓泡、溶解/min	≥5
	4	乙二醇甲醚/mL	401		4	硼氢化钠/mg	81
	5	加超纯水至溶液最终体积/mL	1000		5	鼓泡/min	≥30
	6	鼓泡/min	≥10				

注：1. 茚三酮试剂要使用特级。

2. 将试剂放在 R1 和 R2 储液桶中并充分溶解。

3. R2 茚三酮缓冲液配好后，用 0.45μm 有机膜过滤，充氮、密封，放置 1d 后使用。

4. R1 茚三酮配好后，同 3 处理后使用。

5. 系好吸液管，拧紧盖子。

6. 调整压力至 34～40kPa，打开 "BUBBLING"，鼓泡 30min。

38.6 用 Hitachi L-8800 型全自动氨基酸分析仪测定啤酒中的游离氨基酸

38.6.1 原理

氨基酸在 pH＝2.2 的条件下都带正电荷，在阳离子交换树脂上都能被吸附，但被吸附程度不同。随着流动相（缓冲溶液）在离子交换柱上的不断流动，氨基酸不断地被吸附、解吸。由于氨基酸分子量大小及性质（酸碱性、极性）的不同，吸附强度有差异。不同氨基酸与离子交换树脂的亲和力不同：碱性氨基酸＞芳香族氨基酸＞中性氨基酸＞酸性氨基酸及羟基氨基酸。提高流动相 pH，氨基酸正电荷减少，树脂对其吸附力减弱，最后从离子交换柱上逐一被洗脱下来（洗脱顺序与离子交换树脂的亲和力顺序相反，依次为酸性和带羟基氨基酸、中性氨基酸、芳香族氨基酸、碱性氨基酸），实现样品中各种氨基酸的分离。

定量测定啤酒中的（游离）氨基酸，可以科学地评价啤酒的内在质量。

38.6.2 仪器和试剂

（1）仪器　Hitachi L-8800 型全自动氨基酸分析仪；蛋白水解装置；离心机；干燥箱。

（2）试剂

① 缓冲液　缓冲液 pH-1；缓冲液 pH-2；缓冲液 pH-3；缓冲液 pH-4。

② 氨基酸标样。

③ Park C_{18} 预柱。

④ 茚三酮反应液。

⑤ 0.02mol/L 的 HCl 溶液　优级纯 HCl，用超纯水配制。

⑥ 磺基水杨酸。

⑦ 超纯水。

38.6.3 测定方法

（1）啤酒样品的前处理　因酿造优质啤酒选用淀粉含量高、蛋白质含量较低的大麦，加之在啤酒发酵过程中酵母菌消耗了麦汁中大部分游离氨基酸，所以啤酒中游离氨基酸的含量较低。全自动氨基酸分析仪具有较高的灵敏度，对样品前处理的要求应该更高。在啤酒游离氨基酸的测定中要除去其中的微量蛋白、残可发酵糖（葡萄糖、麦芽糖）、色素、无机盐等。

用传统工艺酿造的啤酒其游离氨基酸含量比较高，测定时需要将啤酒样品进行稀释（有资料介绍稀释 50～100 倍）。由于近代大型啤酒酿造工艺的进步与调整，啤酒中游离氨基酸的含量明显降低，所以在测定中应对啤酒进行稀释试验，以确定稀释比例。

啤酒中游离氨基酸的测定原理及方法同样适合于麦汁中游离氨基酸的测定，但麦汁中游离氨基酸的测定，待测样品的稀释倍数还要加大约 100 倍。

向啤酒样品加入磺基水杨酸除去啤酒中的蛋白质，经 C_{18} 柱脱色，然后上机分析。

吸取除去 CO_2 的啤酒样品 2.00mL 于 10mL 试管中，加 2mL 8% 磺基水杨酸溶液混匀，在离心机（3000r/min）上离心 30min，使沉淀完全，取上清液用 Park C_{18} 柱处理。

（2）测定　吸取滤液 2.00mL，用 0.02mol/L 的 HCl 溶液定容至 10mL，用 5mL 注射器经过 0.22μm 滤器取样约 1mL 于全自动氨基酸分析仪专用样品瓶中，待测。

38.6.4 讨论

（1）啤酒样品颜色较深，宜用美国 Waters 公司生产的 Park C_{18} 预柱进行脱色处理。如用活性炭脱色，对样品中部分芳香族氨基酸也有吸附，使检测结果偏低。用国产 C_{18} 柱处理效果也不理想。

（2）磺基水杨酸加入量视啤酒中蛋白质含量的高低而定，兼作稀释啤酒用溶剂。

（3）通过定性定量地测定啤酒中的游离氨基酸，结合目前啤酒的酿造工艺，可使研究人员和学生进一步了解啤酒的营养成分及其含量，重新认识"啤酒是液体面包"的说法。

（4）从氨基酸指标看，青岛啤酒要优于其他品牌啤酒，其人体必需的 8 种氨基酸含量明显高于其他市售啤酒。

38.7 反相分配色谱氨基酸分析仪

专用氨基酸分析仪发展到 20 世纪 80 年代中期，其分析速度与灵敏度进一步的提高，受到树脂粒度及柱后衍生等的严重制约，Robinson 曾就快速分离体系导致分辨率、精密度下降的问题分别做出告诫与分析。因此，自 Durrum D500、Beckman 6300、Hitachi L-8500 问世后，仅有 Hitachi L-8800 新型专用仪推出。但反相键合色谱和柱前衍生技术的发展给氨基酸分析开辟了另一个广阔的天地。反相分配色谱分析仪与氨基酸分析仪相比，更灵敏〔可达飞摩尔（fmol）级〕、快速（完成一个蛋白水解液分析仅需 13～30min），仪器投资少且能做到一机多用，因此备受关注，目前已有不少厂商推出了仪器与相应的配套技术。

38.7.1 基本原理

反相分配色谱氨基酸分析仪又被称作柱前衍生高效液相色谱仪。其基本原理为：先将氨基酸进行柱前衍生，使之与带有疏水基团的衍生剂反应生成利于在反相柱上保留、分辨的化合物，经柱分离后，再根据衍生物的光学特性选择相应的检测器进行检测、定性定量。

（1）柱前衍生　氨基酸属带异电荷的可电离化合物，它在反相柱上与固定相相互作用很弱，加入离子对试剂虽可增大保留值，但难以提供足够的选择性将混合物分离开来，因此必须通过柱前衍生使氨基酸变成带有疏水基团的具可分离性和可检测性的衍生物。

柱前衍生氨基酸分析法的特点是氨基酸样品在进入色谱柱分离前，先进行衍生反应，也就是说分离的是衍生物而不是氨基酸本身，因而突破了使用离子交换色谱作为分离机理的局限。

柱前衍生关键在于衍生剂的选择，选择标准为：能与各氨基酸定量反应，每种氨基酸只生成一种化合物且产物有一定的稳定性；不产生或易于排除干扰物；色谱分离分辨率高；分析时间短；操作简便；便于实现自动化或使产物能在不同型号的高效液相色谱仪上测定。

目前国内外应用最广、影响最大的柱前衍生剂有邻苯二甲醛（OPA）、氯甲酸芴甲酯（又称 9-芴基甲氧基羰酰氯，FMOC）、异硫氰酸苯酯（PITC）、二硝基氟苯（FDNB）、丹酰氯（Dansyl-Cl）和二甲基氨基偶氮苯磺酰氯（DABS），近来 Cohen 等又推出了 6-氨基喹啉基-N-琥珀酰亚胺基氨基甲酸酯（AQC）。

（2）分离与检测　衍生后的氨基酸一般在高效烷基柱（键合柱 C_{18} 或 C_8）上，根据液-液分配原理进行分离。流动相多以乙酸盐或磷酸盐缓冲液为主，用乙腈、甲醇或四氢呋喃作为调节剂。由于氨基酸衍生物仍保留两性化合物的特点，故除改变调节剂外，还可通过调节缓冲液的 pH、离子强度、柱温等使之达到理想的分离。当然不同衍生物所选用的柱型、流动相以及各氨基酸的洗脱时间与顺序不尽相同。

氨基酸经衍生后或具紫外吸收，或可产生荧光，故更容易检测。

38.7.2 仪器结构与性能

反相分配色谱测定氨基酸可分在线衍生和机外衍生两种类型，但无论哪种类型，所用仪器均为通用高效液相色谱仪。一般来说，只要有二元泵、高效柱（粒度 $3\sim4\mu m$，理论塔板数 >7000），能进行梯度洗脱并有适当的检测器（紫外可见分光光度计或荧光光度计）即可。目前的高效液相色谱仪基本都配有计算机色谱工作站，使操作参数、洗脱梯度的设定到全部操作、数据采集、处理至报告打印都得以自动化。不过在线衍生氨基酸分析还需对进样装置或进样程序做些调整或设计。

38.7.3 不同衍生方法的比较与应用

表 38-11 列出了一些常用的柱前衍生 HPLC 法的主要特点。不难看出，多数方法都是各有利弊，如有的方法不能与二级胺反应，衍生产物不太稳定；有的反应活性差，或易于生成多极产物；有的必需除去过量衍生试剂及其后生产物；有的则易受基质高盐或洗脱剂等的干扰。因此，目前不同仪器厂家所推荐的配套方法各不相同。

表 38-11　柱前衍生 HPLC 各衍生方法的比较

项　　目		OPA	FMOC	PITC	FDNB	Dansyl-Cl	DABS	AQC
衍生时间/min		<1	<1	$5\sim10$	60(60℃)	>30	10(70℃)	<1
衍生物稳定性		差	好			较好	好	
可否与二级胺反应		否	可以					
衍生操作		很简单	较复杂			简单		
去除过量试剂（茚三酮）	抽干	不需要		需要		不需要		
	溶剂提取	不需要	需要	不需要				
有无干扰性副反应		无			有		无	
色谱分析时间/min	蛋白水解液	20	25	20	30	20	18	25
	生理体液	50	70	60			65	—
检测器		荧光/紫外		紫外		荧光	可见光	紫外/可见光
灵敏度		fmol		pmol				
线性范围/pmol		$20\sim200$	$5\sim200$	$50\sim200$	$5\sim200$	$15\sim150$	—	$25\sim500$
峰位变异系数/%		$0.4\sim2.2$	$1.9\sim4.6$	$2.6\sim5.5$	$1\sim3.2$	$1.5\sim4.1$	5.1	<3

39

荧光分光光度分析

39.1 分子荧光概述

光谱学包括原子光谱和分子光谱。在分子光谱中，常见的有紫外-可见分子吸收光谱、红外吸收光谱、激光拉曼光谱、核磁共振波谱、分子质谱以及分子发光。其中，分子发光包括分子荧光（molecular fluorescence）、分子磷光（molecular phosphorescence）和化学发光（chemiluminescence）等。

分子荧光是指物质分子中具有一系列的能级，在光照下分子吸收能量，从基态能级跃迁到较高能级而呈激发态分子。激发态分子不稳定，在约 10^{-9} s 内，先由分子碰撞以热的形式损失掉一部分能量，从所处的激发态能级下降至较低能级（第一电子激发态），然后再下降至基态能级，并将能量以光的形式释放。当物质分子从第一电子激发态的最低任何能级立即下降至基态的任何能级（约 10^{-8} s）时，激发态分子以光的形式释放出所吸收的能量的过程中所发出的光称为荧光。因此，荧光所发出的能量比入射光所吸收的能量要小些，荧光波长比入射光波长要长些。

39.1.1 分子荧光的特点

对于荧光来说，电子能量的转移不涉及电子自旋的改变，其结果是荧光的寿命较短。而发射磷光时伴随电子自旋改变，并且在辐射停止几秒或更长一段时间后，仍能检测到磷光。这是荧光与磷光的区别。

39.1.2 荧光分光光度分析的应用

因荧光分析固有的灵敏度高，检测限通常比吸收光谱法低 1～3 个数量级，每毫升可达纳克（ng）级；另外，荧光发光的线性范围也常大于吸收光谱。因此荧光法常与色谱、电泳等分离性能好的技术联用,是液相色谱和毛细管电泳特别有效的检测器,但荧光法在定量分析的应用上要逊色于吸收光谱法,因为吸收紫外/可见光的物质种类要比吸收相应区域辐射而产生荧光的物质多得多。

无机化合物 Be、Al、B、Ga、Se、Mg 及某些稀土元素常采用荧光法进行分析。

有机化合物中脂肪族化合物分子结构较为简单,本身可产生荧光的极少,只有与其他有机试剂作用后才产生荧光;芳香族化合物具有不饱和的共轭体系,多能发生荧光。此外,胺类、甾族化合物、蛋白质、酶与辅酶、维生素等均可用荧光法进行分析。

39.2　荧光分光光度计的结构及各部件功能

荧光分光光度计与大多数光谱分析仪器一样,主要由光源、单色器(滤光片或光栅)、样品室及检测器组成。不同的是荧光分光光度计需要两个独立的波长选择系统,一个用于激发,另一个用于发射。图 39-1 为岛津 RF-5301PC 荧光分光光度计示意图。

由光源发出的光(I_0),经激发光单色器(第一单色器)后,得到所需要的激发光波长。通过样品池后,由于一部分光被荧光物质所吸收,故其透射强度减为 I。荧光物质被激发后,将向各个方向发射荧光,但为了消除入射光及散射光的影响,荧光的测量应在与激发光成直角的方向上进行。仪器中荧光单色器(第二单色器)的作用是消除溶液中可能共存的其他光线的干扰,以获得所需要的荧光。

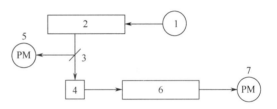

图 39-1　荧光分光光度计示意图
1—光源(150W 氙灯);2—激发光单色器;
3—分光器(光束分离器);4—样品池;
5—检测侧光电倍增管;6—发射光单色器;
7—荧光侧光电倍增管

39.2.1　光源

理想的激发光源应具有发光强度大、适用波长范围宽而且在整个波长范围内强度一致的特点,但理想光源不易得到,实际应用的激发光源多是氙弧灯和高压汞灯。

氙弧灯发射的光谱为连续光谱,谱线强度大,波长范围 200～800nm,且在 300～400nm 范围内的光谱线强度几乎相等,适用于单光束扫描。但大功率的氙弧灯,发射光的稳定性与热效应方面还存在较多问题。意大利 Qptica 115 型荧光分光光度计用氘灯和碘灯,这两种光源均发射连续光谱,碘灯用于 300～700nm 波长范围的激发,氘灯适用于 220～450nm 波长范围的激发,使激发波长范围有很大的扩展。

汞灯发射的光谱也属于连续光谱,但光谱线强度差别较大,高压汞灯的光谱线强度有所改善,适用于特定波长的荧光。

39.2.2　单色器

单色器是荧光分光光度计的主要部件,其作用是将入射光色散为各种不同波长的单色光,目前使用的单色器主要为棱镜与光栅,棱镜的色散率和分辨率在紫外光区较高,但在可见光区差。光栅的色散率基本与波长无关。在荧光分光光度分析中，激发光谱波长多数在紫外区，而荧光发射光谱波长则在可见光区，故荧光分光光度计中常用光栅或光栅-棱镜复合系统作单色元件。

为消除光栅色散后的级次重叠现象，当用光栅作单色器时，在光栅与样品室之间加一滤光片，只让激发的紫外光通过，而将杂光滤掉，使所选择的激发光透过并照射到样品室，此滤光片称为激发光滤光片。另外，在荧光单色器与检测器之间也加一块滤光片，这块滤光片可使试样中杂质产生的荧光及激发光中的一部分杂光滤掉，使被测荧光通过并照射到检测器上，此滤光片称为荧光滤光片。

39.2.3 样品室

样品室由样品池及样品转换器组成，其中样品池是用低荧光的石英材料经四面抛光制成的方形池。为减少杂光和避免激发光进入荧光单色器，一般采用入射到样品池的激发光和射向荧光单色器的荧光方向成90°。荧光转换器内部密封，以防止污染，保持其光学特性。

39.2.4 检测器

荧光分光光度计的检测器是光电倍增管，将检测到的光信号转变为电信号，并放大约10^6倍。不同类型的光电阴极的光电倍增管，可获得不同响应的荧光光谱。

39.2.5 放大与记录系统

光电倍增管放大后的电信号，经前置放大器放大，再通过一个可以调频的低通滤波器输入主放大器，放大后的信号由记录器记录荧光强度。

为进一步消除溶剂所产生的杂光及溶剂和石英样品池所产生的荧光，在光学系统中引入一置有参比试样的参比光束，在测量试样时可同时对照参比试样，对试样的荧光光谱进行补偿校正，这样的荧光分光光度计称为双光束型荧光分光光度计。

图 39-2 是岛津 RF-5301PC 荧光分光光度计的光学系统示意图。

光源使用 150W 含臭氧氙灯 1，光源室的结构能将臭氧密封，由其内部的热将臭氧分解消除。氙灯的辉点经椭圆聚光镜 2 放大、聚光之后，由凹面镜 4 将其聚光于激发侧狭缝组件（Assy.）3 的入射狭缝 19。由凹面衍射光栅 5 使分光后的一部分光通过出射狭缝 20 和聚光镜 11 照射到样品池 12。1 到 4 的光束和 5 到 12 的光束从横向看是互相平行的，但从 4 射向 5 的光束是由上向下。由激发侧狭缝组件（Assy.）3 和凹面衍射光栅 5 组成的分光器是异面全息型分光器，入射狭缝和出射狭缝不处于同一水平面，而是上下错开一定的距离，这样能够除去由壁面散射的零次光作为光源而产生的重像光谱。荧光分光器也是同样的型式，激发光的一部分被光束分离器石英板 6 反射，射向聚四氟乙烯反射板 7，由 7 射出的反射光通过光量平衡孔 21 照射到聚四氟乙烯反射板 8。从 8 射出的反射光由光学衰减器 9 以一定的比例衰减以后，射入用于检测的光电倍增管 10。从样品池 12 发射的荧光通过聚光镜 13，射入荧光侧狭缝组件（Assy.）14 和凹面衍射光栅 15 组成的荧光分光器，被分光器分光后的光通过凹面镜 16，射入检测用光电倍增管 17 后，测光信号送入前置放大器。

检测用光电倍增管将部分激发光进行单色检测，自动进行负高压的调节以得到一定的输

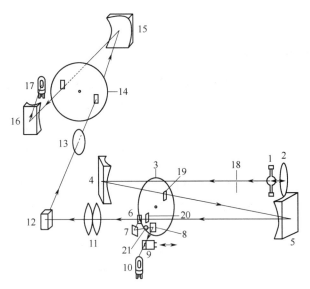

图 39-2 岛津 RF-5301PC 荧光分光光度计的光学系统示意图

1—氙灯（150W）；2—SiO_2 椭圆聚光镜；3—激发侧狭缝组件（Assy.）；4,16—凹面镜；

5—凹面衍射光栅（激发用）；6—光束分离器石英板；7,8—聚四氟乙烯反射板；

9—光学衰减器；10,17—检测用光电倍增管；11—聚光镜（2片）；

12—样品池；13—聚光镜；14—荧光侧狭缝组件（Assy.）；

15—凹面衍射光栅（荧光用）；18—聚光位置；19—入射狭缝；20—出射狭缝；21—光量平衡孔

出电流，此负高压也加在测光用光电倍增管上。如果光源强度过强，则自动降低附加电压，保持检测用光电倍增管的输出电流一定。检测用光电倍增管和测光用光电倍增管的种类相同，所以测光用光电倍增管的输出电流如同氙灯的强度不变化时一样保持一定，这样便可消除光源强度变化的影响。所输出的信号由前置放大器放大，通过 20 位（bit）A/D 转换器变为数字信号后，存储于存储器（RAM）中。

39.3 荧光分光光度计的使用

由于能产生荧光的化合物占被分析物质的比例很小，并且许多化合物发射的荧光波长接近，故荧光法很少用于定性分析。

荧光法定量主要针对这样的物质：①试样本身发光；②试样本身不发光，但与一种荧光试剂反应可转化为发光物；③试样本身既不发光又不能转化为发光物质，但能与一个发光物质反应生成一发光的产物。

荧光分析常采用外标法和标准加入法作为校正方法，但对上述三类物质定量测定时，具体操作不尽相同。

在其他分光光度法中，因被检测的信号 $A = \lg(I_0/I)$，即当试样浓度很低时，检测器所检测的是两个较大的信号（I_0 及 I）的微小差别，是难以达到准确测量的。然而在荧光分光光度法中，被检测的是叠加在很小背景值上的荧光强度，从理论上讲，它是容易进行高灵敏度、高准确度测量的。与其他分光光度法相比较，荧光法的灵敏度要高 2～4 个数量级，

可用于 $10^{-8}\sim10^{-5}$ mol/L 范围的检测物的分析定量。

39.3.1 激发光谱与发射光谱

（1）荧光激发光谱的测定 将荧光单色器的波长固定在比激发单色器波长长的某一任意波长上，以激发单色器波长扫描，测得不同波长的相应荧光强度，绘制曲线，即为该物质的荧光激发光谱，其荧光强度最大的相应波长即为该物质的最大吸收波长，即物质测定时的激发波长。如果物质测定时，不是使用最大的吸收波长，则测得的荧光强度相应减弱，测定灵敏度就会降低。

（2）荧光发射光谱的测定 将激发单色器的波长固定在物质的最大吸收波长处，使荧光单色器在波长大于激发波长的不同范围内扫描，测得不同波长下的相应荧光强度，绘制曲线，即为该物质的荧光发射光谱，其荧光强度最大的波长就是该物质的最大荧光发射波长。

由于物质的分子结构不同，所以它们的最大激发波长和所产生的最强荧光发射波长也不同，这就是利用荧光对物质进行定性的基础，同时最大激发波长与最强荧光发射波长又是定量分析时最灵敏的分析波长。

39.3.2 RF-540 荧光分光光度计测定试样光谱

（1）已知试样的光谱测定 在第一次使用 RF-540 荧光分光光度计时，可先测试蒸馏水的荧光光谱。测试样品可在下列条件下进行。

① 测试条件。

激发波长（EXCITATION WAVELENGTH）：350nm。

荧光波长范围（EMISSION RANGE）：350～450nm。

扫描速度（SCAN SPEED）：FAST（快）。

横轴刻度（ABSCISSA SCALE）：×2（2）。

纵轴刻度（ORDINATE SCALE）：×64（7）。

灵敏度（SENSITIVITY）：HIGH（高）（1）。

激发·荧光选择（EX·EM SELECT）：EM（荧光）。

重复（REPEAT）：关闭（OFF）。

狭缝（SLIT）：激发（EX）10nm，（3）；荧光（EM）10nm，（3）。

其他条件与初始设定的条件相同。

注："（ ）"内标示为参数的选择号码。

② 上述各条件按对应的键操作进行设定。

```
  EX
GOTO  350  ENTER
  EM
RANGE  350  ENTER  450  ENTER
  SCAN
  SPEED  2  ENTER
  ABSCISSA
  SCALE  2  ENTER
```

ORDINATE

　SCALE　7　ENTER

SENSITIVITY　1　ENTER

使 EX｜EM 的 EM 侧指示灯亮。

使 REPEAT 的指示灯不亮。

SLIT　3　ENTER　3　ENTER

③ 将盛有蒸馏水的样品池固定于样品池支架上。

④ 按下 CHART FEED 键，使记录纸空白转出 3cm 左右。

⑤ 按 LIST 键。

⑥ 按 START STOP 键。

通过以上操作，便可测试出蒸馏水的荧光光谱。

⑦ 激发波长和荧光波长已知的试样的荧光光谱的测试。

需要变更的测试条件为：

激发波长（EXCITATION WAVELENGTH）○○○nm；

荧光波长范围（EM RANGE）◎◎◎～△△△nm；

其他条件与前述相同。

⑧ 上述条件变更的键操作为：

　EX

GO TO，○○○，ENTER

　EM

RANGE，◎◎◎，ENTER，△△△，ENTER

⑨ 将试样盛入试样池，然后固定于试样池支架上。

⑩ 按下 CHART FEED 键，持续约 1s。

⑪ 按 START STOP 键。

通过以上操作，便得到试样的荧光光谱。

如果所记录的光谱峰超过刻度范围，可以缩小 ORDINATE SCALE（纵轴刻度）的设定值后再进行测试。

（2）未知试样的光谱测定　在测试测定条件未知的试样时，可首先将激发波长设定为 250nm 测定荧光光谱。从测得的荧光光谱求出荧光波长，再按此荧光波长设定荧光分光器的波长，然后测定激发光谱，求出激发波长。用此激发波长再次设定激发分光器后，测定荧光光谱，从而确定适当的激发波长和荧光波长。

具体操作如下。

① 将初始设定后的测定条件变更如下。

　EX

GO TO　250　ENTER

　EM

RANGE　250　ENTER　700　ENTER

　ORDINATE

　SCALE　7　ENTER

② 将未知试样盛入样品池，然后固定于样品池支架上。

③ 按下 CHART FEED 键，使记录纸空白转出 3cm 左右。

④ 按 LIST 键。

⑤ 按 START STOP 键。

⑥ 测试得到的光谱中波长 250nm 和 500nm 的谱峰是激发光产生的散射光。

注：在 500nm 时，250nm 的光也通过，称为二次光。若在 250nm 和 500nm 附近以外的波长处出现峰，则该峰便是溶剂的拉曼线或荧光光谱。

⑦ 以相同的条件对溶剂进行空白测试。

⑧ 空白溶剂所得到的光谱中也同样可观测到溶剂的拉曼线及所含杂质的荧光光谱，从试样的光谱中减去以上溶剂的光谱之后，便可得到未知试样的荧光光谱。

⑨ 若没有测试出未知试样的荧光峰，可将激发波长以 50nm 为单位向长波方向移动，进行荧光测试，重复⑥～⑧操作。

⑩ 经测试得到荧光光谱之后，将荧光峰的波长设定于荧光分光器，EX RANGE（激发分光器波长扫描范围）的 START（开始）波长设定为 200nm，END（结束）波长设定为荧光分光器的波长。

⑪ 将 EX ｜ EM 键设定为 EX（激发分光器）。

⑫ 按下 CHART FEED 键，使记录纸空白转出 3～4cm。

⑬ 按 START STOP 键。

⑭ 激发光谱上在荧光分光器波长和其 1/2 波长处出现的峰是散射光的峰。

⑮ 将溶剂盛入样品池，然后固定于样品池支架上进行激发光谱的测试。将以上得到的两个激发光谱进行比较，减去溶剂的拉曼线之后便得到试样的激发光谱（水和乙醇的拉曼线波长位置见表 39-1）。如果光谱峰超出刻度范围，可缩小 ORDINATESRTART（纵轴刻度）后现重复测试。

表 39-1　水和乙醇的拉曼线波长位置　　　　　　　　　　　　　　　　　　　　单位：nm

溶剂	激发波长					
	250	300	350	400	450	500
水	273	334	397	463	531	601
乙醇	270	329	390	453	518	586

⑯ 以上所求得的激发波长和荧光波长便可用于定量测定。

激发光谱、荧光光谱都有两个以上的峰时，应选用峰值最大且溶剂空白试验中基线噪声较少的峰。

39.4　荧光分光光度分析的影响因素

在荧光分析中，溶剂的性质与 pH 影响较大。例如，吲哚在各种溶剂中的最大激发波长相同，但最强荧光发射波长却与溶剂有关，如在环己烷中为 297nm，在苯中为 305nm，在乙醇中为 330nm，在水中为 350nm。又如，苯胺在 pH 为 7～12 时具有荧光性，但在 pH＝2 时，因生成苯胺离子而呈非荧光性；苯胺对 pH 的这种敏感性，常被用于酸碱滴定指示剂。再如，苯酚在 pH＝

7 时具有荧光性，而在 pH＝12 时，由于苯酚转变为苯酚盐离子而无荧光性。

39.5 注意事项

（1）氙灯是消耗品，有一定的使用寿命，使用一段时间后，会出现发光点变动或忽强忽弱的现象，这时基线噪声变大，以致无法准确测定。氙灯开始出现这种光强不稳现象前的使用时间称为氙灯的稳定寿命。150W 氙灯稳定寿命的保证时间为 150h。如超过稳定寿命时间，仍未出现光源不稳现象，也应换灯，否则超过 400h，氙灯会有破损的危险。

鉴别氙灯光强是否不稳的方法，可用 0.1μg/g 的硫酸奎宁在下述条件下进行时间谱记录。激发光波长 350nm，荧光波长 455nm，纵轴刻度（ORDINATE SCALE）3，灵敏度（SENSITIVITY）HIGH（高）1，谱带宽 EX、EM 同为 10nm，扫描速度（SCAN SPEED）6（TIME，时间），横轴刻度（ABSCISSA SCALE）4。当每隔几分钟出现一次硫酸奎宁荧光强度的 5％左右的脉冲或台肩时，则可定为光源不稳定，应更换新氙灯。

（2）样品池支架如沾上酸，应取下来用水进行清洗、干燥。

（3）氙灯点亮大约 15min 后，仪器可处于稳定的工作状态。

40

原子吸收分光光度法

原子吸收分光光度法（atomic absorption spectrometry，AAS）是广泛用于定量测定试样中某一元素的分析方法。其原理是：当有辐射通过试样自由原子蒸气，且入射辐射的频率等于原子中的电子由基态跃迁到较高能态（一般情况下都是第一激发态）所需要的能量频率时，原子就要从辐射场中吸收能量，产生共振吸收，电子由基态跃迁到激发态，同时伴随着原子吸收光谱的产生。其间光源发射的待测元素的特征辐射强度将减弱，通过测量辐射减弱的程度，可求得试样中待测元素的含量。

原子吸收分光光度法与一般的分光光度法有许多相同之处，但由于它采用选择性很高的窄带吸收，故有其独特的分析特点。

① 灵敏度高 对火焰原子化来讲，多数元素的灵敏度可达 10^{-6}g，少数元素已达 10^{-9}g；对于石墨炉原子化，灵敏度高达 $10^{-14} \sim 10^{-9}$g，这是其他分析方法不能比拟的。不同火焰和无火焰下元素的灵敏度见表 40-1。

② 选择性好 由于原子吸收所用的光源——空心阴极灯只发射待测元素的光谱线，在多数情况下待测元素的样品中，共存元素不会对原子吸收测定产生干扰，抗干扰能力强，故分析样品通常不需进行复杂的预处理。

③ 应用范围广 目前可用原子吸收分光光度法测定的元素已达 70 多个，加之仪器操作不复杂，故在生物、农业、食品、地质、冶金、原子能、化工、环境保护、医药卫生等领域广泛应用。

表 40-1　不同火焰和无火焰下元素的灵敏度

元素符号	英文名称	波长/nm	不同火焰 火焰	不同火焰 灵敏度/$(10^{-6}\,g)$	无火焰 灵敏度/$(10^{-12}\,g)$
Ag	silver	328.1	A	0.02	6.8
Al	aluminum	309.3	N	0.8	24
As	arsenic	193.7	H	0.8	40
Au	gold	242.8	A	0.1	37
B	boron	249.7	N	8	676
Ba	barium	553.6	N	0.5	122
Be	beryllium	234.9	N	0.03	1.1
Bi	bismuth	223.0	A	0.5	3.9
Ca	calcium	422.7	A	0.1	8.8
Cd	cadmium	228.8	A	0.01	1.5
Co	cobalt	240.7	N	0.07	46
Cr	chromium	357.9	A	0.06	13
Cu	copper	324.7	A	0.02	18
Dy	dysprosium	421.2	N	1.5	580
Eu	europium	459.4	N	1.8	163
Fe	iron	248.3	A	0.1	11
Mg	magnesium	285.2	A	0.03	0.5
Mn	manganese	279.5	A	0.02	6.3
Mo	molybdenum	313.3	N	0.4	73
Na	sodium	589.5	N	0.003	2.9
Ni	nickel	232.0	A	0.05	64
Pt	platinum	265.9	A	3	33
Sb	antimony	217.6	A	0.5	49
Se	selenium	196.0	A	0.5	73

元素符号	英文名称	波长/nm	不同火焰 火焰	不同火焰 灵敏度/$(10^{-6}\,g)$	无火焰 灵敏度/$(10^{-12}\,g)$
Si	silicon	251.6	N	2	98
Sn	tin	224.6	H	2	40
Sr	strontium	460.7	A	0.1	13
Te	tellurium	214.3	A	0.5	44
Ti	titanium	365.3	N	4	490
Tl	thallium	276.8	A	0.3	44
Hg	mercury	253.6	A	1	489
In	indium	303.9	A	1	100
Ir	iridium	264.0	N	0.8	846
K	potassium	766.5	A	0.01	4.0
V	vanadium	318.4	N	2	232
Yb	ytterbium	308.8	N	0.25	14
Zn	zinc	213.9	A	0.01	22
Pb	lead	217.0	A	0.2	37①
P	phosphorus	213.6	N		13540
U	uranium	358.5			11730

元素符号	英文名称	波长/nm	不同火焰 火焰	不同火焰 灵敏度/$(10^{-6}\,g)$
Zr	zirconium	360.1	N	9
Cs	cesium	852.1	A	0.2
Ga	gallium	287.4	A	2.3
Ge	germanium	265.2	N	2.5
Hf	hafnium	307.3	N	15
Ho	holmium	410.4	N	2.2
Li	lithium	670.8	A	0.07
Nb	niobium	358.1	N	25
Os	osmium	290.9	N	1.3
Pd	palladium	247.6	A	0.3
Rb	rubidium	780.0	A	0.1
Re	rhenium	346.1	N	20
Rh	rhodium	343.5	A	0.5
Ru	ruthenium	349.0	A	1.1
Ta	tantalum	271.4	N	10
Y	yttrium	410.2	N	5.0

① Pb 有两个分析线——217.0nm、283.3nm，分别为火焰及无火焰下的分析线。

40.1　原子吸收分光光度计的基本结构

原子吸收分光光度计是确定元素存在并可测定其含量的有效仪器，主要由光源、原子化系统、单色器、检测器、放大器和工作站等部件组成。图 40-1 是原子吸收分光光度计的结构示意图。

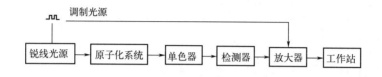

图 40-1　原子吸收分光光度计的结构示意图

其工作过程如下：光源发射的特定波长的光被试样原子蒸气吸收，经单色器分光，由光电转换器接收，将光信号转变为电信号，经放大器放大后到工作站，进行数据采集并处理。

各主要部件的功能分述如下。

40.1.1　光源

光源的功能是发射待测元素的特征光谱线。原子吸收的光源要求发射的光谱线必须是待测元素的共振谱线，且不受充入气体和杂质元素谱线的干扰，光谱纯度高；发射强度大而稳定，背景低；光源发射的共振线必须是锐线，其半宽度要窄于吸收线（一般不超过 $0.05\sim0.2$ nm）；使用寿命长。

在光谱范围，谱线锐度、发射强度和光谱输出稳定性等方面都能满足上述要求的光源主要是空心阴极灯（hollow cathode lamp，HCL），此外还有无极放电灯。

（1）空心阴极灯　空心阴极灯（又称元素灯），是原子吸收分析中最常用的光源，它实际上是一种呈空心圆筒形的气体放电管。原子吸收分析常用封闭式的空心阴极灯，结构如图 40-2 所示。

空心阴极灯是由被测元素的纯金属或合金制成的圆筒形阴极（内径约 2mm）和一个钨棒［也有用钛（Ti）、锆（Zr）材料的，但钛与锆还可吸收灯内的气体杂质］阳极构成

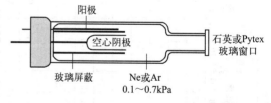

图 40-2　空心阴极灯的结构外形

的。阴极和阳极封闭在硬质玻璃套管内，管的端部熔接一片能透光的窗口（在 350nm 以下使用石英，350nm 以上用光学玻璃），管内经认真清洗和抽真空处理后，再充入低压（$0.1\sim0.7$ kPa）的惰性气体（Ar、Ne）。空心阴极灯端面的玻璃屏蔽，可减少或阻止阴极外侧的杂散放电，使电流更有效地集中在阴极腔内，在相同的灯电流条件下可获得比不屏蔽电极更高的发射强度。

空心阴极灯只有一个操作参数——电流，并且其发射的谱线稳定性好，强度高而宽度

窄，不同空心阴极灯更换方便。

① 空心阴极灯的放电机理　空心阴极灯放电是一种特殊形式的低压辉光放电，放电集中于阴极空腔内。当在气体放电管的两极上加一电压时，两极间有电流通过，气体放电时的电流-电压曲线如图 40-3 所示。

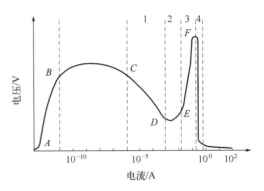

图 40-3　气体放电时电流-电压曲线
1—过渡现象；2—正常辉光；
3—异常放电；4—电弧放电

在两极间加上电压后，管内少数粒子形成很微小的电流。随着电压的升高，电流逐渐加大，当电压继续升高时，电流达到饱和，曲线经一段很陡的部分上升至 B 点，这时两极间的电流仍很小，极间不发光。经过 B 点后，电压继续升高，电子和粒子受电场作用加速，与其他粒子碰撞产生更多的离子与电子，所以管内电流突然增大，极间电压迅速下降，开始自持放电，极间开始发光，呈现辉光放电特点。曲线 CD 段称为过渡区，C 点对应的电压称为着火电压。过 D 点后，电流继续增大，而极间电压几乎不变，这时电流还较小，辉光不能全部覆盖阴极面。随着电流的增大，辉光覆盖面增大，这个区域（DE 段）称为正常辉光放电区。从 E 点开始，电流增大，极间电压也随之上升，这时辉光布满阴极，这个区域（EF 段）称为异常辉光放电区。由于这个区域内辉光已全部覆盖阴极表面，故电流增大，辉光亮度增强，这就是空心阴极灯的工作区域。过 F 点后整个放电特性改变了，电压下降到一个很低的数值，进入电弧放电区域。

② 空心阴极灯的发射机理　当在空心阴极灯两电极间加约 400V 电压后，灯内发生辉光放电，电子从阴极内壁流向阳极，使充入的气体原子发生碰撞而电离。惰性气体原子失去电子而成正离子，在电场作用下，正离子向阴极加速运动，轰击阴极表面，使阴极表面溅射出原子。这些金属原子再与电子、气体原子、气体离子等进行非弹性碰撞而被激发，于是在阴极的辉光中出现阴极材料的发射光谱线。

③ 影响因素　影响空心阴极灯发射强度的因素除阴极材料、阴极内径及形状、灯的结构外，还有充入气体的种类、压力及灯电流等。

灯内充入的气体为高纯度惰性气体，不同种类的惰性气体对谱线发射强度的影响很大，如充氖（Ne）的 Ca 空心阴极灯要比充氩（Ar）的 Ca 空心阴极灯发射强度大得多。

商品空心阴极灯一般充氖，因氖的电离电位低，对阴极溅射能力强，同时充氖的空心阴极灯在放电时发出橙红色光，对光调试时可起指示作用。但若氖发射线对被分析元素有干扰，可改用氩（氖在 300～400nm 及 500～600nm 波长范围内有发射线，氩在 400～500nm 波长范围有发射线），氩在放电时发出淡紫色光。一般来说，Co、Cr、Cu、Fe、Ni、Ti 空心阴极灯充入氖，而 Cd、Zn 空心阴极灯充入氖或氩，Pb、Sn 空心阴极灯充入氩。

惰性气体压力对发射强度的影响较复杂。当充入气体压力较低时，发射强度增大；相反，发射强度减小。对于难挥发元素，如 Al、Cr、Fe、Mo、Ni、Ti 等，当充入气体压力逐渐降低时，发射强度增大直至达到最大值，然后随着压力继续降低，发射强度反而下降。易挥发性元素，如 Bi、Cd、Pb、Sb、Sn、Zn 等，发射强度随压力降低而一直增大。中等挥发性元素，氖与氩的最佳压力则分别为 400Pa 与 135Pa。

灯电流对空心阴极灯的发射强度影响很大。一般来说，灯电流增大，发射强度增大，但过高的灯电流，使原子浓度过大，可导致谱线变宽，工作曲线弯曲。同时由于灯内基态原子蒸气密度增大，发射出的谱线有可能被原子蒸气所吸收，这种吸收称为"自吸"，自吸能使谱线形状变坏。减小灯电流，可提高灵敏度，但灯电流过小会导致放电不正常，发射不稳定。适宜的灯电流应通过反复试验确定。

④ 空心阴极灯使用规范　空心阴极灯在使用前需预热，使灯的发射强度达到稳定。预热时间视灯的类型和元素的不同而不同，一般为 5～20min。

空心阴极灯使用寿命一般在 500h 以上，熔点低的元素灯寿命要短些。空心阴极灯长时间使用后，灯内气体压力逐渐降低，阴极物质也因溅射而逐渐消耗，最终使灯失效。

注：空心阴极灯若长期不用，由于漏气或从灯内材料放出杂质气体等原因，性能也会降低，发射强度减弱，稳定性变差。充氖的灯若有杂质存在，则发射的光由正常的橙红色变为粉红色，严重时会发白。充氩灯若有杂质存在，会从正常的淡紫色变得更淡。这时可将灯长时间点亮，或调换灯的极性，用大电流点灯 30min。这样处理可提高吸气剂的活性，吸掉杂质气体，使灯的性能得以恢复。空心阴极灯不宜长期搁置，应定期通电一段时间，以保持稳定的光谱性能。

（2）特殊空心阴极灯

① 高强度空心阴极灯　高强度空心阴极灯是在普通空心阴极灯内增设一对辅助电极，以提高发射效率。辅助电极外面套上一个侧面开口的玻璃屏蔽罩，将辅助电极间的放电限制在开口处。当辅助电极间通过几百毫安的低压直流电时，从空心阴极溅射出的金属原子，一部分在阴极内被激发发光，另一部分在阴极端口受到辅助电极放电的电子流碰撞激发发光，它起到补充作用，故灯的发射由正常的空心阴极放电和辅助电极放电产生。高强度空心阴极灯发射强度比普通空心阴极灯可高出 30～100 倍，只是构造复杂，价格较高，限制其应用，但不失为一发展方向。

② 多元素空心阴极灯　为解决原子吸收法测定不同元素时需要换灯的不便，阴极也可用几种金属的混合物制成，称为多元素空心阴极灯。制作多元素空心阴极灯，需考虑元素组合对谱线的干扰。目前多元素空心阴极灯有 Ca-Mg、Ca-Mn、Cu-Cr、Al-Ca、Al-Ca-Mg、Cu-Fe-Mg-Si-Zn、Ca-Fe-Co-Ni-Mn-Cr 等。多元素空心阴极灯的发射强度和使用寿命均低于单元素空心阴极灯，使用尚不普遍。

（3）无极放电灯　无极放电灯是在一支长 30～80mm、直径约 10mm 的石英管中，放入含有少量被测元素的化合物，通常是卤化物（主要是碘化物）。管内充有几百帕压力的惰性气体。把放电管放入微波发生器的同步腔谐振器中，微波将管内充入的气体原子激发，随即放电，放电管内温度升高，金属卤化物蒸发和离解，并与气体原子碰撞而将元素原子激发，发射出特征光谱线。无极放电灯的发射强度比普通空心阴极灯高几个数量级且没有自吸，谱线更纯。但无极放电灯要求放电管中的物质在 200～400℃时必须有约 133Pa 的蒸气压，这就使一些难挥发的金属不宜制造无极放电灯。同时，可与石英起反应的碱金属也不适于制造无极放电灯。目前制造的无极放电灯仅限于元素本身或其化合物具有较高蒸气压的元素，如 As、Cd、Sb、Sn、Tl、Zn 等。

（4）光源的调制　在使用火焰原子化时，火焰本身也发射光线，且与空心阴极灯的辐射一起进入光电检测器。显然，火焰发射的辐射是一种干扰信号。可以用一定频率的电源供给空心阴极灯，使光源的辐射变成一定频率的脉冲光信号，到达检测器时产生一个交流电信号，而火焰产生的干扰辐射未变成交流信号，以此消除火焰发射的干扰。

40.1.2 原子化系统

原子化系统的作用是提供能量，使试样干燥、蒸发和原子化。在原子吸收光谱分析中，试样中被测元素的原子化是整个分析过程的关键环节。实现原子化的方法有火焰原子化（flame atomization）、电热原子化（electrothermal atomization）以及化学原子化（chemical atomization）三种。

40.1.2.1 火焰原子化

火焰原子化是通过混合助燃气和燃气，将液体试样雾化并带入火焰中进行原子化的。将试液引入火焰并使其原子化的过程很复杂，包括雾粒的脱溶剂、蒸发、解离等。在解离过程中，大部分分子解离为气态原子，在高温火焰中，也有一些原子电离。与此同时，燃气与助燃气以及试样中存在的其他物质也会发生反应，产生分子和原子，被火焰中的热能激发的部分分子、原子和离子也会发射分子、原子和离子光谱。毫无疑问，复杂的原子化过程直接限制了方法的精密度，成为火焰原子光谱中非常关键的步骤。为此，需要清楚火焰的特性及影响这些特性的因素。

（1）火焰的种类　火焰的组成决定火焰的氧化还原特性，直接影响待测元素化合物的分解和难解离化合物的形成，即决定了火焰的原子化效率。原子吸收中的火焰由燃气（氢气、乙炔、丙烷及煤气等）和助燃气［氧气、空气、氧化亚氮（俗称笑气）等］组成。表 40-2 列出了 7 种火焰的性质。

表 40-2　7 种火焰的性质

燃气	助燃气	温度/℃	最大燃烧速度/(cm/s)	燃气	助燃气	温度/℃	最大燃烧速度/(cm/s)
天然气	空气	1700～1900	39～43	乙炔	空气	2100～2400	158～266
	氧气	2700～2800	370～390		氧气	3050～3150	1100～2480
氢气	空气	2000～2100	300～440		氧化亚氮	2600～2800	285
	氧气	2550～2700	900～1400				

从表 40-2 中可见，用空气作助燃气，与不同的燃气组合燃烧温度在 1700～2400℃；这样的温度只能使易离解的试样原子化。对于难熔试样，则需使用氧气或氧化亚氮作助燃气，将燃烧温度提高到 2500～3100℃。同时，由于燃烧速度直接影响火焰的安全性和稳定性，因此从燃烧器垂直向上喷出的气体流速一定要大于燃烧速度（通常气体供给量比实际消耗量大 3～4 倍），控制火焰不逆燃。

（2）火焰的结构　火焰原子化所用火焰为预混合火焰（其结构见图 40-4）。预混合火焰的结构主要分为干燥区、蒸发区、原子化区和电离化合区。

① 干燥区　混合气体离开燃烧器顶部后即进入这个区并被加热到点燃温度，试液雾滴在这

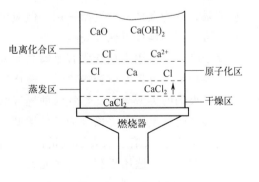

图 40-4　预混合火焰的结构

里被干燥。

② 蒸发区　也称第一反应区，该区是发亮的锥体，火焰呈蓝色。在这里的物质由于燃烧而进行复杂的反应，但燃烧不完全。蒸发区使干燥后的试样固体微粒被熔化和蒸发，但未达到平衡，故一般不利用蒸发区。

③ 原子化区　在富燃性火焰中，该区的高度可超过 10mm。火焰组成与火焰温度较均匀，是火焰温度最高区，也是产生自由原子蒸气的主区段，常作为原子吸收的火焰区域。

④ 电离化合区　也称第二反应区，该区火焰很高，外层由于冷却，火焰温度迅速下降，致使部分原子被电离，部分原子形成化合物。

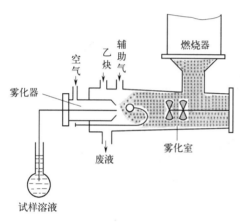

图 40-5　预混合型火焰原子化器装置图

（3）火焰原子化器　火焰原子化器主要由雾化器、雾化室和燃烧器三部分组成。雾化器是关键部件，其作用是将试液雾化，使之形成直径为微米级的气溶胶。雾化室的作用是使较大的气溶胶在室内凝聚为大的溶珠沿室壁流入泄液管排走，使进入火焰的气溶胶在雾化室内充分混合以减少它们进入火焰时对火焰的扰动，并使气溶胶在室内部分蒸发脱溶。燃烧器的作用是产生火焰，使进入火焰的气溶胶蒸发和原子化。

常见的燃烧器有全消耗型（紊流式）和预混合型（层流式）。由于全消耗型燃烧器有火焰光程短、易被堵塞及噪声大等缺点，目前很少使用。图 40-5 是预混合型火焰原子化器装置图。当试样流过毛细管尖端时，被流过这里的助燃气气流雾化，形成的气溶胶与燃气混合并流过一系列挡板，只让最细的雾滴通过，而使大部分试样留在预混合室的底部并流入废液容器内。气溶胶、助燃气和燃气在一长狭缝的燃烧器内燃烧形成一个长 5cm 或者 10cm 的火焰。单缝燃烧时容易造成部分辐射在火焰周围通过，而不被吸收，故常采用三缝燃烧器。三缝燃烧器由于缝隙较宽，产生的原子蒸气能将光源发出的光束完全包围，外侧缝还可以起到屏蔽火焰的作用，并避免来自大气的污染。因此，三缝燃烧器比单缝燃烧器稳定。

预混合型燃烧器具有原子化程度高、火焰稳定、吸收光程长、噪声小的优点，可改善分析检测限，故为大部分仪器所采用。但应该指出，在使用预混合型燃烧器时回火的危险一直存在，必须正确操作以保证安全。

原子吸收分析用火焰既要有足够高的温度，能有效地蒸发和分解试样，使被测元素原子化，又要稳定、背景发射和噪声低、燃烧安全。

（4）火焰的类型　改变燃气与助燃气的流量比例，火焰的燃烧状态也随之改变。根据燃气与助燃气的流量比把火焰分为三种类型。

① 化学计量火焰　该火焰流量比接近化学计算量，火焰呈透明淡蓝色，分区明显，燃烧稳定，背景低，适用于测定许多元素。

② 贫燃性火焰　当燃气流量减小时，燃烧较完全，但火焰瘦弱，蓝色锥形缩小。贫燃性火焰具有氧化性，原子化区域窄，适用于测定易解离、易电离的元素。

③ 富燃性火焰　当燃气流量加大并大于化学计算量时，火焰中间区开始模糊，分界不明显，出现黄色。富燃性火焰具有强还原性，适用于氧化物难离解的元素的测定。

就检测的重现性而言，火焰原子化要比迄今提出的所有其他原子化方法都好，但在火焰原子化中，大部分试样在雾化过程中，被挡板挡住流入废液容器，且各原子在火焰光路中的停留时间极短（10^{-4} s），导致试样的利用率和灵敏度低于其他原子化方法。

40.1.2.2　电热原子化

电热原子化是利用电热，在较小空间内使试样原子化。电热原子化的原子化时间长，在光路上停留的时间达 1s 或更长。

电热原子化法是用精密微量注射器将固定体积的（几微升）试液放入可被加热的电热原子化器中，先在低温下蒸发，然后在较高的温度下灰化，紧接着将电流迅速增加至几百安培，使温度骤然上升到 2000～3000℃，此时试样在几秒钟内原子化。在紧靠加热导体的上方区域，测定原子化粒子的吸收信号。观察到的信号将在几秒钟内达到最大值，然后衰减到零。由此可见，电热原子化完成一次分析需要经过干燥、灰化、原子化、净化 4 个阶段。

电热原子化器中应用最广的是管式石墨炉原子化器，它由石墨管、炉体和电源组成。图 40-6 是商用石墨炉原子化器的截面图。

如图 40-6 所示，原子化发生在一个圆筒状石墨管中。石墨管长 30～50mm，内径 2.5～5mm，外径 6mm，中央开一个小孔作为液体试样的入口和保护气体的出口。炉体的结构对获得最佳的无火焰原子化条件起着重要作用，石墨炉的炉体应具有这样的性能：①石墨管与炉体石墨炉座间应十分吻合，并有一定的伸缩弹性；②为防止石墨高温氧化作用，保证被热解的原子不再被氧化，及时排出分析过程中的烟雾，在石墨管通电加热过程中需有惰性气流保护；因石墨管在 2～4s 内就能使温度上升到 3000℃，而炉体表面温度不得超过 60～80℃，因此，整个炉体需有水冷保护（水冷却）装置。

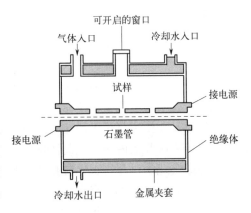

图 40-6　商用石墨炉原子化器的截面图

石墨炉电源是一种低压、大电流、稳定的交流电源，能确保在很短时间内使石墨管温度达 3000℃以上。

与火焰原子化法相比，电热原子化具有以下特点：①试样用量少（0.5～10μL）；②灵敏度高（绝对灵敏度可达 10^{-14} g，相对灵敏度可达 $10^{-13} \sim 10^{-10}$ g/mL），较火焰法高 1000 倍；③可直接分析固体粉末试样，火焰原子化则难以实现；④试样可直接在原子化器中进行处理，能够减少或消除基体效应。

电热原子化法适合痕量分析。其重现性与准确度较火焰原子化法差，相对误差为 2%～5%。通常在火焰原子化法不能满足所需要的检测限时选用电热原子化。

火焰原子化法与电热原子化法的比较见表 40-3。

表 40-3 火焰原子化法与电热原子化法的比较

项目	火焰原子化法	电热原子化法
原子化方法	火焰热	电热
最高温度/℃	2955(乙炔-氧化亚氮火焰)	约 3000(石墨炉的温度,管内气体温度要低些)
原子化效率/%	约 10	90 以上
试样体积/mL	约 1	0.005~0.1
信号形状	平顶形	峰形
灵敏度	低	高
检出极限/(ng/g)	0.5(Cd) 20(Al)	0.002(Cd) 0.1(Al)
最佳条件下的重现性(变异系数)/%	0.5~1.0	0.5~5
基体效应	小	大

40.1.2.3 化学原子化

化学原子化法扩大了原子吸收法的应用范围,但只在特殊情况下显示其优势,因而应用上受到限制。

化学原子化法又称低温原子化法,原子化温度介于室温至数百度之间。化学原子化法分为直接原子化法与氢化物原子化法两种。

直接原子化法主要用于测定汞:将汞转化为双硫腙螯合物,加热分解产生汞蒸气,用泵将汞蒸气导入吸收池内测定,此法称为加热气化法,主要用于生物组织、空气中汞的测定;或者用还原气化法,即将汞先转化为二价汞离子,再用二氯化锡($SnCl_2$)还原成金属汞蒸气进行测定,此法多用于废水、海水、河水等液体试样中汞的测定。

氢化物原子化法是近年来发展起来的,主要用于测定 Ge、Sn、Pb、As、Sb、Bi、Se、Te 等元素。其原理是将这些金属用强还原剂 $NaBH_4$(氢硼化钠)、KBH_4(硼氢化钾)等还原(反应式如下),生成熔点与沸点都较低的氢化物,用氮气或惰性气体将生成的氢化物导入火焰中进行原子化。

$$AsCl_3 + 4KBH_4 + HCl + 12H_2O \longrightarrow AsH_3 \uparrow + 4KCl + 4H_3BO_3 + 13H_2 \uparrow$$

或
$$4H_3AsO_3 + 3BH_4^- + 3H^+ \longrightarrow 4AsH_3 \uparrow + 3H_3BO_3 + 3H_2O$$

在氢化物原子化法中,因氢化物生成过程本身就是一个分离过程,故化学干扰与基体效应可大大减少,其灵敏度比火焰原子化法高。但许多元素的氢化物都有毒,使用时应特别注意通风与安全。

40.1.3 光学系统

原子吸收分光光度计的光学系统由外光路系统与单色器系统组成。

40.1.3.1　外光路系统

外光路系统又称吸收光路，其作用是使从光源发出的光有效地通过火焰（原子吸收池）的吸收区，并使通过吸收区的光尽可能地投射到单色器的狭缝上。

原子吸收分光光度计的外光路系统一般有两种，见图40-7。

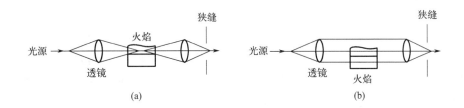

图 40-7　外光路系统

第一种如图40-7（a）所示，是双透镜系统，光源经第一透镜成像在原子蒸气中间，再由第二透镜聚焦在狭缝上。这种光学系统能得到最大的原子吸收和最小的噪声，有利于提高灵敏度和降低检出限，同时可使原子吸收后的光聚焦在入射狭缝上，让光束充满单色器的准直镜，分辨率较高。

第二种如图40-7（b）所示，通过吸收池的一段为平行光束，该光路能使光束全部通过火焰吸收区，改善信噪比。相对于石墨炉原子化器来讲，光量无损失。

40.1.3.2　单色器系统

在原子吸收用的光源发射线中，除待测元素的共振线外，还有该元素的其他非吸收线，以及充入气体、杂质元素和杂质气体的发射线。如果不将它们分开，就会受到背景发射的影响。单色器系统就是将被测元素的共振线与其他干扰谱线分离开的一种装置，是原子吸收分光光度计中的重要部件。

（1）单色器的光路结构　单色器系统由入射平行光管（包括入射狭缝与准直镜）、色散元件、出射平行光管（包括物镜与出射狭缝）组成，其中色散元件常采用光栅单色器。

单色器系统的光路结构有下列两种，见图40-8。

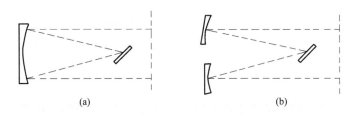

图 40-8　单色器系统的光路结构

艾伯特-法斯蒂（Ebert-Fastie）装置［见图40-8（a）］是采用一块大凹面镜的两半分别作为准直镜和成像物镜，其光路是垂直对称的，故又称垂直对称式。从入射狭缝入射的光线投射到凹面反射镜的下部变为平行光后反射到光栅上，经光栅色散又折回凹面反射镜的上部，然后聚焦在出射狭缝的焦平面上，旋转光栅即可得到从出射狭缝射出的所需波长的光线。

却尼-特尔纳（Czerny-Turner）装置［见图 40-8(b)］采用两个小凹面反射镜，这种光路是水平对称的，故又称水平对称式，其出射狭缝与入射狭缝对称地位于主光轴的两侧。

上述两种光路结构波长调节便捷，体积小，广泛用于原子吸收分光光度计。

（2）色散元件——光栅单色器　原子吸收分光光度计中，分光的波长范围为 $190 \sim 900nm$，即 As 元素的 193.7nm 至 Cs 元素的 852.1nm 之间，其分辨率可把 Ni 元素 231.1nm、231.6nm 与 232.0nm 三条线清楚分开，符合这样要求的色散元件称为光栅。

光栅单色器是以单缝衍射作用和多缝干涉作用为基础，光栅的衍射图形是单缝衍射和多缝干涉的综合结果，多缝干涉决定各谱线的位置，单缝衍射决定各级光谱的相对强度分布。光栅分透射光栅和反射光栅，其中反射光栅又分平面反射光栅和凹面反射光栅，原子吸收分光光度计中多数采用平面反射光栅，即平面闪耀光栅。

图 40-9 为岛津 AA6800 原子吸收分光光度计的测光系统。

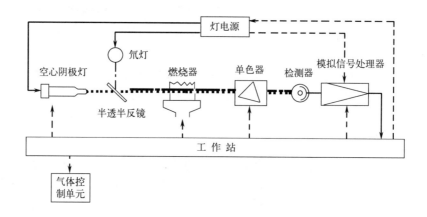

图 40-9　岛津 AA6800 原子吸收分光光度计的测光系统

40.1.4　检测系统

检测系统由光电转换放大系统和模拟信号处理两部分组成。

（1）光电转换放大系统　由于单色器输出的光信号极弱，因此原子吸收分光光度计通常用放大倍数高、信噪比大和线性范围宽的光电倍增管等作为光电转换元件，以放大接收的弱小信号。

光电倍增管是一种管内设有多个倍增极（俗称打拿极），利用二次电子发射作电流放大的光电管。当光子照射到光敏阴极上时，由于光电效应，使光敏阴极表面逸出相应数目的光电子。由于相邻电极间的电压逐渐升高，在电场作用下，电子被加速轰击到第一个倍增极上，发射出成倍的二次电子，继而它们又轰击到第二个倍增极，依次下去，电子数逐级倍增，最后聚集在阳极上的电子数可达阴极发射电子数的 10^6 倍，即一个光电子照射到光敏阴极上，最后从阳极上引出的检测电流可达 $1 \sim 10\mu A$。

光电倍增管中的光敏阴极材料决定了该管可适用的波长范围。用 Cs-Sb 构成的光敏阴极（常称蓝敏光电倍增管），对紫外光及可见光敏感。用 Ag-O-Cs 构成的光敏阴极（又称红敏光电倍增管），对红外光敏感。用 Ga-As 构成的光敏阴极，在 200～900nm 范围内均有很高的灵敏度。用 Cs-Te 构成的光敏阴极（称日盲光电倍增管），其光谱灵敏区为 168.0～280.0nm，最大光谱响应为 200.0nm 左右，特别适用于检测真空紫外区极弱的信号。

光电倍增管的主要质量指标为暗电流（在商标上标明），指在无光照射下管内产生的电流，主要来源于阴极和倍增极的热电子发射和玻璃外壳的漏电。暗电流可用冷却阴极，清洁、干燥和密封外壳的方法来减小。由于暗电流是直流电，用放大调频的方法可有效地消除。

使用光电倍增管时需注意"疲劳效应"。当过高的光强照射到光电倍增管上时，灵敏度会降低，这种降低有时可能是不可逆的。其原因是光电子发射速率高于光敏阴极内层补充电子的速率，致使光敏阴极表面呈正电状态。当入射光强度未知时，应将工作电压降至最小，然后再缓慢升高电压，同时在没有完全隔绝外界光的情况下，不允许对光电倍增管施加电压。

（2）模拟信号处理　将光电转换放大输出的信号采用模拟技术处理和显示。

40.2　原子吸收分光光度计的工作原理

原子吸收分光光度计按光学系统分为单道单光束型、单道双光束型、双道双光束型三种，其工作原理分述如下。

40.2.1　单道单光束型

一般简易的原子吸收分光光度计基本上都是单道单光束型，由空心阴极灯、反射镜、原子化器、光栅及光电倍增管组成。其结构简单、体积小、价格便宜，可满足一般分析要求。但光源强度波动影响较大，易造成基线漂移，影响测定的准确度和精密度，空心阴极灯预热时间长。单道单光束型的光路图如图 40-10 所示。

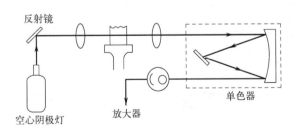

图 40-10　单道单光束型的光路图

该原子吸收分光光度计的工作原理为：来自光源的特征辐射通过原子化器内的原子蒸气时，一部分辐射被基态原子吸收，透过原子蒸气的一部分辐射经过分光系统后进入检测器。检测器将接收的光信号转换为电信号，再经电子线路处理，最后用 CRT 将信号显示出来，或用记录仪记录下来。

40.2.2 单道双光束型

单道双光束型原子吸收分光光度计采用旋转半镀银镜（切光器）将空心阴极灯的发射线周期地交替通过火焰和绕过火焰，通过火焰时作为吸收光束，绕过火焰时作为参比光束，然后再经半银镜交替地进入分光系统、检测系统，经放大和比较，最后在读数装置中显示。由于两个光束都来自同一光源，检测器输出的是两个光束的信号进行比较的结果，故光源的任何波动都可由于参比光束的作用而得到补偿。

单道双光束型原子吸收分光光度计可消除基线漂移的影响，提高测量准确度与精密度，同时空心阴极灯不需要预热，加快了分析速度。但因参比光束不通过火焰，故对火焰波动、背景吸收的影响不能抵偿。当使用氘灯作校正背景时就变成单光束仪器，这时参比光束被遮挡，氘灯光束被作为参比信号与样品信号比较，达到扣除背景的目的。图 40-11 是单道双光束原子吸收分光光度计光路示意图。

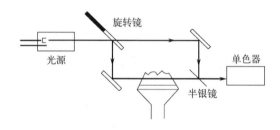

图 40-11 单道双光束原子吸收分光光度计光路示意图

40.2.3 双道双光束型

双道双光束型原子吸收分光光度计有两个光源、两套独立的单色器系统和检测系统。两个光源的光束同时通过火焰参加吸收，然后用各自的单色器与检测系统进行检测。

双道双光束型可同时测定两种元素，采用内标法测定，即其中一道放置内标元素灯，测得分析线与内标线的吸收值比值。若其中一道放置氘灯，则可进行背景扣除。

双道双光束型设备复杂，价格较高，不同元素所需的测定条件也不尽相同，故给双道双光束型仪器的实际应用带来一定的困难。

40.3 原子吸收分析的实验技术

虽然原子吸收分析采用特定的光源，样品中共存元素的干扰较小，但若试样处理不当，也会引入很多误差。

40.3.1 试样预处理

（1）试样的溶解与分解　在火焰原子化中，需要将试样处理成溶液，主要是水溶液。但是大量待测定的试样中，如动物的组织、植物、石油产品以及矿产品等不能直接溶于水，常常需要预处理，使试样以溶液形式存在。需注意的是，试样经过溶解和分解，预处理过程中也会相应地引入误差。

液体无机试样可用水稀释至合适的浓度；液体有机试样用石油醚、甲基异丁基甲酮（MIBK）等稀释，使黏度降低至接近于水的黏度即可进样分析。

固体无机试样可用合适的溶剂溶解。但在发酵行业中分析较多的是固体有机试样，其处理方法有干法分解与湿法消化。

干法分解是将试样直接加热至 $400\sim800℃$ 进行灰化，然后再用水或稀酸溶解。采用干法分解样品污染机会小，但对于易挥发性元素如 Hg、As、Cd、Pb、Sb、Se 等，在灰化过程中损失较大。

湿法消化是用浓强酸（HCl、H_2SO_4、HNO_3、$HClO_4$ 等或其混合酸）作消化剂，可减少易挥发性元素的损失，但 Hg、As、Se 等元素仍有损失。湿法消化由于使用大量消化剂，可能引入后面讨论的各种化学干扰和光谱干扰；加之是痕量分析，试剂中的微量杂质相对于被测元素来说都是大量的，势必会增加空白校正的负担。

应该注意：在使用 $HClO_4$ 作消化剂时要防止发生爆炸。浓 $HClO_4$ 质量分数为 $70\%\sim72\%$，沸点为 $203℃$，当加热浓缩至 85% 以上时，颜色变浅黄、黄色和棕色，此时应立即冷却和稀释。采用混合酸消化时，一般先加 HNO_3，再加 H_2SO_4，最后分批少量地加入 $HClO_4$。

由于原子吸收分析灵敏度很高，故盛装标准溶液与试样溶液的容器材质应选择硅硼玻璃或聚乙烯塑料。因普通玻璃对许多元素有吸附作用，特别是对未酸化的试液吸附更大，所以当使用玻璃容器时一定要现用现配，切勿贮存过长。

电热原子化可以直接原子化某些物质，因此省去了溶解这一步骤，液体试样如血、石油产品以及有机溶质能够直接移入炉内灰化及原子化；固体试样可以直接用石墨杯或钽舟称重后，放入管式炉中。但校正比较困难，需要标样在组成上与试样近似。

（2）溶剂萃取　实验证明，不论是否有水存在，低分子量的醇、酮和酯的存在均可增加火焰吸收峰的高度。因为这类溶液的表面张力较小，可提高雾化效率，从而增大试样进入火焰的量。

当存在有机溶剂时，必须使用贫燃火焰以抵消加入的有机物质的影响。不过贫燃火焰将使火焰的温度降低，从而增加化学干扰的可能性。

有机溶剂在火焰原子化中较重要的应用是采用与水不相溶的溶剂，如甲基异丁基甲酮萃取金属离子的螯合物，然后直接将萃取物雾化进入火焰原子化。这样处理不仅是有机溶剂的引入增强了信号，提高了分析灵敏度，而且对许多系统来说，可用少量的有机液体将金属离子从较大体积的水溶液中移出，使大部分基体成分仍留在水溶液中，达到分离和富集的目的，同时也减少了干扰。常用的螯合剂有吡咯二硫代甲酸铵、8-羟基喹啉、双硫腙等。

40.3.2　实验条件的选择

（1）光谱通带　在原子吸收分析中，选择通带以能将吸收线与邻近的干扰线分开为原则。对大多数元素来说，可选择大的通带，以提高信噪比。但若是多谱线及背景较大的元素，宜选用较小的通带，以利提高灵敏度。一般元素光谱通带在 $0.4\sim4nm$ 之间，谱线复杂的元素（Fe、Co、Ni）选择小于 0.1nm 的通带。

（2）灯电流 空心阴极灯的发射特性取决于它的工作电流。一般情况下，空心阴极灯应使用稳定并与可测光强度相匹配的最低电流，这样可使多普勒变宽减至最小，消除自吸，提高灵敏度，改善校正曲线的线性。

（3）火焰位置及火焰条件 火焰中自由原子浓度的分布与火焰的种类、火焰的性质、溶液的物理性质、元素的种类等有关。显然，空心阴极灯发出的光束只有通过火焰中自由原子浓度最大的位置时，才能获得最大的吸收灵敏度。所以在分析前，应通过测定最大吸收值，确定燃烧器高度。此外，火焰中燃气与助燃气的比例对原子化的效率有影响，故也应通过实验选定合适的比例。

（4）分析线的选择 对大多数元素来说，为了获得较高的灵敏度，常用的分析线是其共振线。然而，许多过渡元素的共振线并不一定比其非共振线灵敏度高。此外，有些元素的共振线在远紫外区，受到火焰气体和大气的强烈干扰，测定时只能选择合适的非共振线作为分析线。

表 40-4 列出了不同元素火焰原子吸收法的测定条件，供参考。

表 40-4　火焰原子吸收法测定条件

元素	波长/nm	L233/mA	L2433/mA	狭缝/nm	火焰类型	流量/(L/min)	燃烧器高度/mm
Ag	328.1	10	10/400	0.5	空气-乙炔	2.2	7
Al	309.3		10/600	0.5	氧化亚氮-乙炔	7.0	11
As	193.7	12	12/500	1.0	空气-氢	[3.7]	15
Au	242.8	10	10/400	0.5	空气-乙炔	1.8	7
B	249.7		10/500	0.2	氧化亚氮-乙炔	7.7	11
Ba	553.5	16	12/600	0.2		6.7	
Be	234.9		10/600	1.0		7.0	
Bi	223.1	10	10/300	0.5	空气-乙炔	2.2	7
Ca(1)	422.7		10/600			2.0	
Ca(2)	422.7	10	10/600	0.5	氧化亚氮-乙炔	6.5	11
Cd	228.8	8	8/100	1.0	空气-乙炔	1.8	7
Co	240.7	12	12/400	0.2		1.6	
Cr	357.9	10	10/600	0.5		2.8	9
Cs	852.1	16	—	1.0		1.8	7
Cu	324.8	6	10/500	0.5		1.8	
Dy	421.2		15/600	0.2	氧化亚氮-乙炔	7.0	11
Er	400.8	14	15/500	0.5		7.0	
Eu	459.4		10/600	0.5		7.0	
Fe	248.3	12	12/400	0.2	空气-乙炔	2.2	9
Ga	287.4	4	4/400			1.8	7

续表

元素	波长/nm	L233/mA	L2433/mA	狭缝/nm	火焰类型	流量/(L/min)	燃烧器高度/mm
Gd	368.4	12	—	0.2	氧化亚氮-乙炔	7.0	11
Ge	265.2	18	20/500			7.8	
Hf	307.3	24	20/600			7.0	
Hg	253.7	4	—	1.0	用汞冷蒸气技术	—	—
Ho	410.4	14	10/600	0.2	氧化亚氮-乙炔	7.0	11
Ir	208.8	20	—	0.2	空气-乙炔	2.2	7
K	766.5	10	8/600	0.5		2.0	
La	550.1	18	18/600	0.5	氧化亚氮-乙炔	7.5	11
Li	670.8	8	8/500	0.5	空气-乙炔	1.8	7
Lu	360.0	14	—	0.5	氧化亚氮-乙炔	7.0	11
Mg	285.2	8	8/500	0.5	空气-乙炔	1.8	7
Mn	279.5	10	10/600	0.2		2.0	
Mo	313.3	10	10/500	0.5	氧化亚氮-乙炔	7.0	11
Na	589.0	12	8/600	0.2	空气-乙炔	1.8	7
Nb	334.9	24	—	0.2	氧化亚氮-乙炔	7.0	11
Ni	232.0	12	10/400	0.2	空气-乙炔	1.6	7
Os	290.9	14	—	0.2	氧化亚氮-乙炔	7.0	11
Pb(1)	217.0	12	8/300	0.5	空气-乙炔	2.0	7
Pb(2)	283.3	10	8/300	1.0		2.0	
Pd	247.6	10	10/300	0.5	空气-乙炔	1.8	7
Pr	495.1	14	—	0.5	氧化亚氮-乙炔	7.0	11
Pt	265.9	14	10/300	0.5	空气-乙炔	1.8	7
Rb	780.0		—	0.2			
Re	346.0	20	—	0.2	氧化亚氮-乙炔	7.0	11
Ru	349.9	20	20/600	0.2	空气-乙炔	1.8	7
Sb	217.6	13	15/500	0.5		2.0	
Sc	391.2	10	—	0.2	氧化亚氮-乙炔	7.0	11
Se	196.0	23	15/300	1.0	空气-氢	[3.7]	15
Si	251.6	15	10/500	0.5	氧化亚氮-乙炔	7.7	11
Sm	429.7	14	15/600	0.2		7.0	
Sn(1)	224.6	10	20/500	0.5	空气-乙炔	3.0	9
Sn(2)	286.3		20/500	1.0		3.0	
Sn(3)	224.6	10	20/500	0.5	氧化亚氮-乙炔	6.8	11
Sn(4)	286.3		20/500	1.0			
Sr	460.7	8	6/500	0.5	空气-乙炔	1.8	7

元素	波长/nm	L233/mA	L2433/mA	狭缝/nm	火焰类型	流量/(L/min)	燃烧器高度/mm
Ta	271.5	18	—	0.2	氧化亚氮-乙炔	7.0	11
Tb	432.6	10					
Te	214.3	14	15/400	0.2	空气-乙炔	1.8	7
Ti	364.3	12	10/600	0.5	氧化亚氮-乙炔	7.8	11
Tl	276.8	6	—	0.5	空气-乙炔	1.8	7
V	318.4	10	10/600	0.5	氧化亚氮-乙炔	7.5	11
W	255.1	24	—	0.2		7.7	
Y	410.2	14	10/600	0.5		7.5	
Yb	398.8	10	5/200	0.5		7.5	
Zn	213.9	8	10/300	0.5	空气-乙炔	2.0	7
Zr	360.1	18	—	0.2	氧化亚氮-乙炔	7.5	11
As(H)	193.7	12	12/500	1.0	空气-乙炔	2.0	<HVG-1>
Bi(H)	223.1	10	10/300	0.5			
Sb(H)	217.6	13	15/500	0.5			
Se(H)	196.0	23	15/300	1.0			
Sn(H)	286.3	10	20/500	1.0			
Te(H)	214.3	14	15/400	0.2			

注：1. 用氢气作为燃烧气时，氢气的实际流量要比显示值大一些。

2. 燃气实际流量是表中砷（As）和硒（Se）方括号中显示的数值。将燃气流量设为方括号中的数值，则实际流量可以按下式计算：氢气实际流量＝燃气流量显示值×3.5。

3. <HVG-1>是氢化物发生器专用附件。

4. L233是单元素灯的产品系列代码，L2433是用于自吸法校正背景的单元素灯的产品系列代码。

40.4 原子吸收分析中的干扰效应及抑制方法

在原子吸收分析中，凡是影响试样进入火焰和影响火焰中基态原子数目的因素均可造成干扰，这些干扰又不同程度地影响测定结果，所以需了解干扰的类型和机理以及消除干扰的方法。

40.4.1 物理干扰

物理干扰是指试样中共存物质的物理性质对喷雾和原子化等过程所产生的干扰。这些物理性质主要是指溶液黏度、蒸气压、表面张力等，它们对溶液的抽吸、雾化及溶液的蒸发过程都有较大的影响。物理干扰是非选择性的，对试样中各元素的影响基本相同。

（1）对抽吸过程的影响　用气动雾化器喷雾试样溶液时，干扰主要是由溶液的黏度引起的。溶液黏度的改变直接影响进样速度，从而影响吸收值。实际操作中影响进样速度的因素还有吸液的毛细管直径、长度和浸入试样溶液的深度等。

试样溶液黏度对抽吸过程影响的消除方法：尽量保持试样溶液和标准溶液黏度相近；将

试样溶液稀释，尽可能减小黏度的变化；用标准样加入法进行分析。

（2）对雾化过程的影响　雾化效率对原子吸收分析的灵敏度和选择性影响较大。雾化效率、雾粒大小分布与溶液的黏度、表面张力有关，同时也与喷雾器类型及其几何形状有关，而这些物理性质还与温度有关，故试验中要控制一定的温度，并使试样溶液与标准溶液的基本组成相似。

（3）对蒸发过程的影响　雾粒在进入火焰时，首先要将试样中的溶剂脱除，然后再气化并离解为自由原子，而溶剂的蒸气压直接影响试样溶液的蒸发速度。有机溶剂可降低试液的黏度、表面张力、蒸气压，因此测定灵敏度较水溶液有所提高；有机溶剂还参加燃烧，使火焰中碳氧比增高，还原性增强，比喷雾水溶液时火焰温度要高，利于提高原子化程度；但若有机溶剂与被测元素形成难解离的配合物或含氧化合物，其灵敏度反而有所降低。

40.4.2　光谱干扰

光谱干扰是指与光谱发射和吸收有关的干扰效应，主要表现为光源发射干扰、谱线重叠干扰、分子吸收与光散射干扰等。

（1）光源发射干扰　用空心阴极灯作光源时，其阴极材料、灯内惰性气体等会产生不被待测元素吸收的发射线，这些发射线称为非吸收线。如果所选定的分析条件，无法将分析线与非吸收线分离开，则将被一起检测，造成灵敏度下降、工作曲线弯曲。该干扰可通过用高纯金属材料制备阴极，或更换惰性气体来排除。

（2）谱线重叠干扰　某些元素的光谱线相距很近，使所用的分光系统在色散条件下很难分离。一般光谱线相距 0.03nm 即认为重叠，谱线重叠干扰在过渡元素分析中出现较多。

消除这类干扰最简便的方法就是重新确定分析线，一般选择灵敏度较高（常称次灵敏线）又不受干扰的光谱线作为分析线。如果干扰来自共存元素的光谱线产生的重叠，则可用化学方法改变干扰元素的理化性质，降低其原子化程度；或用化学提纯方法来消除干扰。

减小狭缝宽度可有效抑制或减少光源发射干扰与谱线重叠干扰，但狭缝过窄，信号降低幅度也大，信噪比过低时导致测定无法进行。

（3）分子吸收与光散射干扰　分子吸收与光散射干扰是非选择性的。当共存元素在气相中形成难解离的分子时，这些分子的吸收光谱如与光源发射的元素分析线互相重叠而产生干扰，这种干扰称为背景吸收。如在空气-乙炔火焰中测定 Ba，当有 $Ca(OH)_2$ 分子存在时，会在 553.6nm（Ba 的分析线）处产生分子吸收。喷雾的溶液中含 1% 钙时，这种分子吸收相当于 $75\mu g$ Ba。另外，当样品溶液中含有较多的可溶性盐类时，特别是当火焰温度较低时，基体元素易形成难挥发的化合物，这时火焰中便可能含有未蒸发的固体颗粒，此颗粒对光的散射作用相当于分子吸收。如测定海水中 Pb 的含量，因海水中 NaCl 含量较高，可导致结果偏高。这是因为 NaCl 会在火焰上产生宽带分子吸收，同时还会产生由小颗粒引起的光散射。

① 利用连续光源进行校正背景，消除分子吸收和光散射产生的干扰　即先测得锐线光源分析线与背景吸收的吸光度，再用连续光源在相同波长下测定吸光度（紫外区用氘灯，可见区用碘钨灯）。由于分子吸收是宽带吸收，原子吸收是窄线吸收，显然分析线的吸收只占总吸收的极小部分，可忽略不计。那么，由连续光源测得的吸光度可视为纯背景吸收，两次测得的吸光度之差即为校正背景后的分析线的吸光度值。

② 利用塞曼效应（Zeeman effect）消除分子吸收和光散射产生的干扰　不论用氘灯还是用卤素灯，其背景校正范围均较窄。日本的保田和雄提出依据光通过高强度磁场，光谱线可分裂的原理（称为塞曼效应）来扣除背景吸收。塞曼效应的原理是：根据原子吸收谱线的磁效应和偏振特性使原子吸收和背景吸收分开来进行背景校正。加磁场于光源或吸收池，在与光束垂直的方向给原子化器加上永久磁铁。根据塞曼效应，原子蒸气的吸收线分裂为 π 和 $\sigma^{\pm}$，其偏振方向分别平行和垂直于磁场。由空心阴极灯发出的光经过旋转式偏振器，被分为两条传播方向一致、波长相同、强度相等但偏振方向相互垂直的偏振光，其中一束与磁场平行，另一束与磁场垂直。显然，当两束光交替通过吸收区时，只有平行于磁场的光束能被原子蒸气吸收。由于背景吸收与偏振方向无关，两束光将产生相同的背景吸收。因此，用平行于磁场的光束作测量光束，用垂直于磁场的光束作参比光束，即可扣除背景。塞曼效应校正背景可校正吸光度高达 1.5～2.0 的背景，能校正精细结构与光谱干扰引起的背景吸收。塞曼效应并不是对所有谱线都同样有效，使用时应考虑谱线特征。塞曼效应仅适用于无火焰原子化系统。

③ 自吸效应校正背景　空心阴极灯在交替脉冲的高、低电流作用下产生的光通过原子化器。低电流产生的光被待测元素和共存物背景吸收，而高电流产生的光只有背景吸收。测定两个信号在光强度测定线路中经过对数转换的差以校正背景。

（4）火焰发射干扰　火焰中气体的连续发射、高温中被测元素的受激发射等产生的干扰称为火焰发射干扰。这种发射是一种直流信号，可通过调制光源和同步检波放大基本消除。

在原子吸收分析中，有时用光谱干扰来进行其他元素的测定，如用 Cu 灯（324.8nm线）测定 Eu，用 Pb 灯（247.6nm线）测定 Pd。这是因为一般实验室中没有 Eu 灯、Pd 灯光源。另外，还可利用具有复杂发射线的 Fe 灯，通过改变波长依次可测定 Al、Cu、Ga、Mg、Mn、Ni、Pt、Si、Sr 等 9 种元素。

40.4.3　化学干扰

化学干扰是指溶液或气相中被测元素与其他组分之间发生化学反应而引起待测元素自由原子数目变化的干扰。化学干扰是选择性干扰，较光谱干扰更为常见。

当共存化合物与被测元素形成熔点高、挥发性低或难解离的化合物时，使被测元素化合物的解离与原子化程度降低，导致分析结果偏低。如磷酸盐存在时，对钙的测定产生较大的负效应，这是因为磷酸钙的熔点高，并较氯化钙难解离。若共存化合物与被测元素形成熔点低、挥发性高或易解离的化合物，则使被测元素的原子化程度提高，导致分析结果偏高。如分析 Ta 和 Nb 时，其氧化物很难解离，即使采用高温火焰，其灵敏度也较低，但当试样中存在氟离子时，由于形成易挥发、易解离的氟化物而产生正效应。

消除或抑制化学干扰主要有以下几种方法。

（1）提高火焰温度和采用富燃性火焰　提高火焰温度可使难解离的化合物解离，但某些易电离的元素则容易出现电离，使灵敏度降低（化学电离干扰较容易抑制）；用具有还原性的富燃性火焰可促进分子的解离，利于元素的原子化。

（2）添加干扰抑制剂　干扰抑制剂可使被测元素或干扰元素改变化学形态，从而抑制或消除化学干扰。常用的干扰抑制剂有释放剂、配位剂和保护剂。

① 释放剂　一般是阳离子，这类物质能使干扰元素形成稳定的化合物，使被测元素从与

干扰元素相结合的化合物中释放出来。如磷酸根对 Ca、Mg 的分析有明显干扰，但加入 La 后，磷酸根与 La 形成更稳定的化合物，将 Ca、Mg 释放出来，从而消除了磷酸根的干扰。有些元素与干扰元素形成化合物的热稳定性虽然与被测元素相近，但大量加入能将被测元素释放出来。如 Al 与 Si 对 Ca 的分析有干扰，但加入大量 Sr 或 Mg 后可消除干扰。

② 配位剂 加入配位剂使与干扰元素配位，或与被测元素配位，或与两者都配位，而使被测元素不再与干扰元素化合，从而消除了干扰。常用的配位剂有 EDTA（乙二胺四乙酸）、8-羟基喹啉、水杨酸等。在测定 Ca 时，加入 EDTA 后，Ca 与 EDTA 配位，消除磷酸根的干扰；加入 8-羟基喹啉，Al 被 8-羟基喹啉配位，消除了 Al 的干扰。

③ 保护剂 一些碱金属氯化物和铵盐，可消除 Al、Si 等元素对 Fe、Cr 及其他一些元素的干扰，原因是形成了易解离的氯化物与铵盐，而不再是难解离的混合氧化物。

值得注意的是，干扰抑制剂的选择与加入量都需通过试验确定。

（3）添加干扰缓冲剂 某些干扰元素当超过一定数量后，其干扰程度不再随其数量增加而改变，因此若在标准溶液和试样溶液中同时加入这种干扰元素，使其添加量处于缓冲状态，从而消除试液中干扰元素因含量不同而引起的干扰，这种物质称为干扰缓冲剂。例如在测定 Ti 时，若在标准溶液及试样溶液中加入大量的 Al，可消除 Fe、Ca、Mg、Cu、Co、Cr 等的干扰。

表 40-5 列出了抑制和消除化学干扰的试剂，可供参考。

表 40-5 抑制和消除化学干扰的试剂

试剂	类别	测定元素	可消除的主要干扰元素
La	释放剂	Ca、Mg、Ba、Sr	$Al、SiO_3^{2-}、SO_4^{2-}、PO_4^{3-}$
Mg		Ca、Bi、Fe、Mn	
Ca		Mg、Sr、Ba	$Al、F、SiO_3^{2-}、PO_4^{3-}$
Sr		Ca、Mg	$Al、F、SiO_3^{2-}$
Ba		K、Na、Mg	Al、Fe
Fe		Cu、Zn	SiO_3^{2-}
Ni		Mg	$Al、SiO_3^{2-}$
$Mg+HClO_4$		Ca	$Al、SiO_3^{2-}、SO_4^{2-}、PO_4^{3-}$
$Sr+HClO_4$		Mg、Ca、Ba	$Al、PO_4^{3-}、BO_3^{3-}$
EDTA	配位剂	Ca、Mg	$Al、B、Se、NO_3^-、SO_4^{2-}、PO_4^{3-}$
		Fe	SiO_3^{2-}
		Zn	$As、SiO_3^{2-}、PO_4^{3-}$
		Pb	$I^-、F^-、SO_4^{2-}、PO_4^{3-}$
8-羟基喹啉		Ca、Mg	Al
		Fe	Ca、Co、Ni
水杨酸		Ca	Al
盐酸羟胺-邻二氮菲		Cr	Fe
抗坏血酸		Ca	
柠檬酸钠-硫酸钠		Cr	Al、Fe

试剂	类别	测定元素	可消除的主要干扰元素
$K_2S_2O_7$	保护剂	Cr	Al、Fe、Ti
$KHSO_4$			Co、Cu、Fe、Ni
NaCl		Eu	Ca、Fe、Mg、Y
NH_4Cl		Bi、Cr、Fe、Mo	Al、SiO_3^{2-}、SO_4^{2-}、PO_4^{3-}
NH_4F		Be	Al
Al	缓冲剂	Cr、Mo、Sr	Al、Ca、Fe、Mg、SiO_3^{2-}、PO_4^{3-}
Fe		Nb、Ta	Al、Fe、Mn
$Al+Na_2SO_4$		Mo	Ca、Sr、Ba

（4）溶剂萃取　溶剂萃取是原子吸收分光光度法中常用的分离方法，既可除去干扰元素，又能富集被测元素，同时有机溶剂又可提高原子化效应，可使测定灵敏度有一定提高。常用的有机溶剂有乙酸乙酯、丙酮、甲基异丁基甲酮（MIBK）。由于甲基异丁基甲酮在火焰中燃烧性好，经常被使用。

40.4.4　电离干扰

在气相中，因共存元素对解离和电离平衡移动的影响，从而产生增强或抑制分析元素的原子浓度的效应，称为电离干扰。

由于火焰温度很高，有些元素除生成基态原子外，还会出现部分电离，而电离所产生的离子不吸收原子的共振线，这样基态原子的电离就导致测定结果偏低。元素电离的程度主要取决于元素本身的电离电位与火焰温度。碱金属与碱土金属的电离电位较低，因而受电离干扰的影响较大。

消除电离干扰，常选用较低温度的火焰和加入一些易电离元素。降低火焰温度可采用改变火焰类型、燃烧状态以及增加喷雾量等方法。如碱金属在较低火焰温度的空气-氢气火焰中的灵敏度比在较高火焰温度的空气-乙炔火焰中高。增加喷雾量，是因为蒸发溶剂量大，需要消耗热能多，从而在一定程度上使火焰温度降低，并能增加元素气体的分压，使被测元素的电离度降低。电离电位低于 6eV 的碱金属盐的加入可抑制被测元素的电离，当加入过量的易电离元素后，加入量的变化不再影响被测元素的吸收值，以此消除电离的干扰，这些元素称为消电离剂。K、Na 的氯化物是最常用的电离干扰消除剂。

40.5　原子吸收的定量分析方法

40.5.1　灵敏度

在原子吸收分析中，将灵敏度定义为工作曲线 $A=f(c)$（吸收值为浓度的函数）的斜率 S（$S=dA/dc$），它表示当被测元素浓度或含量改变一个单位时吸收值的变化量。事实上，常用特征浓度（characteristic concentration）和特征含量（characteristic content）——能产生 1% 吸收的被测元素的浓度或含量，来比较在低浓度或含量区域工作曲线的斜率。

注：S 越大，灵敏度越高。由于在不同浓度区域工作曲线的斜率有所不同，故在讲灵敏度时，应当指明获得该灵敏度的浓度或含量范围。液体进样的火焰原子化法用相对灵敏度表示，石墨炉原子化器用绝对灵敏度表示。

影响原子吸收分析灵敏度的主要因素如下。

① 元素性质　对一些难熔元素或易形成难解离化合物的元素，用直接法测定的灵敏度比测定普通元素的灵敏度低得多。

② 仪器的性能　光源的特性、单色器的分辨能力、检测器的灵敏度等都影响被测元素的分析灵敏度。

③ 操作条件　光源操作条件、原子化条件、吸收时火焰的高度；石墨炉原子化器的温度、保护气体流速等。

实验中选择合适的实验条件，方能得到较高的灵敏度。

40.5.2　检出限

检出限是指产生一个能够确证在试样中存在某元素的分析信号所需该元素的最低浓度（或最小含量），也就是说，可能与噪声相区分的待测元素的最低的溶液浓度（或最小含量）。由于分析信号与噪声都有一个统计分布，实际定义检出限为：检出限是相应于不少于 10 次空白溶液读数的标准偏差的 3 倍溶液浓度，以 99.7% 置信度确定的最低可检出量的统计值，这使实际上是空白溶液但误认为是存在某种元素的概率大大减小。

检出限的特点是与测量噪声联系起来，并指明了该检出限数值的可信程度，因此检出限比灵敏度更有确切的意义。

检出限主要决定于仪器的稳定性，如光源、火焰、检测器的噪声等，并与试样的组成和溶剂的性质有关，因而不同类型的仪器检出限可能相差很大。即使两种元素的灵敏度相似，但因每种元素的光源噪声、火焰噪声、检测器噪声各不相同，检出限也会不一样，因此检出限是仪器性能的重要指标。显然，选用噪声低的检测器和稳定性高的电子化系统、合理选择操作条件都可降低噪声，提高检出限。

40.5.3　定量方法

原子吸收分析中的定量分析常用工作曲线法和标准加入法。

(1) 工作曲线法　该方法与可见光分光光度分析中的工作曲线法相同，即配制一系列不同浓度的标准溶液，测定吸光度值，绘制吸光度值对浓度的工作曲线。在相同条件下测定试样吸光度值，直接在工作曲线上求得被测元素的浓度。

影响工作曲线的因素有空心阴极灯特性、火焰均匀性、单色器色散率、狭缝宽度、被测元素浓度等。空心阴极灯发射的自吸收及谱线宽度增加、吸收轮廓不对称和中心波长位移、喷雾效率下降、单色器光谱带过宽等，都会影响工作曲线的线性（使工作曲线呈弯曲状）。另外，被测元素浓度过高，吸收线宽度增加，使吸收强度下降，也会使工作曲线弯曲。因此，工作曲线法要求在操作条件完全一致的情况下才能重复。一般来讲，每次测定时都要绘制工作曲线。

(2) 标准加入法　标准加入法又称增量法。为了减小试样中基体效应带来的影响，不仅标准试样的浓度应与试样浓度相近，而且在基体组成上也应尽量与试样相似。但有些标准试样的配制要求使用与试样相似的基体物是非常困难的，甚至是不可能的，因此常采用标准加入法来减小或消除基体效应的影响。

标准加入法的操作原则是将已知量的标准试样加入到一定量的待测试样中，测得试样与标准试样量的总响应值（吸光度值）后，进行定量分析。

标准试样加入到待测试样中的方式有多种。最常用的一种是在数个等分的试样中分别加入成比例的标准试样，然后稀释到一定体积。根据测得的净响应值 A（吸光度值），绘制 A-c（浓度或添加量）曲线。用外推法即可求出稀释后试样中待测物的浓度（或含量），如图 40-12 所示。

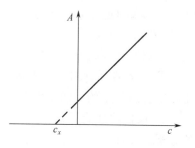

图 40-12 标准加入法

$$A_x = Kc_x \tag{40-1}$$
$$A_T = K(c_x + c_s) \tag{40-2}$$

式中　c_x——稀释后试样中待测物的浓度；

　　　c_s——所加标准试样的浓度；

　　　K——常数；

　　　A_x——稀释后试样中待测物的响应值；

　　　A_T——所加标准试样的响应值。

将上述两式合并，得

$$c_x = \frac{c_s A_x}{A_T - A_x} \tag{40-3}$$

当 $A_T = 0$ 时，$c_x = -c_s$，即浓度的外延线与横坐标相交的一点是稀释后试样的浓度（或含量）。若已证实上述方法得到的校正曲线是一直线，则在分析其他试样时，只需测定一份加入了标准试样的试液和未加入标准试样的试液，在测得其对应的响应值 A_T、A_x 后，可求得 c_x。

在原子吸收和火焰发射光谱中，试样的基体效应复杂，如黏度、表面张力、火焰的影响和试样溶液的其他理化性质不能在标准溶液中精确重现时，宜采用该法进行定量分析。

常用的另一种加入法是把大浓度、小体积的标准试样逐次加入到一份待测试液中，分别测定其对应的净响应值。与上述方式一样，可以逐次加入标准试样以绘制工作曲线，也可只加入一次，然后再仿照上式的推导过程，用得到的相应关系式进行计算。显然，多次加入的方法可以提高精度。当试样量受限制时，也适宜用此种加入方式。

40.6　原子吸收分光光度计使用注意事项

原子吸收分光光度计是一种定量分析用的分析仪器，使用时除严格遵守仪器操作规程外，还要注意仪器的保养与维护，这样才能保证有正确的分析结果和仪器相应的使用寿命。以岛津 AA6800 为例简要介绍如下。

40.6.1 火焰原子吸收分析

（1）标样要用有机物质，如环丁酸盐（干粉）配制或购买商品有机标样，在标样与样品基体差异较大时，采用标准加入法进行分析。

（2）有机样品一般不宜直接进样，需对样品进行稀释，稀释比例 1：（5～10），Zn、Na 等高灵敏度元素，稀释比还要大一些。

（3）O 形密封圈应耐有机溶剂。

（4）采用扣除背景方式进行分析。

（5）火焰分析时要求的气体规格见表 40-6。

表 40-6 火焰分析气体规格

气体种类	供气压力/MPa	每分钟气体最大消耗量/L	纯度
空气		24	无油、水和尘
氧化亚氮	0.35	15	≥98%（水汽≤1%）
氩		24	≥99%
乙炔	0.09	4.9（空气-乙炔火焰） 9.9（氧化亚氮-乙炔火焰）	≥98%
氢		30	≥99%

注：如果在分析中供气压力变化，将导致火焰燃烧条件的改变，进而影响测定的重现性。因此，要尽可能保持气体压力的稳定。

40.6.2 火焰原子吸收中空压机的使用

原子吸收用空压机，应通过下述步骤确认其工作状态。

（1）确认油的水平在油表的两条红线之间。

（2）关闭截止阀和排气阀，逆时针转动分表压力控制手柄至全部关闭，然后连接空压机的电源。

（3）当总表压力达到 0.5MPa 时，电机将停止，用手提起安全阀并确认工作是否正常，此时将会有很响的嘶声，但是无危险。

（4）当总表压力达到 0.4MPa 时，电机将再次启动。

（5）当总表压力再次达到 0.5MPa 时，顺时针转动分表压力控制手柄并设置分表压力到 0.35MPa，空压机处于正常工作状态。

（6）用肥皂水或其他漏气检验方法检查各连接处、压力表、空气变压器等，查看是否漏气。

40.6.3 钢瓶的使用

（1）所有的钢瓶都必须垂直放置，在安装钢瓶的调压器前，必须先除去在钢瓶出口处的尘土。

（2）打开钢瓶总阀前，先逆时针转动分表的控制手柄，并确认出口方向无人时才能慢慢用钢瓶手柄打开总阀。

（3）使用氧化亚氮、氢、氩、氧等钢瓶时，总阀要开至足够大，否则流量不稳定；对于乙炔钢瓶，则转动钢瓶总阀不要超过 1.5 圈，防止丙酮或 DMF（N,N-二甲基甲酰胺）从瓶中流出。

（4）使用氧化亚氮-乙炔火焰时，乙炔钢瓶要打开 1～1.5 圈；如果总阀打开不足，乙炔流量太小，在从空气-乙炔火焰切换到氧化亚氮-乙炔火焰时可能回火。

（5）钢瓶的手柄要放在总阀上，即使使用时也是如此；使用后，不仅要关闭截止阀，而且要关闭钢瓶的总阀。

（6）当乙炔钢瓶的压力小于 0.5MPa 时，就要换新钢瓶；乙炔气在高压容器中是溶解在丙酮或 DMF 中的，而丙酮或 DMF 则吸附在多孔性材料中，一旦钢瓶压力小于 0.5MPa，丙酮或 DMF 的蒸气将与乙炔混合流出，气体流量将不稳定；如果钢瓶压力小于 0.3MPa，丙酮或 DMF 将气化流出，气体流量无法控制。

40.6.4　燃烧器的维护保养

当外来物质如尘土和其他污染物附着到燃烧器头、雾化器或雾化室内时，测定数据的重现性和吸收灵敏度将变差。因此推荐定期清洁燃烧器的各部件，包括各种 O 形环的连接处、燃烧器头、雾化器和撞击球等。如果发现损坏，需要更换。

（1）清洁燃烧器头　燃烧器头的缝隙被碳化物或盐等堵塞，不严重时火焰变得不规则，进一步堵塞火焰将会分叉；当火焰出现这些状况时，应熄灭火焰，冷却后用厚纸或薄的塑料片擦去锈斑和堵塞物。

如清洗后再次点火，出现闪烁的橙色火焰。此时可喷雾纯水，直到不再闪烁为止。如仍有此现象，可从雾化室取下燃烧器头，用纯水清洗内部；特别脏时，需用稀酸或合适的洗涤剂浸泡过夜，同时擦洗内壁。当测定样品中含有高浓度的共存物组分（如盐等），它们可能会附着到缝的内壁，这种样品测定后，必须进行清洁。

（2）清洁雾化器　如果测定中数据漂移或灵敏度降低，可能是雾化器毛细管堵塞。应采取如下操作进行清洁。

放松雾化器固定螺母，取下雾化器固定板，移去插入到雾化器的喷雾接头，然后从雾化室移去雾化器；用配备的清洁丝插入到毛细管中，使之通畅；用相反的步骤重新安装雾化器，喷雾纯水。如果情况没有改善，污物可能会附着在雾化器尖端的毛细管和塑料管套之间。此时，可取下雾化器，把雾化器尖端浸入到 HCl（1+1）中。用手拿住雾化器，要确保只有管套部分浸入在 HCl（1+1）中。雾化器结构如图 40-13 所示。

注：在燃烧器头，雾化器和撞击球等各连接处有 O 形环。拆卸和组装时务必要确认 O 形环是否在合适的位置上。经过拆卸和组装，要特别注意进行漏气检查。

调节雾化器提升量，对空气-乙炔火焰按下法调整：先将提升量调为零；调节气体燃烧比，使火焰呈贫焰状态；将进样毛细管浸入溶液中，顺时针慢慢调节提升量，直至火焰呈富焰状态，记下提升量。MIBK、DIBK 和二甲苯，提升量定在 2mL/min 左右；白节油、煤油一般在 4mL/min；用氧化亚氮-乙炔火焰，可增大到 6mL/min。

40.6.5　雾化室的清洁

（1）移去燃烧器头和雾化器。

（2）取下连接到雾化器的尼龙［FUEL（红）和 AUX（黑）］管。

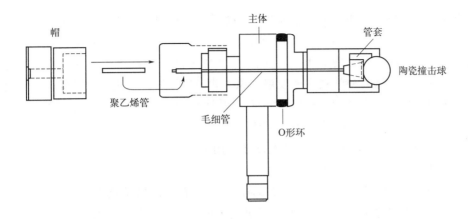

图 40-13 雾化器结构

（3）移去喷雾室固定螺母，移去乙炔套管。然后可从雾化室取下混合器。

（4）移去外套安装螺母，取下雾化室的外套（不锈钢板）。

（5）移去雾化室固定螺母取下雾化室，然后放松雾化室下的接头捆带，移去排液管。

（6）清洁后装配雾化室时，必须检查混合器的方向，因为混合器略呈锥形，方向正确才能与雾化室内侧的锥度吻合。

40.7 国内外原子吸收分光光度计发展简介

1802 年乌拉斯登（W. H. Wollaston）发现太阳连续光谱中存在许多暗线。

1814 年夫劳霍弗（J. Fraunhofer）再次观察到这些暗线，但无法解释，将这些暗线称为夫劳霍弗暗线。

1820 年布鲁斯特（D. Brewster）第一个解释了这些暗线是由于太阳外围大气圈对太阳光的吸收而产生。

1860 年克希霍夫（G. Kirchoff）和本生（R. Bunsen）根据钠（Na）发射线和夫劳霍弗暗线在光谱中的位置相同这一事实，证明太阳连续光谱中的暗线 D 线，是太阳外围大气圈中的 Na 原子对太阳光谱中 Na 辐射吸收的结果；并进一步阐明了吸收与发射的关系——气态的原子能发射某些特征谱线，也能吸收同样波长的这些谱线。这是历史上用原子吸收光谱进行定性分析的第一例证。

很长一段时间，原子吸收主要局限于天体物理方面的研究，在分析化学中的应用未能引起重视，其主要原因是未找到可产生锐线光谱的光源。

1916 年帕邢（Paschen）首先研制成功空心阴极灯，可作为原子吸收分析用光源。

直至 20 世纪 30 年代，由于汞的广泛应用，对大气中微量汞的测定曾利用原子吸收光谱原理设计了测汞仪，这是原子吸收在分析中的最早应用。

1954 年澳大利亚墨尔本物理研究所在展览会上展出世界上第一台原子吸收分光光度计。空心阴极灯的使用，使原子吸收分光光度计商品仪器得到了发展。

1955 年澳大利亚联邦科学与工业研究所物理学家沃尔什（A. Walsh）首先提出原子吸

收光谱作为一般分析方法用于分析各元素的可能性，并探讨了原子浓度与吸光度值之间的关系及实验中的有关问题，然后在《光谱化学学报》（Spectrochimica Acta）上发表了著名论文《原子吸收光谱在分析上的应用》。从此，一些国家的科学家竞相开展这方面的研究，并取得了巨大的进展。随着科学技术的发展，原子能、半导体、无线电电子学、宇宙航行等尖端科学对材料纯度要求越来越高，如原子能材料铀、钍、铍、锆等，要求杂质小于 $10^{-8}\% \sim 10^{-7}\%$，半导体材料锗、硒中杂质要求低于 $10^{-11}\% \sim 10^{-10}\%$，热核反应结构材料中杂质需低于 $10^{-12}\%$，上述材料的纯度要求用传统分析手段是达不到的，而原子吸收分析能较好地满足超纯分析的要求。

1959 年前苏联学者里沃夫（B. B. Льbob）设计出石墨炉原子化器，1960 年提出了电热原子化法（即非火焰原子吸收法），使原子吸收分析的灵敏度有了极大提高。

1965 年威利斯（J. B. Willis）将氧化亚氮-乙炔火焰用于原子吸收法中，使可测定元素数目增至 70 个。

1967 年马斯曼（H. Massmann）对里沃夫石墨炉进行改进，设计出电热石墨炉原子化器（即高温石墨炉）。

20 世纪 60 年代后期发展了"间接原子吸收分光光度法"，使过去难于用直接法测定的元素与有机化合物的测定有了可能。

1971 年美国瓦里安（Varian）公司生产出世界上第一台纵向加热石墨炉，并首先发展 Zeeman 背景校正技术。

1981 年原子吸收分析仪实现操作自动化。

1984 年第一台连续氢化物发生器问世。

1990 年推出世界上最先进的 MarkV1 火焰燃烧头。

1995 年在线火焰自动进样器（SIPS8）研制成功并投入使用。

1998 年第一台快速分析火焰原子吸收 220FS 诞生。

2002 年世界上第一套火焰和石墨炉同时分析的原子吸收光谱仪生产并投放市场。

目前，原子吸收分光光度计采用最新的电子技术，使仪器显示数字化、进样自动化，计算机数据处理系统使整个分析实现自动化。

我国在 1963 年开始对原子吸收分光光度法有一般性介绍，1965 年复旦大学电光源实验室和冶金工业部有色金属研究所分别研制成功空心阴极灯光源，1970 年北京科学仪器厂试制成 WFD-Y1 型单光束火焰原子吸收分光光度计，现在我国已有多家企业生产多种型号性能较先进的原子吸收分光光度计。

原子吸收分光光度法应用也有一定的局限性，即每种待测元素都要有一个能发射特定波长谱线的光源。原子吸收分析中，首先要使待测元素呈原子状态，而原子化往往是将溶液喷雾到火焰中去实现，这就存在理化方面的干扰，使对难溶元素的测定灵敏度还不够理想，因此实际测定效果理想的元素仅 30 余个；由于仪器使用中，需用乙炔、氢气、氩气、氧化亚氮等，操作中必须注意安全。

41

样品的采集与处理

　　工业发酵中的样品，就其物态可分为固态、液态、气态三大类。其样品采集通常有随机抽样和代表性取样两种方法。随机抽样，即按照随机原则，从大批物料中抽取部分样品，使所有物料的各部分都有被抽到的机会；代表性取样，是用系统抽样法进行采样，即已了解样品随空间（位置）和时间而变化的规律，按此规律进行采样，从有代表性的各个部分分别取样，使采集的样品能代表其相应部分的组成和质量。所以，代表性取样所得到的信息等级通常比不上随机抽样，但是，有时单纯用随机抽样还不行，必须结合代表性取样，如对难以混匀的样品的采集。具体的采样方法，应因分析对象的性质和分析目的的不同而异。

　　但无论如何，供分析用的试样应保证具有代表性，才能使分析结果符合大量物料的真实成分。采样是质量监控的关键环节之一，正确的采样是精确反映物料成分的重要保证。

41.1 样品的代表性

　　这一原则看似简单，但在实施中也会产生很多问题，特别是涉及定量与重复性。如对固体样品，多半要求从各个位置对称取样，经过粉碎、过筛、混匀、缩分等，保证物料的均匀性和精密的切割计量，然后贮存于干燥、清洁、密闭的玻璃瓶中。对气体样品，必须使用带有精细刻度和密封阀门的气体量筒，常见的用于色谱分析的液体注射器以及具有恒定压力的计量泵等都是仪器分析工作者不可缺少的取样配套工具。对液体样品，首先需充分混合均匀后取样，其次，取样时的温度、流量等必须在一定时间内保持相对恒定，不得有成分发生变化等不良影响。当然，在工艺流程样品分析中，取样点应选择成分变化的关键点且机械杂质相对较少的部位。

　　在涉及工业发酵分析的样品的采集过程中，还需要特别考虑杂菌的污染和样品中微生物的继续代谢以及温度、水分、时间等影响因素。

41.2 样品处理的原则及方法

样品通常都需要预处理后才能进行分析，否则不仅得不到可靠的数据，而且会污染测试系统，影响仪器的性能。现代高级分析仪器分析一个样品只需几分钟至几十分钟，但分析前的样品处理工作却需要几小时，甚至几十小时；化学分析也存在这个问题。选择合适的前处理方法等于完成了分析任务的大半，因而样品前处理的方法与技术已显得越来越重要。

样品处理的目的是尽可能清除干扰组分，提高被测主导成分的浓度，以提高检测灵敏度和选择性，故应本着因样品分析需要改变必要的物理状态但不改变样品成分的原则，如有些样品需要浓缩或稀释，以及发射光谱、质谱仪器中的电子轰击和色谱仪器中的热裂解等是仪器分析的必要过程，但都不应影响样品固有的成分特征。

由于工业发酵中原料、半成品、成品的多样化，其样品处理也变得非常复杂。常用的样品处理方法主要有溶解、澄清离心、消化、蒸馏、萃取和分离等。

41.2.1 溶解

水是最常用的溶剂，可溶解许多碳水化合物、多数氨基酸、有机酸和无机盐类。

酸、碱能溶解某些不溶性碳水化合物、部分蛋白质等。

有机溶剂如乙醚、乙醇、丙酮、氯仿、四氯化碳、烷烃等，常用来提取脂肪、单宁、色素、部分蛋白质和许多有机化合物。根据"相似相溶"的原则，选用合适的有机溶剂。有机相中含有的少量水分，如对测定有影响，需用无水氯化钙、无水硫酸钠脱水。

41.2.2 澄清离心

试样中糖类、蛋白质、色素、菌体等的存在往往使溶液浑浊或色泽很深，影响以后的分析测定，如滴定终点的观察判断、干扰比色、妨碍沉淀的形成与过滤、洗涤等，必要时可进行澄清与脱色。常用的澄清剂有碱性乙酸铅和中性乙酸铅。

碱性乙酸铅能除去很多浑浊的胶体与色素，常用于甘蔗或甜菜糖蜜的分析中。但沉淀较为疏松，能部分吸附还原糖，同时有些蛋白质可溶于过量的碱性乙酸铅中，故使用时应避免过量。

中性乙酸铅澄清能力较碱性乙酸铅弱，但沉淀对还原糖的吸附极少，且不生成可溶性的铅糖混合物，是测定还原糖时较理想的澄清剂。

由于二价铅有还原性，故在测定还原糖时加澄清剂后必须进行除铅处理（用旋光法测定时可不必除铅）。通常采用 Na_2HPO_4 和草酸钠（$Na_2C_2O_4$）或草酸钾（$K_2C_2O_4$）混合液作除铅剂，使生成难溶的磷酸铅［$Pb_3(PO_4)_2$］和草酸铅（PbC_2O_4）沉淀除去，其中 Na_2HPO_4 还有调节 pH 的作用。当采用费林试剂-碘量法测定还原糖时，除铅剂只能用 Na_2HPO_4，试液中大量钙盐存在会降低还原糖的还原能力，除铅剂在除铅的同时还可除去钙。除铅剂也可使用饱和 Na_2SO_4 溶液。

转速高于 30000r/min 的分析型超速离心机既能对样品进行分离、浓缩和提纯，又能借光学系统对样品沉降行为进行观察、测量和分析。超高速冷冻离心机（100000r/min），可用于蛋白质、小分子多肽的分离。离心机和超速离心机的作用在工业发酵分析中具有非常独特的样品处理功能，但在过去的分离中多用过滤、抽滤等手段。

41.2.3 消化

（1）湿法消化 湿法消化是将试样与浓强酸共热分解。常用的浓酸有 H_2SO_4、HNO_3、HCl、$HClO_4$ 等，H_2O_2 也是常用的湿法消化分解试剂。湿法消化分解试样速度较快，而且可得到较纯的溶液。

（2）干法灰化 干法灰化即熔融法。将试样与熔剂一起，高温灼烧分解试样，常用于测定金属与无机盐类。干法灰化所用熔剂有 Na_2CO_3、K_2CO_3、$KHSO_4$、焦硫酸钾等。若熔融时还不能使灰变白，可加助灰剂如 HNO_3、H_2SO_4、$Mg(NO_3)_2$ 等。

干法灰化过程中温度较高，有些物质易挥发损失。如铅的测定中，灰化温度需在 500℃以下进行。干法灰化不仅引入较多的钾、钠盐，同时也可能从坩埚中带入杂质，故一般分析中多采用湿法消化。

41.2.4 蒸馏

利用物质的沸点或挥发性的差异，在加热、常压、减压以至真空状态下分离混合物是一种经典有效的样品纯化方法，这类方法统称为蒸馏。蒸馏方式有多种，如常压蒸馏、减压蒸馏、水蒸气蒸馏、精馏、恒（共）沸蒸馏、萃取蒸馏。

常压蒸馏是在 1atm 下进行蒸馏，经过液体→蒸气→液体的变化过程，达到分离的目的。

减压蒸馏是在低于 1atm 条件下进行的蒸馏，主要用于沸点较高或热不稳定的一些化合物。

水蒸气蒸馏是在蒸馏的同时，将水蒸气不断地通入被蒸馏的液体，使蒸馏瓶中始终保持有饱和的水蒸气。该法既可避免焦干，又不需用大量水稀释样品，可缩短蒸馏时间。

共沸蒸馏是通过将一种称为共沸溶剂的物质加到样品中，使它与被蒸馏的组分生成共沸物进行蒸馏的过程。由于共沸物的沸点通常低于原始物质，因而蒸馏可以在较低的温度下进行。共沸蒸馏的关键在于正确选择共沸溶剂，理想的共沸溶剂通常要具备这样的条件：其沸点要比被蒸馏的组分低 10~40℃；应与理想状态具有显著的正偏差，以便与被蒸馏组分形成沸点最低的低共沸物质；在蒸馏与回流温度下应与被蒸馏物质充分互溶；经蒸馏后的低共沸物质，很容易除去共沸溶剂，使产物恢复其原始组成。

萃取蒸馏是将萃取与蒸馏相结合，类似共沸蒸馏。萃取蒸馏也需要在蒸馏原液中加入一种萃取剂，它与共沸蒸馏的不同之处在于：共沸蒸馏加入的共沸溶剂通常是沸点比蒸馏原液低的物质，而萃取蒸馏加入的是沸点比蒸馏原液高的物质，因而生成的萃取物往往在装置的底部。萃取蒸馏进行过程中，蒸馏原液中各组分的分子受热逸出由下而上进入蒸馏柱，而萃取剂由蒸馏柱顶部加入，逆流而下，它们与原液中各组分的分子连续接触，进行有选择的萃取。根据分子类型不同，把所需的组分从蒸馏物中分离出来。

41.2.5 重结晶

重结晶是指从溶液中析出固体的过程，其原理是：物质在溶剂中的溶解度与温度有密切关系，一般是温度升高，溶解度增大。如将待溶解的物质溶解在热的溶剂中并达到饱和状态，则冷却时，物质由于溶解度降低而结晶析出。利用溶剂对样品和杂质的溶解度不同（样品溶解度在室温时比杂质的溶解度小），使样品从过饱和溶液中以结晶析出，杂质留在溶液中，达到分离纯化的目的。

重结晶过程如下：首先把待分离物溶解在合适的溶剂中，溶解的温度应根据溶质的性质而定。对于溶解度随温度升高而增大的物质，一般在溶剂沸点或接近溶剂沸点的温度下进行溶解，并不断振荡使溶液接近饱和状态，然后趁热迅速过滤以除去不溶的固体微粒。

注：为防止过滤过程中由于冷却析出晶体，可以使用加热漏斗或将热溶液适当稀释。再把过滤后的溶液冷却，使溶质以晶体析出。析出的晶体用过滤和离心分离，使之与母液分离。通常离心分离比过滤更具优越性，特别是分离细微的晶体颗粒，不仅效率高，操作方便，而且比过滤快得多。最后用少量新鲜的冷溶剂洗涤分离后的晶体，除去晶体表面的母液并加以干燥。

重结晶过程中溶剂的选择非常关键，合适的溶剂应具备下列条件：重结晶的物质在高温与低温下的饱和溶解度有明显的差别，差别越大，收率越高；使重结晶的物质容易形成晶体；溶剂本身易从晶体中除去；与晶体不发生化学反应；易挥发但不可燃。此外，相似相溶规则、理化性质、同系物的碳数规则等对溶剂选择也有指导意义。使用单一溶剂太易或太难溶解溶质时，可试用混合溶剂，当然它们必须互溶。

用混合溶剂重结晶时先将溶质溶于易溶溶剂中，若升温有利于溶解，可以加热；再加入热的第二种溶剂，直至溶液浑浊或析出晶体。再加几滴第一种溶剂使溶液变清，趁热过滤后马上冷却，让晶体析出。还可采用其他方法。这里需要强调的是混合溶剂只是在没有合适的单一溶剂进行重结晶时才考虑使用，如有合适的溶剂，最好不用混合溶剂。

重结晶适用于对热敏感的化合物的分离和纯化以及蒸气压接近的物质的分离；也用来浓缩溶液，可避免挥发性成分的损失。

41.2.6　萃取

萃取是指被分离物质从液体或固体样品中转移到另一种与原溶剂不相溶的溶剂中的过程。由于萃取剂都用液体，而被萃取样品可以是液体或固体，故萃取分为液液萃取和液固萃取。

常用的液液萃取按操作方式可分为间歇式、连续式和逆流式。间歇式液液萃取指分批进行的萃取，适合于分离分配系数差别大的组分，用分液漏斗即可完成。连续式液液萃取指连续进行的萃取，效率高而且溶剂用量少，适合于分离分配系数相近的组分。装置如图 41-1 所示。

在连续萃取时，随着萃取的不断进行，萃取剂中溶质浓度不断增加，体系逐渐趋于平衡。所以说，虽然是连续萃取，但不会使萃取率无限提高。

逆流萃取是萃取剂与样品溶液相互连续朝相反方向流动的萃取，相当于多级间歇萃取过程的组合。与连续萃取相比，逆流萃取的产物纯度更高，但回收率偏低，适于分配系数十分接近的物质的分离。

41.2.7　分离

（1）膜分离　利用液体中各组分对膜的渗透率的差别实现组分分离，是一种属于传质分离过程的单元操作。膜分为固态膜和液态膜，所处理的物质可以是液体或气体。膜分离过程的推动力可以是压力差、浓度差或电位差。

（2）色谱法分离　混合物的色谱分离是基于该混合物中各组分在两相（固定相与流动相）间的分配系数或迁移速率的差异，从物理或物理化学的角度可以解释为分配平衡分离和速度过程分离两大系统。色谱法由于它本身具有极大的灵活性和结构简便且易重复等特点，已成为世界上近几十年来分离技术中应用最广、发展最快的手段。迄今，它已经发展成为包括有许多分支的重要分离技术（参见气相色谱、液相色谱、氨基酸自动分析仪章节内容）。

41.2.8　化学方法

用化学方法进行样品前处理，主要有配位、沉淀和衍生三种方法。化学法处理样品过程中，不可避免地要加入多种试剂，那么伴随着反应的进行将生成一些产物、副产物，使试样的原有组成变得更为复杂。所以，只有在物理方法行不通或化学方法

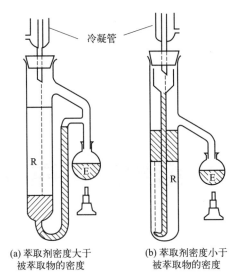

冷凝管

(a) 萃取剂密度大于
被萃取物的密度

(b) 萃取剂密度小于
被萃取物的密度

图 41-1　连续式液-液萃取装置
E—萃取剂；R—被萃取物

有极大优势的情况下，才选择化学方法。

样品前处理方法较多，但至今没有一种通用的方法能适合各种不同的样品或不同的检测对象。即使被检测对象相同，由于样品基质或所处条件的差异可能也要用不同的处理方法。合理选用前处理方法应注意以下问题：①最大限度去除影响测定的干扰物质。②被测组分的回收率高。如果回收率不高，常会导致测定结果重复性差，影响方法的灵敏度和精密度。③操作简便。步骤越多的处理方法往往样品损失也越多，最终的误差也越大。④成本低廉。应尽量避免使用贵重的仪器与试剂（对于新发展的一些高效、快速、可靠、自动化的前处理技术，尽管有些仪器价格较贵，但与其产生的效益相比还是值得的）。⑤对人体及生态环境没有不良影响。尽量不用或少用对环境有污染或影响人体健康的试剂，必须使用时应注意安全防护并加以回收，将危害降至最低限度。

所谓"纯"物质，只是相对的概念。实际上不论是定性还是定量分析，都不可避免地要进行分离，因此分离手段也就相应提升到一个新的技术高度，它是取得"精确"分析技术的第一步骤或"前沿"。

42

实验数据处理与分析结果的可靠性评价·

42.1 分析结果的可靠性评价

定量分析都是根据被测组分的理化性质，使用各种仪器和试剂，对样品进行检测，获得数据，客观上都存在着难以避免的误差。也就是说，分析结果都不可能绝对准确。在一定条件下，分析结果只能接近真实值，而不能达到真实值。所以我们在实际工作中，必须对实验结果的可靠性作出合理的判断，并予以正确表达。

42.1.1 误差的分类及产生原因

分析结果与真实值之差称为误差，它反映分析结果的准确性。误差根据其性质和产生原因，分为系统误差和偶然误差。

（1）系统误差　这类误差是由某种特定原因造成的，通常按一定的规律重复出现，即其正负、大小有一定重现性。在同样条件的实验中增加测定次数并不能使系统误差消除。若能找出产生系统误差的原因，并设法加以改进，就可以进行校正，消除误差。因此，系统误差也称为可定误差。产生系统误差的原因有方法误差、试剂误差、仪器误差及主观误差等。

① 方法误差　方法误差是由于分析方法本身不完善或选用方法不当造成的误差。不管分析操作者如何谨慎细心，严格遵守操作规程，方法误差仍不能避免。例如滴定分析中的反应不完全、干扰离子的影响、指示剂不合适、等电点和滴定终点不相符，以及其他副反应的发生等原因造成的误差。为了知道某分析方法的误差，用标准品测定这个方法的回收率，求得方法误差的大小。对方法误差较大的分析方法，必须寻找新的分析方法加以改进。

② 试剂误差　试剂误差是因试剂不纯造成的误差。可提高试剂纯度加以克服，也可用空白试验来测知误差的大小并加以校正。

③ 仪器误差　仪器误差是由于分析时所用仪器本身不够精确所造成的误差。例如天平的灵敏度低，容量瓶、滴定管、移液管的刻度不够精准等都能造成误差，因此，需将这些仪

器加以校正，并求出其校正值以减少这些误差。

④ 主观误差 主观误差是指在正常操作下由分析操作者的主观原因所产生的误差。如不同分析者对滴定终点颜色改变的判断偏深或偏浅，会产生这种误差。主观误差可通过对照试验或由有经验的分析人员校正而避免。

（2）偶然误差 偶然误差也称随机误差，它是由偶然因素引起的。例如实验室的温度、湿度等变化所造成的误差，其大小和正负都不固定。但如果多次测定，就会发现大误差出现的概率小，小误差出现的概率大，正负偶然误差出现的概率大致相等。因此，平行测定的次数越多，测定的平均值越可靠，越接近真实值，测定结果中的偶然误差越小；也可通过统计方法估计出偶然误差值，并在测定结果中予以正确表达。

42.1.2 误差的表示方法

（1）准确度 准确度是指测定值与真实值接近的程度，它表示分析结果的准确性。准确度的高低用误差来表示，误差越大，准确度越低。准确度有两种表示方法：①绝对误差，指测定值与真实值之差；②相对误差，指测定值与真实值之差对真实值的百分数。如某一物质的真实质量是 1.000g，某人称成 1.002g，另一人称成 1.004g。前者的绝对误差为 0.002g，相对误差为 0.2%；后者的绝对误差为 0.004g，相对误差为 0.4%；前者的准确度比后者高。

为了检查一种分析方法的准确度，也可以用标准物质测定该方法的回收率。

（2）精密度 精密度是指多次平行测定结果相互接近的程度。多次测定的数据越接近，表示分析结果的精密度越高。由于真实值通常是未知的，故在实际工作中经常用多次测定结果的平均值作为衡量标准，再与各次测得的数值进行比较，其间的差称为偏差。偏差表示分析测定的重现性。

① 偏差 指测定值与平均值之差。偏差越大，精密度越低。若 $\bar{x}$ 代表一组平行测定值的平均值，则单个测定值 x_i 的偏差 d_i 为

$$d_i = x_i - \bar{x} \tag{42-1}$$

d 值有正有负。

② 平均偏差 各偏差绝对值的算术平均值称为平均偏差（$\bar{d}$）。

$$\bar{d} = \frac{\sum\limits_{i=1}^{n} |x_i - \bar{x}|}{n} = \frac{1}{n} \sum\limits_{i=1}^{n} |d_i| \tag{42-2}$$

式中 n——测定次数。

③ 相对平均偏差 平均偏差与平均值之比称为相对平均偏差（$R\bar{d}$）。

$$R\bar{d} = \frac{\bar{d}}{\bar{x}} \times 100\% \tag{42-3}$$

④ 标准偏差 或称标准差，是反映一组测定值离散程度的统计指标，简写为 SD（或 S）。用标准偏差表示精密度更能反映出较大偏差存在的影响。

$$S = \sqrt{\frac{\sum\limits_{i=1}^{n} (x_i - \bar{x})^2}{n-1}} \tag{42-4}$$

⑤ 相对标准偏差 由于测量数值大小不同，只用标准偏差还不足以说明测定的精密情况，可以用相对标准偏差（RSD）来表示精密度。相对标准偏差亦称变异系数（常用 CV 表示），计算公式如下：

$$RSD = \frac{S}{\bar{x}} \times 100\% = \frac{\sqrt{\dfrac{\sum\limits_{i=1}^{n}(x_i - \bar{x})^2}{n-1}}}{\bar{x}} \times 100\% \tag{42-5}$$

平均偏差与标准偏差相比，前者计算简便，但标准偏差能更好地反映出小的偏差和大的偏差的差别。因为将偏差开平方后，偏差的差值能更显著地表现出来，能更清楚地说明数据离散的程度。

【例 42-1】甲、乙两人测定某糊精样品中水分的含量（%），10 次测定数据如下。

甲：10.3，9.8，9.6，10.2，10.1，10.4，10.0，9.7，10.2，9.7

乙：10.0，10.1，9.3，10.2，10.1，9.8，10.5，9.8，10.3，9.9

两人测定结果的平均值 $\bar{x}$ 均为 10.0%，平均偏差则分别为：

$$\bar{d}_{甲} = \frac{1}{n}\sum_{i=1}^{n}|d_i| = \frac{1}{10}(0.3+0.2+0.4+0.2+0.1+0.4+0.0+0.3+0.2+0.3) = 0.24$$

$$\bar{d}_{乙} = \frac{1}{n}\sum_{i=1}^{n}|d_i| = \frac{1}{10}(0.0+0.1+0.7+0.2+0.1+0.2+0.5+0.2+0.3+0.1) = 0.24$$

虽然相对平均偏差均为 0.24，但分别计算甲、乙两人测定结果的标准偏差后比较其离散程度，发现甲的精密度要高于乙。计算如下：

$$S_{甲} = \sqrt{\frac{0.72}{9}} = 0.28, \qquad RSD_{甲} = \frac{0.28}{10.0} \times 100\% = 2.8\%$$

$$S_{乙} = \sqrt{\frac{0.98}{9}} = 0.33, \qquad RSD_{乙} = \frac{0.33}{10.0} \times 100\% = 3.3\%$$

（3）准确度与精密度的关系 一组测量值的精密度高，其平均值的准确度不一定就高，因为每个测量值中都可能包含一种恒定的系统误差，使测量值总是偏高或偏低。精密度低的测量值，其准确度常常较低，即使它的平均值与真实值很接近也是出于偶然，并不可取。只有精密度和准确度都高的测量值才最为可靠，结果才准确。测量值的准确度表示测量的正确性，测量值的精密度表示测量的重现性。精密度是保证准确度的先决条件；只有在消除了系统误差后，才可用精密度同时表示准确度。

42.1.3 提高准确度和可靠性的方法

要想得到准确的分析结果，必须设法避免在分析过程中出现的几种误差。其方法主要有以下几种。

（1）选择合适的分析方法 不同分析方法的准确度和灵敏度是不同的。灵敏度是指检验方法和仪器能检测到的最低限度。一般用最小检出量或最低检出浓度来表示。如化学分析法灵敏度虽不高，但准确度较高，相对误差为千分之几，适合常量组分的测定。相反，对于微量组分的测定，用仪器分析法更合适，因为仪器分析法的灵敏度比化学分析法高。在选择分析方法时，除考虑方法的灵敏度外，还要考虑共存组分或杂质的干扰问题。总之，必须根据分析对象、样品情况及分析结果的要求来选择合适的分析方法。

（2）减少测量误差　对测量准确度的要求，应与方法准确度的要求相适应。如要求滴定分析的相对误差小于 0.1%，那么为了保证分析结果的准确度，必须尽量减少称量和滴定各步骤的测量误差。在称量步骤中，如果分析天平的称量误差为 $\pm0.0001g$，用减重法称量两次，可能引入的最大误差就是 $\pm0.0002g$。为使相对误差小于 0.1%，取样量就不能小于 $0.2g$。在滴定步骤中，如果使用 25mL 或 50mL 的滴定管，那么滴定管读数可有 $\pm0.01mL$ 的误差，一次滴定需要读两次数，可能造成的最大误差是 $\pm0.02mL$。为了使滴定的相对误差小于 0.1%，消耗滴定液的量就必须在 20mL 以上。如对某比色法测定要求相对误差小于 2%，则称取 0.5g 样品时，称量的绝对误差不大于 $0.5g\times2\%=0.01g$ 即可，不一定必须称准到 0.0001g。

（3）增加平行测定次数　在消除系统误差的前提下，增加平行测定次数可减小偶然误差。

（4）消除检测过程中的系统误差

① 对各种仪器及器皿要定期进行校正　对各种仪器要保证其灵敏度和准确度，天平、移液管和滴定管等要定期进行校正；标准溶液需要标定。

② 对照试验　对照试验是检查系统误差的有效方法，以所用方法分析已知含量的标准试样，由分析结果与已知含量的差值，便可得出分析的误差；用此误差值对被测样品的测定结果加以校正。

③ 回收率试验　向样品中加入已知量的被测组分的标准物质，然后测定回收率，可以评估方法的准确性和找出误差干扰因素。回收率的计算如下：

$$回收率=\frac{实际测得的标准物质的量}{加入的标准物质的量}\times100\%$$

④ 空白试验　在不加样品的情况下，用与测定样品相同的方法、步骤进行分析，把所得结果作为空白值从样品分析结果中减去。这样可以消除由于试剂、容器等因素所产生的误差。

（5）标准曲线的回归　在用比色、荧光、色谱等方法分析时，常常以其参数（吸光度、荧光强度、峰高或峰面积等）与其标准物质的含量（或浓度）绘制标准曲线。但标准曲线的点往往不完全在一条直线上，这时用回归法求出该直线的方程，可得到最合理的标准曲线，提高分析结果的准确度。详见 42.4 节。

42.2　实验数据处理

42.2.1　有效数字及其运算规则

（1）有效数字　在分析测试工作中，首先要记录一系列的数据，然后通过计算得到测定值。为了正确记录数据，提高计算准确度，需了解有效数字的相关知识。有效数字指实际能测量到的数字。在有效数字中，除最后一位数字有不确定性外，其他数字均是确定的。有效数字反映出测量的准确度，记录实验数据和计算结果时应保留几位数字是很重要的。由于有效数字反映测量准确到什么程度，所以记录测量值时，一般只保留一位可疑值，不可夸大。记录的位数超过恰当的有效数字的位数再多，也不能提高测量值的实际可靠性，反而给运算带来许多麻烦。

如用 25.00mL 的移液管量取 25mL 溶液，应记成 25.00mL，取四位有效数字；不能记成 25mL，因为在小数点后第二位上的 0 才可能有 ± 1，即 ± 0.01mL 的误差。可是用量筒量取 25mL 溶液时，记成 25.00mL 就不正确了。

常量分析一般要求四位有效数字，以表明分析结果有千分之一的准确度。使用计算器时，在计算过程中可能保留了过多的位数，但最后结果仍应记成适当位数，以正确表达应有的准确度。

关于有效数字的位数，通常需注意以下几点。

① 0 既可以是有效数字，也可以是只作定位用的无效数字。例如，在数据 0.05060g 中，5 后面的两个 0 都是有效数字，而 5 前面的两个 0 则都不是，它们起定位作用，只表明这个质量小于 $\frac{1}{10}$g，所以，0.05060g 是四位有效数字。

② 较大的数，可以用科学记数法表示。例如，2600L，若有三位有效数字，则写成 2.60×10^3L。

③ 单位换算时，有效数字的位数不变。例如，10.00mL 应写成 0.01000L；10.6L 应写成 1.06×10^4mL。

④ 首位为 8 或 9 的数据，有效数字可多计一位。例如，88g 可以认为是三位有效数字。

⑤ pH、lgK 等对数数值，其有效数字的位数仅取决于小数部分数字的位数，因为整数部分只代表原值的方次。例如，pH=7.01 的有效数字应为两位。

(2) 有效数字的修约规则　在数据处理过程中，各测量值的有效数字可能不同，运算时，按一定规则舍弃多余的尾数，不但可以节省时间，而且可能避免数字因尾数过长所引起的计算误差。按运算法则确定有效位数后，舍弃多余的尾数，称为有效数字的修约。其基本原则如下。

① 四舍六入五成双（或尾留双）。该规则规定：测量值中被修约的那个数等于或小于 4 时舍弃；等于或大于 6 时进位；等于 5 时（5 后无数），若进位后测量值的末位数成偶数，则进位，若进位后测量值的末位数成奇数，则不进位；若 5 后还有不为零的数，说明修约数比 5 大，需要进位。

下面是测量值修约为三位有效数字的实例：2.0249 修约为 2.02；6.2386 修约为 6.24；4.125001 修约为 4.13；5.755 修约为 5.76；3.125 修约为 3.12。

② 对原测量值只允许一次修约至规定位数。如将 4.15491 修约为三位有效数字，不允许先修约成 4.155 再修约成 4.16，只能一次修约为 4.15。

③ 运算过程中，为减少舍入误差，可多保留一位有效数字（不修约），算出结果后，按法则将结果修约至应有的有效数字位数。在运算步骤长、涉及数据多的情况下尤为需要。

④ 在修约标准偏差值或其他表示不确定度的数值时，修约的结果会使准确度的估计值变得更差一些。进行统计检验时，S 值（标准差）等应多留 1～2 位数字参加运算，计算所得的统计量可多保留 1 位数字与临界值比较，以避免因数字修约而造成 Ⅰ 型或 Ⅱ 型错误。

(3) 有效数字的运算法则　在计算分析结果时，每个测量值的误差都要传递到结果中去。必须根据误差传递规律，按照有效数字运算法则，合理取舍，才不致影响结果准确度的表达。

在做数学运算时，有效数字的处理，加减法与乘除法不同。加减法是各数值绝对误差的传递，所以结果的绝对误差必须与各数中绝对误差最大的那个相当。通常为了便于计算，可按照小数点后位数最少的那个数保留其他各数的位数，然后再加减。例如下面三式：

	0.3362		9.0051		5.2598
	0.0014		3.9724		5.2594
+	0.35	+	0.0003	−	
	0.69		12.9778		0.0004

在第一式中，3 个数的绝对误差不同，结果的有效数字位数只由绝对误差最大的第三个数决定，即 2 位。第二、第三式中各数的绝对误差都一样，故确定结果有效数字的位数很简单。不过也要看到，第二式中的第三个数只有 1 位有效数字，而结果有 6 位，第三式中的两个数都有 5 位有效数字，而结果只有 1 位。以第一式为例，可先把三个数分别修约成 0.34、0.00 及 0.35，然后再加。

在乘除法中，因是各数值相对误差的传递，所以结果的相对误差必须与各数中相对误差最大的那个相当。通常为了便于计算，可按有效数字位数最少的那个数保留其他各数的位数，然后再相乘除。如在 0.22×8.678234 的运算中，可先写成 0.22×8.7，然后相乘。正确的结果是 1.9，不是 1.914。

42.2.2 可疑数据的取舍

在一组测量值中有时会出现过高或过低的数据，称为可疑数据。如测得 4 个数据：21.30、19.25、19.30 和 19.32，显然 21.30 可疑。使人怀疑可能是实验中出现了什么差错，但在计算平均值和标准偏差时不能随意把它舍弃。因舍弃一个测定值要有根据，不能合意者取之，不合意者舍之。

在准备舍弃某测定值之前，应检查该数据是否记错，核对计算有无差错，回忆实验过程中是否有不正常现象发生过等。如找到原因，就有舍弃这个数据的明确理由。否则，就要用统计检验的方法确定可疑值是否来源于同一总体，以决定取舍。

对于舍弃可疑值的问题，曾提出过许多标准，但对于实验次数少的测量数据，可疑值的取舍一直无完善标准。目前用得最多的统计学方法是 G 检验法。

G 检验法也称格鲁布斯（Grubbs）法，其优点是在判断可疑值的过程中，引入了正态分布的两个最重要的样本参数平均数和标准偏差（S），该方法的准确性较好。

G 检验法的检验步骤如下。

① 计算包括可疑值在内的平均值。

② 计算可疑值与平均值之差。

③ 计算包括可疑值在内的标准偏差。

④ 用标准偏差除可疑值与平均值之差，得 G 值：

$$G = \frac{|x_{可疑} - \bar{x}|}{S} \tag{42-6}$$

⑤ 查 G 检验临界值表，若计算的 G 值大于表中查到的临界值，则将可疑值舍弃。

【例 42-2】标定一个标准溶液得到 4 个数据：0.1014mol/L、0.1012mol/L、0.1019mol/L 和 0.1016mol/L。用 Grubbs 法判断数据 0.1019 是否应该舍弃。

解：计算 G 值

$$G = \frac{|x_{可疑} - \bar{x}|}{S} = \frac{|0.1019 - 0.1015|}{0.0003} = 1.33$$

查表 42-1，得到 $n=4$ 时，$G_{0.05}=1.48$，因为 $1.33<1.48$，所以 0.1019 应保留。

表 42-1　Grubbs 检验部分临界值 (95% 的置信度，$\alpha = 0.05$)

数据数/n	G 值	数据数/n	G 值	数据数/n	G 值
3	1.15	8	2.13	13	2.46
4	1.48	9	2.21	14	2.51
5	1.71	10	2.29	15	2.55
6	1.89	11	2.36	16	2.59
7	2.02	12	2.41		

除 G 检验法外，用 $4\bar{d}$ 法也可简单判断可疑值的取舍，具体方法为：先计算出除可疑值以外的其余数据的平均值 $\bar{x}$ 和平均偏差 $\bar{d}$，然后将可疑值与平均值进行比较，如果绝对差值大于 $4\bar{d}$，则该可疑值应舍去，否则保留。

【例 42-3】测定乳粉中的水分含量分别为 3.85%、3.27%、3.26%、3.25%、3.28%。其中可疑值 3.85% 是否应该舍弃？

解：$\bar{x}=3.26\%$，$\bar{d}=0.01\%$，$|3.85\%-3.26\%|=0.59\%>4\bar{d}$（即 0.04%）。故 3.85% 应舍弃。

42.3　有限量实验数据的统计检验

在定量分析中，常需要对两组有限的实验数据分析分别得出的结果，或两种分析方法的分析结果的平均值与精密度是否存在着显著性差别作出判断，这些问题都属于统计检验的内容，称为显著性检验（或差别检验，或假设检验）。统计检验的方法很多，在定量分析中最常用的是 t 检验与 F 检验，分别用于检验两组或多组分析结果是否存在显著的系统误差与偶然误差等。

42.3.1　F 检验

该检验法是通过比较两组数据的标准差（S），以确定其精密度（偶然误差）是否有显著性差异。

F 检验法的步骤为：首先计算出两个样本的标准差 S_1 与 S_2，然后计算方差比，用 F 表示。

$$F=\frac{S_1^2}{S_2^2} \qquad (S_1>S_2) \tag{42-7}$$

将 S_1 与 S_2 代入公式，求出 F 值，与临界值 $F_\alpha(f_1, f_2)$（单侧）比较：如果 $F<F_\alpha(f_1, f_2)$，说明两组数据的精密度不存在显著性差异；如果 $F>F_\alpha(f_1, f_2)$，则有显著性差异。

表 42-2 是在 95% 置信度及不同自由度时的部分 F 值。F 值与置信度及 S_1 与 S_2 的自由度 f_1 和 f_2 有关。使用该表时必须注意：f_1 为较大方差的自由度，f_2 为较小方差的自由度。

表 42-2　95%置信度时的部分 F 值（α = 0.05 的单侧 F 检验表）

f_2	f_1									
	1	2	3	4	5	6	7	8	9	10
1	161.4	199.5	215.7	224.6	230.2	234.0	236.8	238.9	240.5	241.9
2	18.51	19.00	19.16	19.25	19.30	19.33	19.35	19.37	19.38	19.40
3	10.13	9.55	9.28	9.12	9.01	8.94	8.89	8.85	8.81	8.79
4	7.71	6.94	6.59	6.39	6.26	6.16	6.09	6.04	6.00	5.96
5	6.61	5.79	6.41	5.19	5.05	4.95	4.88	4.82	4.77	4.74
6	5.99	5.14	4.76	4.53	4.39	4.28	4.21	4.15	4.10	4.06
7	5.59	4.74	4.35	4.12	3.97	3.87	3.79	3.73	3.68	3.64
8	5.32	4.46	4.07	3.84	3.69	3.58	3.50	3.44	3.39	3.35
9	5.12	4.26	3.86	3.63	3.48	3.37	3.29	3.23	3.18	3.14
10	4.96	4.10	3.71	3.48	3.33	3.22	3.14	3.07	3.02	2.98

注：f_2 指分母的标准差的自由度；f_1 指分子的标准差的自由度。

【例 42-4】在分光光度分析中，用仪器 A 测定溶液的吸光度 6 次，得到标准偏差 $S_1 = 0.050$；再用性能较好的仪器 B 测定 4 次，得到标准偏差 $S_2 = 0.020$。分析仪器 B 的精密度是否显著优于仪器 A。

解：已知仪器 B 的性能较好，其精密度不会比仪器 A 差，因此，此处属于单侧检验问题。

$$n_1 = 6, S_1 = 0.050; n_2 = 4, S_2 = 0.020$$

$$S_{大}^2 = 0.050^2 = 0.0025, S_{小}^2 = 0.020^2 = 0.00040$$

$$F = \frac{S_{大}^2}{S_{小}^2} = \frac{0.0025}{0.00040} = 6.25$$

查表 42-2，$f_{大} = 6 - 1 = 5$，$f_{小} = 4 - 1 = 3$，$F_{0.05}(5,3) = 9.01$，$F < F_{0.05}(5,3)$，故 A、B 两种仪器的精密度之间不存在统计学上的显著差异，即不能做出仪器 B 显著优于仪器 A 的结论。从表 42-2 中的置信度可知，做出这种判断的可靠性为 95%。

42.3.2　t 检验

两组数据通过 F 检验确认精密度（偶然误差）无显著性差异后，可以通过 t 检验进一步检验两组数据的均值是否存在系统误差。

t 检验主要用于：①两组有限量测量数据的平均值（样本均值）间是否存在显著性差别；②样本均值与标准值间的比较；③痕量分析结果的真实性与估计；④分析方法的检出限等。

（1）样本平均值与标准值的比较　在实际工作中，为了检查分析方法或操作过程是否存在较大的系统误差，可对标准试样进行若干次分析，再利用 t 检验法比较分析结果的平均值与标准试样的标准值之间是否存在显著性差异，就可作出判断。

用基准物质、标准试剂或已知理论值来评价分析方法或分析结果，就涉及样本平均值与标准值的比较问题，即已知真实值（标准值）的 t 检验。

进行 t 检验时，先按式（42-9）算出 t 值：

$$\mu = \bar{x} \pm \frac{tS}{\sqrt{n}} \tag{42-8}$$

$$t = \frac{|\bar{x} - \mu|}{S/\sqrt{n}} \qquad (42\text{-}9)$$

然后与由表 42-3 查得的相应 $t_\alpha(f)$ 值比较，若算出的 $|t| > t_\alpha(f)$，说明 $\bar{x}$（样本均值）与 μ（标准值）间存在着显著性差异，若 $|t| < t_\alpha(f)$，说明两者不存在显著性差异。于是得出分析结果是否正确，新分析方法是否可用的结论。

表 42-3　t 检验部分临界值 $t_\alpha(f)$ 表

α / f	0.10[①] / 0.05[②]	0.05 / 0.025	0.01 / 0.005	0.001 / 0.0005	α / f	0.10[①] / 0.05[②]	0.05 / 0.025	0.01 / 0.005	0.001 / 0.0005
1	6.314	12.706	63.657	636.62	6	1.943	2.447	3.707	5.959
2	2.920	4.303	9.925	31.598	7	1.895	2.365	3.499	5.408
3	2.353	3.182	5.841	12.924	8	1.860	2.306	3.355	5.041
4	2.132	2.776	4.064	8.610	9	1.833	2.262	3.250	4.781
5	2.015	2.571	4.032	6.869	10	1.812	2.228	3.169	4.587

　①上一行为双侧检验的 α 值；②下一行为单侧检验的 α 值。

【例 42-5】某厂生产的高质量的活性干酵母，要求含水量为 6.00%。今从一批产品中抽样进行 5 次平行测定，得含水量分别为 5.94%、5.99%、5.98%、5.97% 及 6.03%。判断这批产品是否合格。

　　解：$n = 5$，$f = 5 - 1 = 4$

$$\bar{x} = 5.98\% \qquad S = \sqrt{\frac{\sum\limits_{i=1}^{n}(x_i - \bar{x})^2}{n-1}} = 0.033\% \qquad t = \frac{|5.98\% - 6.00\%|}{\dfrac{0.033\%}{\sqrt{5}}} = 1.36$$

　　查表 42-3，双侧检验 $\alpha = 0.05$，$f = 5 - 1 = 4$ 的 t 值：$t_{0.05}(f) = 2.776$。因为 $t < t_{0.05}(f)$，所以含水量平均值与要求值无显著差别，产品合格。

【例 42-6】用新方法测定基准明矾中铝的质量分数，得到 9 个分析数据：10.74%、10.77%、10.77%、10.77%、10.81%、10.82%、10.73%、10.86% 和 10.81%。已知明矾中铝的标准值（理论值）为 10.77%，分析新方法是否可引起系统误差（置信度 95%）。

　　解：$n = 9$，$f = 9 - 1 = 8$，$\bar{x} = 10.79\%$

$$S = \sqrt{\frac{\sum\limits_{i=1}^{n}(x_i - \bar{x})^2}{n-1}} = 0.042\% \qquad t = \frac{|10.79\% - 10.77\%|}{\dfrac{0.042\%}{\sqrt{9}}} = 1.43$$

　　由于所测明矾中铝的含量大于或小于标准值都说明新方法可以引起系统误差，故属双侧检验。查表 42-3，$P = 0.95$（$\alpha = 0.05$），$f = 8$ 时，$t_{0.05}(8) = 2.31$。$t < t_{0.05}(f)$，故 $\bar{x}$ 与 μ 之间不存在显著性差异，即采用新方法后，未引起系统误差。

　　(2) 两个样本平均值的比较　两个样本平均值间的 t 检验是指：一个样品由不同分析人员用不同方法、不同仪器或不同分析时间，分析所得两组数据平均值间的差异显著性检验；两个试样含有同一成分，用相同分析方法所测的两组数据平均值间的差异显著性检验。

　　检验目的：两个操作者、两种分析方法、两台仪器及两个实验室等的分析结果是否存在显著性差异；不同分析时间，样品是否存在显著性变化；两个试样中某成分的含量是否存在显著性差异等。根据前述 t 值的计算公式（42-9）：

$$t = \frac{|\bar{x} - \mu|}{S/\sqrt{n}}$$

将式中的 $\bar{x}$ 换成第一组数据的平均值的 $\bar{x}_1$，将 μ 换成第二组数据的平均值 $\bar{x}_2$，将 $S/\sqrt{n}$ 换成两组数据间的标准误 S_R，得 t 值的计算公式为：

$$t = \frac{|\bar{x}_1 - \bar{x}_2|}{S_R} = \frac{|\bar{x}_1 - \bar{x}_2|}{S}\sqrt{\frac{n_1 n_2}{n_1 + n_2}} \tag{42-10}$$

该式即可用于两组数据的平均值的 t 检验。其中，两组数据间的标准误 S_R 是由误差传递公式导出的；n_1、n_2 分别为两组数据的测定次数；S 称为合并标准偏差或组合标准差，可以用下式计算：

$$S_R = S\sqrt{\frac{n_1 + n_2}{n_1 n_2}} \tag{42-11}$$

$$S = \sqrt{\frac{\sum\limits_{i1=1}^{n_1}(x_{i1} - \bar{x}_1)^2 + \sum\limits_{i2=1}^{n_2}(x_{i2} - \bar{x}_2)^2}{(n_1 - 1) + (n_2 - 1)}} \tag{42-12}$$

式中，分母称为总自由度 f，$f = n_1 + n_2 - 2$。

如果已知两组数据的标准差 S_1 和 S_2，也可以用下式计算合并标准差：

$$S = \sqrt{\frac{(n_1 - 1)S_1^2 + (n_2 - 1)S_2^2}{n_1 + n_2 - 2}} \tag{42-13}$$

由 t 值计算公式求出的 t 值与表 42-3 查得的临界值 $t_a(f)$ 比较：若 $|t| < t_a(f)$，说明两组数据的平均值不存在显著性差异，可以认为两个均值属于同一总体，即 $\mu_1 = \mu_2$；若 $|t| \geqslant t_a(f)$，结论与上述相反，说明两组均值间存在着系统误差。

【例 42-7】用同一方法分析两个样品中的铅的含量，其结果如下。

样品 1：1.22mg/kg、1.25mg/kg、1.26mg/kg；样品 2：1.31mg/kg、1.34mg/kg、1.35mg/kg。分析这两个样品是否有显著性差异。

解： $n_1 = 3$，$\bar{x}_1 = 1.24$；$n_2 = 3$，$\bar{x}_2 = 1.33$

$$S = \sqrt{\frac{\sum\limits_{i1=1}^{n_1}(x_{i1} - \bar{x}_1)^2 + \sum\limits_{i2=1}^{n_2}(x_{i2} - \bar{x}_2)^2}{(n_1 - 1) + (n_2 - 1)}} = 0.021$$

$$t = \frac{|\bar{x}_1 - \bar{x}_2|}{S}\sqrt{\frac{n_1 n_2}{n_1 + n_2}} = \frac{0.09}{0.021}\sqrt{\frac{3 \times 3}{3 + 3}} = 5.25$$

在 95％置信水平上，$\alpha = 0.05$，从表 42-3 中查出双侧检验 $t_a(4) = 2.776$。因为 $5.25 > 2.776$，所以可以判断两个样品有显著性差异。

【例 42-8】用 A、B 两种不同方法测定合金中铌的质量分数，所得结果如下。

A：1.26％、1.25％、1.22％；B：1.35％、1.31％、1.33％、1.34％。分析 A、B 两种方法之间是否有显著性差异（置信度 90％）。

解： $n_1 = 3$，$\bar{x}_1 = 1.24\%$；$n_2 = 4$，$\bar{x}_2 = 1.33\%$

$$S = \sqrt{\frac{\sum\limits_{i1=1}^{n_1}(x_{i1} - \bar{x}_1)^2 + \sum\limits_{i2=1}^{n_2}(x_{i2} - \bar{x}_2)^2}{(n_1 - 1) + (n_2 - 1)}} = 0.019\%$$

$$t = \frac{|\bar{x}_1 - \bar{x}_2|}{S}\sqrt{\frac{n_1 n_2}{n_1 + n_2}} = \frac{|1.24\% - 1.33\%|}{0.019\%}\sqrt{\frac{3 \times 4}{3 + 4}} = 6.20$$

查表 42-3，当 $P = 0.90$（$\alpha = 0.10$），$f = n_1 + n_2 - 2 = 5$ 时，$t_{0.10}(5) = 2.015$。$t > t_{0.10}(5)$，故 A、B 两种分析方法之间存在显著性差异，因此需要找出差异原因加以解决；并应清楚 A、B 两种分析方法不可以互相代替。

42.3.3 使用统计检验需要注意的几个问题

（1）单侧检验与双侧检验　用 t 检验确认两组分析结果是否存在显著性差别时，用双侧检验；若检验某分析结果是否明显高于（或低于）某值，则用单侧检验。

F 检验虽然也分单侧检验与双侧检验的临界值，但由于 F 检验通常用于检验一组数据的方差是否大于另一组数据，因此常适宜用单侧检验。

由于在同一显著性水平 α 时，双侧检验与单侧检验的临界值不同，两者的检验结论有时矛盾。虽然可根据题意选择，但最好两个检验结论相同；若不相同，最好再选另一种统计检验方法验证。

（2）显著性水平 α 的选择　t 与 F 的临界值随 α 的不同而不同，因此，α 的选择必须适当。α 过高，即置信水平 $1 - \alpha$ 过小，则降低差别要求限度，容易把本来有差别的情况判定为无差别（易犯 Ⅱ 型错误——以假为真）；α 过低，即 $1 - \alpha$ 过大，则提高差别要求的限度，容易把本来没有差别的情况判定为有差别（易犯 Ⅰ 型错误——以真为假）。在实际工作中，常以显著性水平 $\alpha = 0.05$（95% 置信度）作为判断差别是否显著的标准，见表 42-4。

表 42-4　显著性水平与检验结论

显著性水平	结　论	显著性水平	结　论
$\alpha > 0.1$	不显著	$0.001 < \alpha \leqslant 0.01$	极显著
$0.05 < \alpha \leqslant 0.1$	可能显著，但不能肯定	$\alpha \leqslant 0.001$	高度显著
$0.01 < \alpha \leqslant 0.05$	显著		

42.4　相关与回归

相关与回归是研究同一组观测对象两个（或多个）变量之间关系的统计方法。

42.4.1　相关

在研究两个变量指标之间的关系时，最常用的直观方法是把它们画在直角坐标纸上，两个变量指标各占一个坐标，每一对数据在图上都是一个点。如果各点的排布接近一条直线，表明两个变量的线性关系较好；如果各点的排布接近一条曲线，表明二者的线性关系虽然不好，但可能存在某种非线性关系；如果各点排布得杂乱无章，则表明二者相关性极小。

（1）相关系数　为了定量地描述两个变量指标间的相关性，在统计学中常用相关系数（r）来表示两个变量指标 x 与 y 之间线性相关的密切程度。相关系数可用下式计算：

$$r = \frac{\sum\limits_{i=1}^{n}(x_i-\overline{x})(y_i-\overline{y})}{\sqrt{\sum\limits_{i=1}^{n}(x_i-\overline{x})^2 \sum\limits_{i=1}^{n}(y_i-\overline{y})^2}} \tag{42-14}$$

或

$$r = \frac{n\sum\limits_{i=1}^{n}x_iy_i - \sum\limits_{i=1}^{n}x_i\sum\limits_{i=1}^{n}y_i}{\sqrt{\left[n\sum\limits_{i=1}^{n}x_i^2 - (\sum\limits_{i=1}^{n}x_i)^2\right] \times \left[n\sum\limits_{i=1}^{n}y_i^2 - (\sum\limits_{i=1}^{n}y_i)^2\right]}} \tag{42-15}$$

相关系数 r 是介于 0 和 ± 1 之间的相对数值，即 $0 < |r| < 1$。当 $r = +1$ 或 -1 时，表示 (x_1, y_1)、(x_2, y_2)、$\cdots$、(x_n, y_n) 处在一条直线上；当 $r = 0$ 时，表示 (x_1, y_1)、(x_2, y_2)、$\cdots$、(x_n, y_n) 杂乱无章或处在一条曲线上。实践中，绝大多数情况是 $0 < r < 1$。

（2）相关系数检验　r 是样本的相关系数，它随样本的不同而不同，是总体相关系数的一种估计。所以，即使从样本算得 $r = 0$ 或 $r = 1$，也不可立即判断两个变量毫不相关或在任意范围内都呈直线关系。

根据统计学原理，若 x 和 y 都是正态分布，可按照 r 的分布函数制作一个数值表（见表 42-5），由该表可以查出在某一置信水平和自由度（$f = n - 2$）时 r 的临界值 $r_\alpha(f)$。当由样本算出的 $|r| > r_\alpha(f)$ 时，则认为 x 和 y 之间存在着一定的相关性；反之，则相关性不显著。

表 42-5　r 的部分临界值

$f=n-2$	$\alpha=0.05$	$\alpha=0.01$	$f=n-2$	$\alpha=0.05$	$\alpha=0.01$	$f=n-2$	$\alpha=0.05$	$\alpha=0.01$
1	0.997	1.000	9	0.602	0.735	17	0.456	0.575
2	0.950	0.990	10	0.576	0.708	18	0.444	0.561
3	0.878	0.959	11	0.553	0.684	19	0.433	0.549
4	0.811	0.917	12	0.532	0.661	20	0.423	0.537
5	0.754	0.874	13	0.514	0.641	21	0.413	0.526
6	0.707	0.834	14	0.497	0.623	22	0.404	0.515
7	0.666	0.798	15	0.482	0.606	23	0.396	0.505
8	0.632	0.765	16	0.468	0.590	24	0.388	0.496

【例 42-9】用比色法测定罐头中锡的含量，测得不同浓度 c 标准溶液的吸光度 A 如下。

$c/(\mu g/mL)$:	2.5	3.0	3.5	4.0	4.5	5.0
A:	0.260	0.300	0.330	0.410	0.470	0.510

问浓度与吸光度之间的相关性如何。

解： 以 x 代表浓度，y 代表吸光度。计算得

$$r = \frac{n\sum\limits_{i=1}^{n}x_iy_i - \sum\limits_{i=1}^{n}x_i\sum\limits_{i=1}^{n}y_i}{\sqrt{\left[n\sum\limits_{i=1}^{n}x_i^2 - (\sum\limits_{i=1}^{n}x_i)^2\right] \times \left[n\sum\limits_{i=1}^{n}y_i^2 - (\sum\limits_{i=1}^{n}y_i)^2\right]}} = 0.997$$

$f = 6 - 2 = 4$，从表 42-5 查得 r 的临界值 $r_{0.01}(4) = 0.917$，$0.997 > 0.917$。可见在 99% 置信度上，相关性显著。0.997 接近于 1，表明浓度和吸光度的线性关系很好。

通常，$0.90 < r < 0.95$ 表示一条平滑的直线；$0.95 < r < 0.99$ 表示一条良好的直线；$r > 0.99$ 表示线性关系很好。在分析工作中，显著性水平多采用 $\alpha = 0.01$。还需指出，表

42-5 中的 r 临界值，对于分析工作而言，要求偏低。对于普通样品，用一般分析方法，测定 5～6 对数据，仔细地工作，达到 $r>0.999$ 并不困难。

42.4.2 回归

相关系数只表明两个变量间相互关系的密切程度，若要进一步了解两者的数量关系，从自变量（x）推算因变量（y）的估计量，可用图示法进行粗略的估计，或用回归分析法求出相应的回归方程。

通过相关系数，如果知道 y 与 x 之间的关系是线性关系，线性回归的任务就是找出一条最能代表数据分布趋势的直线或曲线。如果分布趋势是条直线，就称它为直线回归。

（1）直线回归　直线回归是根据最小二乘法则，即通过一系列实验点的最佳直线是其上各点的偏差平方和最小的那条直线的原则进行处理的。

设一组原始数据为 (x_1,y_1)、(x_2,y_2)、(x_3,y_3)、$\cdots$、(x_n,y_n)，其线性方程为 $y=a+bx$，则

$$b=\frac{n\sum\limits_{i=1}^{n}x_iy_i-\sum\limits_{i=1}^{n}x_i\sum\limits_{i=1}^{n}y_i}{n\sum\limits_{i=1}^{n}x_i^2-(\sum\limits_{i=1}^{n}x_i)^2} \qquad a=\frac{\sum\limits_{i=1}^{n}y_i-b\sum\limits_{i=1}^{n}x_i}{n} \qquad (42\text{-}16)$$

式中　a——截距；

$\qquad b$——斜率。

【例 42-10】试求例 42-9 中吸光度 A（因变量 y）与锡浓度 c（自变量 x）标准曲线的回归方程。

解：

$$b=\frac{n\sum\limits_{i=1}^{n}x_iy_i-\sum\limits_{i=1}^{n}x_i\sum\limits_{i=1}^{n}y_i}{n\sum\limits_{i=1}^{n}x_i^2-(\sum\limits_{i=1}^{n}x_i)^2}=0.103$$

$$a=\frac{\sum\limits_{i=1}^{n}y_i-b\sum\limits_{i=1}^{n}x_i}{n}=-0.006$$

则回归方程为：
$$y=-0.006+0.103x$$

（2）标准曲线的绘制　用实验数据绘制标准曲线，要注意以下几个问题。

① 选择标绘图纸　在一般情况下用直角坐标纸；如果一个坐标是测量值的对数，可用单对数纸；遇到两个坐标都是测量值的对数时，则用双对数纸；三元体系要用三角坐标纸。

② 选择坐标和标度　在选择坐标和标度时，选择自变量作横坐标；选择标绘变量（有时需要对实验测得的因变量进行转换，如取倒数值或取对数值等），应尽可能画出一条直线；坐标标度应规定需使测量值在坐标上的位置容易确定，使标绘线占满坐标纸，但各测量值坐标的精密度不应超过 1～2 个最小分度，坐标的起点不一定是 0。

在主要的标度处应写出它们所代表的数值，应注明各坐标所代表的单位。

若必须在一张坐标纸上画几条图线，则对不同组数据的点应选用不同的符号，如×、△、○等。在一张纸上不应标绘过多的线，以免混淆不清。

如果两个变量呈线性关系，最好求出回归直线方程。如果不必要，则所绘的线应尽量与每个点都最为接近，而且要连续光滑。一般来讲，曲线上不应有突然弯曲和不连续的地方。但如果确实发生这种情况并超出测量值的误差范围，则不能忽视。

附录

附表 1　费林试剂糖量表（廉-爱农法）

消耗糖液的体积/mL	相当的葡萄糖量/mg	100mL 糖液中所含葡萄糖的质量/mg	消耗糖液的体积/mL	相当的葡萄糖量/mg	100mL 糖液中所含葡萄糖的质量/mg	消耗糖液的体积/mL	相当的葡萄糖量/mg	100mL 糖液中所含葡萄糖的质量/mg
15	49.1	327.0	27	49.9	184.9	39	50.6	129.6
16	49.2	307.0	28	50.0	178.5	40	50.6	126.5
17	49.3	289.0	29	50.0	172.5	41	50.7	123.6
18	49.3	274.0	30	50.1	167.0	42	50.7	120.8
19	49.4	260.0	31	50.2	161.8	43	50.7	118.1
20	49.5	247.4	32	50.2	156.9	44	50.8	115.5
21	49.5	235.8	33	50.3	152.4	45	50.9	113.0
22	49.6	225.5	34	50.3	148.0	46	50.9	110.6
23	49.7	216.1	35	50.4	143.9	47	51.0	108.4
24	49.8	207.4	36	50.4	140.0	48	51.0	106.2
25	49.8	199.3	37	50.5	136.4	49	51.0	101.1
26	49.9	191.8	38	50.5	132.9	50	51.1	102.2

附表 2　吸光度与测试 α-淀粉酶浓度对照表（摘自 GB 1886.174—2016）

吸光度	酶浓度/(U/mL)	吸光度	酶浓度/(U/mL)	吸光度	酶浓度/(U/mL)	吸光度	酶浓度/(U/mL)	吸光度	酶浓度/(U/mL)	吸光度	酶浓度/(U/mL)
0.100	**4.694**	**0.110**	**4.644**	**0.120**	**4.594**	**0.130**	**4.544**	**0.140**	**4.492**	**0.150**	**4.442**
0.101	4.689	0.111	4.639	0.121	4.589	0.131	4.539	0.141	4.487	0.151	4.438
0.102	4.684	0.112	4.634	0.122	4.584	0.132	4.534	0.142	4.482	0.152	4.433
0.103	4.679	0.113	4.629	0.123	4.579	0.133	4.529	0.143	4.477	0.153	4.428
0.104	4.674	0.114	4.624	0.124	4.574	0.134	4.524	0.144	4.472	0.154	4.423
0.105	4.669	0.115	4.619	0.125	4.569	0.135	4.518	0.145	4.467	0.155	4.418
0.106	4.664	0.116	4.614	0.126	4.564	0.136	4.513	0.146	4.462	0.156	4.413
0.107	4.659	0.117	4.609	0.127	4.559	0.137	4.507	0.147	4.457	0.157	4.408
0.108	4.654	0.118	4.604	0.128	4.554	0.138	4.502	0.148	4.452	0.158	4.404
0.109	4.649	0.119	4.599	0.129	4.549	0.139	4.497	0.149	4.447	0.159	4.399

吸光度	酶浓度/(U/mL)	吸光度	酶浓度/(U/mL)	吸光度	酶浓度/(U/mL)	吸光度	酶浓度/(U/mL)	吸光度	酶浓度/(U/mL)	吸光度	酶浓度/(U/mL)
0.160	**4.394**	**0.210**	**4.172**	**0.260**	**3.984**	**0.310**	**3.839**	**0.360**	**3.693**	**0.410**	**3.554**
0.161	4.389	0.211	4.168	0.261	3.981	0.311	3.836	0.361	3.690	0.411	3.551
0.162	4.385	0.212	4.164	0.262	3.978	0.312	3.833	0.362	3.687	0.412	3.548
0.163	4.380	0.213	4.160	0.263	3.974	0.313	3.830	0.363	3.684	0.413	3.546
0.164	4.375	0.214	4.156	0.264	3.971	0.314	3.827	0.364	3.682	0.414	3.543
0.165	4.370	0.215	4.152	0.265	3.968	0.315	3.824	0.365	3.679	0.415	3.541
0.166	4.366	0.216	4.148	0.266	3.964	0.316	3.821	0.366	3.676	0.416	3.538
0.167	4.361	0.217	4.144	0.267	3.961	0.317	3.818	0.367	3.673	0.417	3.535
0.168	4.356	0.218	4.140	0.268	3.958	0.318	3.815	0.368	3.670	0.418	3.533
0.169	4.352	0.219	4.136	0.269	3.954	0.319	3.812	0.369	3.668	0.419	3.530
0.170	**4.347**	**0.220**	**4.132**	**0.270**	**3.951**	**0.320**	**3.809**	**0.370**	**3.665**	**0.420**	**3.528**
0.171	4.342	0.221	4.128	0.271	3.948	0.321	3.806	0.371	3.662	0.421	3.525
0.172	4.338	0.222	4.124	0.272	3.944	0.322	3.803	0.372	3.659	0.422	3.522
0.173	4.333	0.223	4.120	0.273	3.941	0.323	3.800	0.373	3.656	0.423	3.520
0.174	4.329	0.224	4.116	0.274	3.938	0.324	3.797	0.374	3.654	0.424	3.517
0.175	4.324	0.225	4.112	0.275	3.935	0.325	3.794	0.375	3.651	0.425	3.515
0.176	4.319	0.226	4.108	0.276	3.932	0.326	3.791	0.376	3.648	0.426	3.512
0.177	4.315	0.227	4.105	0.277	3.928	0.327	3.788	0.377	3.645	0.427	3.509
0.178	4.310	0.228	4.101	0.278	3.925	0.328	3.785	0.378	3.643	0.428	3.507
0.179	4.306	0.229	4.097	0.279	3.922	0.329	3.782	0.379	3.640	0.429	3.504
0.180	**4.301**	**0.230**	**4.093**	**0.280**	**3.919**	**0.330**	**3.779**	**0.380**	**3.637**	**0.430**	**3.502**
0.181	4.297	0.231	4.089	0.281	3.916	0.331	3.776	0.381	3.634	0.431	3.499
0.182	4.292	0.232	4.085	0.282	3.913	0.332	3.774	0.382	3.632	0.432	3.497
0.183	4.288	0.233	4.082	0.283	3.922	0.333	3.771	0.383	3.629	0.433	3.494
0.184	4.283	0.234	4.078	0.284	8.919	0.334	3.768	0.384	3.626	0.434	3.492
0.185	4.279	0.235	4.074	0.285	3.915	0.335	3.765	0.385	3.623	0.435	3.489
0.186	4.275	0.236	4.070	0.286	3.912	0.336	3.762	0.386	3.621	0.436	3.487
0.187	4.270	0.237	4.067	0.287	3.909	0.337	3.759	0.387	3.618	0.437	3.484
0.188	4.266	0.238	4.063	0.288	3.906	0.338	3.756	0.388	3.615	0.438	3.482
0.189	4.261	0.239	4.059	0.289	3.903	0.339	3.753	0.389	3.612	0.439	3.479
0.190	**4.257**	**0.240**	**4.056**	**0.290**	**3.900**	**0.340**	**3.750**	**0.390**	**3.610**	**0.440**	**3.477**
0.191	4.253	0.241	4.052	0.291	3.897	0.341	3.747	0.391	3.607	0.441	3.474
0.192	4.248	0.242	4.048	0.292	3.894	0.342	3.744	0.392	3.604	0.442	3.472
0.193	4.244	0.243	4.045	0.293	3.891	0.343	3.741	0.393	3.602	0.443	3.469
0.194	4.240	0.244	4.041	0.294	3.888	0.344	3.739	0.394	3.599	0.444	3.467
0.195	4.235	0.245	4.037	0.295	3.885	0.345	3.736	0.395	3.596	0.445	3.464
0.196	4.231	0.246	4.034	0.296	3.881	0.346	3.733	0.396	3.594	0.446	3.462
0.197	4.227	0.247	4.030	0.297	3.878	0.347	3.730	0.397	3.591	0.447	3.459
0.198	4.222	0.248	4.026	0.298	3.875	0.348	3.727	0.398	3.588	0.448	3.457
0.199	4.218	0.249	4.023	0.299	3.872	0.349	3.724	0.399	3.585	0.449	3.454
0.200	**4.214**	**0.250**	**4.019**	**0.300**	**3.869**	**0.350**	**3.721**	**0.400**	**3.583**	**0.450**	**3.452**
0.201	4.210	0.251	4.016	0.301	3.866	0.351	3.718	0.401	3.580	0.451	3.449
0.202	4.205	0.252	4.012	0.302	3.863	0.352	3.716	0.402	3.577	0.452	3.447
0.203	4.201	0.253	4.009	0.303	3.860	0.353	3.713	0.403	3.575	0.453	3.444
0.204	4.197	0.254	4.005	0.304	3.857	0.354	3.710	0.404	3.572	0.454	3.442
0.205	4.193	0.255	4.002	0.305	3.854	0.355	3.707	0.405	3.569	0.455	3.440
0.206	4.189	0.256	3.998	0.306	3.851	0.356	3.704	0.406	3.567	0.456	3.437
0.207	4.185	0.257	3.995	0.307	3.848	0.357	3.701	0.407	3.564	0.457	3.435
0.208	4.181	0.258	3.991	0.308	3.845	0.358	3.699	0.408	3.559	0.458	3.432
0.209	4.176	0.259	3.988	0.309	3.842	0.359	3.696	0.409	3.556	0.459	3.430

续表

吸光度	酶浓度/(U/mL)	吸光度	酶浓度/(U/mL)	吸光度	酶浓度/(U/mL)	吸光度	酶浓度/(U/mL)	吸光度	酶浓度/(U/mL)	吸光度	酶浓度/(U/mL)
0.460	3.427	0.510	3.313	0.560	3.209	0.610	3.118	0.660	3.037	0.710	2.968
0.461	3.425	0.511	3.311	0.561	3.207	0.611	3.116	0.661	3.036	0.711	2.967
0.462	3.423	0.512	3.308	0.562	3.205	0.612	3.114	0.662	3.034	0.712	2.966
0.463	3.420	0.513	3.306	0.563	3.204	0.613	3.112	0.663	3.033	0.713	2.964
0.464	3.418	0.514	3.304	0.564	3.202	0.614	3.111	0.664	3.031	0.714	2.963
0.465	3.415	0.515	3.302	0.565	3.200	0.615	3.109	0.665	3.030	0.715	2.962
0.466	3.413	0.516	3.300	0.566	3.198	0.616	3.107	0.666	3.028	0.716	2.961
0.467	3.411	0.517	3.298	0.567	3.196	0.617	3.106	0.667	3.027	0.717	2.959
0.468	3.408	0.518	3.295	0.568	3.194	0.618	3.104	0.668	3.025	0.718	2.958
0.469	3.406	0.519	3.293	0.569	3.192	0.619	3.102	0.669	3.024	0.719	2.957
0.470	3.404	0.520	3.291	0.570	3.190	0.620	3.101	0.670	3.022	0.720	2.956
0.471	3.401	0.521	3.289	0.571	3.188	0.621	3.099	0.671	3.021	0.721	2.955
0.472	3.399	0.522	3.287	0.572	3.186	0.622	3.097	0.672	3.020	0.722	2.953
0.473	3.397	0.523	3.285	0.573	3.184	0.623	3.096	0.673	3.018	0.723	2.952
0.474	3.394	0.524	3.283	0.574	3.183	0.624	3.095	0.674	3.017	0.724	2.951
0.475	3.392	0.525	3.280	0.575	3.181	0.625	3.094	0.675	3.015	0.725	2.950
0.476	3.389	0.526	3.278	0.576	3.179	0.626	3.092	0.676	3.014	0.726	2.949
0.477	3.387	0.527	3.276	0.577	3.177	0.627	3.089	0.677	3.012	0.727	2.947
0.478	3.385	0.528	3.274	0.578	3.175	0.628	3.087	0.678	3.011	0.728	2.946
0.479	3.383	0.529	3.272	0.579	3.173	0.629	3.086	0.679	3.010	0.729	2.945
0.480	3.380	0.530	3.270	0.580	3.171	0.630	3.084	0.680	3.008	0.730	2.944
0.481	3.378	0.531	3.268	0.581	3.169	0.631	3.082	0.681	3.007	0.731	2.943
0.482	3.376	0.532	3.266	0.582	3.168	0.632	3.081	0.682	3.005	0.732	2.941
0.483	3.373	0.533	3.264	0.583	3.166	0.633	3.079	0.683	3.004	0.733	2.940
0.484	3.371	0.534	3.262	0.584	3.164	0.634	3.078	0.684	3.003	0.734	2.939
0.485	3.369	0.535	3.260	0.585	3.162	0.635	3.076	0.685	3.001	0.735	2.938
0.486	3.366	0.536	3.258	0.586	3.160	0.636	3.074	0.686	3.000	0.736	2.937
0.487	3.364	0.537	3.255	0.587	3.158	0.637	3.073	0.687	2.998	0.737	2.936
0.488	3.362	0.538	3.253	0.588	3.157	0.638	3.071	0.688	2.997	0.738	2.935
0.489	3.359	0.539	3.251	0.589	3.155	0.639	3.070	0.689	2.996	0.739	2.933
0.490	3.357	0.540	3.249	0.590	3.153	0.640	3.068	0.690	2.994	0.740	2.932
0.491	3.355	0.541	3.247	0.591	3.151	0.641	3.066	0.691	2.993	0.741	2.931
0.492	3.353	0.542	3.245	0.592	3.149	0.642	3.065	0.692	2.992	0.742	2.930
0.493	3.350	0.543	3.243	0.593	3.147	0.643	3.063	0.693	2.990	0.743	2.929
0.494	3.348	0.544	3.241	0.594	3.146	0.644	3.062	0.694	2.989	0.744	2.928
0.495	3.346	0.545	3.239	0.595	3.144	0.645	3.060	0.695	2.988	0.745	2.927
0.496	3.344	0.546	3.237	0.596	3.142	0.646	3.058	0.696	2.986	0.746	2.926
0.497	3.341	0.547	3.235	0.597	3.140	0.647	3.057	0.697	2.985	0.747	2.925
0.498	3.339	0.548	3.233	0.598	3.139	0.648	3.055	0.698	2.984	0.748	2.923
0.499	3.337	0.549	3.231	0.599	3.137	0.649	3.054	0.699	2.982	0.749	2.922
0.500	3.335	0.550	3.229	0.600	3.135	0.650	3.052	0.700	2.981	0.750	2.921
0.501	3.333	0.551	3.227	0.601	3.133	0.651	3.051	0.701	2.980	0.751	2.920
0.502	3.330	0.552	3.225	0.602	3.131	0.652	3.049	0.702	2.978	0.752	2.919
0.503	3.328	0.553	3.223	0.603	3.130	0.653	3.048	0.703	2.977	0.753	2.918
0.504	3.326	0.554	3.221	0.604	3.128	0.654	3.046	0.704	2.976	0.754	2.917
0.505	3.324	0.555	3.219	0.605	3.126	0.655	3.045	0.705	2.975	0.755	2.916
0.506	3.321	0.556	3.217	0.606	3.124	0.656	3.043	0.706	2.973	0.756	2.915
0.507	3.319	0.557	3.215	0.607	3.123	0.657	3.042	0.707	2.972	0.757	2.914
0.508	3.317	0.558	3.213	0.608	3.121	0.658	3.040	0.708	2.971	0.758	2.913
0.509	3.315	0.559	3.211	0.609	3.119	0.659	3.039	0.709	2.969	0.759	2.912

附表3 糖锤度测定与温度校正值

温度/℃ \ n	0.0	1.0	2.0	3.0	4.0	5.0	6.0	7.0	8.0	9.0	10.0	11.0	12.0	13.0	14.0	15.0	16.0	17.0	18.0	19.0	20.0	21.0	22.0	23.0	24.0	25.0	30.0
0.0	0.30	0.34	0.36	0.41	0.45	0.49	0.52	0.55	0.59	0.62	0.65	0.67	0.70	0.72	0.75	0.77	0.79	0.82	0.84	0.87	0.89	0.91	0.93	0.95	0.97	0.99	1.08
5.0	0.36	0.38	0.40	0.43	0.45	0.47	0.49	0.51	0.52	0.54	0.56	0.58	0.60	0.61	0.63	0.65	0.67	0.68	0.70	0.71	0.73	0.74	0.75	0.76	0.77	0.80	0.86
10.0	0.32	0.33	0.34	0.36	0.37	0.38	0.39	0.40	0.41	0.42	0.43	0.44	0.45	0.46	0.47	0.48	0.49	0.50	0.50	0.51	0.52	0.53	0.54	0.55	0.56	0.57	0.60
10.5	0.31	0.32	0.33	0.34	0.35	0.36	0.37	0.38	0.39	0.40	0.41	0.42	0.43	0.44	0.45	0.46	0.47	0.48	0.48	0.49	0.50	0.51	0.52	0.52	0.53	0.54	0.57
11.0	0.31	0.32	0.33	0.33	0.34	0.35	0.36	0.37	0.38	0.39	0.40	0.41	0.42	0.42	0.43	0.44	0.45	0.46	0.46	0.47	0.48	0.49	0.49	0.50	0.50	0.51	0.55
11.5	0.30	0.31	0.31	0.32	0.32	0.33	0.34	0.35	0.36	0.37	0.38	0.39	0.40	0.40	0.41	0.42	0.43	0.43	0.44	0.44	0.45	0.46	0.46	0.47	0.47	0.48	0.52
12.0	0.29	0.30	0.30	0.31	0.31	0.32	0.33	0.34	0.34	0.35	0.36	0.37	0.38	0.38	0.39	0.40	0.41	0.41	0.42	0.42	0.43	0.44	0.44	0.45	0.45	0.46	0.50
12.5	0.27	0.28	0.28	0.29	0.29	0.30	0.31	0.32	0.32	0.33	0.34	0.35	0.35	0.36	0.36	0.37	0.38	0.38	0.39	0.39	0.40	0.41	0.41	0.42	0.42	0.43	0.47
13.0	0.26	0.27	0.27	0.28	0.28	0.29	0.30	0.30	0.31	0.31	0.32	0.33	0.33	0.34	0.34	0.35	0.36	0.36	0.37	0.37	0.38	0.39	0.39	0.40	0.40	0.41	0.44
13.5	0.25	0.25	0.25	0.25	0.26	0.27	0.28	0.28	0.29	0.29	0.30	0.31	0.31	0.32	0.32	0.33	0.34	0.34	0.35	0.35	0.36	0.36	0.37	0.37	0.38	0.38	0.41
14.0	0.24	0.24	0.24	0.24	0.25	0.26	0.27	0.27	0.28	0.28	0.29	0.29	0.30	0.30	0.31	0.31	0.32	0.32	0.33	0.33	0.34	0.34	0.35	0.35	0.36	0.36	0.38
14.5	0.22	0.22	0.22	0.22	0.23	0.24	0.24	0.25	0.25	0.26	0.26	0.26	0.27	0.27	0.28	0.28	0.29	0.29	0.30	0.30	0.31	0.31	0.32	0.32	0.33	0.33	0.35
15.0	0.20	0.20	0.20	0.20	0.21	0.22	0.22	0.23	0.23	0.24	0.24	0.24	0.25	0.25	0.26	0.26	0.26	0.27	0.27	0.28	0.28	0.28	0.29	0.29	0.30	0.30	0.32
15.5	0.18	0.18	0.18	0.18	0.19	0.20	0.20	0.21	0.21	0.22	0.22	0.22	0.23	0.23	0.24	0.24	0.24	0.25	0.25	0.25	0.25	0.25	0.26	0.26	0.27	0.27	0.29
16.0	0.17	0.17	0.17	0.18	0.18	0.18	0.18	0.19	0.19	0.20	0.20	0.20	0.21	0.21	0.22	0.22	0.22	0.22	0.23	0.23	0.23	0.23	0.24	0.24	0.25	0.25	0.26
16.5	0.15	0.15	0.15	0.16	0.16	0.16	0.16	0.16	0.17	0.17	0.17	0.17	0.18	0.18	0.19	0.19	0.19	0.19	0.20	0.20	0.20	0.20	0.21	0.21	0.22	0.22	0.23
17.0	0.13	0.13	0.13	0.14	0.14	0.14	0.14	0.14	0.15	0.15	0.15	0.15	0.16	0.16	0.16	0.16	0.16	0.16	0.17	0.17	0.18	0.18	0.18	0.19	0.19	0.19	0.20
17.5	0.11	0.11	0.11	0.12	0.12	0.12	0.12	0.12	0.12	0.12	0.12	0.12	0.12	0.13	0.13	0.13	0.13	0.13	0.14	0.14	0.15	0.15	0.15	0.16	0.16	0.16	0.16
18.0	0.09	0.09	0.09	0.10	0.10	0.10	0.10	0.10	0.10	0.10	0.10	0.10	0.10	0.11	0.11	0.11	0.11	0.11	0.12	0.12	0.12	0.12	0.12	0.13	0.13	0.13	0.13
18.5	0.07	0.07	0.07	0.08	0.08	0.07	0.07	0.07	0.07	0.07	0.07	0.07	0.07	0.08	0.08	0.08	0.08	0.08	0.09	0.09	0.09	0.09	0.09	0.09	0.09	0.09	0.10
19.0	0.05	0.05	0.05	0.05	0.05	0.05	0.05	0.05	0.05	0.05	0.05	0.05	0.05	0.06	0.06	0.06	0.06	0.06	0.06	0.06	0.06	0.06	0.06	0.06	0.06	0.06	0.07
19.5	0.03	0.03	0.03	0.03	0.03	0.03	0.03	0.03	0.03	0.03	0.03	0.03	0.03	0.03	0.03	0.03	0.03	0.03	0.03	0.03	0.03	0.03	0.03	0.03	0.03	0.03	0.04
20.0	**0.00**	**0.00**	**0.00**	**0.00**	**0.00**	**0.00**	**0.00**	**0.00**	**0.00**	**0.00**	**0.00**	**0.00**	**0.00**	**0.00**	**0.00**	**0.00**	**0.00**	**0.00**	**0.00**	**0.00**	**0.00**	**0.00**	**0.00**	**0.00**	**0.00**	**0.00**	**0.00**
20.5	0.02	0.02	0.02	0.03	0.03	0.03	0.03	0.03	0.03	0.03	0.03	0.03	0.03	0.03	0.03	0.03	0.03	0.03	0.03	0.03	0.03	0.03	0.03	0.03	0.04	0.04	0.04
21.0	0.04	0.04	0.04	0.05	0.05	0.05	0.05	0.06	0.06	0.06	0.06	0.05	0.06	0.06	0.06	0.06	0.06	0.06	0.06	0.06	0.06	0.06	0.06	0.07	0.07	0.07	0.07
21.5	0.07	0.07	0.07	0.08	0.08	0.08	0.08	0.08	0.09	0.09	0.09	0.09	0.09	0.09	0.09	0.09	0.09	0.09	0.09	0.09	0.09	0.09	0.09	0.10	0.10	0.10	0.11
22.0	0.10	0.10	0.10	0.10	0.10	0.10	0.10	0.10	0.11	0.11	0.11	0.11	0.11	0.12	0.12	0.12	0.12	0.12	0.12	0.12	0.12	0.12	0.12	0.13	0.13	0.13	0.14

续表

温度/°C \ n	0.0	1.0	2.0	3.0	4.0	5.0	6.0	7.0	8.0	9.0	10.0	11.0	12.0	13.0	14.0	15.0	16.0	17.0	18.0	19.0	20.0	21.0	22.0	23.0	24.0	25.0	30.0
22.5	0.13	0.13	0.13	0.13	0.13	0.13	0.13	0.13	0.14	0.14	0.14	0.14	0.14	0.15	0.15	0.15	0.15	0.15	0.16	0.16	0.16	0.16	0.16	0.17	0.17	0.17	0.18
23.0	0.16	0.16	0.16	0.16	0.16	0.16	0.16	0.16	0.17	0.17	0.17	0.17	0.17	0.17	0.17	0.17	0.17	0.18	0.18	0.19	0.19	0.19	0.19	0.20	0.20	0.20	0.21
23.5	0.19	0.19	0.19	0.19	0.19	0.19	0.19	0.19	0.20	0.20	0.20	0.20	0.20	0.21	0.21	0.21	0.21	0.22	0.22	0.23	0.23	0.23	0.23	0.24	0.24	0.24	0.25
24.0	0.21	0.21	0.21	0.22	0.22	0.22	0.22	0.22	0.23	0.23	0.23	0.23	0.23	0.24	0.24	0.24	0.24	0.25	0.25	0.26	0.26	0.26	0.26	0.27	0.27	0.27	0.28
24.5	0.24	0.24	0.24	0.25	0.25	0.25	0.26	0.26	0.26	0.26	0.27	0.27	0.27	0.28	0.28	0.28	0.28	0.28	0.29	0.29	0.29	0.29	0.30	0.30	0.31	0.31	0.32
25.0	0.27	0.27	0.27	0.28	0.28	0.28	0.28	0.29	0.29	0.29	0.30	0.30	0.30	0.31	0.31	0.31	0.31	0.31	0.32	0.32	0.32	0.32	0.33	0.33	0.34	0.34	0.35
25.5	0.30	0.30	0.30	0.31	0.31	0.31	0.31	0.32	0.32	0.32	0.33	0.33	0.33	0.34	0.34	0.34	0.34	0.35	0.35	0.36	0.36	0.36	0.36	0.37	0.37	0.37	0.39
26.0	0.33	0.33	0.33	0.34	0.34	0.34	0.34	0.35	0.35	0.35	0.36	0.36	0.36	0.37	0.37	0.37	0.38	0.38	0.39	0.39	0.40	0.40	0.40	0.40	0.40	0.40	0.42
26.5	0.37	0.37	0.37	0.38	0.38	0.38	0.38	0.38	0.39	0.39	0.39	0.39	0.40	0.40	0.41	0.41	0.41	0.42	0.42	0.43	0.43	0.43	0.43	0.44	0.44	0.44	0.46
27.0	0.40	0.40	0.40	0.41	0.41	0.41	0.41	0.41	0.42	0.42	0.42	0.42	0.43	0.43	0.44	0.44	0.44	0.45	0.45	0.46	0.46	0.46	0.47	0.47	0.48	0.48	0.50
27.5	0.43	0.43	0.43	0.44	0.44	0.44	0.44	0.45	0.45	0.45	0.46	0.46	0.47	0.47	0.48	0.48	0.48	0.49	0.49	0.50	0.50	0.50	0.51	0.51	0.52	0.52	0.54
28.0	0.46	0.46	0.46	0.47	0.47	0.47	0.47	0.48	0.48	0.48	0.49	0.49	0.50	0.50	0.51	0.51	0.52	0.52	0.53	0.53	0.54	0.54	0.55	0.55	0.56	0.56	0.58
28.5	0.50	0.50	0.50	0.51	0.51	0.51	0.51	0.52	0.52	0.52	0.53	0.53	0.54	0.54	0.55	0.55	0.56	0.56	0.57	0.57	0.58	0.58	0.59	0.59	0.60	0.60	0.62
29.0	0.54	0.54	0.54	0.55	0.55	0.55	0.55	0.55	0.56	0.56	0.56	0.57	0.57	0.58	0.58	0.59	0.59	0.60	0.60	0.61	0.61	0.61	0.62	0.62	0.63	0.63	0.66
29.5	0.58	0.58	0.58	0.59	0.59	0.59	0.59	0.59	0.60	0.60	0.60	0.61	0.61	0.62	0.62	0.63	0.63	0.64	0.64	0.65	0.65	0.65	0.66	0.66	0.67	0.67	0.70
30.0	0.61	0.61	0.61	0.62	0.62	0.62	0.62	0.62	0.63	0.63	0.63	0.64	0.64	0.65	0.65	0.66	0.66	0.67	0.67	0.68	0.68	0.68	0.69	0.69	0.70	0.70	0.73
30.5	0.65	0.65	0.65	0.66	0.66	0.66	0.66	0.66	0.67	0.67	0.67	0.68	0.68	0.69	0.69	0.70	0.70	0.71	0.71	0.72	0.72	0.73	0.73	0.74	0.74	0.75	0.78
31.0	0.69	0.69	0.69	0.70	0.70	0.70	0.70	0.70	0.71	0.71	0.71	0.72	0.72	0.73	0.73	0.74	0.74	0.75	0.75	0.76	0.76	0.77	0.77	0.78	0.78	0.79	0.82
31.5	0.73	0.73	0.73	0.74	0.74	0.74	0.74	0.74	0.75	0.75	0.75	0.76	0.76	0.77	0.77	0.78	0.79	0.79	0.80	0.80	0.81	0.81	0.82	0.82	0.83	0.83	0.86
32.0	0.76	0.76	0.77	0.77	0.77	0.78	0.78	0.78	0.79	0.79	0.79	0.80	0.80	0.81	0.81	0.82	0.83	0.83	0.84	0.84	0.85	0.85	0.86	0.86	0.87	0.87	0.90
32.5	0.80	0.80	0.80	0.81	0.81	0.82	0.82	0.83	0.83	0.83	0.83	0.84	0.84	0.85	0.85	0.86	0.87	0.87	0.88	0.88	0.89	0.90	0.90	0.91	0.91	0.92	0.95
33.0	0.84	0.84	0.84	0.85	0.85	0.85	0.85	0.86	0.86	0.86	0.86	0.87	0.88	0.88	0.89	0.90	0.91	0.91	0.92	0.92	0.93	0.94	0.94	0.95	0.95	0.96	0.99
33.5	0.88	0.88	0.88	0.88	0.89	0.89	0.89	0.89	0.90	0.90	0.90	0.91	0.92	0.92	0.93	0.94	0.95	0.95	0.96	0.97	0.98	0.98	0.99	0.99	1.00	1.00	1.03
34.0	0.91	0.91	0.92	0.92	0.92	0.93	0.93	0.93	0.94	0.94	0.94	0.95	0.96	0.96	0.97	0.98	0.99	1.00	1.00	1.01	1.02	1.02	1.03	1.03	1.04	1.04	1.07
34.5	0.95	0.95	0.96	0.96	0.96	0.97	0.97	0.97	0.98	0.98	0.98	0.99	0.99	1.00	1.01	1.02	1.03	1.04	1.04	1.05	1.06	1.07	1.07	1.08	1.08	1.09	1.12
35.0	0.99	0.99	1.00	1.00	1.00	1.01	1.01	1.01	1.02	1.02	1.02	1.03	1.04	1.05	1.05	1.06	1.07	1.08	1.08	1.09	1.10	1.11	1.11	1.12	1.12	1.13	1.16
40.0	1.42	1.43	1.43	1.43	1.44	1.45	1.45	1.46	1.47	1.47	1.47	1.48	1.49	1.50	1.50	1.51	1.52	1.53	1.53	1.54	1.54	1.55	1.55	1.56	1.56	1.57	1.62

注：n 为被测糖液的糖锤度值。如果测定时温度低于 20℃，测定值减去表中数值；如果测定时温度高于 20℃，测定值加上表中数值。

附表 4 酒精计示值换算成 20℃时的乙醇浓度（酒精度，体积分数）

单位:%

溶液温度/℃	酒精计示值							
	91	92	93	94	95	96	97	98
5	94.5	95.4	96.3	97.1	98.0	98.9	99.7	—
6	94.3	95.2	96.1	97.0	97.8	98.7	99.5	—
7	94.1	95.0	95.9	96.8	97.6	98.5	99.4	—
8	93.9	94.8	95.7	96.6	97.5	98.3	99.2	—
9	93.6	94.5	95.5	96.4	97.3	98.2	99.0	99.9
10	93.4	94.3	95.2	96.2	97.1	98.0	98.9	99.7
11	93.2	94.1	95.0	96.0	96.9	97.8	98.7	99.6
12	92.9	93.9	94.8	95.7	96.7	97.6	98.5	99.4
13	92.7	93.6	94.6	95.5	96.5	97.4	98.3	99.2
14	92.5	93.4	94.4	95.3	96.3	97.2	98.1	99.1
15	92.2	93.2	94.2	95.1	96.1	97.0	98.0	98.9
16	92.0	93.0	93.9	94.9	95.9	96.8	97.8	98.7
17	91.7	92.7	93.7	94.7	95.6	96.6	97.6	98.6
18	91.5	92.5	93.5	94.4	95.4	96.4	97.4	98.4
19	91.2	92.2	93.2	94.2	95.2	96.2	97.2	98.2
20	**91.0**	**92.0**	**93.0**	**94.0**	**95.0**	**96.0**	**97.0**	**98.0**
21	90.7	91.8	92.8	93.8	94.8	95.8	96.8	97.8
22	90.5	91.5	92.5	93.5	94.6	95.6	96.6	97.6
23	90.2	91.3	92.3	93.3	94.3	95.4	96.4	97.4
24	90.0	91.0	92.0	93.1	94.1	95.1	96.2	97.2
25	89.7	90.7	91.8	92.8	93.9	94.9	96.0	97.0
26	89.4	90.5	91.5	92.6	93.6	94.7	95.8	96.8
27	89.2	90.2	91.3	92.3	93.4	94.5	95.5	96.6
28	88.9	90.0	91.0	92.1	93.1	94.2	95.3	96.4
29	88.6	89.7	90.8	91.8	92.9	94.0	95.1	96.2
30	88.4	89.4	90.5	91.6	92.7	93.8	94.8	96.0
31	88.1	89.1	90.2	91.4	92.5	93.6	94.6	95.8
32	87.9	88.9	90.0	91.1	92.2	93.4	94.4	95.5

附表 5 20℃时酒精水溶液的相对密度与酒精浓度（乙醇含量）对照表

相对密度	酒精浓度			相对密度	酒精浓度			相对密度	酒精浓度		
	体积分数/%	质量分数/%	质量浓度/(g/100mL)		体积分数/%	质量分数/%	质量浓度/(g/100mL)		体积分数/%	质量分数/%	质量浓度/(g/100mL)
1.00000	0.00	0.00	0.00	0.99973	0.18	0.14	0.14	0.99945	0.36	0.29	0.29
0.99997	0.02	0.02	0.02	0.99970	0.20	0.16	0.16	0.99942	0.38	0.30	0.30
0.99994	0.04	0.03	0.03	0.99967	0.22	0.18	0.18	0.99939	0.40	0.32	0.32
0.99991	0.06	0.05	0.05	0.99964	0.24	0.19	0.19	0.99936	0.42	0.34	0.34
0.99988	0.08	0.06	0.06	0.99961	0.26	0.21	0.21	0.99933	0.44	0.35	0.35
0.99985	0.10	0.08	0.08	0.99958	0.28	0.22	0.22	0.99930	0.46	0.37	0.37
0.99982	0.12	0.10	0.10	0.99955	0.30	0.24	0.24	0.99927	0.48	0.38	0.38
0.99979	0.14	0.11	0.11	0.99952	0.32	0.26	0.26	0.99924	0.50	0.40	0.40
0.99976	0.16	0.13	0.13	0.99949	0.34	0.27	0.27	0.99921	0.52	0.41	0.41

相对密度	酒精浓度			相对密度	酒精浓度			相对密度	酒精浓度		
	体积分数/%	质量分数/%	质量浓度/(g/100mL)		体积分数/%	质量分数/%	质量浓度/(g/100mL)		体积分数/%	质量分数/%	质量浓度/(g/100mL)
0.99918	0.54	0.43	0.43	0.99780	1.48	1.17	1.17	0.99643	2.42	1.92	1.91
0.99916	0.56	0.44	0.44	0.99777	1.50	1.19	1.19	0.99640	2.44	1.93	1.92
0.99913	0.58	0.46	0.46	0.99774	1.52	1.21	1.20	0.99638	2.46	1.95	1.94
0.99910	0.60	0.47	0.47	0.99771	1.54	1.22	1.22	0.99635	2.48	1.96	1.95
0.99907	0.62	0.49	0.49	0.99769	1.56	1.24	1.23	0.99632	2.50	1.98	1.97
0.99904	0.64	0.50	0.50	0.99766	1.58	1.25	1.25	0.99629	2.52	2.00	1.99
0.99901	0.66	0.52	0.52	0.99763	1.60	1.27	1.26	0.99626	2.54	2.01	2.00
0.99898	0.68	0.53	0.53	0.99760	1.62	1.29	1.28	0.99624	2.56	2.03	2.02
0.99895	0.70	0.55	0.55	0.99757	1.64	1.30	1.29	0.99621	2.58	2.04	2.03
0.99892	0.72	0.57	0.57	0.99754	1.66	1.32	1.31	0.99618	2.60	2.06	2.05
0.99889	0.74	0.58	0.58	0.99751	1.68	1.33	1.32	0.99615	2.62	2.08	2.07
0.99886	0.76	0.60	0.60	0.99748	1.70	1.35	1.34	0.99612	2.64	2.09	2.08
0.99883	0.78	0.61	0.61	0.99745	1.72	1.37	1.36	0.99609	2.66	2.11	2.10
0.99880	0.80	0.63	0.63	0.99742	1.74	1.38	1.37	0.99606	2.68	2.12	2.11
0.99877	0.82	0.65	0.65	0.99739	1.76	1.40	1.39	0.99603	2.70	2.14	2.13
0.99874	0.84	0.66	0.66	0.99736	1.78	1.41	1.40	0.99600	2.72	2.16	2.15
0.99872	0.86	0.68	0.68	0.99733	1.80	1.43	1.42	0.99597	2.74	2.17	2.16
0.99869	0.88	0.69	0.69	0.99730	1.82	1.45	1.44	0.99595	2.76	2.19	2.18
0.99866	0.90	0.71	0.71	0.99727	1.84	1.46	1.45	0.99592	2.78	2.20	2.19
0.99863	0.92	0.73	0.73	0.99725	1.86	1.48	1.47	0.99589	2.80	2.22	2.21
0.99860	0.94	0.74	0.74	0.99722	1.88	1.49	1.48	0.99586	2.82	2.24	2.23
0.99857	0.96	0.76	0.76	0.99719	1.90	1.51	1.50	0.99583	2.84	2.25	2.24
0.99854	0.98	0.77	0.77	0.99716	1.92	1.53	1.52	0.99580	2.86	2.27	2.26
0.99851	1.00	0.79	0.79	0.99713	1.94	1.54	1.53	0.99577	2.88	2.28	2.27
0.99848	1.02	0.81	0.81	0.99710	1.96	1.56	1.55	0.99574	2.90	2.30	2.29
0.99845	1.04	0.82	0.82	0.99707	1.98	1.57	1.56	0.99571	2.92	2.32	2.31
0.99842	1.06	0.84	0.84	0.99704	2.00	1.59	1.58	0.99568	2.94	2.33	2.32
0.99839	1.08	0.85	0.85	0.99701	2.02	1.61	1.60	0.99566	2.96	2.35	2.34
0.99836	1.10	0.87	0.87	0.99698	2.04	1.62	1.61	0.99563	2.98	2.36	2.35
0.99833	1.12	0.89	0.89	0.99695	2.06	1.64	1.63	0.99560	3.00	2.38	2.37
0.99830	1.14	0.90	0.90	0.99692	2.08	1.65	1.64	0.99557	3.02	2.40	2.39
0.99827	1.16	0.92	0.92	0.99689	2.10	1.67	1.66	0.99554	3.04	2.41	2.40
0.99824	1.18	0.93	0.93	0.99686	2.12	1.69	1.68	0.99552	3.06	2.43	2.42
0.99821	1.20	0.95	0.95	0.99683	2.14	1.70	1.69	0.99549	3.08	2.44	2.43
0.99818	1.22	0.97	0.97	0.99681	2.16	1.72	1.71	0.99546	3.10	2.46	2.45
0.99815	1.24	0.98	0.98	0.99678	2.18	1.73	1.72	0.99543	3.12	2.48	2.47
0.99813	1.26	1.00	1.00	0.99675	2.20	1.75	1.74	0.99540	3.14	2.49	2.48
0.99810	1.28	1.01	1.01	0.99672	2.22	1.76	1.75	0.99537	3.16	2.51	2.50
0.99807	1.30	1.03	1.03	0.99669	2.24	1.78	1.77	0.99534	3.18	2.52	2.51
0.99804	1.32	1.05	1.05	0.99667	2.26	1.79	1.78	0.99531	3.20	2.54	2.53
0.99801	1.34	1.06	1.06	0.99664	2.28	1.81	1.80	0.99528	3.22	2.56	2.54
0.99798	1.36	1.08	1.08	0.99661	2.30	1.82	1.81	0.99525	3.24	2.57	2.56
0.99795	1.38	1.09	1.09	0.99658	2.32	1.84	1.83	0.99523	3.26	2.59	2.57
0.99792	1.40	1.11	1.11	0.99655	2.34	1.85	1.84	0.99520	3.28	2.60	2.59
0.99789	1.42	1.13	1.13	0.99652	2.36	1.87	1.86	0.99517	3.30	2.62	2.60
0.99786	1.44	1.14	1.14	0.99649	2.38	1.88	1.87	0.99514	3.32	2.64	2.62
0.99783	1.46	1.16	1.16	0.99646	2.40	1.90	1.89	0.99511	3.34	2.65	2.63

续表

相对密度	酒精浓度			相对密度	酒精浓度			相对密度	酒精浓度		
	体积分数/%	质量分数/%	质量浓度/(g/100mL)		体积分数/%	质量分数/%	质量浓度/(g/100mL)		体积分数/%	质量分数/%	质量浓度/(g/100mL)
0.99509	3.36	2.67	2.65	0.99377	4.30	3.42	3.39	0.99249	5.24	4.17	4.13
0.99506	3.38	2.68	2.66	0.99374	4.32	3.44	3.41	0.99247	5.26	4.19	4.15
0.99503	3.40	2.70	2.68	0.99371	4.34	3.45	3.42	0.99244	5.28	4.20	4.16
0.99500	3.42	2.72	2.70	0.99369	4.36	3.47	3.44	0.99241	5.30	4.22	4.18
0.99497	3.44	2.73	2.71	0.99366	4.38	3.48	3.45	0.99238	5.32	4.24	4.20
0.99495	3.46	2.75	2.73	0.99363	4.40	3.50	3.47	0.99236	5.34	4.25	4.21
0.99492	3.48	2.76	2.74	0.99360	4.42	3.52	3.49	0.99233	5.36	4.27	4.23
0.99489	3.50	2.78	2.76	0.99357	4.44	3.53	3.50	0.99231	5.38	4.28	4.24
0.99486	3.52	2.80	2.78	0.99355	4.46	3.55	3.52	0.99228	5.40	4.30	4.26
0.99483	3.54	2.81	2.79	0.99352	4.48	3.56	3.53	0.99225	5.42	4.32	4.28
0.99481	3.56	2.83	2.81	0.99349	4.50	3.58	3.55	0.99223	5.44	4.33	4.29
0.99478	3.58	2.84	2.82	0.99346	4.52	3.60	3.57	0.99220	5.46	4.35	4.31
0.99475	3.60	2.86	2.84	0.99344	4.54	3.61	3.58	0.99218	5.48	4.36	4.32
0.99472	3.62	2.88	2.86	0.99341	4.56	3.63	3.60	0.99215	5.50	4.38	4.34
0.99469	3.64	2.89	2.87	0.99339	4.58	3.64	3.61	0.99212	5.52	4.40	4.36
0.99467	3.66	2.91	2.89	0.99336	4.60	3.66	6.63	0.99209	5.54	4.41	4.37
0.99464	3.68	2.92	2.90	0.99333	4.62	3.68	3.65	0.99207	5.56	4.43	4.39
0.99461	3.70	2.94	2.92	0.99330	4.64	3.69	3.66	0.99204	5.58	4.44	4.40
0.99458	3.72	2.96	2.94	0.99328	4.66	3.71	3.68	0.99201	5.60	4.46	4.42
0.99455	3.74	2.97	2.95	0.99325	4.68	3.72	3.69	0.99198	5.62	4.48	4.44
0.99453	3.76	2.99	2.97	0.99322	4.70	3.74	3.71	0.99196	5.64	4.49	4.45
0.99450	3.78	3.00	2.98	0.99319	4.72	3.76	3.73	0.99193	5.66	4.51	4.47
0.99447	3.80	3.02	3.00	0.99316	4.74	3.77	3.74	0.99191	5.68	4.52	4.48
0.99444	3.82	3.04	3.02	0.99314	4.76	3.79	3.76	0.99188	5.70	4.54	4.50
0.99441	3.84	3.05	3.03	0.99311	4.78	3.80	3.77	0.99185	5.72	4.56	4.52
0.99439	3.86	3.07	3.05	0.99308	4.80	3.82	3.79	0.99182	5.74	4.57	4.53
0.99436	3.88	3.08	3.06	0.99305	4.82	3.84	3.81	0.99180	5.76	4.59	4.55
0.99433	3.90	3.10	3.08	0.99303	4.84	3.85	3.82	0.99177	5.78	4.60	4.56
0.99430	3.92	3.12	3.10	0.99300	4.86	3.87	3.84	0.99174	5.80	4.62	4.58
0.99427	3.94	3.13	3.11	0.99298	4.88	3.88	3.85	0.99171	5.82	4.64	4.60
0.99425	3.96	3.15	3.13	0.99295	4.90	3.90	3.87	0.99169	5.84	4.65	4.61
0.99422	3.98	3.16	3.14	0.99292	4.92	3.92	3.89	0.99166	5.86	4.67	4.63
0.99419	4.00	3.18	3.16	0.99289	4.94	3.93	9.90	0.99164	5.88	4.68	4.64
0.99416	4.02	3.20	3.18	0.99287	4.96	3.95	3.92	0.99161	5.90	4.70	4.66
0.99413	4.04	3.21	3.19	0.99284	4.98	3.96	3.93	0.99158	5.92	4.72	4.68
0.99411	4.06	3.23	3.21	0.99281	5.00	3.98	3.95	0.99156	5.94	4.73	4.69
0.99408	4.08	3.24	3.22	0.99278	5.02	4.00	3.97	0.99153	5.96	4.75	4.71
0.99405	4.10	3.26	3.24	0.99276	5.04	4.01	3.98	0.99151	5.98	4.76	4.72
0.99402	4.12	3.28	3.26	0.99273	5.06	4.03	4.00	0.99148	6.00	4.78	4.74
0.99399	4.14	3.29	3.27	0.99271	5.08	4.04	4.01	0.99145	6.02	4.80	4.76
0.99397	4.16	3.31	3.29	0.99268	5.10	4.06	4.03	0.99143	6.04	4.82	4.77
0.99394	4.18	3.32	3.30	0.99265	5.12	4.08	4.04	0.99140	6.06	4.83	4.79
0.99391	4.20	3.34	3.32	0.99263	5.14	4.09	4.06	0.99138	6.08	4.85	4.80
0.99388	4.22	3.36	3.33	0.99260	5.16	4.11	4.07	0.99135	6.10	4.87	4.82
0.99385	4.24	3.37	3.35	0.99258	5.18	4.12	4.08	0.99132	6.12	4.89	4.83
0.99383	4.26	3.39	3.36	0.99255	5.20	4.14	4.10	0.99130	6.14	4.90	4.85
0.99380	4.28	3.40	3.38	0.99252	5.22	4.16	4.12	0.99127	6.16	4.92	4.86

续表

相对密度	酒精浓度			相对密度	酒精浓度			相对密度	酒精浓度		
	体积分数/%	质量分数/%	质量浓度/(g/100mL)		体积分数/%	质量分数/%	质量浓度/(g/100mL)		体积分数/%	质量分数/%	质量浓度/(g/100mL)
0.99125	6.18	4.93	4.88	0.99050	6.76	5.40	5.34	0.98976	7.34	5.86	5.79
0.99122	6.20	4.95	4.89	0.99047	6.78	5.41	5.35	0.98974	7.36	5.88	5.81
0.99119	6.22	4.97	4.91	0.99045	6.80	5.43	5.37	0.98971	7.38	5.89	5.82
0.99117	6.24	4.98	4.92	0.99042	6.82	5.45	5.39	0.98969	7.40	5.91	5.84
0.99114	6.26	5.00	4.94	0.99040	6.84	5.46	5.40	0.98966	7.42	5.93	5.86
0.99112	6.28	5.01	4.95	0.99037	6.86	5.48	5.42	0.98964	7.44	5.94	5.87
0.99109	6.30	5.03	4.97	0.99035	6.88	5.49	5.43	0.98961	7.46	5.96	5.89
0.99106	6.32	5.05	4.99	0.99032	6.90	5.51	5.45	0.98959	7.48	5.97	5.90
0.99104	6.34	5.06	5.00	0.99030	6.92	5.53	5.47	0.98956	7.50	5.99	5.92
0.99101	6.36	5.08	5.02	0.99027	6.94	5.54	5.48	0.98954	7.52	6.01	5.94
0.99099	6.38	5.09	5.03	0.99025	6.96	5.56	5.50	0.98951	7.54	6.02	5.95
0.99096	6.40	5.11	5.05	0.99022	6.98	5.57	5.51	0.98949	7.56	6.04	5.97
0.99093	6.42	5.13	5.07	0.99020	7.00	5.59	5.53	0.98946	7.58	6.05	5.98
0.99091	6.44	5.14	5.08	0.99017	7.02	5.61	5.54	0.98944	7.60	6.07	6.00
0.99088	6.46	5.16	5.10	0.99015	7.04	5.62	5.56	0.98941	7.62	6.09	6.02
0.99086	6.48	5.17	5.11	0.99012	7.06	5.64	5.57	0.98939	7.64	6.10	6.03
0.99083	6.50	5.19	5.13	0.99010	7.08	5.65	5.59	0.98936	7.66	6.12	6.05
0.99080	6.52	5.21	5.15	0.99007	7.10	5.67	5.60	0.98934	7.68	6.13	6.06
0.99078	6.54	5.22	5.16	0.99004	7.12	5.69	5.62	0.98931	7.70	6.15	6.08
0.99075	6.56	5.24	5.18	0.99002	7.14	5.70	5.63	0.98929	7.72	6.17	6.10
0.99073	6.58	5.25	5.19	0.98999	7.16	5.72	5.65	0.98926	7.74	6.19	6.11
0.99070	6.60	5.27	5.21	0.98997	7.18	5.73	5.66	0.98924	7.76	6.20	6.13
0.99067	6.62	5.29	5.23	0.98994	7.20	5.75	5.68	0.98921	7.78	6.22	6.14
0.99065	6.64	5.30	5.24	0.98991	7.22	5.77	5.70	0.98919	7.80	6.24	6.16
0.99062	6.66	5.32	5.26	0.98989	7.24	5.78	5.71	0.98916	7.82	6.26	6.18
0.99060	6.68	5.33	5.27	0.98986	7.26	5.80	5.73	0.98914	7.84	6.27	6.19
0.99057	6.70	5.35	5.29	0.98984	7.28	5.81	5.74	0.98911	7.86	6.29	6.21
0.99055	6.72	5.37	5.31	0.98981	7.30	5.83	5.76	0.98909	7.88	6.30	6.22
0.99052	6.74	5.38	5.32	0.98979	7.32	5.85	5.78	0.98906	7.90	6.32	6.24

附表6　相对密度和可溶性浸出物对照表

相对密度	n	相对密度	n	相对密度	n	相对密度	n	相对密度	n	相对密度	n	相对密度	n
1.0000	**0.000**	**1.0010**	**0.257**	**1.0020**	**0.514**	**1.0030**	**0.770**	**1.0040**	**1.026**	**1.0050**	**1.283**	**1.0060**	**1.539**
1.0001	0.026	1.0011	0.283	1.0021	0.540	1.0031	0.796	1.0041	1.052	1.0051	1.308	1.0061	1.565
1.0002	0.052	1.0012	0.309	1.0022	0.565	1.0032	0.821	1.0042	1.078	1.0052	1.334	1.0062	1.590
1.0003	0.077	1.0013	0.334	1.0023	0.591	1.0033	0.847	1.0043	1.103	1.0053	1.360	1.0063	1.616
1.0004	0.103	1.0014	0.360	1.0024	0.616	1.0034	0.872	1.0044	1.129	1.0054	1.385	1.0064	1.641
1.0005	0.129	1.0015	0.386	1.0025	0.642	1.0035	0.898	1.0045	1.155	1.0055	1.411	1.0065	1.667
1.0006	0.154	1.0016	0.411	1.0026	0.668	1.0036	0.924	1.0046	1.180	1.0056	1.437	1.0066	1.693
1.0007	0.180	1.0017	0.437	1.0027	0.693	1.0037	0.949	1.0047	1.206	1.0057	1.462	1.0067	1.718
1.0008	0.206	1.0018	0.463	1.0028	0.719	1.0038	0.975	1.0048	1.232	1.0058	1.488	1.0068	1.744
1.0009	0.231	1.0019	0.488	1.0029	0.745	1.0039	1.001	1.0049	1.257	1.0059	1.514	1.0069	1.769

续表

相对密度	n	相对密度	n	相对密度	n	相对密度	n	相对密度	n	相对密度	n	相对密度	n
1.0070	1.795	1.0120	3.067	1.0170	4.329	1.0220	5.580	1.0270	6.819	1.0320	8.048	1.0370	9.267
1.0071	1.820	1.0121	3.093	1.0171	4.354	1.0221	5.605	1.0271	6.844	1.0321	8.073	1.0371	9.291
1.0072	1.846	1.0122	3.118	1.0172	4.379	1.0222	5.629	1.0272	6.868	1.0322	8.098	1.0372	9.316
1.0073	1.872	1.0123	3.143	1.0173	4.404	1.0223	5.654	1.0273	6.893	1.0323	8.122	1.0373	9.340
1.0074	1.897	1.0124	3.169	1.0174	4.429	1.0224	5.679	1.0274	6.918	1.0324	8.146	1.0374	9.364
1.0075	1.923	1.0125	3.194	1.0175	4.454	1.0225	5.704	1.0275	6.943	1.0325	8.171	1.0375	9.388
1.0076	1.948	1.0126	3.219	1.0176	4.479	1.0226	5.729	1.0276	6.967	1.0326	8.195	1.0376	9.413
1.0077	1.973	1.0127	3.245	1.0177	4.505	1.0227	5.754	1.0277	6.992	1.0327	8.220	1.0377	9.437
1.0078	1.999	1.0128	3.270	1.0178	4.529	1.0228	5.779	1.0278	7.017	1.0328	8.244	1.0378	9.461
1.0079	2.025	1.0129	3.295	1.0179	4.555	1.0229	5.803	1.0279	7.041	1.0329	8.269	1.0379	9.485
1.0080	2.053	1.0130	3.321	1.0180	4.580	1.0230	5.823	1.0280	7.066	1.0330	8.293	1.0380	9.509
1.0081	2.078	1.0131	3.346	1.0181	4.605	1.0231	5.853	1.0281	7.091	1.0331	8.317	1.0381	9.534
1.0082	2.101	1.0132	3.371	1.0182	4.630	1.0232	5.878	1.0282	7.115	1.0332	8.342	1.0382	9.558
1.0083	2.127	1.0133	3.396	1.0183	4.655	1.0233	5.903	1.0283	7.140	1.0333	8.366	1.0383	9.582
1.0084	2.152	1.0134	3.421	1.0184	4.680	1.0234	5.928	1.0284	7.164	1.0334	8.391	1.0384	9.606
1.0085	2.178	1.0135	3.447	1.0185	4.705	1.0235	5.952	1.0285	7.189	1.0335	8.415	1.0385	9.631
1.0086	2.203	1.0136	3.472	1.0186	4.730	1.0236	5.977	1.0286	7.214	1.0336	8.439	1.0386	9.655
1.0087	2.229	1.0137	3.497	1.0187	4.755	1.0237	6.002	1.0287	7.238	1.0337	8.464	1.0387	9.679
1.0088	2.254	1.0138	3.523	1.0188	4.780	1.0238	6.027	1.0288	7.263	1.0338	8.488	1.0388	9.703
1.0089	2.280	1.0139	3.548	1.0189	4.805	1.0239	6.052	1.0289	7.287	1.0339	8.513	1.0389	9.727
1.0090	2.305	1.0140	3.573	1.0190	4.830	1.0240	6.077	1.0290	7.312	1.0340	8.537	1.0390	9.751
1.0091	2.330	1.0141	3.598	1.0191	4.855	1.0241	6.101	1.0291	7.337	1.0341	8.561	1.0391	9.776
1.0092	2.356	1.0142	3.624	1.0192	4.880	1.0242	6.126	1.0292	7.361	1.0342	8.586	1.0392	9.800
1.0093	2.381	1.0143	3.649	1.0193	4.905	1.0243	6.151	1.0293	7.386	1.0343	8.610	1.0393	9.824
1.0094	2.407	1.0144	3.674	1.0194	4.930	1.0244	6.176	1.0294	7.411	1.0344	8.634	1.0394	9.848
1.0095	2.432	1.0145	3.699	1.0195	4.955	1.0245	6.200	1.0295	7.435	1.0345	8.659	1.0395	9.873
1.0096	2.458	1.0146	3.725	1.0196	4.980	1.0246	6.225	1.0296	7.460	1.0346	8.683	1.0396	9.897
1.0097	2.483	1.0147	3.750	1.0197	5.005	1.0247	6.250	1.0297	7.484	1.0347	8.708	1.0397	9.921
1.0098	2.508	1.0148	3.775	1.0198	5.030	1.0248	6.275	1.0298	7.509	1.0348	8.732	1.0398	9.945
1.0099	2.534	1.0149	3.800	1.0199	5.055	1.0249	6.300	1.0299	7.533	1.0349	8.756	1.0399	9.969
1.0100	2.560	1.0150	3.826	1.0200	5.080	1.0250	6.325	1.0300	7.558	1.0350	8.781	1.0400	9.993
1.0101	2.585	1.0151	3.851	1.0201	5.106	1.0251	6.350	1.0301	7.583	1.0351	8.805	1.0401	10.017
1.0102	2.610	1.0152	3.876	1.0202	5.130	1.0252	6.374	1.0302	7.607	1.0352	8.830	1.0402	10.042
1.0103	2.636	1.0153	3.901	1.0203	5.155	1.0253	6.399	1.0303	7.632	1.0353	8.854	1.0403	10.066
1.0104	2.661	1.0154	3.926	1.0204	5.180	1.0254	6.424	1.0304	7.656	1.0354	8.878	1.0404	10.090
1.0105	2.687	1.0155	3.951	1.0205	5.205	1.0255	6.449	1.0305	7.681	1.0355	8.902	1.0405	10.114
1.0106	2.712	1.0156	3.977	1.0206	5.230	1.0256	6.473	1.0306	7.705	1.0356	8.927	1.0406	10.138
1.0107	2.738	1.0157	4.002	1.0207	5.255	1.0257	6.498	1.0307	7.730	1.0357	8.951	1.0407	10.162
1.0108	2.763	1.0158	4.027	1.0208	5.280	1.0258	6.523	1.0308	7.754	1.0358	8.975	1.0408	10.186
1.0109	2.788	1.0159	4.052	1.0209	5.305	1.0259	6.547	1.0309	7.779	1.0359	9.000	1.0409	10.210
1.0110	2.814	1.0160	4.077	1.0210	5.330	1.0260	6.572	1.0310	7.803	1.0360	9.024	1.0410	10.234
1.0111	2.839	1.0161	4.102	1.0211	5.355	1.0261	6.597	1.0311	7.828	1.0361	9.048	1.0411	10.259
1.0112	2.864	1.0162	4.128	1.0212	5.380	1.0262	6.621	1.0312	7.853	1.0362	9.073	1.0412	10.283
1.0113	2.890	1.0163	4.153	1.0213	5.405	1.0263	6.646	1.0313	7.877	1.0363	9.097	1.0413	10.307
1.0114	2.915	1.0164	4.178	1.0214	5.430	1.0264	6.671	1.0314	7.901	1.0364	9.121	1.0414	10.331
1.0115	2.940	1.0165	4.203	1.0215	5.455	1.0265	6.696	1.0315	7.926	1.0365	9.145	1.0415	10.355
1.0116	2.966	1.0166	4.228	1.0216	5.480	1.0266	6.720	1.0316	7.950	1.0366	9.170	1.0416	10.379
1.0117	2.991	1.0167	4.253	1.0217	5.505	1.0267	6.745	1.0317	7.975	1.0367	9.194	1.0417	10.403
1.0118	3.017	1.0168	4.278	1.0218	5.530	1.0268	6.770	1.0318	8.000	1.0368	9.218	1.0418	10.427
1.0119	3.042	1.0169	4.304	1.0219	5.555	1.0269	6.794	1.0319	8.024	1.0369	9.243	1.0419	10.451

续表

相对密度	n	相对密度	n	相对密度	n	相对密度	n	相对密度	n	相对密度	n	相对密度	n
1.0420	10.475	1.0470	11.673	1.0520	12.861	1.0570	14.039	1.0620	15.207	1.0670	16.365	1.0720	17.513
1.0421	10.499	1.0471	11.697	1.0521	12.885	1.0571	14.062	1.0621	15.230	1.0671	16.388	1.0721	17.536
1.0422	10.523	1.0472	11.721	1.0522	12.909	1.0572	14.086	1.0622	15.253	1.0672	16.411	1.0722	17.559
1.0423	10.548	1.0473	11.745	1.0523	12.932	1.0573	14.109	1.0623	15.276	1.0673	16.434	1.0723	17.581
1.0424	10.571	1.0474	11.768	1.0524	12.956	1.0574	14.133	1.0624	15.300	1.0674	16.457	1.0724	17.604
1.0425	10.596	1.0475	11.792	1.0525	12.979	1.0575	14.156	1.0625	15.323	1.0675	16.480	1.0725	17.627
1.0426	10.620	1.0476	11.816	1.0526	13.003	1.0576	14.179	1.0626	15.346	1.0676	16.503	1.0726	17.650
1.0427	10.644	1.0477	11.840	1.0527	13.027	1.0577	14.203	1.0627	15.369	1.0677	16.526	1.0727	17.673
1.0428	10.668	1.0478	11.864	1.0528	13.050	1.0578	14.226	1.0628	15.393	1.0678	16.549	1.0728	17.696
1.0429	10.692	1.0479	11.888	1.0529	13.074	1.0579	14.250	1.0629	15.416	1.0679	16.572	1.0729	17.719
1.0430	10.716	1.0480	11.912	1.0530	13.098	1.0580	14.273	1.0630	15.439	1.0680	16.595	1.0730	17.741
1.0431	10.740	1.0481	11.935	1.0531	13.121	1.0581	14.297	1.0631	15.462	1.0681	16.618	1.0731	17.764
1.0432	10.764	1.0482	11.959	1.0532	13.145	1.0582	14.320	1.0632	15.486	1.0682	16.641	1.0732	17.787
1.0433	10.788	1.0483	11.983	1.0533	13.168	1.0583	14.343	1.0633	15.509	1.0683	16.664	1.0733	17.810
1.0434	10.812	1.0484	12.007	1.0534	13.192	1.0584	14.367	1.0634	15.532	1.0684	16.687	1.0734	17.833
1.0435	10.836	1.0485	12.031	1.0535	13.215	1.0585	14.390	1.0635	15.555	1.0685	16.710	1.0735	17.856
1.0436	10.860	1.0486	12.054	1.0536	13.239	1.0586	14.414	1.0636	15.578	1.0686	16.733	1.0736	17.878
1.0437	10.884	1.0487	12.078	1.0537	13.263	1.0587	14.437	1.0637	15.602	1.0687	16.756	1.0737	17.901
1.0438	10.908	1.0488	12.102	1.0538	13.286	1.0588	14.460	1.0638	15.625	1.0688	16.779	1.0738	17.924
1.0439	10.932	1.0489	12.126	1.0539	13.310	1.0589	14.484	1.0639	15.648	1.0689	16.802	1.0739	17.947
1.0440	10.956	1.0490	12.150	1.0540	13.333	1.0590	14.507	1.0640	15.671	1.0690	16.825	1.0740	17.970
1.0441	10.980	1.0491	12.173	1.0541	13.357	1.0591	14.531	1.0641	15.694	1.0691	16.848	1.0741	17.992
1.0442	11.004	1.0492	12.197	1.0542	13.380	1.0592	14.554	1.0642	15.717	1.0692	16.871	1.0742	18.015
1.0443	11.027	1.0493	12.221	1.0543	13.404	1.0593	14.577	1.0643	15.741	1.0693	16.894	1.0743	18.038
1.0444	11.051	1.0494	12.245	1.0544	13.428	1.0594	14.601	1.0644	15.764	1.0694	16.917	1.0744	18.061
1.0445	11.075	1.0495	12.268	1.0545	13.451	1.0595	14.624	1.0645	15.787	1.0695	16.940	1.0745	18.084
1.0446	11.100	1.0496	12.292	1.0546	13.475	1.0596	14.647	1.0646	15.810	1.0696	16.963	1.0746	18.106
1.0447	11.123	1.0497	12.316	1.0547	13.499	1.0597	14.671	1.0647	15.833	1.0697	16.986	1.0747	18.129
1.0448	11.147	1.0498	12.340	1.0548	13.522	1.0598	14.694	1.0648	15.857	1.0698	17.009	1.0748	18.152
1.0449	11.177	1.0499	12.363	1.0549	13.546	1.0599	14.717	1.0649	15.880	1.0699	17.032	1.0749	18.175
1.0450	11.195	1.0500	12.387	1.0550	13.569	1.0600	14.741	1.0650	15.903	1.0700	17.055	1.0750	18.197
1.0451	11.219	1.0501	12.411	1.0551	13.593	1.0601	14.764	1.0651	15.926	1.0701	17.078	1.0751	18.220
1.0452	11.243	1.0502	12.435	1.0552	13.616	1.0602	14.787	1.0652	15.949	1.0702	17.101	1.0752	18.243
1.0453	11.267	1.0503	12.458	1.0553	13.640	1.0603	14.811	1.0653	15.972	1.0703	17.123	1.0753	18.266
1.0454	11.291	1.0504	12.482	1.0554	13.663	1.0604	14.834	1.0654	15.995	1.0704	17.146	1.0754	18.288
1.0455	11.315	1.0505	12.506	1.0555	13.687	1.0605	14.857	1.0655	16.019	1.0705	17.169	1.0755	18.311
1.0456	11.339	1.0506	12.530	1.0556	13.710	1.0606	14.881	1.0656	16.041	1.0706	17.192	1.0756	18.334
1.0457	11.363	1.0507	12.553	1.0557	13.734	1.0607	14.904	1.0657	16.065	1.0707	17.215	1.0757	18.356
1.0458	11.387	1.0508	12.577	1.0558	13.757	1.0608	14.927	1.0658	16.088	1.0708	17.238	1.0758	18.379
1.0459	11.411	1.0509	12.601	1.0559	13.781	1.0609	14.950	1.0659	16.111	1.0709	17.261	1.0759	18.402
1.0460	11.435	1.0510	12.624	1.0560	13.804	1.0610	14.974	1.0660	16.134	1.0710	17.284	1.0760	18.425
1.0461	11.458	1.0511	12.648	1.0561	13.828	1.0611	14.997	1.0661	16.157	1.0711	17.307	1.0761	18.447
1.0462	11.482	1.0512	12.672	1.0562	13.851	1.0612	15.020	1.0662	16.180	1.0712	17.330	1.0762	18.470
1.0463	11.506	1.0513	12.695	1.0563	13.875	1.0613	15.044	1.0663	16.203	1.0713	17.353	1.0763	18.493
1.0464	11.530	1.0514	12.719	1.0564	13.898	1.0614	15.067	1.0664	16.226	1.0714	17.375	1.0764	18.516
1.0465	11.554	1.0515	12.743	1.0565	13.921	1.0615	15.090	1.0665	16.249	1.0715	17.398	1.0765	18.538
1.0466	11.578	1.0516	12.767	1.0566	13.945	1.0616	15.114	1.0666	16.272	1.0716	17.421	1.0766	18.561
1.0467	11.602	1.0517	12.790	1.0567	13.968	1.0617	15.137	1.0667	16.295	1.0717	17.444	1.0767	18.584
1.0468	11.626	1.0518	12.814	1.0568	13.992	1.0618	15.160	1.0668	16.319	1.0718	17.467	1.0768	18.607
1.0469	11.650	1.0519	12.838	1.0569	14.015	1.0619	15.183	1.0669	16.341	1.0719	17.490	1.0769	18.629

相对密度	n	相对密度	n	相对密度	n	相对密度	n	相对密度	n	相对密度	n	相对密度	n
1.0770	**18.652**	**1.0780**	**18.878**	**1.0790**	**19.105**	**1.0800**	**19.331**	**1.0810**	**19.556**	**1.0820**	**19.782**	**1.0830**	**20.007**
1.0771	18.675	1.0781	18.901	1.0791	19.127	1.0801	19.353	1.0811	19.579	1.0821	19.804	1.0831	20.032
1.0772	18.697	1.0782	18.924	1.0792	19.150	1.0802	19.376	1.0812	19.601	1.0822	19.827	1.0832	20.055
1.0773	18.720	1.0783	18.947	1.0793	19.173	1.0803	19.399	1.0813	19.624	1.0823	19.849	1.0833	20.078
1.0774	18.742	1.0784	18.969	1.0794	19.195	1.0804	19.421	1.0814	19.646	1.0824	19.872	1.0834	20.100
1.0775	18.765	1.0785	18.992	1.0795	19.218	1.0805	19.444	1.0815	19.669	1.0825	19.894	1.0835	20.123
1.0776	18.788	1.0786	19.015	1.0796	19.241	1.0806	19.466	1.0816	19.692	1.0826	19.917	1.0836	20.146
1.0777	18.810	1.0787	19.037	1.0797	19.263	1.0807	19.489	1.0817	19.714	1.0827	19.939	1.0837	20.169
1.0778	18.833	1.0788	19.060	1.0798	19.286	1.0808	19.511	1.0818	19.737	1.0828	19.961	1.0838	20.191
1.0779	18.856	1.0789	19.082	1.0799	19.308	1.0809	19.534	1.0819	19.759	1.0829	19.984	1.0839	20.213

注：表中相对密度测定条件为20℃；n 为100g成品啤酒蒸馏后含有可溶性浸出物的质量（g）。

附表7 压力单位换算表

项目	帕(Pa)	毫米汞柱(mmHg)/托(Torr)	标准大气压(atm)	磅力每平方英寸(lbf/in² 或 psi)	千克力每平方厘米(kgf/cm²)
牛每平方米(N/m²)	1	7.5×10^{-3}	9.87×10^{-6}	1.45×10^{-4}	1.02×10^{-6}
毫米汞柱(mmHg)/托(Torr)	133	1	1.316×10^{-3}	1.934×10^{-2}	1.359×10^{-3}
标准大气压(atm)	1.013×10^5	760	1	14.7	1.033227
磅力每平方英寸(lbf/in² 或 psi)	6.89×10^3	51.71	6.8×10^{-2}	1	0.070307
千克力每平方厘米(kgf/cm²)	9.81×10^4	735.6	968	14.2	1

工业发酵分析中关键词中英文对照

A

阿拉伯糖　arabinose

埃（10^{-10} m）　angstrom

氨　ammonia

γ-氨基丁酸　γ-amino butyric acid

α-氨基己二酸　α-amino adipic acid

氨基酸　amino acid

β-氨基异丁酸　β-amino isobutyric acid

α-氨基正丁酸　α-amino n-butyric acid

螯合剂　chelating agent

B

巴林糖度计（糖度单位）　Balling saccharimeter

白兰地　brandy

半乳糖　galactose

半纤维素　hemicellulose

背景校正　background correction

苯　benzene

苯丙氨酸　phenylalanine

苯甲酸　benzoic acid

比色法　colorimetry；colorimetric method

吡啶　pyridine

变色酸法　chromotropic acid method

变质　spoil

标准化　standardization

标准物质　reference material

标准贮备液　standard stock solution

冰醋酸　glacial acetic acid

丙氨酸　alanine

β-丙氨酸　β-alanine

丙酮　acetone

波旁威士忌　bourbon whisky

铂丝　platinum filament

不对称碳原子　asymmetric carbon atom

布氏漏斗　Buchner funnel

C

操作　operation

草酸　oxalic acid

测定　assay

潮解　deliquescence

沉淀（析出）　precipitation

成品　end product

重铬酸钾　potassium dichromate

重结晶　recrystallization

抽提　extract

吹风机　blower

纯度　purity

醇　alcohol

催化　catalyze

催化剂　catalytic agent

萃取　extraction

萃取剂　extractant

萃取蒸馏　extractive distillation

D

大分了　macromolecule

大麦　barley

大麦芽　malt

大米　rice

代表性样品　representative sample

单宁　tannin

单糖　monosaccharide

单体　monomer

淡色啤酒　light beer

蛋白酶　protease

蛋白酶制剂　protease preparation

蛋白质　protein

氘灯　deuterium light

低沸点化合物　low boiler

低聚糖　oligosaccharide

滴定　titration

碘　iodine

碘化钾　potassium iodide

电导率　electroconductivity

电化学检测器　electrochemical detector

电炉　electric stove

电热板　electrothermal plate

电热原子化　electrothermal atomization

电渗析法　electrodialysis method

电子捕获检测器　electron capture detector（ECD）

电子轰击　electron bombard

电子天平　electronic balance

电阻率　resistivity

淀粉　starch

淀粉酶　amylase

β-淀粉酶　β-amylase

淀粉糖浆　starch molasses

靛酚　indophenol

2-丁醇（仲丁醇）　2-butanol

丁酸　butyric acid

定型麦汁　formed wort

定性实验　qualitative test

豆制品　bean products

对数生长期　logarithmic phase

多糖　polysaccharide

E

二极管阵列检测器　diode array detector（DAD）

二甲苯　xylene

二氯靛酚　dichlorophenol

二糖　disaccharide

二氧化硅　silica

二氧化硫　sulfur dioxide

二氧化碳　carbon dioxide

F

发酵　fermentation

发酵罐　fermentor

发酵酒精　bio-ethanol

发酵醪　fermentation mash

发酵原料　fermentation raw materials

发霉　mildew

发射光谱　emission spectrometry

反射镜　reflector

反相　reversed phase

范德姆特方程　the Van Deemter Equation

防腐剂　preservative

非还原性末端　nonreducing end

沸点　boiling point

沸腾　boil

分解　decompose

分界线　parting line

分离度　resolution

分析　analysis

分子磷光　molecular phosphorescence

分子筛　molecular sieve

分子荧光　molecular fluorescence

粉碎　crush

风干　air-dry

风化　efflorescence

风味发酵乳　flavored fermented milk

风味酸乳　flavored yoghurt

峰宽　peak width

蜂蜜　honey

伏特加　vodka

辅料　subsidiary

脯氨酸　proline

腐蚀　corrode

腐蚀性样品　caustic sample

副产品　by-product

G

干法灰化　dry ashing

干果　dry fruit

甘氨酸　glycine

甘露糖　mannose

甘蔗　sugar cane

坩埚　crucible

橄榄油　olive oil

高级醇　higher alcohol

高粱　sorghum

高锰酸钾　potassium permanganate

高锰酸钾氧化时间　potassium permanganate oxidation time

高能态　energetic state

高浓度果糖玉米糖浆　high fructose corn syrup（HFCS）

高效液相色谱　high performance liquid chromatography（HPLC）

工业发酵　industrial fermentation

工业酒精　industrial alcohol

工艺用水　process water

共振线　resonance line

古氏坩埚　Gooth crucible

谷氨酸　glutamic acid

谷物　cereal

谷酰胺　glutamine

固定相　stationary phase

瓜氨酸　citrulline

罐头食品　tinned food

光束分离器　beam splitter

光学活性物质　optically active matter

光学异构体　optical isomer

胱硫醚　cystathionine

硅胶　silica gel

国际药典　International Pharmacopoeia（Ph. Int）

果冻　jelly

果酱　jam

果胶　pectin

果糖　fructose

过甲酸　performic acid

过滤　filtration

过筛　sifting

过氧化氢　hydrogen peroxide

H

含水乙醇(特指含水 4%～5%的乙醇)　hydrous ethanol

合成酒精　synthetic ethanol

核酸　nucleic acid

黑麦　rye

黑曲霉　*Aspergillus niger*

黑色啤酒　black beer

恒沸蒸馏　constant boiling distillation

恒重　constant weight

糊化　gelatinization

糊精　dextrin

糊状　paste

花生　peanut

化学发光　chemiluminescence

化学分析法　chemical analysis method

（化学）理论产率　stoichiometric yield

（化学）理论计算法　stoichiometry

化学需氧量　chemical oxygen demand（COD）

化学原子化　chemical atomization

还原性低聚糖　reducing oligosaccharide

环己烷　cyclohexane

缓冲剂　buffer agent

缓冲溶液　buffer solution

换热器　heat exchanger

换算系数　conversion coefficient

灰分　ash content

挥发　evaporation

回归方程　regression equation

回流　reflux

回流装置　refluent set

混合比例　mixing ratio

活性干酵母　active dry yeast（ADY）

活性炭　activated carbon

火焰光度检测器　flame photometric detector（FPD）

火焰原子化　flame atomization

J

肌氨酸　sarcosine

肌肽　carnosine

基态　ground state

基体改进剂　matrix modifier

基线　base line

极谱法　polarography

极性物质　polar matter

己酸乙酯　ethyl caproate

己糖　hexose

甲苯　toluene

甲醇　methanol

甲基异丁基甲酮　MIBK

甲基组氨酸　1-methylhistidine

3-甲基组氨酸　3-methylhistidine

甲硫氨酸（蛋氨酸）　methionine

甲醛　formaldehyde

甲酸乙酯　ethyl formate

坚果　nut

间歇式萃取　batch extraction

减压蒸馏　reduced pressure distillation

碱性蛋白酶　alkaline proteinase

碱性磷酸盐　subphosphate

碱性溶液　basic solution

胶体　colloid

校正　rectify

校正因子　correction factor

校正值　corrected value

酵母　yeast

秸秆　stover

金属氧化物　metallic oxide

进样装置　sampling device

精氨酸　arginine

精馏　rectification

净化　purify

酒母　yeast mash

酒石酸　tartaric acid

酒头　initial distillate

酒尾　last distillate

酒糟　vinasse；whole stillage；distillers grains

聚乙二醇　polyoxyethylene

菌落形成单位　colony-forming units（CFU）

菌落总数　aerobic plate count

K

卡尔·费休滴定　Karl Fischer titration

凯氏定氮法　Kjeldahl method

糠醛　furfural

L-抗坏血酸　L-ascorbic acid

抗生素　antibiotic

抗氧化剂　antioxidizer

颗粒　particle

可发酵糖　fermentable sugar

可溶性浸出物　soluble extract

空白值　blank value

空心阴极灯　hollow cathode lamp（HCL）

口服液　oral solution

矿物质　mineral

L

赖氨酸　lysine

酪氨酸　tyrosine

酪蛋白　casein

棱镜　prism

冷凝　condensate

冷凝器　condenser

冷却　cool

离心管　centrifuge tube

离心机　centrifugal machine

离子交换色谱　ion exchange chromatography

离子交换树脂　ionexchange resin

离子源　ion source

粒度（径）　particle-size

连续发酵　continuous fermentation

连续式萃取　continuous extraction

量筒　graduated cylinder

亮氨酸　leucine

邻苯二胺比色法　o-diamino benzen colorimetry

淋洗　elution

磷酸二氢铵　ammonium biphosphate

磷酸丝氨酸　phosphoserine

磷酸乙醇胺　phospho ethanol amine

灵敏度　sensitivity

流动相　mobile phase

硫代硫酸钠　sodium thiosulfate

硫酸　sulfuric acid

硫酸试验　sulfuric test

漏斗　funnel

氯仿　chloroform

滤液　filter liquor

滤纸　filter paper

裸麦　naked barley

M

马弗炉　muffle furnace

麦芽　malt

麦芽三糖　maltotriose

麦芽糖　maltose

麦芽糖酶　maltase

麦芽汁　wort

毛细管色谱柱　capillary chromatography column

酶　enzyme

酶活性单位　active unit

酶解　enzymatic hydrolysis

酶制剂　enzyme preparation

（美国）标准酒精浓度　proof

美国药典/国家处方一览表　United States Pharma-copeia（USP）/National Formulary（NF）

米曲霉　*Aspergillus oryzae*

密度　specific gravity

密度瓶法　density bottle method

密封　seal up

面粉　flour

明胶　gelatin(e)

木薯　manioc

木糖　xylose

木质素　lignin

目镜　ocular

N

钠光灯　sodium lamp

奶粉　milk powder

奶酪　cheese

耐高温 α-淀粉酶　heat-tolerant α-amylase

内标法　internal standard method

逆流式萃取　reversed flow extraction

黏度　viscosity

酿造酱油　fermented soy sauce

酿造酒精　beverage alcohol；brewing alcohol

鸟氨酸　ornithine

尿素　carbamide；urea

柠檬酸　citric acid

凝胶色谱　gel chromatography

牛磺酸（牛胆碱）　taurine

浓色啤酒　dark beer

O

欧洲药典　European Pharmacopoeia（EP）

P

泡沫　foam

胚芽　plumule

配合能力　complex capacity

配合物　complex

配制酒　mixed wine

喷射分离器　jet separtor

硼氢化钾　potassium borohydride

硼氢化钠　sodium borohydride

硼酸　boric acid

啤酒花　hop

偏振光　polarizes light

屏蔽气　screen gas

瓶盖　cap

葡聚糖/右旋糖酐　dextran

葡聚糖酶　glucanase

β-葡聚糖酶　β-glucanase

葡萄糖　glucose

葡萄糖当量值（DE 值）　dextrose equivalent value

葡萄糖淀粉酶（糖化酶）　glucoamylase

葡萄糖苷酶　glucosidase

葡萄糖异构酶　glucose isomerase

Q

气相色谱　gas chromatography

前体　precursor

强极性　strong polarity

羟基脯氨酸　hydroxy proline

羟基赖氨酸　hydroxylysine

青霉素　*penicillin*

氢化物　hydride

氢火焰离子化检测器　flame ionization detector（FID）

氢氧化钠　sodium hydroxide

去离子水　deionized water

醛基　aldehyde group

R

燃料级乙醇　fuel grade ethanol

燃料乙醇　fuel ethanol

热导检测器　thermal conductivity detector（TCD）

热裂解　thermal cracking

日本药典　Japanese Pharmacopoeia（JP）

容重　volumetric weight

溶剂　solvent

溶解　dissolution

溶液　solution

溶质　solute

乳酸　lactic acid

乳酸菌　lactobacillus

乳酸乙酯　ethyl lactate

乳糖　lactose

乳糖酶　lactase

乳脂肪　milk fat

乳制品　milk products

软化　soften

软化能力　softening capacity

软水　soft water

S

塞曼效应　Zeeman effect

三聚体　trimer

三羧酸循环　tricarboxylic acid cycle

三乙醇胺　triethanolamine

三元共沸混合物　tertiary azeotrope

色氨酸　tryptophan

色标　color unit

色谱纯　chromatographically pure

色素　pigment

筛　sieve

山梨酸　sorbic acid

摄氏温标　celsius

生理体液　physiological fluid

生啤酒　draft beer

生物需氧量　biological oxygen demand（BOD）

湿法粉碎　wet crushing

湿法消化　wet digestion

十字线　cross

石墨炉　graphite furnace

石英　quartz

石英比色皿　quartz cell

石油醚　petroleum ether

食品安全国家标准　national food safety standard

食品添加剂　food additive

食用酒精　edible alcohol

示差折光检测器　refractive index detector

试剂　reagent

视场　viewing field

熟啤酒　pasteurized beer

树脂　resin

双糖　disaccharide

双乙酰　dimethylglyoxal

水分　moisture content

水封　hydraulic packing

水解　hydrolysis

水银　mercury

丝氨酸　serine

四氯化碳　carbon tetrachloride

苏氨酸　threonine

酸度剂　acidometer

酸牛乳　yoghurt

酸水解　acid hydrolysis

酸-酸水解过程　acid-acid process

酸性蛋白酶　acid proteinase

算术平均值　arithmetic average

随机样品　random sample

T

碳化　carbonize；carbonization

碳氢化合物　hydrocarbon

碳水化合物　carbohydrate

碳酸钠　sodium carbonate

糖化　saccharification

糖化醪　mash

糖化酶　glucoamylase

糖化酶制剂　glucoamylase preparation

糖浆　molasses

糖精钠　sodium saccharin

糖蜜　molasses

糖蜜（制糖后的）　blackstrap

糖蜜酒糟　condensed molasses solubles（CMS）

特征含量　characteristic content

特征浓度　characteristic concentration

梯度　gradient

提取物　extracts

天门冬氨酸　aspartic acid

天门冬酰胺　asparagine

添加剂　addictive

甜菜　beet

填充柱　packed column

调味品　seasoning

铁氰化钾　potassium ferricyanide

同系物　homologue

脱脂棉　absorbent cotton

W

外切酶　exonuclease

微生物　microbe

维生素　vitamin

卫生标准　hygienic standard

味精　monosodium glutamate

无机盐　inorganic salt

无水的　anhydrous

无水乙醇　absolute ethanol

戊糖　pentose

X

吸光度　absorbance

纤维二糖　cellobiose

纤维素　cellulose

氙灯　xenon lamp

鲜牛乳　fresh milk

鲜啤酒　fresh beer

鲜肉　fresh meat

显色　color

显色反应　chromogenic reation

相似相溶规则　similarity dissolution principle

香料　perfume

香味　fragrance

向日葵　sunflower

项目　item

消化　digestion

消泡剂　defoaming agent；defoamer

消旋作用　racemization

硝酸钠　sodium nitrate

小麦　wheat

效价　potency

缬氨酸　valine

旋光物质　optical rotation matter

旋光性（度）　optical rotation

Y

亚硝酸钠　sodium nitrite

盐酸羟胺　hydroxylamine hydrochloride

掩蔽剂　masking agent

燕麦　oat

氧化　oxidize；oxidization

氧化物　oxide

样本方差　sample variance

样本量　sample size

液固色谱（吸附色谱）　adsorption chromatography

液化　liquification

液液色谱（分配色谱）　partition chromatography

胰蛋白酶　trypsin

乙醇　ethanol

乙醇胺（2-羟基乙胺）　ethanol amine

乙二胺四乙酸二钠　disodium ethylene-diamine-tetra-acetate

乙二醇　ethylene glycol

乙醚　ether

乙醛　aldehyde

乙酸　acetic acid

乙酸甲酯　methyl acetate

乙酸乙酯　ethyl acetate

乙酸异戊酯　isoamyl acetate

乙缩醛　acetal

乙酰丙酮法　acetylacetone method

异丙醇　isopropanol

异丙醚　isopropyl ether（IPE）

异丁醇　isobutanol

异构化　isomerization

异构酶　isomerase

异亮氨酸　isoleucine

异柠檬酸　isocitric acid

异戊醇　isoamyl alcohol

饮料　drink

英国药典　British Pharmacopoeia（BP）

荧光　fluorescence

荧光分光光度计　spectrofluorophotometer

荧光检测器　fluorescence detector

硬度　hardness

永久硬度　permanent hardness

油渍　oil dirt

有机酸　organic acid

玉米　corn；maize

玉米粉　corn meal

玉米粉浆　corn steep liquor

玉米油　corn oil

预处理　pretreatment

预热　preheat

原理　principle

原料　raw material

原子化　atomization

原子量　atomic weight

原子吸收分光光度剂　atomic absorption spectrophotometer

Z

杂醇油　fusel oil

载气　carrier gas

再生　regeneration

再生液　regenerating solution

暂时硬度　temporary hardness

皂化　saponification

增溶剂　solubilizing agent

遮光板　light screen

蔗糖　sucrose

真空泵　vacuum pump

真空干燥箱　vacuum drying oven

蒸发　evaporation

蒸馏　distillation

蒸馏酒　distilled liquor；distilled wine

蒸馏水　distilled water

蒸馏物（馏出物）　distillate

蒸汽　vapor

蒸气压　vapor pressure

正丙醇　n-propanol

正丁醇　n-butanol

正己醇　n-hexanol

正亮氨酸　nor-leucine

正戊醇　n-pentanol

正相　normal phase

支链淀粉　amylopectin

芝麻　sesame

脂肪　fat

直链淀粉　amylose

指示剂　indicator

酯　ester

酯类　ester group

质谱仪　mass spectrometer

中国酒精国家标准　alcohol standard of China

中性酒精　neutral alcohol

仲裁　arbitration

注射器　injector

注射液　injection

柱效　efficiency of column

转化率　inversion rate

转化糖　invert sugar

转子流量计　rotameter

紫外检测器　ultraviolet-visible detector

紫外可见分光光度计　ultraviolet-visible spectro-photometer

总硬度　total hardness

总转化糖　total invert sugar

组氨酸　histidine

最小检测量　detectable minimum

参考文献

[1] Kenneth A. Rubinson, Judith F. Rubinson. Contemporary Instrumental Analysis [M]. 北京：科学出版社，2003.

[2] 大连轻工业学院，等. 工业发酵分析：上、下册 [M]. 北京：中国轻工业出版社，1980.

[3] 杨慧芬，等. 食品卫生理化检验标准手册 [M]. 北京：中国标准出版社，1998.

[4] 大连轻工业学院，等. 食品分析 [M]. 北京：中国轻工业出版社，2006.

[5] 沈萍. 微生物学实验 [M]. 第5版. 北京：高等教育出版社，2018.

[6] 贾树彪. 新编酒精工艺学 [M]. 第2版. 北京：化学工业出版社，2009.

[7] 王镜岩. 生物化学 [M]. 第3版. 北京：高等教育出版社，2007.

[8] 余俊棠. 新编生物工艺学：上、下册 [M]. 北京：化学工业出版社，2003.

[9] 武汉大学. 分析化学实验：上册 [M]. 北京：高等教育出版社，2011.

[10] 武汉大学. 分析化学：上册 [M]. 第6版. 北京：高等教育出版社，2016.

[11] 武汉大学. 分析化学：下册 [M]. 第6版. 北京：高等教育出版社，2018.

[12] 彭崇慧，等. 定量化学分析简明教程 [M]. 第4版. 北京：北京大学出版社，2020.

[13] 孙毓庆. 分析化学：下册 [M]. 第3版. 北京：科学出版社，2011.

[14] 胡坪. 仪器分析 [M]. 第5版. 北京：高等教育出版社，2019.

[15] 方惠群，等. 仪器分析 [M]. 北京：科学出版社，2002.

[16] 蔡定域. 酿酒工业分析手册 [M]. 北京：中国轻工业出版社，1988.

[17] 张学群. 啤酒工艺控制指标及检测手册 [M]. 北京：中国轻工业出版社，1993.

[18] 朱良漪. 分析仪器手册 [M]. 北京：化学工业出版社，1997.

[19] 姜锡瑞. 酶制剂应用手册 [M]. 北京：中国轻工业出版社，1999.

[20] 张龙翔. 生化实验方法和技术 [M]. 第2版. 北京：高等教育出版社，1997.

[21] 古凤才. 基础化学实验教程 [M]. 第2版. 北京：科学出版社，2005.

[22] 金其荣. 有机酸发酵工艺学 [M]. 北京：中国轻工业出版社，1989.

[23] 马世昌. 有机化合物辞典 [M]. 西安：陕西科学技术出版社，1988.

[24] 马世昌. 无机化合物辞典 [M]. 西安：陕西科学技术出版社，1988.

[25] 杭太俊. 药物分析 [M]. 第7版. 北京：人民卫生出版社，2011.

[26] 陈新谦. 新编药物学 [M]. 第17版. 北京：人民卫生出版社，2011.

[27] 孙毓庆. 现代色谱法及其在医药中的应用 [M]. 北京：人民卫生出版社，1998.

[28] 高鸿. 分析化学前沿 [M]. 北京：科学出版社，1991.

[29]　焦瑞身. 微生物工程 [M]. 北京：化学工业出版社，2003.

[30]　干景芝，等. 酵母生产与应用手册 [M]. 北京：中国轻工业出版社，2005.

[31]　高向阳. 食品酶学 [M]. 第 2 版. 北京：中国轻工业出版社，2016.

[32]　阚建全. 食品化学 [M]. 第 4 版. 北京：中国农业大学出版社，2021.

[33]　GB/T 601—2016 化学试剂　标准滴定溶液的制备 [S].

[34]　GB 18350—2013 变性燃料乙醇 [S].

[35]　Liliana Krotz，Guido Giazzi，陈欣. Thermo scientific FLASH4000　快速测定动物饲料中总氮/蛋白质含量 [C] // 北京食品学会，北京食品协会. 第四届中国北京国际食品安全高峰论坛论文集. 北京：北京食品学会，2011：194-195.

[36]　GB 19302—2010 食品安全国家标准　发酵乳 [S].

[37]　GB 5009.6—2016 食品安全国家标准　食品中脂肪的测定 [S].

[38]　刘德权，贾丹萍. 影响牛乳中脂肪含量因素及提高措施 [J]. 现代畜牧兽医，2008 (9)：15.

[39]　Norman N. Potter，Joseph H. Hotchkiss. 食品科学：第 5 版 [M]. 王璋，钟芳，徐良增等，译. 北京：中国轻工业出版社，2001.

[40]　胡徐腾. 纤维素乙醇研究开发进展 [J]. 化工进展，2011，30 (1)：137-138.

[41]　赵明，李少昆，董树亭. 美国玉米生产关键技术与中国现代玉米生产发展的思考——赴美国考察报告 [R]. 作物杂志，2011，(2)：1-3.

[42]　秦丽杰，尚金城，常永智. 吉林省玉米秸秆的综合利用模式研究 [J]. 生态经济，2008，(2)：141.

[43]　GB 4789.2—2022　食品安全国家标准　食品微生物学检验　菌落总数测定 [S].

[44]　王允圃，李积华，刘玉环. 甘蔗渣综合利用技术的最新进展 [J]. 中国农学通报，2010，26 (16)：370-375.

[45]　QB/T 2684—2005　甘蔗糖蜜 [S].

[46]　QB/T 5005—2016　甜菜糖蜜 [S].

[47]　GB 5749—2022 生活饮用水卫生标准 [S].

[48]　GB/T 24401—2009α- 淀粉酶制剂 [S].

[49]　南京大学《无机及分析化学》编写组. 无机及分析化学 [M]. 第 5 版. 北京：高等教育出版社，2015.

[50]　马丽娜. 曲霉属糖化酶基因的克隆及其在毕赤酵母中的表达 [J]. 南开大学学报（自然科学版），2007，40 (5)：85-86.

[51]　GB 1886.174—2016　食品安全国家标准　食品添加剂　食品工业用酶制剂 [S].

[52]　刘达. 巴西燃料乙醇行业发展战略的成功之道 [N]. 中国煤炭报，2008-06-16.

[53]　GB/T 6820—2016　工业用乙醇 [S].

[54]　GB/T 394.1—2008　工业酒精 [S].

[55]　GB 10343—2008　食用酒精 [S].

[56]　GB/T 394.2—2008　酒精通用分析方法 [S].

[57]　GB/T 10345—2022　白酒分析方法 [S].

[58]　GB 12456—2021 食品安全国家标准　食品中总酸的测定 [S].

[59]　GB/T 10781.3—2006　米香型白酒 [S].

[60]　GB/T 26760—2011　酱香型白酒 [S].

[61]　GB/T 10781.1—2021　白酒质量要求　第 1 部分：浓香型白酒 [S].

[62]　GB/T 10781.2—2022　白酒质量要求　第 2 部分：清香型白酒 [S].

[63]　GB/T 10781.8—2021　白酒质量要求　第 8 部分：浓酱兼香型白酒 [S].

[64]　GB 31640—2016 食品安全国家标准　食用酒精 [S].

[65]　GB 5009.12—2017 食品安全国家标准　食品中铅的测定 [S].

[66]　GB 5009.28—2016 食品安全国家标准　食品中苯甲酸、山梨酸和糖精钠的测定 [S].

[67]　GB 2760—2024　食品安全国家标准　食品添加剂使用标准 [S].

[68]　冯峰，杨烁. 超高效液相色谱-串联质谱快速筛查葡萄酒中的 14 种禁用食品添加剂 [J]. 分析化学，2011，39 (11)：1732.

[69]　赵树欣. 配制酒生产技术 [M]. 北京：化学工业出版社，2008.

[70] 尤新. 根据国情发展我国的食糖和甜味剂工业 [J]. 中国食品添加剂，2013，(1)：53-57.

[71] GB 4927—2008 啤酒 [S].

[72] 郑小宇，唐巍. 在线啤酒分析仪：酒精，真浓，原浓，CO$_2$ 的在线检测 [J]. 啤酒科技，2008，(5)：54-55.

[73] 于莹. 玉米糖浆啤酒酿造新工艺的研究 [D]. 哈尔滨：黑龙江大学，2010.

[74] GB/T 4928—2008 啤酒分析方法 [S].

[75] 孔鲁裔. 紫外分光光度计法测定啤酒中的双乙酰 [J]. 酿酒，2007，34 (4)：105-106.

[76] 林小荣，任思洁，等. 啤酒发酵过程中甲醛代谢影响因素初步研究 [J]. 食品科学，2007，28 (1)：191-192.

[77] 张光仲，周龙庆，张文德. 啤酒中甲醛含量的调查分析 [J]. 卫生研究，2004，33 (3)：342.

[78] 张文德. 食品中甲醛的来源及检测意义 [J]. 中国食品卫生杂志，2006，18 (5)：457-458.

[79] GB 2758—2012 食品安全国家标准 发酵酒及其配制酒 [S].

[80] GB/T 5009.1—2003 食品卫生检验方法 理化部分 总则 [S].

[81] 杜咏梅，张建平，王树声，等. 主导烤烟香型风格及感官质量差异的主要化学指标分析 [J]. 中国烟草科学，2010，(5)：9-10.

[82] 国家药典委员会. 中华人民共和国药典：2020 年版 [M]. 2020.

[83] 欧洲药典委员会. 欧洲药典：EP10.0 [M]. 2019.

[84] 日本药局方编辑委员会. 日本药典：JP18 [M]. 2021.

[85] 美国药典委员会. 美国药典与国家处方一览表：USP43-NF38 [M]. 2019.

[86] 美国食品化学法典：第 9 版 (FCC9) [M]. 2014.

[87] 联合国粮农组织和世界卫生组织下的食品添加剂联合专家委员会（JECFA）. 质量规格标准 [M]. 2010.

[88] 日本食品添加物公定书：第 9 版（JSFA-Ⅸ）[M]. 2017.

[89] 联合国世界卫生组织（WHO）. 国际药典 [M]. 第 5 版. 2015.

[90] GB 1886.235—2016 食品安全国家标准 食品添加剂 柠檬酸 [S].

[91] GB 14754—2010 食品安全国家标准 食品添加剂 维生素 C（抗坏血酸）[S].

[92] GB 5009.86—2016 食品安全国家标准 食品中抗坏血酸的测定 [S].

[93] GB 1886.173—2016 食品安全国家标准 食品添加剂 乳酸 [S].

[94] 张鹏，张兴龙. 乳酸生产应用现状与发展趋势 [J]. 创新科技，2013，(10)：36-37.

[95] 白洁，杨悦，吴惠芳. 基于钻石模型的我国维生素 C 产业竞争力分析 [J]. 中国药业，2009，18(18)：16-17.

[96] GB/T 18186—2000 酿造酱油 [S].

[97] GB 2717—2018 食品安全国家标准 酱油 [S].

[98] GB 2720—2015 食品安全国家标准 味精 [S].

[99] 国际食品法典委员会. 食品添加剂法典通用标准 [S]. 2021.

[100] 张俊燕，何吕兴. 三聚氰胺的样品前处理及最新检测方法 [J]. 生命科学仪器，2007，(5)：57-59.

[101] GB/T 22388—2008 原料乳与乳制品中三聚氰胺检测方法 [S].

[102] GB 2714—2015 食品安全国家标准 酱腌菜 [S].

[103] GB 5009.33—2016 食品安全国家标准 食品中亚硝酸盐与硝酸盐的测定 [S].